普通高等教育“十一五”国家级规划教材

化工原理

第四版

上 册

谭天恩　窦 梅　等编著

化学工业出版社

·北 京·

本书在第三版的基础上进行修订。本书论述化工过程单元操作的基本原理、典型设备等。本版注重、更新基本概念的阐述，调整了部分章节结构，删减已少用的内容；核实、更新了某些数据，以更符合实用。全书分上、下册。上册包括：绪论、流体流动、流体输送机械、机械分离与固体流态化、搅拌、传热、传热设备、蒸发及附录等。本书为工科高等院校化工（多学时）及相关专业的化工原理课程的教材，亦可供化工行业从事研究、设计与生产的工程技术人员参考。

图书在版编目（CIP）数据

化工原理．上册/谭天恩，窦梅等编著．—4 版．—北京：化学工业出版社，2013.5（2024.1 重印）

普通高等教育“十一五”国家级规划教材

ISBN 978-7-122-16361-5

Ⅰ.①化…　Ⅱ.①谭…②窦…　Ⅲ.①化工原理-高等学校-教材　Ⅳ.①TQ02

中国版本图书馆 CIP 数据核字（2013）第 011879 号

责任编辑：何　丽　徐雅妮　杜进祥

责任校对：边　涛　　　　装帧设计：关　飞

出版发行：化学工业出版社（北京市东城区青年湖南街 13 号　邮政编码 100011）

印　　刷：三河市航远印刷有限公司

装　　订：三河市宇新装订厂

787mm×1092mm　1/16　印张 18¼　字数 475 千字　2024 年 1 月北京第 4 版第 13 次印刷

购书咨询：010-64518888　　　　售后服务：010-64518899

网　　址：http：//www.cip.com.cn

凡购买本书，如有缺损质量问题，本社销售中心负责调换。

定　　价：45.00 元

前 言

本书第三版使用近七年后，即将新出版第四版。新版在保持第三版的框架下，主要作了以下修订更新：

1. 对某些内容的介绍、解释作了改进、补充（如湍流的形成、传热单元的意义），并对较多细节处的阐述进行完善，以期更易于接受，更利于内容的前后联系；订正了遗留的不妥之处，删减了已少用的部分内容。

2. 校准、更新了一些常用的数据，如附录八、附录九的“饱和水蒸气表”、附录十六的“管子规格”。

本书绪论、第一、第二、第三、第十、第十三章由窦梅编写；第十二章及第十四章的“超临界流体萃取”由黄文瀛编写；第十四章的“膜分离”由陈欢林编写；第四、第五、第六、第七、第八、第九、第十一章由谭天恩编写，并负责全书统稿。

为便于教学，本书配备有习题参考答案和电子教学课件，有需要者可登录 www.cipedu.com.cn 查询并免费下载。

本书第三版承蒙天津科技大学、太原理工大学、福建农林大学等院校的同行们提出诸多宝贵意见，对本次修订助益甚大，特表深切谢意；并渴望读者对本版不足之处继续提出。

编著者

2013 年 3 月于杭州

第一版前言

本书是根据化学工业部教育司与化学工业出版社关于增编化工原理教材的要求而编写的。

新编一本书，除了表达作者的见解而外，亦必借鉴前人的成果。本书很重视汲取以前的化工原理教材的优点，特别是张洪沅、丁绪淮、顾毓珍三位教授编著的“化学工业过程及设备”一书，历来为使用过的师生所称道，本书开编前征集意见时，亦常有人提出应以该书为楷模。编者曾认真研究该书特点，深觉其内容精练、阐述严谨、概念清楚、文字流畅。对于由浅入深、联系实际等教学法上的基本要求，亦很重视。本书编写时极力以此为目标，但限于编者水平，甚虑达到之不易，在此提出，亦是作为策励之意。

本书力求重视概念与原理，同时注意引导学生从工程角度考虑问题。对于设备，着重典型分析，以操作原理为主，构造细节为次。至于设计计算，则侧重原则与方法，而具体步骤从简。有少数节、段的内容，与最基本者相比属于稍偏或稍难，用特殊标记▽表示。每章之末所推荐的参考读物，限于合乎学生程度而易见到的书刊；至于国内已出版的同类教材，自是重要的参考书，但若每章之末都列举一次，未免繁冗，故在此提出后，一般不再列。

本书有个别段落，采自编者参加编写的学校讲义，现已公开出版的其他教材中，偶亦有引用这些内容的。由于本书出版在后，故顺带指出。

成书过程中，除得到化工部教育司与化学工业出版社的有力支持外，编者所属各院校亦在工作上给予各种协助与方便，而许多院校从事化工原理教学的同志，或提供意见，或介绍资料，或校阅稿件，均不遗余力。本书得以编成，深赖上述赞助，对此编者深致谢意。编者学识有限，用力虽勤而成绩不彰，书中欠妥之处一定不少，甚望读者本着扶持一本合用教材的精神，尽量指出其不足，以助日后之修订。

编者

1982 年 8 月

第二版前言

本书在 1984 年出版后经过几年的使用，广大读者在给予肯定的同时，也提出了不少的意见和建议，主要是上册中还存在某些概念不够清晰、阐述不够严密、内容不够精练之处，印刷错误也较多等。经编者提出申请，化工原理课程教学指导委员会 1988 年两次工作会议上讨论，最后由化工部教育司核准，决定先对上册修订再版。

再版中对发现的错误做了更正，不够确切或严密的提法作了修改，力求加强前后的联系和论述的逻辑性，注意到习题和讲课进度能较好配合，对某些内容，尤其是第五、第六章做了较大调整；根据法定单位制在我国实施的进展，基本上全部采用 SI 制；重新改写的内容占到 10%以上，其中包括插图、例题、习题和参考文献。

本书绪论、第一、第二、第三、第四、第十一、第十四章由麦本熙执笔，第五、第六、第七、第十三章由丁惠华执笔；其余由谭天恩执笔，并为全书统稿；黄有慧、吴庆邦为审稿人（黄有慧参加第九、第十章执笔）。

我们虽尽了很大努力，但仍难免有不妥之处，甚望广大读者继续提出意见。并对过去指出本书不足的同志们，在此表示深切谢意。

编者

1990 年元月

第三版前言

本书上册、下册第二版问世以来，分别过去了近16年和8年，对本书的再版修订工作化学工业出版社早有计划要求。之后，书稿的编写先后经过了几次反复修改，即将定稿。至此，本书又申报并被批准列为普通高等教育“十一五”国家级规划教材，希望本书的再版能为教学改革添砖加瓦。第三版进一步贯彻以下的初衷：重视基本概念，阐述力求严谨，同时注意实际应用与培养工程观点，对发现的不妥之处予以订正；为较好地符合循序渐进、体现教改需要和科技进步，改写了一些内容；有的设备去旧换新，也对部分例题、习题进行了更新。具体做了如下改动。

1. 原第十四章“固体流态化”并入现第三章；
2. 简介某些新的内容，如反应精馏，并增加“其他分离过程”作为第三版的第十四章；
3. 删减已少用的内容，以使总的篇幅有所减少；
4. 各章的习题参考答案、参考读物汇总后分别列于上册和下册的书末。

本书是在第二版基础上修订完成的。原作者麦本熙、丁惠华由于健康原因未能参与本版修订工作。在此向麦本熙、丁惠华两位先生及第二版的其他编审者为本书所做的贡献深表谢意。

本书绪论、第一、第二、第三章由窦梅执笔；第十、第十三章由周明华执笔；第十二章及第十四章的超临界流体萃取由黄文瀛执笔；第十四章的膜分离由陈欢林执笔；其余由谭天恩执笔，并为全书统稿。

为便于教学，本版书将配备电子教学课件和习题参考解答，有需要者可向出版社及作者咨询。

感谢读者们为本书提出的宝贵意见，切望对本版不足之处续予提出。

编著者

2006年6月于杭州

目录

第七章 蒸发 …………………………………… 218

附 录 …………………………………… 247

习题参考答案 …………………………………… 280

参考读物 …………………………………… 282

绪 论

一、本课程的历史背景和内容

在化学工业中，对原料进行大规模的加工处理，使其不仅在状态与物理性质上发生变化，而且在化学性质上也发生变化，成为合乎要求的产品，这一过程即为化学工业的生产过程，简称为化工过程。化工过程的特点是步骤多，而且由于所用的原料与所得的产品种类繁多，不同化工过程的差别很大。但分析各种化工过程可以发现，所包含的加工步骤均可分为两类：一类以进行化学反应为主，通常是在反应器中进行，它是化工过程的核心；另一类则主要是物理性加工步骤，即改变物料的状态或其物理性质，而不是改变其化学性质。例如，乙醇的生产和石油加工中都要进行蒸馏过程；陶瓷、尿素、染料、塑料、纸张等的生产中都有干燥过程；而糖、食盐这两种迥然不同的食品其生产过程中都包含有流体输送、蒸发、结晶、离心分离、干燥等过程。这类化工生产中共有的过程，用来为化学反应过程创造适宜的条件或将反应产物后处理制成纯净产品，称为**单元操作**。它们在化学工业生产中占有大部分的设备投资和操作费用，对生产的经济效益具有决定意义。

化工产品千千万万，但是所涉及的单元操作的种类却并不多，约20余种，按其所根据的内在的理论基础可分为：

以动量传递理论为基础，如流体输送、沉降、过滤、固体流态化、搅拌等；

以热量传递理论为基础，如加热、冷却、冷凝、蒸发等；

以质量传递理论为基础，如蒸馏、吸收、萃取等；

此外，还有以热、质同时传递为基础，如干燥、结晶、增湿、减湿等。

化工原理课程就是讲述比较重要且常用的单元操作的基本原理，工艺计算，典型设备的结构、操作性能和设计、选型等内容。“化工原理”这个名称源于世界上第一本系统阐述单元操作原理和计算方法的著作——W. H. Walker，W. K. Lewis 和 W. H. McAdams 合著的 Principles of Chemical Engineering（1923年）。

二、贯穿本课程的三大守恒定律

本书中各单元操作的计算所涉及的定律主要有：质量守恒定律、能量守恒定律和动量守恒定律。

1. 质量守恒定律——物料衡算

每一单元操作中，均涉及原料、产物、副产物等之间量的关系，这可通过物料衡算确定。物料衡算的根据是质量守恒定律。即进入任何过程的物料质量等于从该过程离开的物料质量与积存于该过程中的物料质量之和

$$输入＝输出＋积存$$

很多情况下，过程进行中无物料积存，此种过程属于稳定过程（关于稳定过程的其他特点，第一章将作进一步讨论）。于是，上述物料衡算关系便简化为

$$输入＝输出$$

上述关系可在微元体上使用，亦可在整个过程的范围内使用，或在一个或几个设备的范围内使用。它既可针对全部物料运用，也可在没有化学反应发生时针对混合物的任一组分来运用。

2. 能量守恒定律——能量衡算

许多单元操作需与外界进行能量交换，用于改变物料的温度或聚集状态，提供反应所需

的热量等，或者在过程中有几种能量相互转化。此时，其间的关系可通过能量衡算确定。能量衡算的根据是能量守恒定律。对于稳定过程，有

输入＝输出

3. 动量守恒定律——动量衡算

动量守恒定律即牛顿第二定律，研究动量随时间的变化率与力之间的关系。

三、单元操作的研究方法

化工原理属于工程学科，它的对象是现实的、复杂的生产过程。除少数简单问题可以列出方程直接求解以外，由于设备结构各异，影响因素繁多，单纯从理论上建立数学模型进行描述、求解，往往很困难，甚至根本行不通，因此，单元操作目前主要的研究方法是实验研究法和数学模型法（又称半理论半经验法），这两种方法在各单元操作中的具体应用，读者将会在各章中体会到。

1. 实验研究法

所谓实验研究法，一般是以量纲分析为指导，依靠实验建立过程参数之间的相互关系，把这种关系表示成由若干参数组成的特征数的关联。

2. 数学模型法

数学模型法需要对实际问题的机理做深入分析，并在抓住过程本质的前提下做出某些合理的简化，得出能基本反映过程机理的物理模型。通常，数学模型法所得结果包括反映过程特性的模型参数，其值须通过实验才能确定，并以实验检验模型的可靠性。因而它是一种半理论、半经验的方法。

随着计算机及计算技术的发展，复杂数学模型的求解已成为可能，所以数学模型法将逐步成为单元操作中的主要研究方法。

在学习本课程时，学生应仔细体会不同单元操作中哪些采用实验法，哪些采用数学模型法，其原因何在。掌握这些方法论，将有助于增强分析问题与解决问题的能力。

四、贯穿本课程的主线——工程观点

前已叙及，化工原理课程属于工程学科，它是基础理论课向工程专业课过渡的桥梁，是解决生产问题的基石。因此，培养工程思维和解决工程实际问题的能力是本门课程的最终目的。“工程观点”将一直贯穿于本课程中，以下举几个例子。

工程问题与以往理论上求解不同的是通常离不开从实验得出的经验、半经验公式，而这些公式都有各自的使用条件，这是工程性的一个典型特征，读者将逐步学会自己通过实验去得到或验证这类公式。计算方法上，由于参数间的关系复杂，往往难以用联立方程求解，而需要用“试差法”，即先设定某些初值，计算出结果后复核，再据此调整所设数据，重新计算，直到结果与设定值的偏差小于指定值为止。对于给定的问题，应当设定哪个（哪些）参数？设多大的初值？如何根据试算结果调整再次设定的值？这些都是需要逐步掌握的工程计算技巧。为避免因偶然的计算错误使结果离谱而不自知，以及如何恰当地选择试差中的初值等，需要记住一些经常遇到的工程数据范围，即需要有“数量概念”，如水及类似液体在管路中的流速范围一般为1～3 $m \cdot s^{-1}$，做到心中有数。计算中也要注意“有效数字”，既要保证能够达到的准确性，又要避免出现虚假的“准确”。在工艺计算中会涉及大量的物性，而物性通常随温度、压力、浓度而变化，特别是受温度的影响较大，但考虑到在所涉及的范围内，物性的变化不是很显著，在工程计算中常近似取为常数，使问题简单化，以便于解决主要矛盾。此外，工程问题的解答或设计的方案通常不是唯一的，做决定时，除要考虑经济性以外，还要同时兼顾节能、环保及资源回收等因素。在本课程的学习中，读者将逐步认识、体会、树立这类工程观点，用来分析和解决实际问题。

第一章　流体流动

气体和液体统称为流体。流体流动现象在工业生产中很常见，本章内容就是流体流动的基本知识和规律。它在化工生产中极为重要，因为它不仅是研究流体在管内或设备内流动的基础，而且还与许多单元操作密切相关，例如沉降、过滤、搅拌、固体流态化、传热与传质等单元操作。因此，可以说，流体输送是化工过程中最普遍的单元操作之一。

流体流动不是指流体分子或原子的微观运动，而是指流体的宏观运动，其研究对象是由大量分子或原子构成的流体微团（或称质点）；另一方面，其大小与管路或容器的几何尺寸相比又是微不足道的。流体内部无数质点运动的总和，构成了流体的流动。

第一节　流体静止的基本方程

本节讨论重力场中静止流体的力学规律。在讨论前，先对有关的物理量作必要的说明。

一、密度

单位体积流体的质量，称为流体的**密度**，以符号 ρ 表示，单位是 $kg \cdot m^{-3}$。

流体的密度是物性之一，可从有关的物理化学手册中查得。一些常见流体的密度可参见本书附录二、附录三、附录五、附录六等。

影响流体密度大小的因素主要有流体的种类、压力、温度等。其中，液体的密度基本上不随压力而变（除压力极高以外），但随温度稍有变化。通常温度升高，液体体积膨胀，密度变小。因此在手册上查取液体密度时，要注意所指的温度。

气体的密度一般随压力、温度有较明显的变化。在压力不是很高或极低时，其密度可按式(1-1) 理想气体状态方程计算

$$\rho=\frac{m}{V}=\frac{pM}{RT} \tag{1-1}$$

式中，ρ 为密度，$kg \cdot m^{-3}$；m 为质量，kg；V 为体积，m^3；M 为摩尔质量，$g \cdot mol^{-1}$ 或 $kg \cdot kmol^{-1}$；p 为压力，kPa；R 为气体常数，$R=8.314\ kJ \cdot kmol^{-1} \cdot K^{-1}$；$T$ 为热力学温度，K。

因为标准状态下（101.3 kPa、273 K），1 kmol 气体的体积为 22.4 m^3，故气体密度也可以采用式(1-2) 计算

$$\rho=\frac{M}{22.4}\times\frac{p}{101.3}\times\frac{273}{T}=0.1203\,\frac{Mp}{T} \tag{1-2}$$

化工过程中遇到的流体大多为混合物，而手册中一般仅提供纯物质的密度，混合物的密度可通过纯物质的密度计算如下。

对于液体均相混合物，假定混合前后总体积不变，则对 1 kg 液体的体积有

$$\frac{1}{\rho_m}=\frac{a_1}{\rho_1}+\frac{a_2}{\rho_2}+\cdots+\frac{a_n}{\rho_n}$$

式中，ρ_m 为液体混合物的密度，$kg \cdot m^{-3}$；a_1，a_2，…，a_n 为液体混合物中各组分的质量分数；无量纲；ρ_1，ρ_2，…，ρ_n 为液体混合物中各组分的密度，$kg \cdot m^{-3}$。

对于气体混合物，以 1 m^3 混合物为基准，根据混合前后总体积及总质量不变，可知

$$\rho_m=\varphi_1\rho_1+\varphi_2\rho_2+\cdots+\varphi_n\rho_n$$

式中，ρ_m 为气体混合物的密度，$kg\cdot m^{-3}$；φ_1，φ_2，…，φ_n 为气体混合物中各组分的体积分数。

压力或温度改变时，密度随之改变很小的流体称为**不可压缩流体**，若有较显著的改变则称为**可压缩流体**。通常认为液体是不可压缩的，气体是可压缩的。但是，若压力或温度改变不大时，气体也可按不可压缩流体处理。

二、压力的表示方法

流体垂直作用于单位面积上的力，称为压力强度，简称**压强**，但习惯上也多称为**压力**，单位为 Pa（帕），即 $N\cdot m^{-2}$。此外还有一些习惯使用的单位，现列出一些常见的压力单位及其换算关系。

$$1\ atm(标准大气压)=101325\ Pa\approx101.3\ kPa(千帕)=0.1013\ MPa(兆帕)$$
$$=760\ mmHg\approx10.33\ mH_2O$$

压力有两种计量基准：以绝对真空为基准所计量的压力，称为绝对压力，简称绝压。绝压只能是正值。像式(1-1) 及式(1-2) 这样的热力学方程中必须采用绝压进行计算。以当地大气压（取对时间的平均值）为基准所计量的压力，称为相对压力。本书中，若没有注明，就认为基准压力为 1 个标准大气压，即 101.3 kPa。

相对压力可正可负，若为正值，则称此压力为表压（即压力表读数），若为负值，则称其绝对值为真空度（即真空表读数）。

如图 1-1 所示，表压、真空度与绝压的关系。

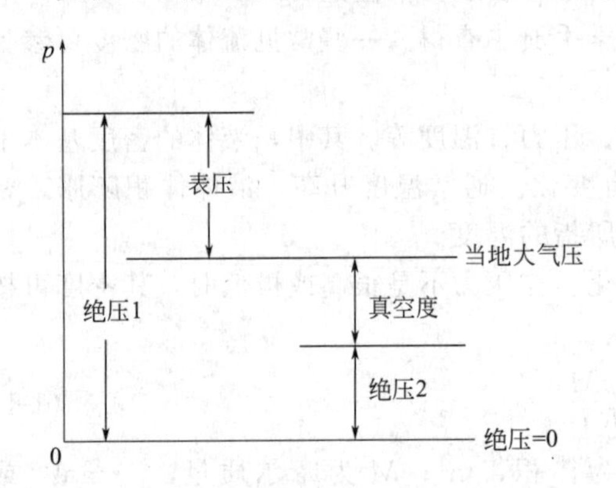

图 1-1　表压、真空度与绝压的关系

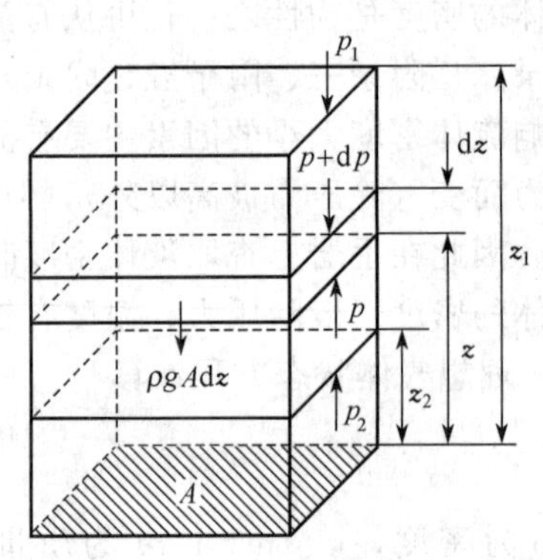

图 1-2　静止流体的力平衡

$$表压=绝压-当地大气压$$
$$真空度=当地大气压-绝压$$

本书中，若压力未注明，则默认代表表压。

三、流体静力学方程

静止流体内部任一点的压力称为该点的静压力，其特点如下：

(1) 从各方向作用于某一点上的静压力相等；

(2) 静压力的方向垂直于通过该点的作用平面；

(3) 在重力场中，同一水平面上各点的静压力相等；高度不同的水平面的静压力随位置的高低而变化。

静压力随位置高低变化关系的公式，可通过分析流体内部的静力平衡得到。

如图 1-2 所示，考虑重力场中内盛流体的垂直柱形容器，其底面积为 A。在底面以上高度为 z 的水平面上所作用的静压力为 p，此处流体的密度为 ρ。在此水平面上厚度为 dz 的薄层流体所受的力如下：

向上作用于薄层下底的总压力 pA；

向下作用于薄层上底的总压力 $(p+\mathrm{d}p)A$；

向下作用的重力 $\rho gA\mathrm{d}z$。

以向上作用的力为正，向下作用的力为负。流体静止时三力之和为零，故：

$$pA-(p+\mathrm{d}p)A-\rho gA\mathrm{d}z=0$$

简化得

$$\mathrm{d}p+\rho g\mathrm{d}z=0 \tag{1-3}$$

若 ρ＝常数，积分上式得

$$\rho gz+p=常数 \tag{1-4}$$

若积分上、下限分别取高度等于 z_1 和 z_2 的两个平面，又作用于这两平面上的压力分别为 p_1 与 p_2（如图 1-2），则得：

$$p_2=p_1+\rho g(z_1-z_2) \tag{1-5}$$

或

$$\frac{p_2}{\rho g}=\frac{p_1}{\rho g}+(z_1-z_2) \tag{1-6}$$

若容器内盛的是液体，上部与大气相通，则以表压计 $p_1=0$，容器底部的静压力 $p=p_2$；又以 z_p 代表 (z_1-z_2)，从式(1-6) 可知

$$\frac{p}{\rho g}=z_p \tag{1-7}$$

式(1-7) 就是液柱高 z_p 与其产生的静压力 p 之间的对应关系，$p/\rho g$ 通称为静压头；"头"用来代表液位高度，能形象地表示压力的大小；z_p 相应地称为位压头或位头。

式(1-4)～式(1-6) 是**流体静力学基本方程**，适用于重力场中静止的、连续的不可压缩流体。上述各式表明：静止流体内部某一水平面上的压力与其所处的高度和流体的密度有关，所在高度愈低则压力愈大。从式(1-6) 还可看出，压力 p_1 若有变化，压力 p_2 亦随之增减，即液面上所受的压力能以同样大小传递到液体内部的任一点（**巴斯噶原理**）。

四、流体静力学方程的应用

静力学原理在工程实际中应用相当广泛，在此仅介绍依据静力学原理制成的测压仪表，其主要形式如下。

（一）U 形管压差计

U 形管压差计结构如图 1-3 所示。在一根 U 形的玻璃管内装入液体，称为指示液。指示液要与被测流体不互溶，且其密度比被测流体的大。

将 U 形管两端与被测两点连通，若作用于 U 形管两端的压力不等，则指示液在 U 形管的两侧臂上便显示出高度差 R。

令指示液的密度为 ρ_0，被测流体的密度为 ρ，如图1-3所示，取水平面 3-3′。因 3-3′面以下的流体连续，根据静力学方程可知其为等压面，即 $p_3=p_3'$，考虑 U 形管左侧臂，根据静力学基本方程，可得

$$p_3=p_1+\rho g(z_1+R)$$

同样，考虑 U 形管右侧臂可得：

$$p_3'=p_2+\rho gz_2+\rho_0 gR$$

因 $p_3=p_3'$，故

$$(p_1+\rho gz_1)-(p_2+\rho gz_2)=(\rho_0-\rho)gR \tag{1-8}$$

化简得：

$$p_1-p_2=(\rho_0-\rho)gR+\rho g(z_2-z_1) \tag{1-9}$$

测量气体时，由于气体的密度比指示液的密度小得多，式(1-9) 中的 ρ 可以忽略，于是上式化简为：

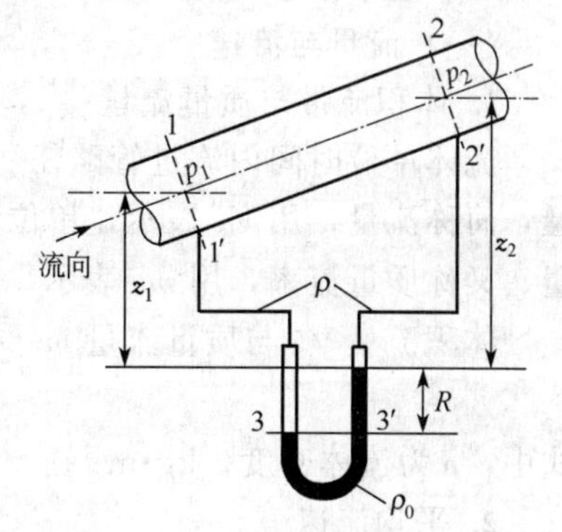

图 1-3　U 形管压差计

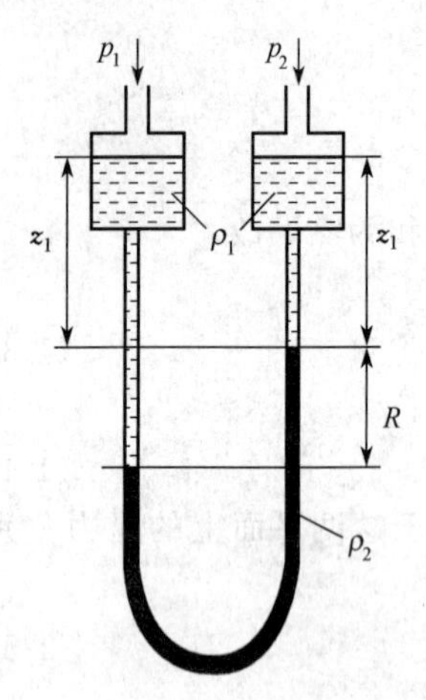

图 1-4 双液体 U 形管压差计

$$p_1-p_2=\rho_0 gR \quad (1\text{-}10)$$

若 U 形管的一端与被测流体连接，另一端与大气相通，则 U 形管压差计就成为了压力计，可测量流体的表压或真空度。

（二）双液体 U 形管压差计

若所测压力差很小，用普通压差计则读数 R 难以读准，可改用如图 1-4 所示的双液体 U 形管压差计。它是在 U 形管的两侧臂上增设两个小室，如图分别装入两种互不相溶而且密度相差不大的指示液。

因为小室截面积足够大，故小室内液面高度变化常可忽略不计。由静力学原理可推知：

$$p_1-p_2=(\rho_2-\rho_1)gR \quad (1\text{-}11)$$

选择两种适当的指示液，使（$\rho_2-\rho_1$）很小，便可将 R 放大到普通 U 形管的好几倍或更大。

此外，将普通 U 形管压差计倾斜放置，也可以放大读数，此即倾斜 U 形管压差计。

【例 1-1】 用普通 U 形管压差计测量气体管路上两点的压力差，指示液用水，读数 R 为 12 mm。为了放大读数，改用双液体 U 形管压差计，指示液 1 为煤油，密度为 850 kg•m^{-3}。指示液 2 仍用水。问读数可以放大到多少毫米？

解 将 $R=0.012$ m、$\rho_0=1000$ kg•m^{-3} 代入式(1-10) 得

$$p_1-p_2=1000\times 0.012g$$

将 $\rho_1=850$ kg•m^{-3} 与 $\rho_2=1000$ kg•m^{-3} 与代入式(1-11) 得

$$p_1-p_2=(1000-850)gR'$$

将以上两式相除得：

$$R'=\frac{1000\times 0.012}{1000-850}=0.08 \text{ m（或 80 mm）}$$

计算表明，新读数可提高为原来的 80/12＝6.7 倍。

第二节 流体流动的基本方程

工业上流体大多沿密闭的管路系统（包括密闭的管道、容器和设备）流动，因此本节主要研究流体在管路系统内流动的基本方程。

一、基本概念

（一）流量与流速

1. 体积流量与质量流量

流体单位时间内流过管路任一流通截面（管道横截面，简称截面）的体积，称为**体积流量**，简称流量，用 V_s 表示，单位为 m^3•s^{-1}；单位时间内流过任一截面的质量，称为**质量流量**，又称质量流率，用 m_s 表示，单位为 kg•s^{-1}。

体积流量 V_s 与质量流量 m_s 之间存在下列关系：

$$m_s=\rho V_s \quad (1\text{-}12)$$

式中，ρ 为流体密度，kg•m^{-3}。

2. 平均流速

流体质点在同一截面上各点的线速度并不相等，在管壁处为零，离管壁愈远则速度愈

大。工程上通常采用平均速度来表示流体在管道中的速度。

以流量除以截面积所得的平均速度，简称**流速**，用 u 表示，单位为 $m \cdot s^{-1}$。以质量流量除以截面积所得的平均速度称为**质量流速**，用 G 表示，单位为 $kg \cdot m^{-2} \cdot s^{-1}$。即

$$u=V_s/A, \ G=m_s/A \tag{1-13}$$

注意，A 与 u 在空间上是相互垂直的。显然，流速 u 与质量流速 G 之间存在下列关系：

$$G=\rho u \tag{1-14}$$

（二）稳定流动与不稳定流动

流体流动时，若任一点处的流速、压力、密度等与流动有关的物理参数都不随时间改变，就称之为稳定（稳态、定态）流动。反之，只要有一个物理参数随时间而变，就属于不稳定（非稳态、非定态）流动。

连续生产过程中的流体流动，多可视为稳定流动，在开工或停工阶段，则属于不稳定流动。本章以分析稳定流动为主。

（三）黏性与黏度

1. 牛顿黏性定律

众所周知，在水中或空气中运动的物体都会受到阻力，其产生的根本原因就是流体的黏性。

下面通过如图 1-5 所示的假想实验来详细阐述黏性及其产生的原因。

设想有两块面积很大而相距很近的平板，其间充满流体。令下板保持不动，用一恒定的力向右推动上板，使其以速度 $v=v_0$ 沿 x 方向作匀速运动。可以想象，附在上板底面的一薄层流体的速度等于板移动的速度 v_0，其下各层的速度逐渐减小，形成速度梯度 dv/dy；附在下板上表面的一薄层流体的速度为零，如图 1-5 所示。现各相邻流体层间的 dv/dy 都相等，也等于两板间的平均速度梯度 v_0/y_0，这里 y_0 为板间距。

为什么两板间的流体会作上述的运动呢？这是因为流体有黏性。

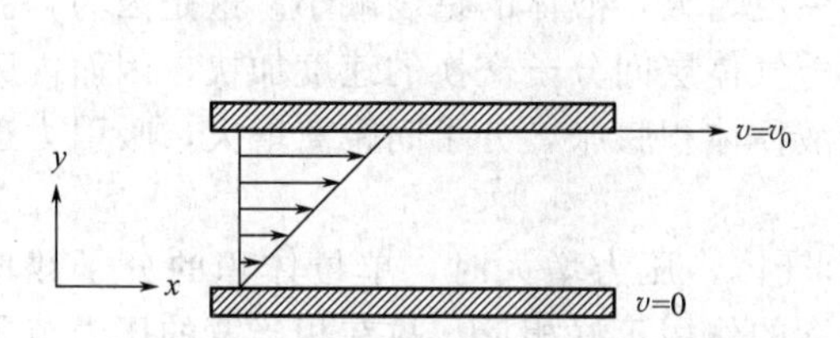

图 1-5　平板间黏性流体分层运动及速度分布

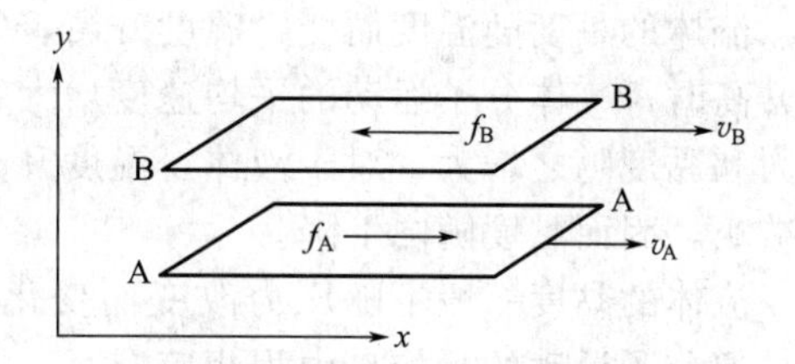

图 1-6　气体的内摩擦力

气体黏性产生的原因可以用分子运动论作如下解释。图 1-6 所示为相邻两薄层气体层 A-A 和 B-B 的示意图。其中，分子除了向右以速度 v_A、v_B 作定向运动外，还有无规则的热运动，后者使得分子在两薄层之间相互交换。速度较慢的薄层 A-A 的分子进入速度较快的薄层 B-B 后，会被加速而动量增大；同时产生一个与 v_B 方向相反的阻滞力 f_B。另一方面，速度较快的薄层 B-B 的分子进入速度较慢的薄层 A-A，会被减速而动量减小；同时产生一与 v_A 方向相同的推动力 f_A。以上由动量传递产生的一对力 f_A 与 f_B 大小相等，方向相反，这一对力就是黏性力或内摩擦力。这种传递一层一层进行，直至固体壁面。综上所述，气体的黏性力或内摩擦力产生的原因是速度不等的流体层之间动量传递的结果。

至于液体，由于液体分子间平均距离比气体要小得多，黏性力主要由分子间的吸引力所产生。

流体所具有的这种阻碍流体内部相对运动的性质称为**黏性**。

图 1-5 所示的一维分层流动中，两相邻流体层之间单位面积上的内摩擦力 τ，称为**内摩**

擦应力，或**黏性剪应力**；大量实验证明，它与两流体层间的速度梯度 $\mathrm{d}v/\mathrm{d}y$ 成正比，即

$$\tau=\pm\mu\frac{\mathrm{d}v}{\mathrm{d}y} \tag{1-15}$$

式中，τ 为黏性剪应力，$\mathrm{N/m^2}$。τ 与 v 方向相同时取正号，否则取负号。

式(1-15) 称为**牛顿黏性定律**。服从此定律的流体称为牛顿型流体。所有的气体和大部分低分子量（非聚合的）液体或溶液均属于牛顿型流体。

2. 黏度

显然，式(1-15) 中比例系数 μ 值愈大，流体内部的剪应力 τ 值便愈大，即流体的黏性愈强；可见 μ 是衡量流体黏性大小的一个物理量，称为动力黏度，简称**黏度**。

黏度的单位可通过式(1-15) 确定。

$$[\mu]=\left[\frac{\tau}{\mathrm{d}v/\mathrm{d}y}\right]=\frac{\mathrm{N/m^2}}{(\mathrm{m/s})/\mathrm{m}}=\mathrm{Pa\cdot s}$$

黏度还有一些其他的常用单位，如 P（泊）、cP（厘泊）等，其换算关系为

$$1\ \mathrm{P}=100\ \mathrm{cP},\ 1\ \mathrm{cP}=1\ \mathrm{mPa\cdot s}$$

将式(1-15) 改写为

$$\tau=\pm\frac{\mu}{\rho}\frac{\mathrm{d}(v\rho)}{\mathrm{d}y} \tag{1-16}$$

式中，$v\rho$ 是单位体积的动量，$\mathrm{d}(v\rho)/\mathrm{d}y$ 便成为以单位体积流体计的动量梯度。记 $\nu=\mu/\rho$，称为**运动黏度**，单位为 $\mathrm{m^2\cdot s^{-1}}$。

由式(1-16) 可见，动量梯度愈大，流体内部的黏性剪应力愈大，可见牛顿黏性定律还可以表达两相邻流体层之间内摩擦应力与动量传递之间关系。

黏度是流体的重要物理性质之一，需由实验测定。关于常见流体的黏度值，读者可以在有关手册或资料中查取。当缺乏实验数据时，也可用经验公式计算。本书附录中列出了一些液体和气体的黏度，可以看出，气体的黏度通常远小于液体黏度。

流体的黏度随温度而变：温度升高，气体的黏度增大，液体的黏度减小。这是因为，温度升高时，气体分子运动的平均速度增大，两相邻气体层间分子交换的速度加快，因而内摩擦力和黏度随之增大。对于液体，温度升高时，液体体积膨胀，分子间距离增大，吸引力迅速减小，因而黏度随之下降。

流体的黏度一般不随压力改变而变化。对于气体，压力增大时，单位体积的分子数增多，但分子运动的平均自由程相应减小，两个因素的作用正好相反，故在相当宽的压力范围内气体的黏度不随压力而变化。对于液体，由于其不可压缩性，也是在相当宽的压力范围内黏度不受压力的影响。

（四）非牛顿型流体

不服从牛顿黏性定律的流体称为非牛顿型流体。根据剪应力与速度梯度关系的不同，可将非牛顿型流体分为若干类型。图 1-7 示出了三种常见的非牛顿型流体的剪应力与速度梯度关系曲线。

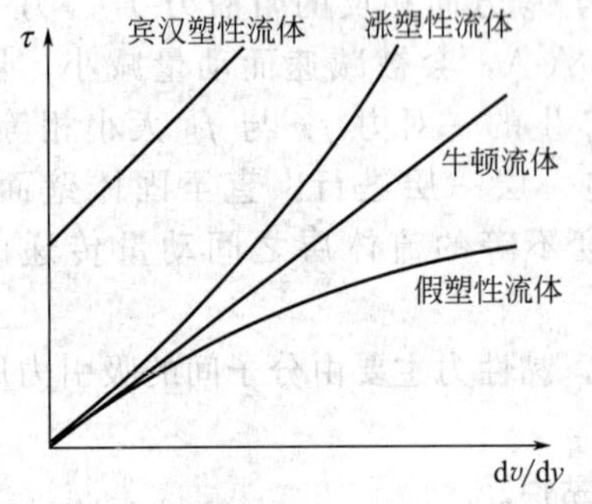

图 1-7 流体剪应力与速度梯度关系

（1）假塑性流体　如图 1-7 所示，假塑性流体的剪应力与速度梯度关系曲线为一向下弯的曲线，多数非牛顿型流体都属于这一类，其中有聚合物溶液或熔融体、油脂、淀粉溶液、油漆等。

（2）涨塑性流体　如图 1-7 所示，涨塑性流体的剪应力与速度梯度关系曲线为一向上弯的曲线，如含细粉浓度很高的水浆等。

（3）宾汉塑性流体　如图 1-7 所示，宾汉塑性流体的

剪应力与速度梯度关系曲线为斜率固定但不通过原点的直线，表示剪应力超过一定值（直线的截距）之后，宾汉塑性流体才开始流动。其解释是：此种流体在静止时具有三维结构，其刚度足以抵抗一定的剪应力，剪应力超过其屈服限之后流体才开始流动。属于此类的物质有纸浆、牙膏、肥皂、污泥浆等。

以上三种非牛顿型流体的剪应力都只随速度梯度而变，并不随剪应力作用的时间而变。

此外还有一些非牛顿型流体，在一定的速度梯度之下，其剪应力可随时间的增长而降低或增大，称为**触变性流体**，如某些油漆在搅拌时间加长时便显得变稀。非牛顿流体中还有一种称为**黏弹性流体**，此种物质既有黏性又有弹性，应力除去以后其变形能够部分地恢复。黏弹性物质（例如面团）受挤压通过小孔而成条状后，每条的截面积可以略大于孔面积，即是变形的部分恢复。

二、质量衡算——连续性方程

设流体在如图 1-8 所示的管道中作连续稳定流动，从截面 1-1 流入，从截面 2-2 流出，管道内任意处都没有流体积累。根据质量守恒定律可知，从截面 1-1 流入的流体质量流量 m_{s1} 应等于从截面 2-2 流出的流体质量流量 m_{s2}，即

$$m_{s1}=m_{s2}$$

应用式(1-12) 和式(1-13)，上式可改写成：

$$\rho_1 u_1 A_1=\rho_2 u_2 A_2 \tag{1-17}$$

式(1-17) 称为管内稳定流动时的连续性方程。

若 $\rho_1=\rho_2=$常数，式(1-17) 变为：

$$u_1 A_1=u_2 A_2 \tag{1-18}$$

可见，当管道的截面大小有变化时，平均流速与截面面积成反比。

对于圆管，$A=\pi d^2/4$，d 为直径，于是流速与管径的平方成反比

$$u_1 d_1^2=u_2 d_2^2 \tag{1-19}$$

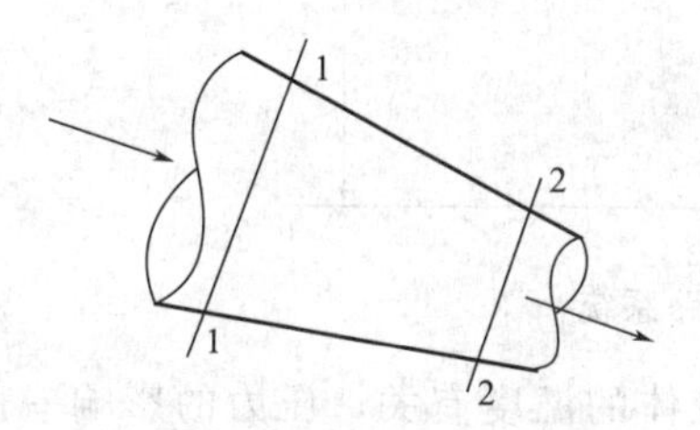

图 1-8　管道或容器内的流体

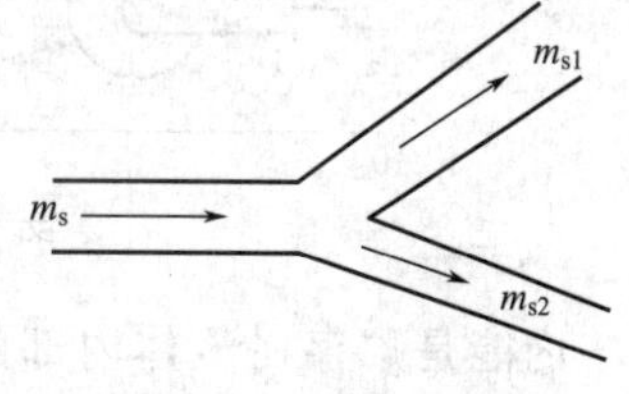

图 1-9　分支管路

如果管道有分支，如图 1-9 所示，则稳定流动时总管中的质量流量应为各支管质量流量之和，故其连续性方程为

$$m_s=m_{s1}+m_{s2} \tag{1-20}$$

【例 1-2】 如图 1-10 所示，管路由一段内径 60 mm 的管 1、一段内径 100 mm 的管 2 及两段内径 50 mm 的分支管 3a 及 3b 连接而成。水以 5.0×10^{-3} $m^3\cdot s^{-1}$ 的体积流量自左侧入口送入，若两段分支管内的体积流量相等，试求各段管内的流速。

解　通过内径 60 mm 管的流速为：

$$u_1=\frac{V_s}{A_1}=\frac{5.0\times10^{-3}}{\pi(0.06)^2/4}=1.77\ m\cdot s^{-1}$$

由式(1-19) 可得　$u_2=u_1(d_1/d_2)^2=1.77\times(60/100)^2=0.64\ m\cdot s^{-1}$

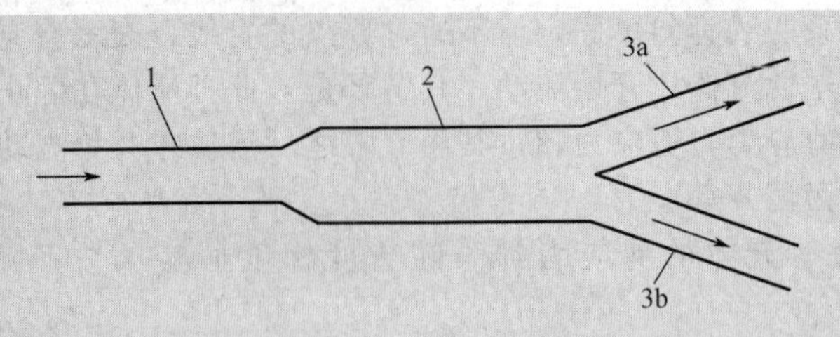

图 1-10 例 1-2 附图

水离开管 2 后分成体积流量相等的两股，故

$$u_1 d_1^2 = 2u_3 d_3^2$$

$$u_3 = \frac{1}{2}u_1\left(\frac{d_1}{d_3}\right)^2 = \frac{1}{2}\times 1.77\times\left(\frac{60}{50}\right)^2 = 1.27\ \text{m}\cdot\text{s}^{-1}$$

三、机械能衡算方程

这里首先导出理想流体的机械能衡算方程，然后再给出实际流体的。

（一）理想流体的伯努利（Bernoulli）方程

理想流体就是指没有黏性的流体，即没有内摩擦力导致机械能损失的流体。

设有一流动系统，如图 1-11 所示。在稳定条件下，若有质量 1 kg 的流体通过截面 1-1 进入此系统，亦必有 1 kg 的流体从截面 2-2 送出。在这一流动过程中，将涉及以下形式的能量。

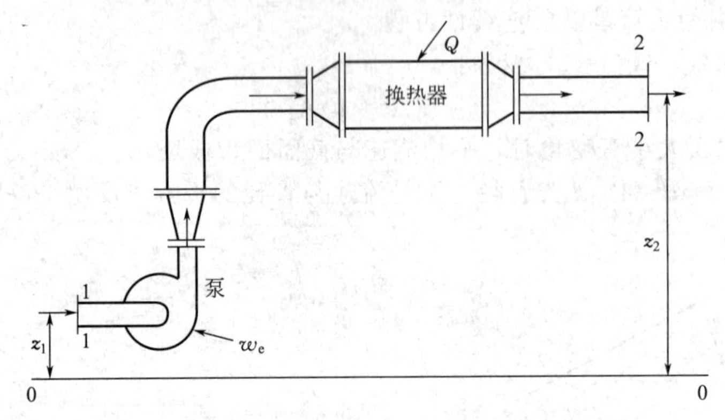

图 1-11 稳定流动的管路系统

内能 内能是贮存在流体内部的能量，主要与流体的温度有关，压力的影响一般可忽略。用 U 表示 1 kg 流体的内能，法定单位为 $\text{J}\cdot\text{kg}^{-1}$。

位能 这是因流体处于地球重力场内而具有的能量。若规定一个计算位能起点的基准水平面，则位能等于将流体由基准水平面提升至其上垂直距离为 z 处所作的功。1 kg 流体的位能为 gz，单位为 $\text{J}\cdot\text{kg}^{-1}$。

动能 这是因流体运动而具有的能量，等于将流体从静止状态加速到流速 u 所作的功。1 kg 流体的动能为 $u^2/2$，单位为 $\text{J}\cdot\text{kg}^{-1}$。

压力能 将流体压进流动系统时需要对抗压力作功，所作的功便成为流体的压力能输入流动系统。下面以图 1-11 中截面 1-1 为例，说明压力能的表达式。将 1 kg 的流体压过该截面的所作的功等于总压力 $P_1(=p_1A_1)$ 乘上位移 z_1，而 z_1 等于 1 kg 的流体体积（即为比容 $v_1=1/\rho_1$，$\text{m}^3\cdot\text{kg}^{-1}$）除以截面积 A_1，即

$$P_1 z_1 = (p_1 A_1)(v_1/A_1) = p_1 v_1 = p_1/\rho_1$$

其单位亦为 $\text{J}\cdot\text{kg}^{-1}$。

同理，1 kg 的流体通过出口截面 2-2 压出时输出的压力能则等于 p_2/ρ_2。

上述四项能量为伴随流体进、出流动系统而输入或输出的能量。除此之外，能量也可通过下述途径进、出流动系统。

热　若管路上连接有加热器或冷却器，流体通过时便吸热或放热。1 kg 流体通过流动系统时所吸收或放出的热量用 q_e 表示，其单位仍为 $J\cdot kg^{-1}$。这里规定，吸热时为正，放热时为负。

外加功　简称外功。若管路上安装了泵或风机等流体输送机械，便有能量即外功，从外界输入到流动系统内。反之，流体也可以通过水力机械等向外界作功而输出能量。1 kg 流体通过流动系统时所接受的外功用 w_e 表示，其单位为 $J\cdot kg^{-1}$。这里规定，外界对流体作功时，w_e 为正，流体向外界作功时，w_e 为负。

上述所提及的能量可分为两类，一类是机械能，包括位能、动能、压力能以及外功。此类能量可直接用于输送流体，而且可以在流体流动过程中相互转变，亦可转变为热或内能。另一类包括内能和热，这二者在流动系统内不能直接转变为机械能用于输送流体。

如果撇开内能和热而只考虑机械能，对图 1-11 所示的截面 1 与截面 2 之间理想流体的稳定流动，存在下述机械能衡算关系：

$$gz_1+\frac{u_1^2}{2}+\frac{p_1}{\rho_1}+w_e=gz_2+\frac{u_2^2}{2}+\frac{p_2}{\rho_2} \tag{1-21}$$

若 $\rho_1=\rho_2$，且流动系统与外界没有功的交换，即 $w_e=0$，则式(1-21) 化简为：

$$gz_1+\frac{u_1^2}{2}+\frac{p_1}{\rho}=gz_2+\frac{u_2^2}{2}+\frac{p_2}{\rho} \tag{1-22}$$

这就是以 1 kg 流体为基准的不可压缩理想流体作稳定流动时的机械能衡算式，称为**伯努利方程**。

（二）实际流体的机械能衡算

1. 实际流体的机械能衡算方程

当实际流体在如图 1-11 所示的流动系统内流动时，与上述不同的是，由于实际流体有黏性，要消耗机械能以克服摩擦阻力。消耗了的机械能转化为热，这部分热量使流体温度略微升高，也可能散失到环境中。此项机械能损耗应属于机械能衡算的输出项，即在式(1-22) 的右边输出项目中增加 w_f——单位质量流体通过流动系统的机械能损失，简称**阻力损失**，其单位亦为 $J\cdot kg^{-1}$。若再计入外功 w_e，有

$$gz_1+\frac{u_1^2}{2}+\frac{p_1}{\rho}+w_e=gz_2+\frac{u_2^2}{2}+\frac{p_2}{\rho}+w_f \tag{1-23}$$

式(1-23) 即为以 1 kg 流体为基准的不可压缩实际流体的机械能衡算方程。

对于可压缩流体，ρ 不为常数，其机械能衡算式将在本章第五节中讨论。

若将式(1-23) 两边同除以重力加速度 g，又令 $w_e/g=h_e$，$w_f/g=h_f$，则可得到以单位重量（1 N）流体为基准的机械能衡算方程

$$z_1+\frac{u_1^2}{2g}+\frac{p_1}{\rho g}+h_e=z_2+\frac{u_2^2}{2g}+\frac{p_2}{\rho g}+h_f \tag{1-24a}$$

显然，式(1-24a) 中各项的单位均为 $J\cdot N^{-1}$，即 m。第一节中已提到，z 为位头，$p/\rho g$ 为静压头，都代表某一液柱高度；这里，$u^2/2g$ 称为动压头（速度头）；h_e 称为外加压头（外加能头）；h_f 称为压头损失。位头、静压头和动压头之和称为总压头，用 h 表示。“头”为流体柱高度，用它来表示流体各种机械能的大小颇为直观。

若将式(1-23) 两边同乘以流体密度 ρ，又令 $\rho w_e=\Delta p_e$，$\rho w_f=\Delta p_f$，则可得到以单位体

积流体为基准的机械能衡算方程：

$$\rho g z_1+\frac{\rho u_1^2}{2}+p_1+\Delta p_e=\rho g z_2+\frac{\rho u_2^2}{2}+p_2+\Delta p_f \tag{1-24b}$$

式(1-24b) 中各项的单位均为 $J\cdot m^{-3}$，即 $Pa(=N\cdot m^{-2})$；Δp_e 为以单位体积流体计的**外功**，它体现为静压的增加；Δp_f 称为**压力损失**。

2. 机械能衡算方程的意义

① 式(1-22) 表明，理想流体在流动过程中机械能是守恒的。

② 若流体静止，则 $u=0$，$w_e=0$，$w_f=0$，于是式(1-22) 或式(1-23) 变为：

$$g z_1+\frac{p_1}{\rho}=g z_2+\frac{p_2}{\rho}$$

此即流体静力学方程，可见流体静止状态是流体流动的一种特殊形态。

③ 若流动系统无外加功，即 $w_e=0$，则机械能衡算方程变为：

$$g z_1+\frac{u_1^2}{2}+\frac{p_1}{\rho}=g z_2+\frac{u_2^2}{2}+\frac{p_2}{\rho}+w_f \tag{1-25}$$

由于 $w_f>0$，故式(1-25) 表明，在无外功的情况下，流体的流动方向总是从总能位（总机械能）较高处流向较低处。

3. 机械能衡算方程的应用

使用机械能衡算方程时，应注意以下几点：

(1) 作示意图　为有助于正确解题，在计算前常先根据题意画出示意流程图。

(2) 输入、输出截面的选取　输入、输出截面应与流动方向垂直，两者之间的流体必须连续不断，且在所选取的截面上，已知条件应最多，并包含要求的未知数在内。通常选取系统进、出口处截面作为输入、输出截面。

(3) 基准水平面的选取　由于等号两边都有位能，故基准水平面可以任意选取而不影响计算结果，但为了计算方便，一般将基准面定在某一流通截面的中心上，这样，该截面的位能为零。

(4) 压力　等号两边都有压力项，故用绝压或表压均可，通常以用表压较为方便。

机械能衡算方程与连续性方程是解决流体输送问题不可缺少的关系式，下面通过几个例题来说明其应用。

【例 1-3】 机械能的相互转化

如图 1-12 所示，高位槽中液面高度保持为 H，高位槽下接一管路。在截面 2-2、3-3 处各接两个垂直玻璃管，一个是直的，用来测静压；一个有弯头（弯头的管口正对着来流），用来测动压头与静压头之和：流体流到弯头的管口处，轴向速度变为零，其动压头全部转化为静压头，使得静压头增大为（$p/\rho g+u^2/2g$）。设流体阻力损失可以忽略，截面 2-2 处垂直细管内液柱高度如图所示；截面 2-2 至 3-3 为等径管。试定性画出其余各细管内的液柱高度。

解　如图 1-13 所示，在截面 1-1、2-2 间应用伯努利方程式(1-22) 得

$$H+\frac{u_1^2}{2g}+\frac{p_1}{\rho g}=z_2+\frac{u_2^2}{2g}+\frac{p_2}{\rho g}$$

式中 $u_1\approx 0$（容器内的截面比管内的要大得多，故 u_1 可忽略），$p_1=0$，$z_2=0$（取为基准面），于是，上式简化为

$$H=\frac{u_2^2}{2g}+\frac{p_2}{\rho g} \tag{a}$$

式(a) 表明，对于阻力损失可以忽略的流体，由截面 1-1 流向截面 2-2 时，位头变小，相应的动压头和静压头增大。式(a) 右边项就是截面 2-2 处有弯头的细管中的液柱高度，它与高位槽内液面高度 H 相等（见图 1-13），而比左边垂直管高出的部分代表动压头的大小。

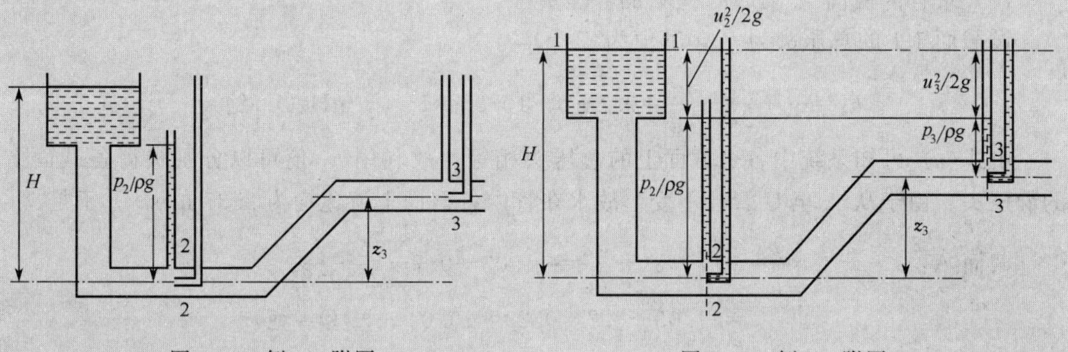

图 1-12 例 1-3 附图 1　　图 1-13 例 1-3 附图 2

同理，在截面 2-2、3-3 间应用伯努利方程得

$$\frac{u_2^2}{2g}+\frac{p_2}{\rho g}=z_3+\frac{u_3^2}{2g}+\frac{p_3}{\rho g} \tag{b}$$

因为截面 2-2、3-3 处管径相等，故 $u_2=u_3$，于是式(b) 简化为：

$$\frac{p_2}{\rho g}=z_3+\frac{p_3}{\rho g} \tag{c}$$

式(c) 表明，对于阻力损失可以忽略的流体，由截面 2-2 流向截面 3-3 时，动压头不变而位头增大（由 0 变为 z_3），相应地，静压头就要减小（由 $p_2/\rho g$ 减小为 $p_3/\rho g$)，如图 1-13 所示。

对照式(a) 与式(b) 可得：

$$H=z_3+\frac{u_3^2}{2g}+\frac{p_3}{\rho g} \tag{d}$$

式(d) 表明，截面 3-3 处有弯头的细管中的液柱高度也与槽中液面等高。

【例 1-4】 机械能的相互转化

桶中的水经等径虹吸管，再经过一喷嘴流出，如图 1-14 所示，喷嘴直径是虹吸管直径的 80%。设流动阻力可以不计，试求 (1) 喷嘴处和管内水的流速；(2) 截面 A（管内)、B、C 三处的静压头。取大气压为 10.33 mH_2O。

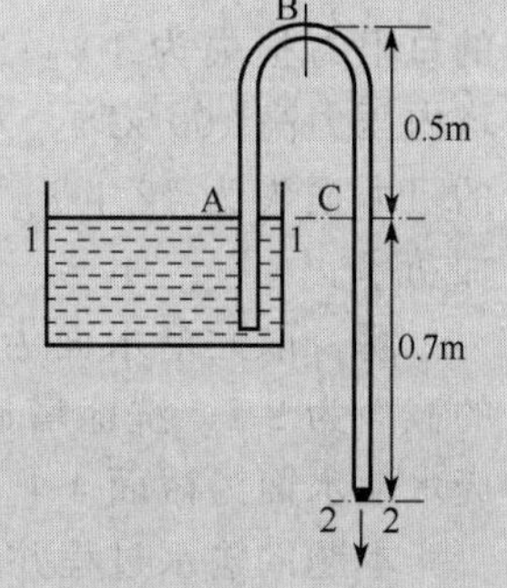

图 1-14 例 1-4 附图

解 (1) 求喷嘴处和管内水的流速

取桶内液面为截面 1-1，喷嘴出口处为截面 2-2，因无外功加入，流动阻力又可以忽略不计，故在截面 1-1、2-2 间列伯努利方程得

$$z_1+\frac{u_1^2}{2g}+\frac{p_1}{\rho g}=z_2+\frac{u_2^2}{2g}+\frac{p_2}{\rho g} \tag{a}$$

以截面 2-2 为计算位能的基准水平面，则 $z_2=0$，$z_1=0.7$ m。又 $u_1\approx 0$，以绝压计，$p_1/\rho g=p_2/\rho g=10.33$ mH_2O。将上述数据代入式(a) 得

$$0.7=\frac{u_2^2}{2\times 9.81}$$

$$u_2=3.71\ \mathrm{m \cdot s^{-1}}$$

由连续性方程可计算出管内流速　$u=u_2(d_2/d)^2=3.71\times(0.8d/d)^2=2.37\ \mathrm{m \cdot s^{-1}}$

(2) 求管内截面A、B、C三处的静压头

设截面1-1的总压头为 h_1，其值为

$$h_1=z_1+\frac{u_1^2}{2g}+\frac{p_1}{\rho g}=0.7+0+10.33=11.03\ \mathrm{mH_2O}\ (绝)$$

由式(a) 可知系统中各个截面上的总压头相等，故利用 h_1 值可以分别求得各截面上的静压头。由于从A至C管径不变，故水在管内各截面上流速均为 $2.37\ \mathrm{m \cdot s^{-1}}$。于是

截面A：
$$\frac{p_A}{\rho g}=h_1-z_A-\frac{u_A^2}{2g}=11.03-0.7-\frac{2.37^2}{2\times 9.81}$$
$$=11.03-0.7-0.29=10.04\ \mathrm{mH_2O}\ (绝)$$

截面B：
$$\frac{p_B}{\rho g}=h_1-z_B-\frac{u_B^2}{2g}=11.03-1.2-\frac{2.37^2}{2\times 9.81}$$
$$=11.03-1.2-0.29=9.54\ \mathrm{mH_2O}\ (绝)$$

截面C：
$$\frac{p_C}{\rho g}=h_1-z_C-\frac{u_C^2}{2g}=11.03-0.7-\frac{2.37^2}{2\times 9.81}$$
$$=11.03-0.7-0.29=10.04\ \mathrm{mH_2O}\ (绝)$$

由计算结果可见，当流体从A流到喷嘴出口时，位头减小（由0.7 m减小到0），相应地，速度头增大（速度由 $2.37\ \mathrm{m \cdot s^{-1}}$ 增大为 $3.71\ \mathrm{m \cdot s^{-1}}$）；同时，静压头增大（由10.04 $\mathrm{mH_2O}$ 增大为10.33 $\mathrm{mH_2O}$）。从A流到B时，位头增大（由0.7 m增大为1.2 m），相应地，静压头减小（由10.04 $\mathrm{mH_2O}$ 减小为9.54 $\mathrm{mH_2O}$）。从B流到C时，位头减小，相应地，静压头增大。注意，管内截面A、B、C三处静压头都小于大气压头10.33 $\mathrm{mH_2O}$，即都处于真空状态。本题若采用表压计算会更方便些。

【例1-5】 外功的计算

如图1-15所示，用泵将贮槽中的水打入洗气塔并经喷头喷出，喷淋下来的水从塔底部流入废水池。已知管道尺寸为 ϕ114 mm×4 mm，流量为 $85\ \mathrm{m^3 \cdot h^{-1}}$，喷头以前管路中的总阻力损失为 $10\ \mathrm{J \cdot kg^{-1}}$，喷头前压力较塔内压力高100 kPa，水从塔内流入下水道的阻力损失为 $12\ \mathrm{J \cdot kg^{-1}}$。求泵供给水的外加功率。

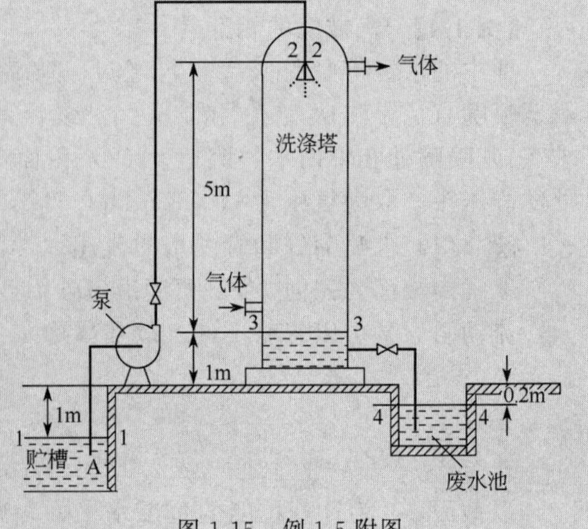

图1-15　例1-5附图

解　取贮槽水面为截面1-1，喷头前管的截面为2-2，洗涤塔底部水面为截面3-3，废水池水面为截面4-4。

本题的输水过程并不全都连续不断，即在截面2-2和3-3之间是间断的，因此，机械能衡算方程只能用在截面1-1和2-2之间及截面3-3和4-4之间。

在截面1-1和2-2间列机械能衡算方程：

$$gz_1+\frac{u_1^2}{2}+\frac{p_1}{\rho}+w_e=gz_2+\frac{u_2^2}{2}+\frac{p_2}{\rho}+w_{f,1-2}$$

取截面1-1为基准面，则 $z_1=0$，$z_2=7\ \mathrm{m}$。$p_1=0$，$w_{f,1-2}=10\ \mathrm{J\cdot kg^{-1}}$。又 $u_1\approx0$，$u_2=\frac{V_s}{\pi d^2/4}=\frac{85/3600}{\pi(114-2\times4)^2\times10^{-6}/4}=2.68\ \mathrm{m\cdot s^{-1}}$。将以上各值代入上式，得

$$w_e=7\times9.81+\frac{2.68^2}{2}+\frac{p_2}{\rho}+10=82.26+\frac{p_2}{\rho} \tag{a}$$

由题意可知，喷头前压力即 p_2 较塔内压力高100 kPa，而塔内压力可视为各处相等（忽略塔内气柱高度所产生的压力），且皆为 p_3，故 p_2 可通过 p_3 求得

$$\frac{p_2}{\rho}=\frac{p_3}{\rho}+\frac{100\times10^3}{\rho} \tag{b}$$

而 p_3 可通过截面3-3与4-4间的机械能衡算求得

$$gz_3+\frac{u_3^2}{2}+\frac{p_3}{\rho}=gz_4+\frac{u_4^2}{2}+\frac{p_4}{\rho}+w_{f,3-4}$$

取截面4-4为基准面，则 $z_4=0$，$z_3=1.2\ \mathrm{m}$，又 $u_3\approx u_4\approx0$，$p_4=0$，$w_{f,3-4}=12\ \mathrm{J\cdot kg^{-1}}$。代入上式解得

$$\frac{p_3}{\rho}=w_{f,3-4}-z_3g=12-1.2\times9.81=0.23\ \mathrm{J\cdot kg^{-1}}$$

代入式(b)得　$\frac{p_2}{\rho}=0.23+\frac{100\times10^3}{1000}=100.2\ \mathrm{J\cdot kg^{-1}}$

将上述值代入式(a)得：　$w_e=82.26+100.2=182.5\ \mathrm{J\cdot kg^{-1}}$

故外加功率为：$N_e=m_s w_e=\rho V_s w_e=1000\times85\times182.5/3600=4310\ \mathrm{W}$（或4.31 kW）

第三节　流体流动现象

以上的几个例题，都未涉及阻力损失的计算，对此或是忽略或是给定一个值，以使机械能衡算得以进行。其原因是至今只限于对流动作宏观分析，未考虑到流体的内部因素。要分析引起阻力损失的内在原因，建立计算阻力损失的关系式，必须先对流体流动时其内部质点的运动状况加以考察，这是个很复杂的问题，本节只作简单的介绍。

一、流动型态

当流体流动时，在不同条件下，可以观察到两种截然不同的流动型态。这个现象由雷诺(Reynolds)于1883年首先在实验中发现。

（一）雷诺实验与流动型态

在如图1-16所示的雷诺实验装置中，水以一定速度在稳定状态下通过一透明的管道，水流的速度可由管出口处的阀门来调节。在水槽上部放置一个着色水的贮存器，经一细的导管及细嘴注入透明管内。从着色水的流动状况即可考察管内水流的质点运动状况。

当水流速度很小时，着色水成一平稳的细线通过全管，表明水的质点作直线运动，与旁侧的水并无宏观的混合，如图1-17(a)所示，这种可视为分层的流动型态称为**层流**。当流速加大至某一程度后，着色水便成为波浪形细线，并且不规则地波动，如图1-17(b)所示；速度再增大，细线的波动加剧，并形成旋涡向四周散开，其后可使全管内水的颜色均匀一致，如图1-17(c)所示，这表明，此时水的质点相互碰撞、混杂，使速度在大小和方向上时时刻刻都在发生变化，其运动轨迹是极不规则的。这种流动型态称为**湍流**。在实验中可以观

察到湍流流体中不断有旋涡生成、移动、扩大、分裂和消失。

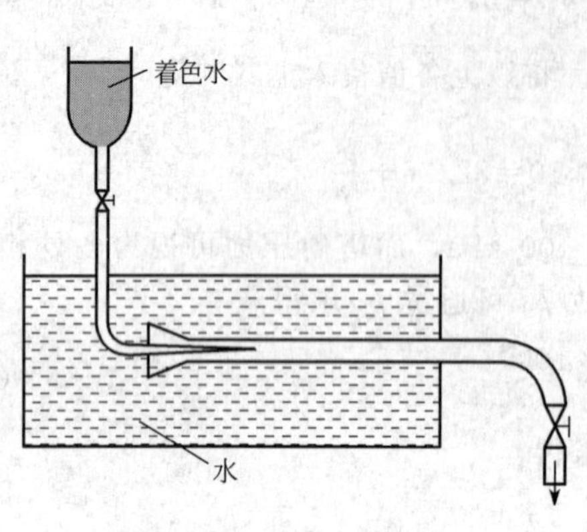

图 1-16 雷诺实验装置

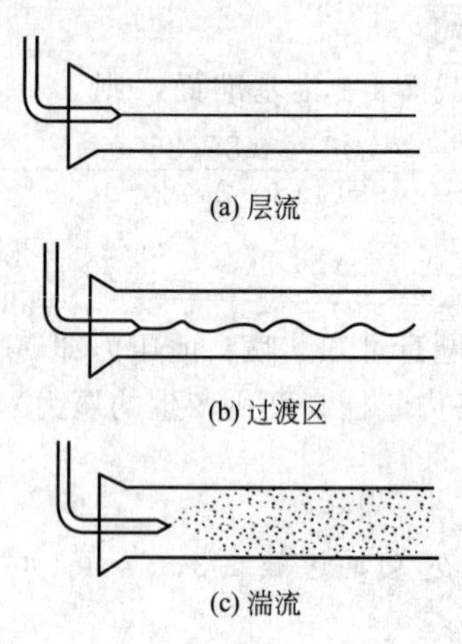

图 1-17 两种流动型态

若实验时的流速由大变小，则上述流动现象以相反顺序出现，但由湍流转变为层流的速度（称为下临界速度）要小于层流变湍流的速度（称为上临界速度）。大量的实验表明，上临界速度随流动的起始条件和实验扰动程度的不同，可以有较大差异，并不固定；而下临界速度则基本不变。以后两种流型间转变的临界速度均指下临界速度。

（二）雷诺数

若在直径不同的管内用不同的流体进行实验，可以发现，除了流速 u 外，管径 d、流体的黏度 μ 和密度 ρ 对流动状况也有影响，流动型态由这四个因素同时决定。

雷诺通过进一步的分析研究，将上述四个参数组合成数群 $du\rho/\mu$，根据其值的大小，可以判断流动属于层流还是湍流。上述数群称为**雷诺数**，以符号 Re 表示，即

$$Re=du\rho/\mu \tag{1-26}$$

考查其量纲：
$$[Re]=\left[\frac{du\rho}{\mu}\right]=\frac{\mathrm{m\cdot(m\cdot s^{-1})\cdot(kg\cdot m^{-3})}}{\mathrm{N\cdot m^{-2}\cdot s}}=\mathrm{m^0\,kg^0\,s^0}$$

由此可见，雷诺数是一个无量纲的数群，故其值不会因采用的单位制不同而改变。但应当注意，数群中的各个物理量必须采用同一单位制。

实验表明，牛顿流体在圆形直管内流动时，临界雷诺数约为 2000（有的资料中认为达到 2300），即 $Re\leqslant 2000$ 时属于层流；$Re>4000$ 时一般为湍流；Re 在 2000 至 4000 之间时，流动处于一种过渡状态，可能是层流也可能是湍流，或是二者交替出现。主要由外界条件所左右：在管入口附近，流道弯曲或直径改变，管壁粗糙，或有外来的轻微震动，都会导致出现湍流。

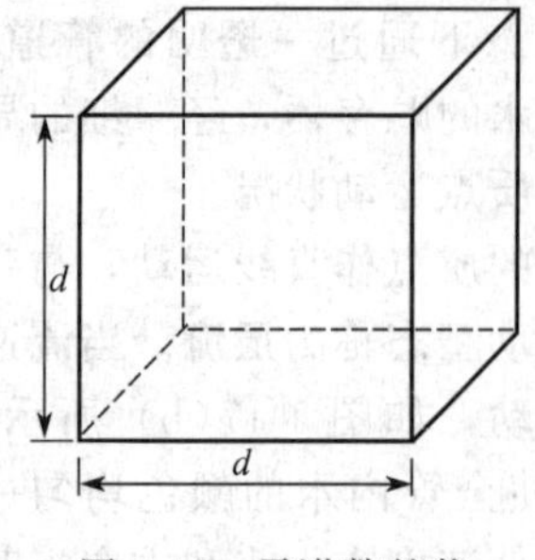

图 1-18 雷诺数的物理意义的考察

几个物理量组合而成的无量纲数群称为**特征数**。特征数都有其物理意义——表征两个同类物理量之比。关于雷诺数的物理意义，可考察下述两代表性的力。

图 1-18 所示为边长 d 的正立方形流体，若将该流体在距离 d 内以等加速度 a 从速度为零加速到 u，则所需的加速力（用于克服惯性使物体加速，故也称惯性力）$I=ma=(\rho d^3)(u^2/2d)=\rho d^2u^2/2$（注：加速度 $a=u^2/2d$ 可根据等加速运动方程 $u=at$ 及 $d=at^2/2$ 消去时间 t 推得）。

此外，若正立方形流体上下层流体速度分别为零和 u，则其

间具有速度梯度 u/d，于是黏性力 $M=\mu Au/d=\mu d^2u/d=\mu du$。

上述加速力（惯性力）I 与黏性力 M 之比为

$$\frac{I}{M}=\frac{\rho d^2u^2/2}{\mu du}=\frac{du\rho}{2\mu}$$

由此可见，雷诺数的物理意义是表征惯性力与黏性力之比。惯性力加剧湍动，黏性力则抑制湍动。若流体的速度大或黏度小，Re 便大，表示惯性力占主导地位，流体易处于紊乱的流动状态；雷诺数愈大，湍动程度便愈剧烈。若流体的速度小或黏度大，Re 便小，小到临界值以下，则黏性力占主导地位，流体会处于层流流动状态。

【例 1-6】 20 ℃的水在内径 50 mm 的管内流动，流速为 2 m·s^{-1}，试计算：(1) 雷诺数，并判断流动型态；(2) 使管内保持层流的最大流速。

解 (1) 查附录五得 20 ℃时水的密度 $\rho=998.2$ kg·m^{-3}，近似取为 1000 kg·m^{-3}；黏度 $\mu=1.005$ mPa·s，通常取为 1.00 mPa·s。于是

$$Re=\frac{du\rho}{\mu}\approx\frac{0.05\times2\times1000}{1.00\times10^{-3}}=1.0\times10^5\ (>4000)$$

故流动属湍流。

(2) 因 $Re\leqslant2000$ 时属于层流，故使管内保持层流的最大流速由下式计算，且得：

$$Re=\frac{du_{\max}\rho}{\mu}=\frac{0.05\times u_{\max}\times1000}{1.00\times10^{-3}}=2000$$

$$u_{\max}=\frac{2000\times1.00\times10^{-3}}{0.05\times1000}=0.04\ \text{m·s}^{-1}$$

二、湍流的基本概念

（一）湍流的发生与发展

层流是如何变成湍流的呢？这与旋涡的产生有关。图 1-19 示出了旋涡产生的过程。设流体原来作层流流动，前述着色水示出的流线为直线。由于某种原因的干扰，流线发生波动，如图 1-19(a) 所示，在波峰上方，流通截面积变小，流速增大，该处压力降低；在波峰下方，则正相反，该处压力增大；于是波峰处产生一个向上的压差。同理，波谷处产生一个向下的压差。这一对力会导致流线的波动进一步加剧。若黏性力不足以抑制上述趋势，流动将逐步发展成图 1-19(b)、(c) 所示的形态，最终形成旋涡［见图 1-19(d)］，流动型态转变成湍流。图示的旋涡产生后，旋转方向为顺时针方向，因此，旋涡上方流体速度较下方的

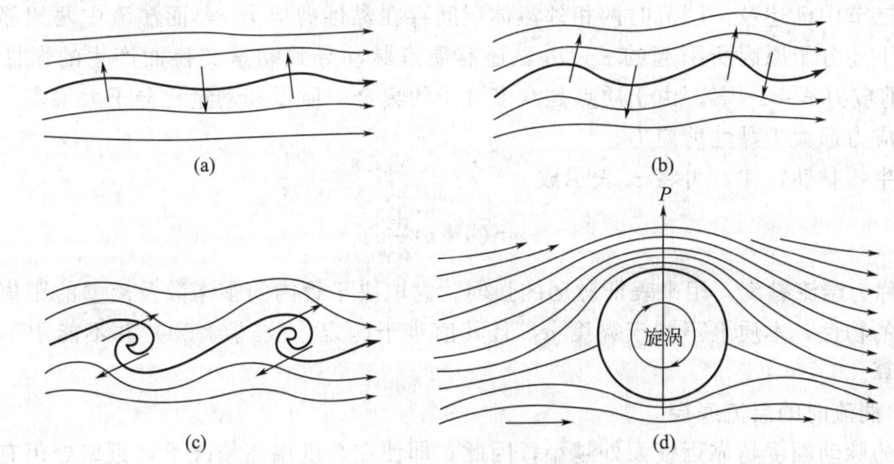

图 1-19 层流到湍流的转变过程

大，压力相应的就较小，于是旋涡受到一个向上的压差作用，将向上移动，导致流体质点随之运动，造成流体质点之间相互碰撞、混杂，这种湍流流体内部的相对运动的强化，会使得机械能的损耗比层流显著增大。

（二）湍流的脉动现象和时均化

由于湍流内质点的杂乱运动，导致任一空间点上的流体速度在大小和方向上时刻都在改变。以专门仪器所作的测定证实了上述概念，图 1-20 示出某一点的主流方向（如管内的轴向）上的速度大小随时间变化的情况。由图可见，瞬时速度的变化极不规则，但又都围绕某一平均值（图中虚线所示）而上下波动，这种现象称为速度的**脉动**（fluctuation）。湍流流体内其他许多物理量，如压力、传热时的温度、传质时的浓度，也同样有脉动现象。

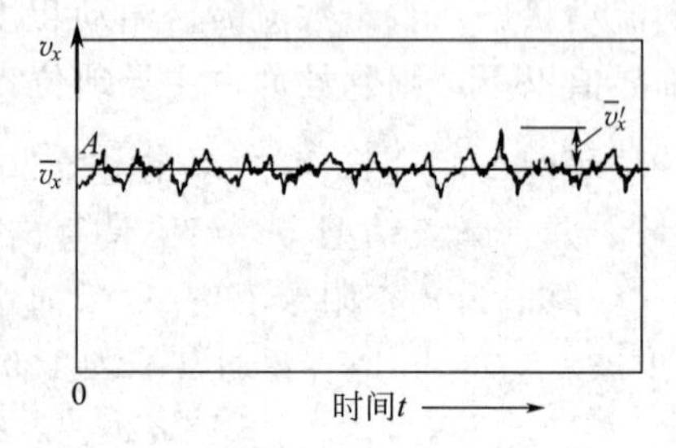

图 1-20 湍流中速度的脉动

图 1-20 所示的虚线代表某一点的瞬时速度 v_x 对时间 t 的平均值，称为时均速度 $\overline{v}_x$，其定义式为：

$$\overline{v}_x = \frac{1}{t}\int_0^t v_x \mathrm{d}t \tag{1-27}$$

流体的这种脉动频率很高，只要时间 t 不是太短（对管内流动约为几秒钟），$\overline{v}_x$ 就不随 t 而变。这就是通过无规律的瞬时速度 v_x 而体现出来的规律性。其他脉动量也可通过同样的方法时均化。

有了上述时均化的概念，就可以将湍流流场中任一瞬间的物理量 A 表达为时均量$\overline{A}$与随机的脉动量 A'之和。即

$$A=\overline{A}+A' \tag{1-28}$$

脉动速度是瞬时速度对时均速度的偏离，它时大时小，时正时负，其时均值则等于零：

$$\frac{1}{t}\int_0^t A'\mathrm{d}t = 0 \tag{1-29}$$

通过时均化方法，有助于湍流的研究，例如，可以按时均速度 $\overline{v}_x$ 不变，定义为稳定的湍流流动，按 $\overline{v}_x$ 定出湍流的速度分布，按 $\overline{v}_x$ 相等来划分流体层等。但是，也应注意这种时均化仅仅是想象的，是一种处理方法，不要忘记湍流中实际存在着脉动。与流动方向垂直的脉动会大大加强动量、热量、质量的传递。以下为了简化计，常将$\overline{v}$写成 v。

（三）湍流剪应力

在第二节中已述及，层流时两相邻流体层间存在黏性剪应力 τ，而湍流中两相邻流体层间除了由上述分子原因所引起的 τ 以外，还有质点脉动导致动量交换而产生的惯性剪应力 τ'，故总剪应力 $\tau_t=\tau+\tau'$。由于质点是众多分子的集合，质量和动量比分子大得多，故湍流中惯性剪应力远大于黏性剪应力。

仿照牛顿黏性定律，可将 τ_t 表示成

$$\tau_t=(\mu+\varepsilon)\frac{\mathrm{d}v}{\mathrm{d}y} \tag{1-30}$$

式中的 ε 称为**湍流黏度**，用来表征脉动的强弱。它取决于管内的雷诺数及离壁的距离，而不再是流体的物性，本质上不同于黏度 μ，且其值难于测定，故式(1-30) 并不能用于湍流剪应力的计算。

（四）湍流时的层流底层

速度的脉动幅度越靠近壁面处越小，因此，即使在高度湍流情况下，近壁处仍有一薄层流体，其中由脉动引起的影响可忽略，流动保持为层流型态，称这一薄层为**层流底层**。

在湍流区和层流底层间还有一**过渡区**，其内分子黏度和湍流黏度都不容忽视。

三、管内流动的分析

圆管内的流动在工程上最为常见，无论是层流还是湍流，速度分布的特点：紧贴管壁处速度为零，离开管壁后速度渐增，到管中心处速度达到最大；但速度在管截面上的分布规律，层流和湍流是不同的。下面具体阐述。

（一）层流时的速度分布

以水平等径管内的流动为例，分析其受力。如图 1-21 所示，流体从左向右作稳定层流运动。以管轴为中心任取一半径为 r、长度为 l 的圆柱形流体段，在轴向所受的诸力如下：

（1）作用于两端截面上的总压力

截面 1-1 上的总压力 $P_1=\pi r^2 p_1$

截面 2-2 上的总压力 $P_2=-\pi r^2 p_2$（现取流速方向为正，故 P_2 为负）

式中，p_1、p_2 为截面 1-1、2-2 上的平均压力，即截面中心的压力。

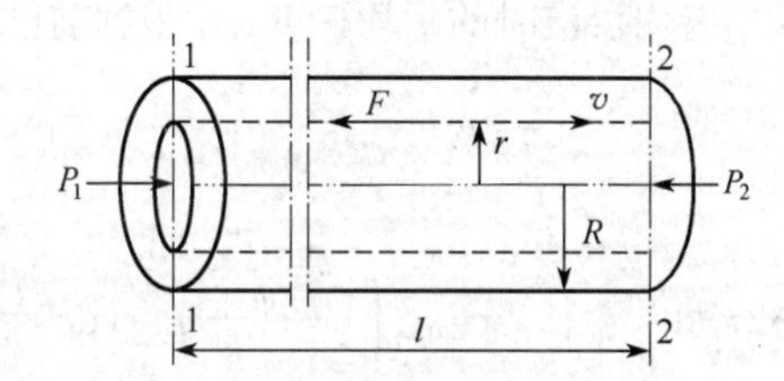

图 1-21　圆形管径管内的层流流动

（2）作用于侧表面上的黏性阻力 F　按牛顿黏性定律有，

$$F=2\pi rl\mu\frac{dv}{dr}$$

因点速度 v 随半径 r 的增大而减小，dv/dr 为负，而 F 与流速方向相反，亦为负，故上式右边取正号。

等径管内的稳定流动为等速运动，因此，上述诸力的合力为零，即

$$\pi r^2 p_1-\pi r^2 p_2+2\pi rl\mu\frac{dv}{dr}=0$$

$$\frac{dv}{dr}=\frac{p_2-p_1}{2\mu l}r$$

可见，速度梯度不像图 1-5 所示是常数，而是与 r 成正比。由于 p_2-p_1、μ、l 都是常量，故可积分如下：

$$v=\frac{p_2-p_1}{4\mu l}r^2+c \tag{1-31}$$

由于紧贴管壁上的流体点速度为零：$r=R$，$v=0$。代入上式可求得积分常数

$$c=\frac{p_1-p_2}{4\mu l}R^2$$

再代回到式(1-31）中，得到

$$v=\frac{p_1-p_2}{4\mu l}(R^2-r^2) \tag{1-32}$$

在管轴上，点速度 v 达到最大值 v_{max}。将 $r=0$ 代入上式，得

$$v_{max}=\frac{p_1-p_2}{4\mu l}R^2 \tag{1-33}$$

将式(1-33）代入式(1-32)，得

$$v=v_{\max}\left(1-\frac{r^2}{R^2}\right) \tag{1-34}$$

式(1-34) 或式(1-32) 即为管内稳定层流时的速度分布表达式，虽然是从水平管推得的，但对非水平等径管同样适用。

由式(1-34) 可知 v 随 r 呈抛物线分布，如图 1-22 所示。以上理论推导出的结果与实验数据符合得很好。

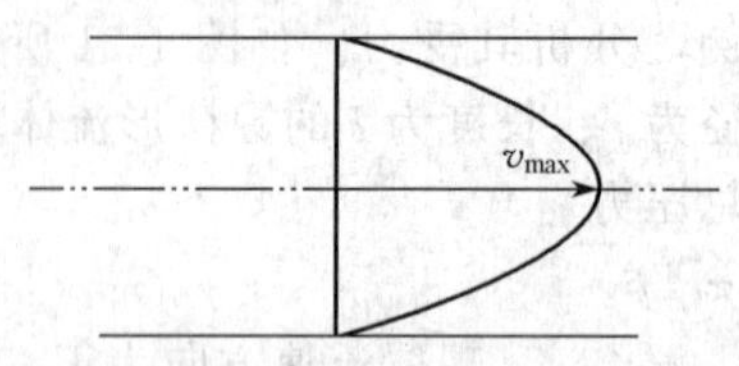

图 1-22　管内层流时的速度分布

根据速度分布式，不难求出管内层流时的平均速度 u，根据前已述及的平均速度定义可知：

$$u=\frac{V_s}{\pi R^2}$$

而通过整个截面的体积流量

$$V_s=\int_0^R v\cdot 2\pi r\mathrm{d}r=\int_0^R 2\pi v_{\max}\left[1-\left(\frac{r}{R}\right)^2\right]r\mathrm{d}r=\frac{\pi R^2}{2}v_{\max}$$

故

$$u=v_{\max}/2 \tag{1-35}$$

即层流时平均速度等于管中心处最大速度的 1/2。

（二）层流时的阻力损失

当不可压缩流体在水平等径管中由截面 1-1 流到 2-2，且无外功输入时，有 $z_1=z_2$，$u_1=u_2$，$p_e=0$，代入机械能衡算式(1-24b) 中得：

$$p_1-p_2=\Delta p_f \tag{1-36}$$

即水平等径管中的压差 p_1-p_2 完全由于阻力损失而产生。

对层流，将上式及 $v_{\max}=2u$、$R=d/2$ 代入式(1-33)，有

$$2u=\frac{\Delta p_f}{4\mu l}\left(\frac{d}{2}\right)^2$$

即

$$\Delta p_f=\frac{32\mu l u}{d^2} \tag{1-37}$$

式(1-37) 称为**哈根**（Hagen）-**泊谡叶**（Poiseuile）公式。由此式可知，层流时等径直管的阻力损失与速度的一次方成正比。

（三）湍流时的速度分布

由于湍流运动的复杂性，其管内的时均速度分布式目前尚不能从理论上导出，只能借助于实验数据用经验公式近似地表达，以下为一种常用的指数形式的经验式

$$v=v_{\max}\left(1-\frac{r}{R}\right)^{\frac{1}{n}} \tag{1-38}$$

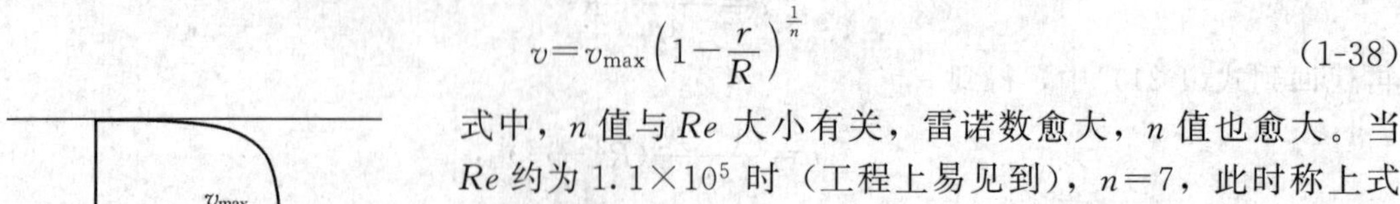

图 1-23　管内湍流时的速度分布

式中，n 值与 Re 大小有关，雷诺数愈大，n 值也愈大。当 Re 约为 1.1×10^5 时（工程上易见到），$n=7$，此时称上式为 1/7 次方律。

图 1-23 是湍流时的速度分布示意图，与层流时的相比（图 1-22），中部较为平坦，两边近壁处则较陡峭，即分布曲线较层流时“丰满”。而且，Re 数愈大，曲线愈丰满。

这是因为湍流时径向存在脉动速度，动量传递比层流时大得多，故速度被拉平，速度分布较层流时均匀。

根据速度分布式(1-38)，类似于上述层流的方法，可以求出管内湍流时的平均速度为

$$u=\frac{2n^2}{(n+1)(2n+1)}v_{\max} \tag{1-39}$$

当 $n=7$ 时，$u=0.82v_{\max}$。

四、边界层与边界层分离

（一）边界层及其形成

现以较大空间中流体沿平板的流动为例，说明边界层的概念及其形成过程。如图 1-24 所示，湍流运动的流体以均一的速度 u_∞ 趋近平板，到达平板前沿后，开始受到板面的影响：贴在板面上的流体速度降到零，流体内部开始形成速度梯度。相应的剪应力促使邻近壁面的流体层速度减慢，这种减速作用，由壁面开始向外传递，并随着离壁面距离的增大而递减。一般以速度达到主体流速的 99%处作为界限，如图 1-24 的虚线 ABC 所示。其下方区域称为**边界层**，上方则称为**主体区**。显然，边界层内存在速度梯度，因而剪应力不可忽略。对于主体区，速度几乎是均一的，速度梯度近似为零，故其内剪应力可忽略，而可视为理想流体。因此，对实际流体流动的研究，可将注意力集中于边界层内而得到简化，这就是边界层理论的意义所在。

随着流体沿平板继续运动，边界层会越来越厚，其内的流动型态也会发生变化。如图 1-24 所示，在板的前沿附近，边界层很薄，其内全为层流。随着距前沿渐远，边界层加厚，其内的流动可转变为湍流。在湍流发生之处（图中点 B），因剪应力骤然增大，而使边界层加快增厚。在湍流边界层之内，由于紧靠壁面处的流体速度仍很小，流动型态保持为层流，即为前述的层流底层（图中线 BD 至壁面之间）。在层流边界层与湍流边界层之间还有一个过渡区（图中示出）。

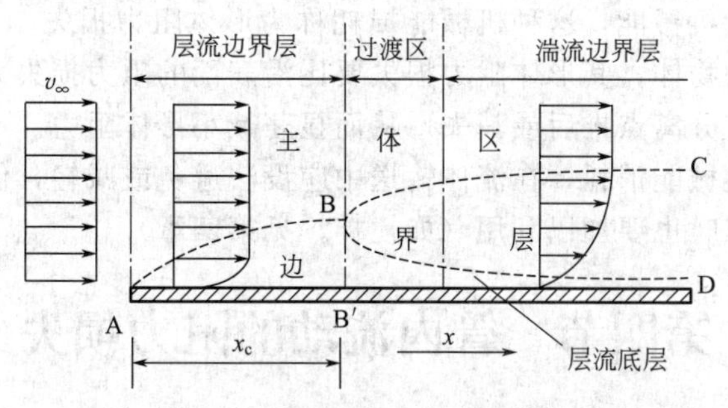

图 1-24　平板上的边界层

边界层内由层流转变为湍流的距离（点 A 至点 B′间）称为临界距离，以 x_c 表示。用 x_c 表示的雷诺数称为临界雷诺数 Re_c，即

$$Re_c=\frac{x_c v_\infty \rho}{\mu} \tag{1-40}$$

Re_c 需由实验确定。对于光滑的平壁，$Re_c\approx 2\times 10^5$。当 $Re=xu_\infty\rho/\mu<Re_c$ 时，边界层内为层流；$Re>3\times 10^6$ 时边界层内为湍流；Re 在两者之间为过渡区。

对于经常遇到的圆管内流动，其边界层的形成和发展参看图 1-25。流体以均匀一致的流速经圆滑的管口流入管道，在入口处开始形成边界层，并逐渐加厚，最终在管中心处汇合；至此，边界层占据了全部管截面积，其厚度等于管半径，速度分布不再变化，这种流动称为充分发展的流动。若边界层汇合时流体流动类型为层流，则这以后管内流动一直保持为层流，如图 1-25(a) 所示；反之，若边界层内流动类型已是湍流，则管内流动将为湍流，如图 1-25(b) 所示。

流动达到充分发展所需的管长称为进口段长度，用 L_e 表示。层流时，L_e/d 约等于

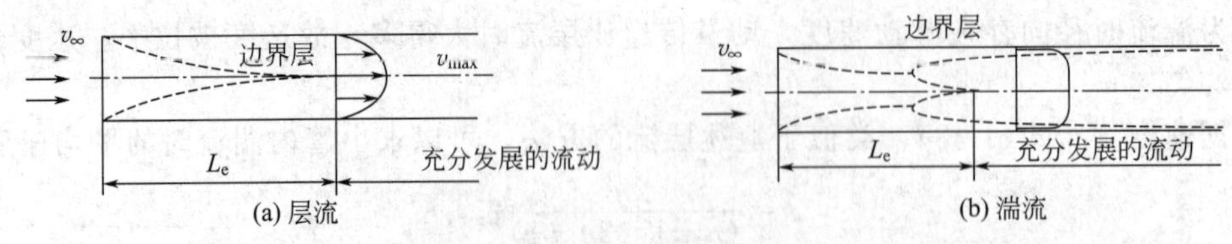

图 1-25　圆管内边界层的发展

0.05Re，这里，雷诺数 $Re=\rho ud/\mu$ 按管内的平均速度计算。湍流时 L_e/d 约等于 50。

（二）边界层分离

由实验可知，当流体流过非流线型物体时会发生边界层脱离壁面的现象，称为边界层分离。这一现象可以用横过圆柱体的流动为例来说明。

如图 1-26 所示，流体绕过一长的圆柱体从左向右流动，在达到截面 C-C 以前，流体因流通截面积变小而沿程加速，压力递减；过了截面C-C就开始减速增压，即流体作逆压流动。近壁处因流速慢，且其动能一部分转化为压力能，还有一部分用来克服阻力损失，而且越是靠近壁面的流体，因速度梯度越大而阻力损失越大，动能消耗得很快。当流到点S时，近壁流体速度减为零，下游的流体在逆压作用下将倒流回来，而离壁较远处的流体虽减速仍继续前进，这样，就在点 S 之后形成旋涡，它像楔子一样将边界层与物面分离开来，如图 1-26 所示，这种现象就是边界层分离，点 S 称为分离点。虚线 SE 到固体表面之间为回流区，其内流体质点进行着强烈的湍动而消耗大量机械能，这种机械能损耗称为形体阻力损失。一般来说，当 Re 较大时，像圆柱这类形状的物体，其形体阻力损失要比沿表面的阻力损失大得多。因此，若将圆柱体改为流线形，会使分离点推后或消失，从而显著减小形体阻力。

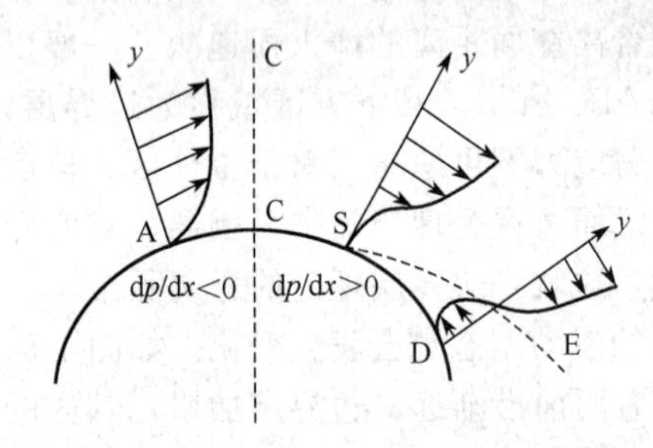

图 1-26　圆柱体绕流时边界层分离

边界层分离增大机械能消耗，在流体输送中应设法避免或减轻，但它对混合及传热、传质又有促进作用，故有时也要加以利用（如搅拌，见第四章）。

第四节　管内流动的阻力损失

在上节基础上，本节进一步讨论机械能衡算式中阻力损失的计算问题。

工程上的管路输送系统主要由两类部件组成：一是等径直管，二是弯头、三通、阀门等等各种管件和阀门（参见图 1-27）。

流体流经直管时的机械能损耗称为直管阻力损失或沿程阻力损失，简称**沿程损失**。显然，沿程损失与管长成正比。

流体流经各种管件和阀件时，由于流速大小或方向突然改变，从而出现边界层分离现象，导致机械能损失，这种损失属于形体阻力损失，因其发生于局部部位，故又称为局部阻力损失，简称**局部损失**。

管路输送系统的总阻力损失是这两类阻力损失之和。由于两者的机理和计算方法不尽相同，以下分别进行讨论。

一、沿程损失的计算通式及其用于层流

下面以水平等径圆管内的稳定流动为例（见图 1-28），通过管内流体受力平衡和机械能衡算推导出沿程损失的计算通式。

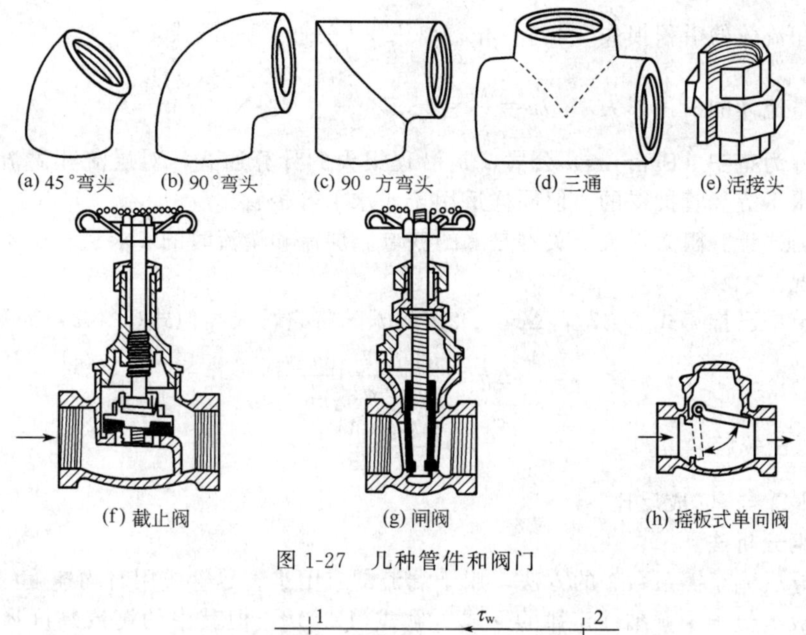

图 1-27 几种管件和阀门

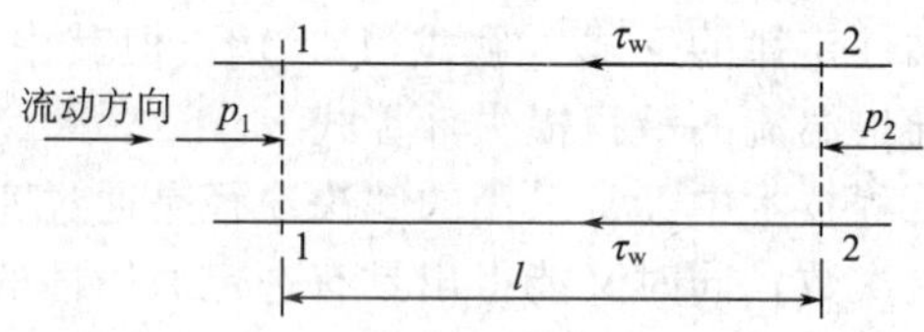

图 1-28 圆形等径直管内流动

先对整个管内的流体柱作受力分析。上游截面 1-1 处的流体受正向总压力 $\pi R^2 p_1$ 的作用，下游截面 2-2 处的流体受反向总压力 $\pi R^2 p_2$ 的作用，流体柱四周表面受壁面剪力 $2\pi Rl\tau_w$ 的阻碍作用。因流体为匀速运动，故三种力达到平衡，即

$$\pi R^2(p_1-p_2)=2\pi Rl\tau_w$$

式中，R 为管半径，$R=d/2$。

于是得

$$p_1-p_2=\frac{4\tau_w l}{d} \tag{1-41}$$

对水平等径圆管，在第三节中通过机械能衡算已得到式(1-36)

$$p_1-p_2=\rho w_f=\Delta p_f$$

与式(1-41)对比可得

$$w_f=\frac{4\tau_w l}{\rho d} \tag{1-42}$$

通常将阻力损失 w_f 表达成动能 $u^2/2$ 的某个倍数，而将上式改写成：

$$w_f=8\left(\frac{\tau_w}{\rho u^2}\right)\left(\frac{l}{d}\right)\frac{u^2}{2} \tag{1-42a}$$

式中，l/d 为描述圆形直管几何因素的特征数，无量纲；$\tau_w/\rho u^2$ 为壁面剪应力（沿程损失与之成正比）与单位体积流体的动能之比，无量纲。

令

$$\lambda=8\tau_w/\rho u^2 \tag{1-43}$$

λ 称为**摩擦系数**或**摩擦因数**，无量纲。最终将式(1-42a)改写成

单位质量流体的沿程损失 $$w_f=\lambda\frac{l}{d}\times\frac{u^2}{2}\quad \mathrm{J\cdot kg^{-1}} \tag{1-44}$$

单位体积流体的沿程损失 $\Delta p_f = \rho w_f = \lambda \dfrac{l}{d} \times \dfrac{\rho u^2}{2}$ J·m⁻³或 Pa (1-44a)

单位重量流体的沿程损失 $h_f = \dfrac{w_f}{g} = \lambda \dfrac{l}{d} \times \dfrac{u^2}{2g}$ J·N⁻¹或 m (1-44b)

以上三式都称为**范宁**（Fanning）**公式**，是沿程损失的计算通式，对层流和湍流均适用。它们虽然是从水平等径管推得的，但同样适用于非水平等径管。

由范宁公式计算阻力损失，关键是 λ 的获取。层流和湍流时的 λ 求法有所不同，下面先讨论层流情况。

在第三节中已推得式(1-37)，$\Delta p_f = 32\mu l u/d^2$，将它写成类似式(1-44a）的形式，有

$$\Delta p_f = \frac{64\mu}{\rho u d}\left(\frac{l}{d}\right)\frac{\rho u^2}{2}$$

与式(1-44a）比较后，得

$$\lambda = \frac{64\mu}{\rho u d} = \frac{64}{Re} \tag{1-45}$$

可见，层流时 λ 与 Re 成反比。

二、量纲分析法

上述推导层流摩擦系数 λ 的方法，用于湍流却有困难。尽管应用时均速度的概念，可将剪应力表示成类似于牛顿黏性定律的形式［见式(1-30)］，但其中的湍流黏度还不能从理论求得，故不能从此式出发导出湍流的沿程损失计算式。

对于此类复杂问题，工程技术中经常采用的解决途径是通过实验建立经验关系式。进行实验前，为了大大减少实验次数，同时又能得出具有一定通用性的结果，应当在量纲分析法的指导下进行实验。通过量纲分析法可以将变量组合成无量纲的特征数，用来代替原有变量；而特征数的数目总是比变量的数目少，这样实验与关联工作都能够简化。下面具体介绍如何应用量纲分析法找出湍流沿程损失的特征数。

量纲分析法的依据是白金汉（Buckingham）的 **π 定理**，其内容是：一个表示 n 个物理量间关系的方程，通常可以转换成包含 $n-r$ 个独立的特征数间的关系式；r 指这 n 个物理量中所涉及的基本量纲的数目（它的数学证明可参阅第五章第四节）。现以圆管内湍流沿程损失为例，说明量纲分析法的应用。

1. 列出影响沿程损失的所有物理量

根据对沿程损失的分析及有关实验研究，得知湍流时沿程损失与下列因素有关：管径 d、管长 l、平均速度 u、流体密度 ρ、流体黏度 μ 和管壁绝对粗糙度 ε（管壁凹凸部分的平均高度，简称**粗糙度**）。据此可以列出普遍的函数关系式如下：

$$w_f = f(d, l, u, \rho, \mu, \varepsilon) \tag{1-46}$$

所有物理量个数 $n=7$。

2. 找出各物理量量纲中所涉及的基本量纲数

用符号［X］表示物理量 X 的量纲，则式(1-46）中各物理量的量纲表示如下。

$$[d]=[l]=[\varepsilon]=[\mathrm{m}]=\mathrm{L} \qquad [u]=[\mathrm{m\cdot s^{-1}}]=\mathrm{L\cdot T^{-1}}$$

$$[\rho]=[\mathrm{kg\cdot m^{-3}}]=\mathrm{M\cdot L^{-3}}$$

$$[\mu]=[\mathrm{Pa\cdot s}]=\mathrm{M\cdot L^{-1}\cdot T^{-1}}$$

$$[w_f]=[\mathrm{J\cdot kg^{-1}}]=[(\mathrm{kg\cdot m^2\cdot s^{-2}})\cdot\mathrm{kg^{-1}}]=\mathrm{L^2\cdot T^{-2}}$$

可见，所涉及的基本量纲共计 3 个，分别是质量 M、长度 L 和时间 T，即 $r=3$。

根据 π 定理可知，特征数的数目为 $n-r=7-3=4$ 个。下面将具体找出这 4 个特征数。

3. 选择 r 个物理量作为基本物理量

现需选 3 个物理量作为基本物理量，要求它们的量纲中必须包括上述 3 个基本量纲。这

里选 d、u 及 ρ 作为基本物理量。

4. 将其余（$n-r$）个物理量逐一与基本物理量组成特征数

用符号 π_1、π_2 等表示各特征数，将它们表示成幂指数的形式：

$$\pi_1 = l(d^{a_1} u^{b_1} \rho^{c_1}) \tag{1-47}$$

$$\pi_2 = \mu(d^{a_2} u^{b_2} \rho^{c_2}) \tag{1-48}$$

$$\pi_3 = \varepsilon(d^{a_3} u^{b_3} \rho^{c_3}) \tag{1-49}$$

$$\pi_4 = w_f(d^{a_4} u^{b_4} \rho^{c_4}) \tag{1-50}$$

其中，各指数值待定。

5. 根据量纲一致性原则确定上述待定指数

量纲一致性原则是指每一个物理方程的各项必须具有相同的量纲。

对于 π_1，将 l、d、u、ρ 的量纲代入式(1-47）得

$$[\pi_1]=[l][d^{a_1}][u^{b_1}][\rho^{c_1}]=\mathrm{L}\mathrm{L}^{a_1}(\mathrm{L}\cdot\mathrm{T}^{-1})^{b_1}(\mathrm{M}\cdot\mathrm{L}^{-3})^{c_1}=\mathrm{L}^{1+a_1+b_1-3c_1}\mathrm{T}^{-b_1}\mathrm{M}^{c_1}$$

此式等号左边为无量纲量，根据量纲一致性原则，等号右边各量纲的指数必为零。故得

$$\begin{cases}1+a_1+b_1-3c_1=0\\ -b_1=0\\ c_1=0\end{cases}$$

解得

$$a_1=-1 \qquad b_1=0 \qquad c_1=0$$

将上述 a_1、b_1、c_1 值代入式(1-47）得

$$\pi_1 = l(d^{-1}u^0\rho^0)=l/d$$

对于 π_2，将 μ、d、u、ρ 的量纲代入式(1-48）得

$$[\pi_2]=(\mathrm{ML}^{-1}\mathrm{T}^{-1})\mathrm{L}^{a_2}(\mathrm{L}\cdot\mathrm{T}^{-1})^{b_2}(\mathrm{M}\cdot\mathrm{L}^{-3})^{c_2}=\mathrm{L}^{-1+a_2+b_2-3c_2}\mathrm{T}^{-1-b_2}\mathrm{M}^{1+c_2}$$

根据量纲一致性原则，等号右边各量纲的指数必为零而得

$$\begin{cases}-1+a_2+b_2-3c_2=0\\ -1-b_2=0\\ 1+c_2=0\end{cases}$$

解得

$$a_2=-1 \qquad b_2=-1 \qquad c_2=-1$$

将上述 a_2、b_2、c_2 值代入式(1-48）得

$$\pi_2=\mu(d^{-1}u^{-1}\rho^{-1})=\left(\frac{du\rho}{\mu}\right)^{-1}=Re^{-1}$$

类似可得

$$\pi_3=\varepsilon/d \qquad \pi_4=w_f/u^2$$

至此，找到 4 个特征数，分别为长径比 l/d、雷诺数 Re、相对粗糙度 ε/d 和欧拉（Euler）数 $Eu=w_f/u^2$。欧拉数的物理意义是阻力损失与动能之比。于是式(1-46）转化为

$$\frac{w_f}{u^2}=F\left(Re,\frac{\varepsilon}{d},\frac{l}{d}\right) \tag{1-51}$$

考虑到沿程损失与管长成正比，并将上式与沿程损失的计算通式(1-44）对照，可得

$$w_f=\phi\left(Re,\frac{\varepsilon}{d}\right)\frac{l}{d}\frac{u^2}{2} \tag{1-52}$$

因而

$$\lambda=\phi\left(Re,\frac{\varepsilon}{d}\right) \tag{1-53}$$

通过上述量纲分析过程，将原来含有 7 个物理量的式(1-46）转换成了只含有 4 个特征数的式(1-51)，最后再简化成求 λ 与 Re 及 ε/d 经验关系的式(1-53)，显然，以特征数为变量进行实验，工作量将大大减少。

值得指出的是，所得的特征数的形式与选取的基本物理量有关，如前述运算中不选取 d、u、ρ，而选取其他三个物理量作为基本物理量，也可以得到四个特征数，它们可能与上述在形式上不完全相同，但最后所得的经验式则本质上是相同的。

三、湍流的摩擦系数

（一）摩擦系数图

对于式(1-53)，可以用 Re 为横坐标，λ 为纵坐标，ε/d 为参变量，将三者函数关系的实验结果标绘在双对数坐标图上，如图 1-29 所示，称为**莫狄**（Moody）**摩擦系数图**，此图系由莫狄对新商品钢管实测得出。依图上曲线形状的差异可将图分为如下四个区域：

（1）层流区（$Re\leqslant2000$）　图中左边的直线代表层流时的式(1-45)：$\lambda=64/Re$。层流时，管壁上凹凸不平的粗糙峰对平稳地滑动着的流体层没有影响，参见图 1-30(a)，即 λ 与 ε/d 无关，只是 Re 的函数。

（2）湍流区（$Re\geqslant4000$ 及虚线以下区域）

光滑管　此区域内最下面的一条曲线代表水力光滑管（简称光滑管），它是指管壁的粗糙度 ε 低于层流底层，参见图 1-30(a)，此时 ε/d 对流动阻力不产生影响，因此，λ 只是 Re 的函数。

粗糙管　流体在粗糙管内湍流流动时，Re、ε/d 对 λ 均有影响。由图 1-29 可见，随着 Re 的增大，ε/d 对 λ 的影响越来越重要，与此相应，Re 对 λ 的影响却越来越弱。可解释为，对一定的 ε/d，Re 越大，则层流底层相对越薄，暴露在湍流主体区的粗糙峰体积增大、数量增多（见图 1-30），因而 ε/d 对 λ 的影响也越大；当 Re 增大到一定值后，几乎所有的粗糙峰均暴露在湍流主体区内，此时若再增大 Re，ε/d 对 λ 的影响也不变了。

（3）完全湍流区（图 1-29 中虚线右上区域）　此区域内，管壁的所有粗糙峰均暴露在湍流主体区内，故可认为 λ 与 Re 无关，而仅取决于 ε/d。这时沿程损失 $w_f\propto u^2$，因此，此区域又称为**阻力平方区**。

（4）过渡区（$2000<Re<4000$）　此区域流动类型不稳定，为安全计，一般按给定的粗糙度将湍流时的曲线延伸出去计算 λ。

粗糙度 ε 可查表 1-1。该表中的 ε 值只代表粗糙峰的平均高度，且都是指新管而言。若经较长时间使用，或由于腐蚀、结垢等原因，管壁的 ε 值可能会显著增大。

表 1-1　某些工业管材的绝对粗糙度值（摘自书末参考读物 [11]）

管道类别		粗糙度 ε/mm	管道类别		粗糙度 ε/mm
金属管	清洁的无缝黄铜管、铜管	0.0015～0.01	非金属管	干净玻璃管	0.0015～0.1
	新的无缝钢管	0.04～0.17		橡皮软管	0.01～0.03
	新的铸铁管	0.31		接头平整的水泥管	0.33
	普通的镀锌钢管	0.39		木管	0.25～1.25
	严重生锈的钢管	0.67		陶土排水管	0.45～6.0

（二）湍流时 λ 的经验式

将实验数据关联，可得到不同形式的经验式、半经验式，以下列出比较常见的几种。这些公式在形式上虽然差别甚大，但在各自的适用范围内，计算结果都与实际很接近。

1. 光滑管

柏拉修斯（Blasius）**式**

$$\lambda=\frac{0.3164}{Re^{0.25}}\quad(5000<Re<10^5)\tag{1-54}$$

顾毓珍式

$$\lambda=0.0056+\frac{0.500}{Re^{0.32}}\quad(3000<Re<3\times10^6)\tag{1-55}$$

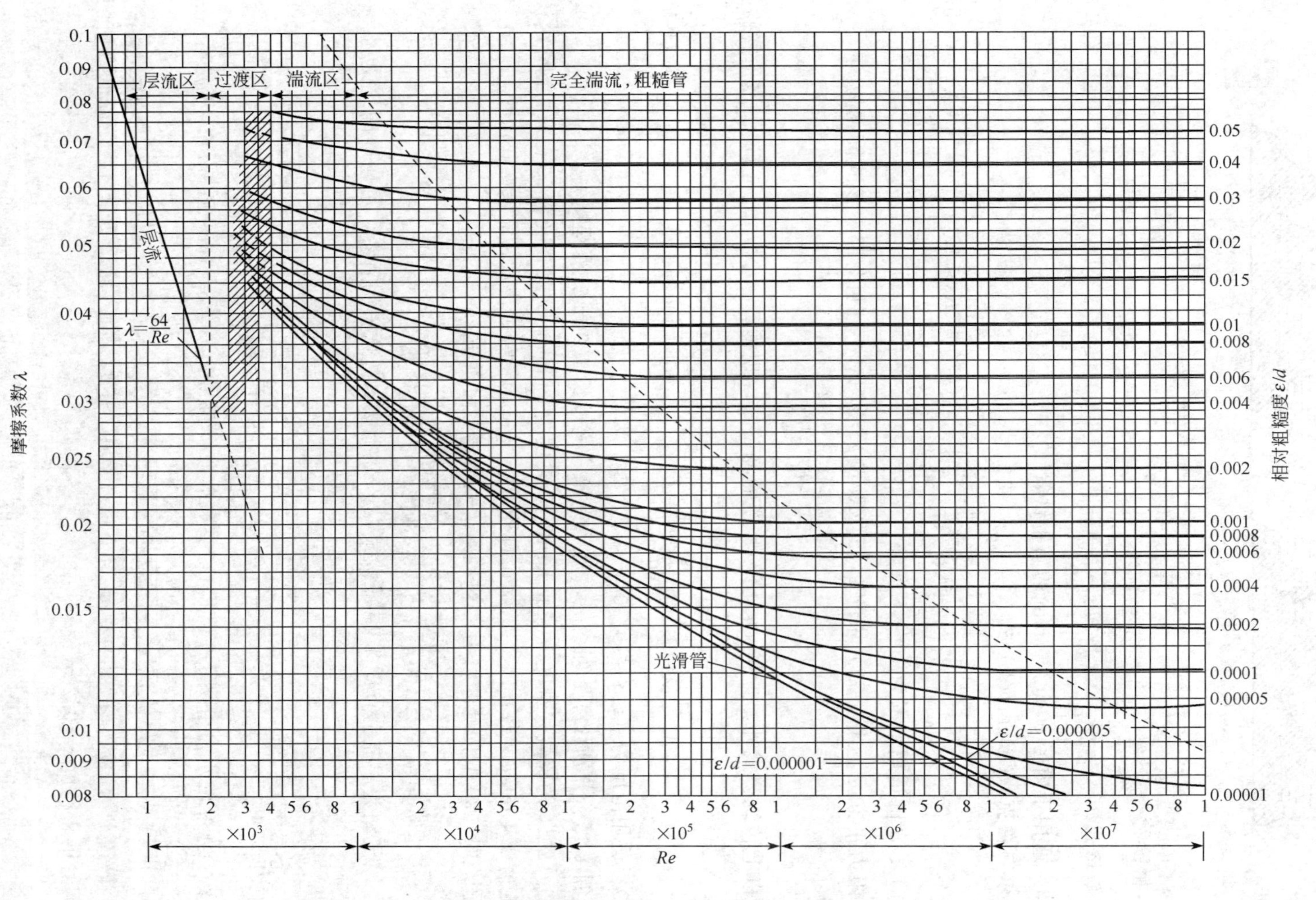

图1-29 摩擦系数λ与Re、ε/d的实验关系(对于新钢管)

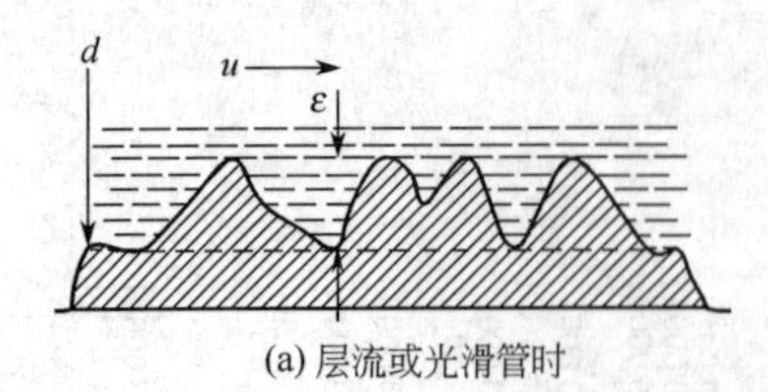

(a) 层流或光滑管时

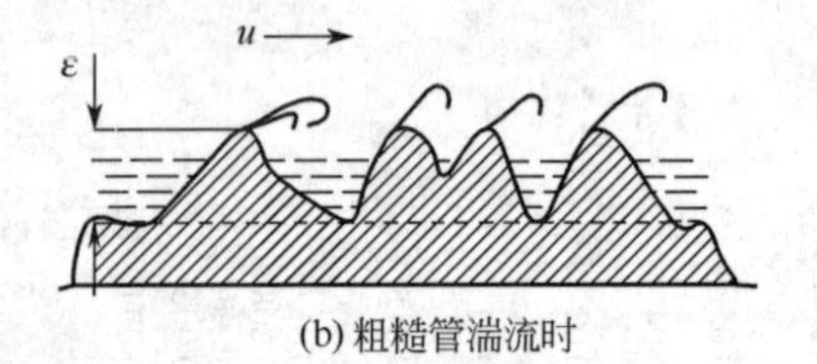

(b) 粗糙管湍流时

图 1-30 粗糙度的影响

2. 粗糙管

顾毓珍式 $$\lambda=0.01227+\frac{0.7543}{Re^{0.38}} \quad (3000<Re<3\times10^6) \tag{1-56}$$

式(1-56) 适用于内径 50～200 mm 的新钢铁管。

科尔布鲁克（Colebrook）式

$$\frac{1}{\sqrt{\lambda}}=1.14-2\lg\left(\frac{\varepsilon}{d}+\frac{9.35}{Re\sqrt{\lambda}}\right) \quad (4000<Re<10^8) \tag{1-57}$$

式(1-57) ε/d 的适用范围为 10^{-6}～0.05。

在阻力平方区，式(1-57) 中的 $9.35/(Re\sqrt{\lambda})$ 项相对小到可忽略，该式简化为

$$\frac{1}{\sqrt{\lambda}}=1.14-2\lg\frac{\varepsilon}{d} \tag{1-58}$$

除以上传统公式外，近年又得出一些新的经验式，现推荐一个简单、适用、经作者修正的公式

$$\lambda=0.100\left(\frac{\varepsilon}{d}+\frac{68}{Re}\right)^{0.23} \quad (Re\geqslant4000) \tag{1-59}$$

式(1-59) 适用范围为 $(\varepsilon/d)\leqslant0.005$。

【例 1-7】 分别计算下列情况，每千克流体流过长 100 m 的沿程损失。

(1) 20 ℃的硫酸（密度为 1830 kg·m^{-3}，黏度为 23 mPa·s）在内径为 50 mm 的钢管内流动，流速 0.4 m·s^{-1}。(2) 20 ℃的水在内径为 68 mm 的钢管内流动，流速 2.0 m·s^{-1}。

解 (1) 20 ℃的硫酸　将已知数据代入雷诺数计算式

$$Re=\frac{du\rho}{\mu}=\frac{0.05\times0.4\times1830}{23\times10^{-3}}=1590 \ (<2000)$$

可见，该流型为层流。查图 1-29 或按式(1-45) 计算 λ。这里用后者，可较准确、便利。

$$\lambda=\frac{64}{Re}=\frac{64}{1590}=0.0402$$

沿程损失 $$w_f=\lambda\frac{l}{d}\frac{u^2}{2}=0.0402\times\frac{100}{0.05}\times\frac{0.4^2}{2}=6.43\ \text{J·kg}^{-1}$$

(2) 20 ℃的水。由例 1-6 已得：20 ℃水，$\mu=1$ mPa·s，$\rho=1000$ kg·m^{-3}。于是有

$$Re=\frac{du\rho}{\mu}=\frac{0.068\times2.0\times1000}{1.0\times10^{-3}}=1.36\times10^5 \ (>4000)$$

可见，该流型为湍流，查图 1-29 或用公式计算 λ，还要知道 ε/d。据表 1-1，近似取新的无缝钢管的粗糙度 $\varepsilon=0.2$ mm。

$$\frac{\varepsilon}{d}=\frac{0.2}{68}=0.00294$$

查图 1-29 得 $\lambda=0.027$，或按式(1-59) 计算得 $\lambda=0.0271$。

沿程损失 $$w_f=\lambda\frac{l}{d}\frac{u^2}{2}=0.0271\times\frac{100}{0.068}\times\frac{2.0^2}{2}=79.7\ \text{J·kg}^{-1}$$

【例 1-8】 10 ℃的水流过一根水平钢管，管长 300 m，流量为 500 $L\cdot min^{-1}$，要求沿程损失不超过 6 m，试求管径。

解 流速 $$u=\frac{V_s}{\pi d^2/4}=\frac{500/(1000\times 60)}{\pi\times d^2/4}=\frac{0.01061}{d^2}\ m\cdot s^{-1} \tag{a}$$

将管长 300 m、沿程损失 $h_f\leqslant 6$ m 及式(a) 代入式(1-44b)，得

$$\lambda\times\frac{300}{d}\times\frac{1}{2}\times\left(\frac{0.01061}{d^2}\right)^2\leqslant 6\times 9.81$$

$$d^5\geqslant 2.867\times 10^{-4}\lambda \tag{b}$$

式(b) 中 λ 与雷诺数及相对粗糙度有关，是 d 的复杂函数，不能用代数法求解，故需用试差法。在试差中以假设 λ 值为佳，而不是假设 d，因为 λ 的变化小，范围也窄。

湍流时的 λ 值多在 0.02～0.03，从保守的角度先假设较大的 λ 值，即 $\lambda=0.03$，代入式(b) 算出

$$d\geqslant 0.0970\ m\ （或\ 97\ mm）$$

检验所设的 λ 值：据表 1-1，近似取钢管的粗糙度 $\varepsilon=0.2$ mm，则 $\varepsilon/d=0.2/97=0.00206$

查附录五知，10 ℃水的物理性质：$\mu=1.305\times 10^{-3}$ Pa·s，取 $\rho=1000\ kg\cdot m^{-3}$。

$$Re=\frac{du\rho}{\mu}=\frac{0.097\times 1000}{1.305\times 10^{-3}}\times\frac{0.01061}{0.097^2}=8.38\times 10^4$$

查图 1-29 或按式(1-59) 计算得 $\lambda=0.026$。此 λ 值比原设值要小，将此 λ 值代到式(b) 中重算 d，得

$$d\geqslant 0.0943\ m\ （或\ 94.3\ mm）$$

用此 d 值按前面的方法重求 λ，可知与第二次假设的值很接近，表明第二次求出的 d 值已基本正确。

查附录十六，可选用表 2 中外径为 108 mm、壁厚为 4 mm 的热轧无缝钢管，即 ϕ108 mm×4 mm，亦可选用 ϕ102 mm×3.5 mm 的管。

四、非圆形管的沿程损失

以上所讨论的都是流体在圆管内的沿程损失。化工生产中还会遇到非圆形的管道，例如有些气体输送管是矩形的，有时流体会在内外两管之间的环隙内流过等。对于非圆形管内的流体流动，仍可以按前面介绍的圆管公式(1-44) 近似计算其沿程损失，但须将式中的管径 d 用当量直径 d_e 替换。

$$d_e=4\times 水力半径=\frac{4\times 流通截面积}{润湿周边} \tag{1-60}$$

其中，润湿周边是指流体与管壁面接触的周边长度。例如圆形管，流通截面积为 $\pi d^2/4$，润湿周边为 πd，其 $d_e=d$。再如，由内径为 D 的大管和外径为 d 的小管所组成的套管环隙，其当量直径 $d_e=4(\pi/4)(D^2-d^2)/[\pi(D+d)]=D-d$。

必须指出，上述的当量直径法只有用于湍流、而且形状与圆形的偏差较小时，计算才比较可靠，如矩形管（其长、宽之比不得超过 3∶1、方形管、三角形管等，而对于截面为环形、长方形和星形的管道，其可靠性就较差。对于层流时的非圆形管的沿程损失计算则需将计算式修正为

$$\lambda=\frac{C}{Re} \tag{1-61}$$

式中，C 为常数。对正方形、正三角形、环形，C 分别为 57、53、96。

【例 1-9】 空气在两根同心圆管间的环隙中轴向流动，已知管长为 4 m，内管的外径为 114 mm，外管的内径为 150 mm。空气的平均温度为 30 ℃，流量为 270 $m^3 \cdot h^{-1}$，试计算空气通过时的压力损失。两管可视为光滑管。

解
$$u=\frac{V_s}{\pi(D^2-d^2)/4}=\frac{270/3600}{\pi\times(0.15^2-0.114^2)/4}=10.05\ m\cdot s^{-1}$$

环形截面的当量直径为 $d_e=D-d=0.15-0.114=0.036\ m$

查附录六可得 30 ℃空气的物性如下：$\rho=1.165\ kg\cdot m^{-3}$，$\mu=1.86\times10^{-5}\ Pa\cdot s$

故
$$Re=\frac{d_e u\rho}{\mu}=\frac{0.036\times10.05\times1.165}{1.86\times10^{-5}}=2.266\times10^4$$

可用柏拉修斯式，即
$$\lambda=\frac{0.3164}{Re^{0.25}}=\frac{0.3164}{(2.266\times10^4)^{0.25}}=0.0258$$

空气通过时的压力损失
$$\Delta p_f=\lambda\frac{l}{d_e}\times\frac{\rho u^2}{2}=0.0258\times\frac{4}{0.036}\times\frac{1.165\times10.05^2}{2}=169\ Pa$$

五、局部损失

前面已提及，局部损失是指流体流经弯头、阀门、三通、管的进、出口等处时，由于流体的流速或流向突然发生变化，产生边界层分离而导致的。

由于引起局部损失的机理很复杂，目前只有少数情况可通过理论分析得到，多数情况需要实验方法确定。在实验测定局部损失时应注意：流体流经弯头、阀门等处所产生的旋涡会带到下游，要经过一定长度（约 50 倍管径 d）后，管内流动才能重新达到充分发展流动。也就是说，局部损失的起因虽是局部的，但其完成却需要约 $50d$ 的距离。

计算局部损失的常用方法有两种：阻力系数法和当量长度法。

（一）阻力系数法

此法是将局部损失表达成动能的某一个倍数，即

$$w_f=\zeta\frac{u^2}{2} \tag{1-62}$$

式中，ζ 为局部阻力系数，以下简称**阻力系数**，由实验测定。

常用管件和阀件的 ζ 值列于表 1-2。

表 1-2 常用管件和阀件的阻力系数及当量长度数据（湍流）

名称	阻力系数 ζ	当量长度与管径之比 l_e/d	名称	阻力系数 ζ	当量长度与管径之比 l_e/d
弯头，45°	0.35	17	截止阀		
弯头，90°	0.75	35	全开	6.4	300
180°回弯头	1.5	75	半开	9.5	475
管接头	0.04	2	单向阀（止逆阀）		
活管接	0.04	2	摇板式	2.0	100
标准三通管	1	50	球形式	70.0	3500
闸阀			角阀（全开）	2.0	100
全开	0.17	9	水表（盘形）	7.0	350
半开	4.5	225			

下面讨论另外两种常见的局部阻力。

1. 突然扩大

如图 1-31(a) 所示，当流体流过突然扩大管道时，流速减小，压力相应增大，流体在这种逆压流动过程中极易发生边界层分离而产生涡流，使高速流体的动能大部分变为热而散失。通过理论分析可以证明突然扩大的阻力系数

$$\zeta=\left(1-\frac{A_1}{A_2}\right)^2 \tag{1-63}$$

式中，A_1、A_2 分别为小管、大管的横截面积。

当流体从管内流出到较大的容器时，相当于式(1-63) 中取 $A_1/A_2\approx 0$ 的情况，此时，阻力系数 $\zeta_o=1$，称为管出口阻力系数。

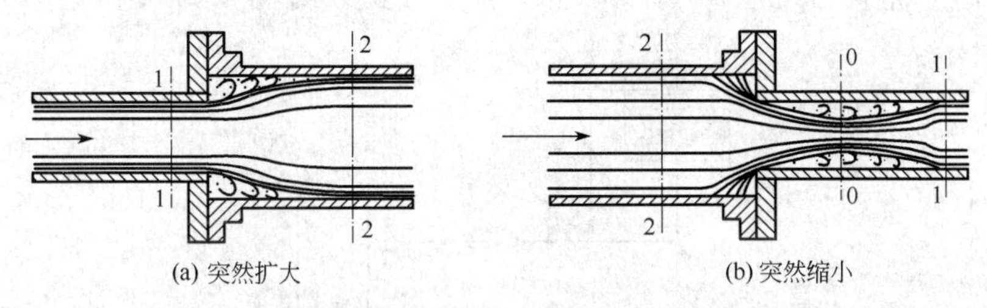

(a) 突然扩大　(b) 突然缩小

图 1-31　突然扩大与突然缩小

2. 突然缩小

如图 1-31(b) 所示，当流体由大管流入小管时，流股突然缩小，此后，由于惯性，流股将继续缩小，直到截面 0-0 处，流股截面缩到最小，此处称为**缩脉**。其后，流股开始逐渐扩大，直至在截面 1-1 处重新充满整个管截面。在缩脉之前，压力是逐渐减小的，而在缩脉之后则与突然扩大类似，会产生边界层分离。可见，突然缩小的阻力损失主要还在于突然扩大。

不同 A_1/A_2 下的 ζ 值见表 1-3。

表 1-3　突然缩小阻力系数 ζ 与 A_1/A_2 的关系

A_1/A_2	0	0.2	0.4	0.6	0.8	1.0
ζ	0.5	0.45	0.36	0.21	0.07	0

当流体从较大的容器流进管道时，相当于突然缩小 $A_1/A_2\approx 0$ 的情形。按表 1-3，此时阻力系数 $\zeta_i=0.5$，称为管入口阻力系数。若管入口做得很圆滑，则 ζ_i 可以比 0.5 小很多。

注意，计算突然扩大、突然缩小的阻力损失时，都应按小管内的流速计算动能项。

(二) 当量长度法

当量长度法是将局部损失看作与某一长度为 l_e 的等径管的沿程损失相当，此一折合的管道长度 l_e 称为当量长度。于是，局部损失计算式为：

$$w_f=\lambda\frac{l_e}{d}\frac{u^2}{2} \tag{1-64}$$

l_e/d 之值由实验确定，表 1-2 中列出了某些常用管件和阀件的 l_e/d 值。

注意：管件、阀门等的构造细节与加工的精细程度往往差别很大，使其当量长度与阻力系数相应有很大变动，表 1-2 中所列数值只是其约值，故以上两种方法均为近似估算。而且两种计算方法所得结果不完全一致，但从工程角度看，两种方法都可以用。

六、管内流动总阻力损失的计算

任一管路系统的总阻力损失应等于所有沿程损失与局部损失之和，即

$$w_f=\sum\left(\lambda\frac{l}{d}+\sum\zeta\right)\frac{u^2}{2}=\sum\lambda\left(\frac{l+\sum l_e}{d}\right)\frac{u^2}{2} \tag{1-65}$$

可见，对于等径管的总阻力损失计算，当量长度法较方便些。

一般说来，长距离输送时以沿程损失为主，短程输送时则以局部损失为主。

【例 1-10】 总阻力损失的计算

如图 1-32 所示，将敞口高位槽 A 中密度 870 kg·m^{-3}、黏度 0.8 mPa·s 的液体自流送入设备 B 中，管路上有一个 90°弯头、一个截止阀（全开）。塔 B 中压力为 10 kPa，阀前、阀后的输送管道分别为 ϕ38mm×2.5 mm 和 ϕ32mm×2.5 mm 的无缝钢管，阀前、阀后直管段部分总长分别为 10 m 和 8 m，为使液体能以 4 m^3·h^{-1} 的流量流入设备 B 中，问高位槽 A 的液面至少应高出设备 B 入口多少米，即 z 为多少米？

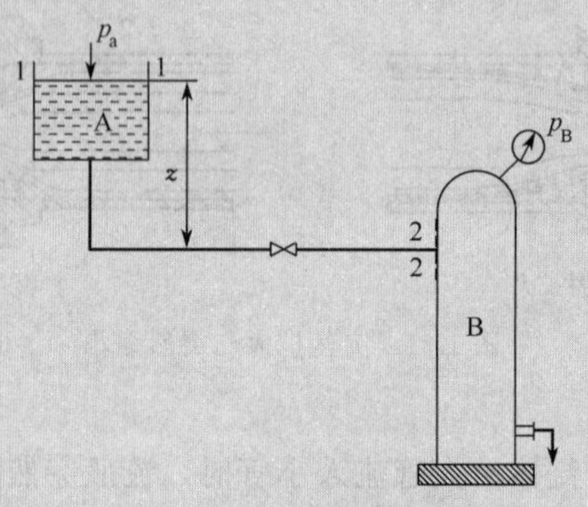

图 1-32 例 1-10 附图

解 选取高位槽 A 的液面为截面 1-1、管出口处截面为 2-2，并取截面 2-2 为位能基准面。在截面 1-1 与 2-2 间列机械能衡算式

$$gz_1+\frac{u_1^2}{2}+\frac{p_1}{\rho}=gz_2+\frac{u_2^2}{2}+\frac{p_2}{\rho}+w_{f阀前}+w_{f阀后}$$

将 $z_2=0$，$z_1=z$，$u_1=0$，$p_1=0$，$p_2=p_B=10\times10^3$ Pa，$\rho=870$ kg·m^{-3} 代入上式得

$$gz=\frac{u_2^2}{2}+\frac{10\times10^3}{870}+w_{f阀前}+w_{f阀后} \qquad (a)$$

阀前 $$u_1=\frac{V_s}{\pi d_1^2/4}=\frac{4/3600}{\pi\times0.033^2/4}=1.30\ \text{m·s}^{-1}$$

$$Re_1=\frac{d_1u_1\rho}{\mu}=\frac{0.033\times1.30\times870}{0.8\times10^{-3}}=4.67\times10^4\ (>4000)$$

可见属于湍流流动，据表 1-1 近似取无缝钢管的管壁粗糙度 $\varepsilon=0.2$ mm，则 $\varepsilon/d_1=0.00606$，查图 1-29 得 $\lambda_1=0.032$。

此题的相对粗糙度虽超出式(1-59) 的使用范围（要求 $\varepsilon/d<0.005$），但算出的 $\lambda=0.0325$，误差尚不大。

查表 1-2 可知，阀前的各管件阻力系数分别为：突然缩小 $\zeta_1=0.5$，90°弯头 $\zeta_2=0.75$

于是 $$w_{f阀前}=\left(\lambda\frac{l}{d}+\sum\zeta\right)_1\frac{u_1^2}{2}=\left(0.032\times\frac{10}{0.033}+0.5+0.75\right)\times\frac{1.30^2}{2}=9.25\ \text{J·kg}^{-1}$$

阀后 $$u_2=\frac{V_s}{\pi d_2^2/4}=\frac{4/3600}{\pi\times0.027^2/4}=1.94\ \text{m·s}^{-1}$$

$$Re_2=\frac{d_2u_2\rho}{\mu}=\frac{0.027\times1.94\times870}{0.8\times10^{-3}}=5.70\times10^4\ （湍流）$$

$$\varepsilon/d_2=0.2/27=0.0074$$

查图 1-29 得 $\lambda_2=0.033$；查表 1-2，知截止阀（全开）$\zeta_3=6.4$

于是　$$w_{f阀后}=\left(\lambda\frac{l}{d}+\sum\zeta\right)_2\frac{u_2^2}{2}=\left(0.033\times\frac{8}{0.027}+6.4\right)\times\frac{1.94^2}{2}=30.44\ \mathrm{J\cdot kg^{-1}}$$

将以上各数据代入式(a) 中，得

$$z=\frac{1.94^2}{2\times9.81}+\frac{10\times10^3}{870\times9.81}+\frac{9.25+30.44}{9.81}=0.19+1.17+4.05=5.41\ \mathrm{m}$$

值得注意的是，由上式可见，液体在截面 2-2 处的动压头 $u_2^2/2\,g$ 占总压头比例很小，这在工程上很普遍，忽略不计对计算结果也无太大影响。

第五节　管路计算

化工生产中的管路依其布设方式，可分为简单管路和复杂管路（包括管网）两类。管路计算用到的基本关系是前述的连续性方程、机械能衡算方程及阻力损失算式。

管路计算可分为设计型和操作型两类。

所谓设计型，是指给定输送任务，如流量 V_s，要求设计出经济、合理的管路，主要指确定优化的管径 d。管径由流量 V_s 和流速 u 按下式计算：

$$d=\sqrt{4V_s/\pi u} \tag{1-66}$$

可见，对给定的流量 V_s，若选定的 u 越小，则 d 越大，导致设备费用也越大；反之，u 越大，则 d 越小，设备费用越小，但流体流动过程中的阻力损失却随 u 的增大而变大，于是，流体所需的外加功率就越大，这意味着操作费用的增加。由此可见，u 的大小直接关系到管路输送系统的总费用问题。u 与总费用之间的关系可用图 1-33 定性表示，图中设备费指设备投资除以使用年限的设备折旧费；操作费包括能耗及每年的大修费，大修费是设备费的某一百分数，故流速过慢，操作费反而会升高。

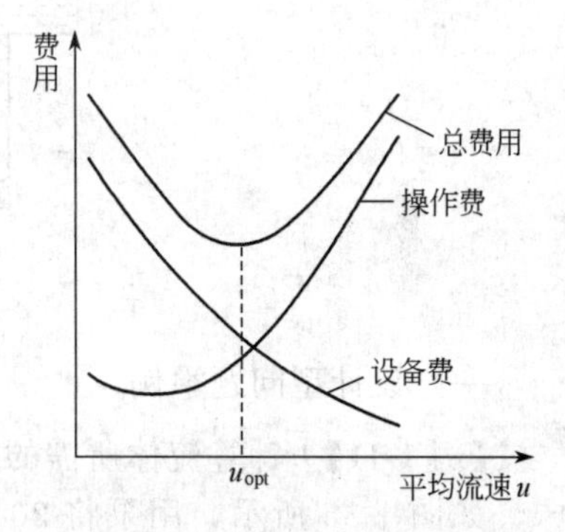

图 1-33　流速与费用关系

使上述总费用为最小的平均流速称为**优化流速** u_{opt} 或**经济流速**，其值须通过优化计算确定，但工程上根据经验总结，已有某些流体经济流速的大致范围，如表 1-4 所示。

由表 1-4 可知，在选择适宜流速时，应考虑流体的性质，如黏度较大的流体（如油类），流速应较低；含有固体悬浮物的液体，为防止管路的堵塞，流速则不能取得太低；气体密度小，气体的流速可取得比液体的大得多；气体输送中，容易获得压力的气体（如饱和水蒸气），流速可高些；而对一般气体，输送的压力来之不易（如压缩气体），流速不宜取得太高；对于真空管路，流速的选择必须保证产生的压降低于允许值；易燃、易爆气、液体为了防止发生事故，流速不得超过上限值。

设计型问题就是要首先根据经济流速范围选定适宜流速，然后按式(1-66) 算出管径 d，再根据管道规格将上述计算值进行圆整。常用管道规格见附录十六。有时最小管径要受到结构上的限制，如支撑在跨距 5 m 以上的普通钢管，管径不应小于 40 mm。

所谓操作型问题是指管路系统已定，当某些操作条件改变时，判断流动参数如何变化或核算管路系统的某项技术指标。

表 1-4 某些流体的经济流速范围（摘自参考文献 5）

流体类别	经济流速范围/$m \cdot s^{-1}$	流体类别	经济流速范围/$m \cdot s^{-1}$
水及黏度相近液体	0.5～3	低压蒸汽(＜1 MPa)	15～20
油类		中压蒸汽(1～4 MPa)	20～40
黏度＜10cP	2.0	高压蒸汽(4～12 MPa)	40～60
黏度＜50	0.5～1.6	天然气	30
黏度＜100	0.3～1.6	烟道气	3～15
黏度＜1000	0.1～0.55	半水煤气	10～15
氯化钠溶液		真空气体	5～10
带有固体	1.8～4.5	压缩气体	
无固体	1.5	0.6～1 MPa	10～15
易燃易爆液体		1～2 MPa	8～12
乙醚、苯、二硫化碳	＜1	2～3 MPa	3～6
甲醇、乙醇、汽油	＜2～3	易燃、易爆气体	
		氢气、氧气	＜8

下面简述简单管路和复杂管路的特性，并分别通过几个例题展现上述这两类问题的计算或分析过程。

一、简单管路

简单管路是没有分支或汇合的管路，如图 1-34 所示为一典型的简单管路系统，其特点：

① 通过各等径管段的质量流量不变；对 ρ 为常数的流体则体积流量也不变。

② 整个管路的阻力损失为各等径段阻力损失之和。

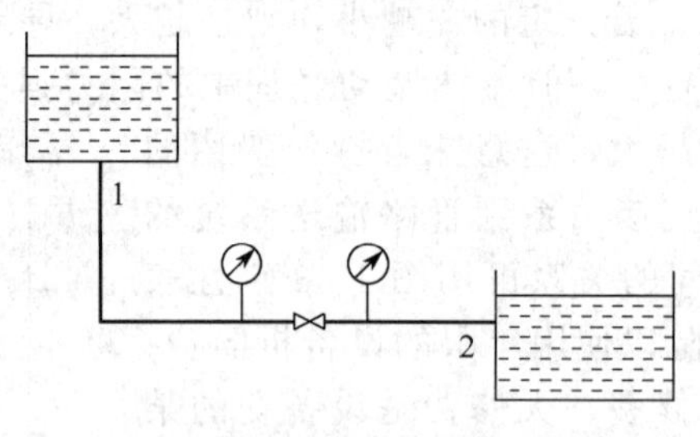

图 1-34 简单管路

（一）设计型问题举例

【例 1-11】 计算流体所需的外加功率

如图 1-35 所示，用泵将 20 ℃苯从地面以下的密闭贮罐送到密闭高位槽中，两容器内的压力近似相等，流量为 18 $m^3 \cdot h^{-1}$。输送管出口比贮罐液面高 10 m。泵吸入管用 ϕ89 mm×4 mm的无缝钢管，直管长度为 15 m，并有一底阀（其阻力大致同摇板式止逆阀），一个 90°弯头。泵排出管用 ϕ57 mm×3.5 mm 的无缝钢管，直管长 50 m，并有一个闸阀、一个截止阀、3 个 90°弯头和两个三通。阀门都按全开考虑。试求流体所需的外加功率。

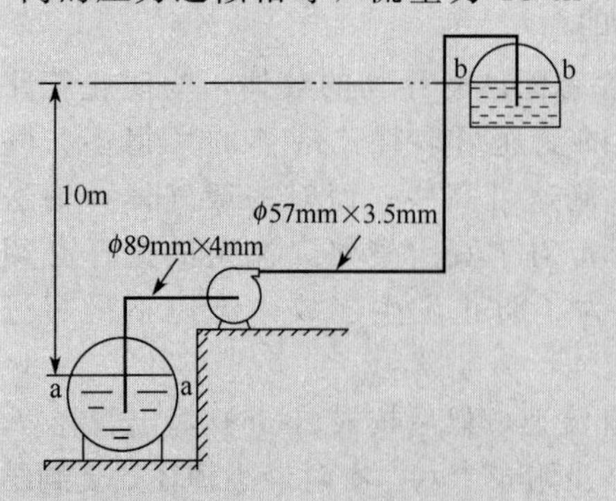

图 1-35 例 1-11 附图

解 在贮罐液面 a-a 面与高位槽液面 b-b 面之间列机械能衡算式

$$w_e = g\Delta z + \frac{\Delta u^2}{2} + \frac{\Delta p}{\rho} + w_{f泵前} + w_{f泵后} \tag{a}$$

因两容器压力近似相等，故 $\Delta p = 0$，又 $\Delta z = 10$ m；因 $u_a = u_b = 0$，故 $\Delta u^2 = 0$。泵前、泵后阻力损失计算如下。

泵前　查附录三可知 20 ℃苯 $\rho=879\ \text{kg·m}^{-3}$，$\mu=0.737\ \text{mPa·s}$

$$d_1=89-2\times4=81\ \text{mm，或 } 0.081\ \text{m}$$

$$u_1=\frac{V_s}{\pi d_1^2/4}=\frac{18/3600}{\pi\times0.081^2/4}=0.97\ \text{m·s}^{-1}$$

$$Re_1=\frac{d_1u_1\rho}{\mu}=\frac{0.081\times0.97\times879}{0.737\times10^{-3}}=9.37\times10^4$$

据表 1-1，近似取管壁粗糙度 $\varepsilon=0.2$ mm，则 $\varepsilon/d_1=0.2/81=0.0025$。按式(1-59) 计算得 $\lambda_1=0.0267$。

查表 1-2 知摇板式止逆阀 $l_{e1}/d_1=100$，90°弯头 $l_{e2}/d_1=35$，又 $l_1=15$ m，管入口阻力系数 $\zeta=0.5$。

$$w_{f泵前}=\left(\lambda_1\frac{l_1+\sum l_e}{d_1}+\zeta\right)\frac{u_1^2}{2}=\left[0.0267\times\left(\frac{15}{0.081}+100+35\right)+0.5\right]\times\frac{0.97^2}{2}=4.26\ \text{J·kg}^{-1}$$

泵后　$d_2=57-2\times3.5=50$ mm 即 0.05 m

$$u_2=\frac{V_s}{\pi d_2^2/4}=\frac{18/3600}{\pi\times0.05^2/4}=2.55\ \text{m·s}^{-1}$$

$$Re_2=\frac{d_2u_2\rho}{\mu}=\frac{0.05\times2.55\times879}{0.737\times10^{-3}}=1.51\times10^5$$

有 $\varepsilon/d_2=0.2/50=0.004$，按式(1-59) 计算得 $\lambda_1=0.0282$。

查表 1-2 知闸阀（全开）$l_{e3}/d_2=9$，截止阀（全开）$l_{e4}/d_2=300$，3 个 90°弯头 $l_{e5}/d_2=3\times35=105$，2 个三通 $l_{e5}/d_5=2\times50=100$。又 $l_1=50$ m，管出口阻力系数 $\zeta=1.0$。

$$w_{f泵后}=\left(\lambda_2\frac{l_2+\sum l_e}{d_2}+\zeta\right)\frac{u_2^2}{2}=\left[0.0282\times\left(\frac{50}{0.05}+9+300+105+100\right)+1.0\right]\times\frac{2.55^2}{2}$$

$$=142.1\ \text{J·kg}^{-1}$$

将上述数据代入式(a) 得：

$$w_e=9.81\times10+0+0+4.26+142.1=244.5\ \text{J·kg}^{-1}$$

外加功率 $=m_sw_e=V_s\rho w_e=(18/3600)\times879\times244.5=1080$ W(或 1.08 kW)

【例 1-12】 计算管径

如图 1-36 所示，污水处理厂要敷设一根钢筋混凝土管，长 1600 m，利用重力将处理后的污水排放到海面以下 30 m 深处。处理水的密度、黏度基本同清水，海水的密度为 1040 kg·m^{-3}。蓄水池的水面超过海平面 5 m。问至少采用多粗的管子才能保证排放的高峰流量 6 m^3·s^{-1}？

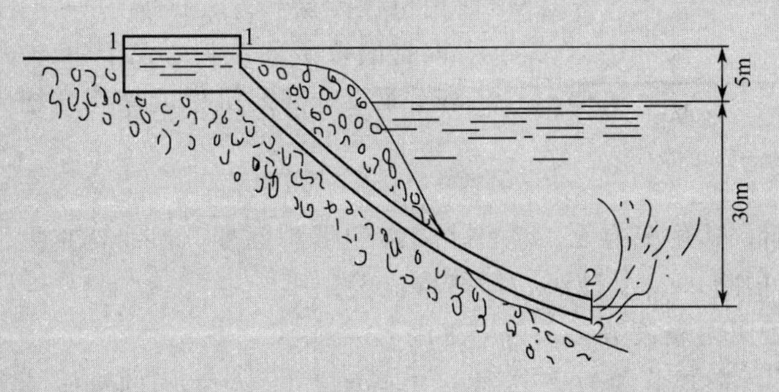

图 1-36　例 1-12 附图

管道上装有闸阀，管壁粗糙度取为 2 mm，水温取为 20 ℃。

解 取蓄水池水面为截面 1-1，排出管出口为截面 2-2。

注意，这里不能取海平面为截面 2-2，因为水池与海平面之间并不是同一种流体，不连续。

以海平面为基准面，列机械能衡算方程：

$$gz_1+\frac{u_1^2}{2}+\frac{p_1}{\rho}=gz_2+\frac{u_2^2}{2}+\frac{p_2}{\rho}+\left(\lambda\frac{l}{d}+\sum\zeta\right)\frac{u^2}{2}$$

已知 $z_1=5$ m，$z_2=-30$ m，$u_1=0$，$u_2=u$，$p_1=0$，$p_2=1040\times9.81\times30=3.06\times10^5$ Pa，$l=1600$ m；管入口 $\zeta_1=0.5$，闸阀（全开）$\zeta_2=0.17$，$u=\frac{6}{\pi d^2/4}=\frac{7.64}{d^2}$。20 ℃水取 $\rho=1000$ kg·m^{-3}，$\mu=1.00$ mPa·s。于是

$$9.81\times5+0+0=-9.81\times30+\frac{3.06\times10^5}{1000}+\left(\lambda\frac{1600}{\mathrm{d}}+0.5+0.17+1.0\right)\frac{29.18}{d^4}$$

$$37.35d^5=(1600\lambda+1.67d)\times29.18$$

$$d=(1250\lambda+1.30d)^{1/5} \tag{a}$$

由上式求 d 需用试差法。类似例 1-8，应假设 λ 为佳，先设 $\lambda=0.025$，代入式(a)解得

$$d=2.02\text{ m}$$

检验所设的 λ：

$$\varepsilon/d=2/2020=0.00099$$

$$Re=\frac{du\rho}{\mu}=\frac{2.02\times1000}{1.00\times10^{-3}}\times\frac{7.64}{2.02^2}=3.78\times10^6$$

由式(1-59) 计算得 $\lambda=0.0205$，比原设值要小，将此 λ 值代到式(a) 中重算 d，得

$$d=1.95\text{ m}$$

用此 d 值按前面的方法重求 λ，可知与 0.0205 很接近，表明第二次求出的 d 值可认为正确。即实际采用的混凝土管内径至少在 1.95 m 以上才行。

（二）操作型问题举例

【例 1-13】 操作型问题分析

如图 1-37 所示，通过一高位槽将液体沿等径管输送至某一车间，高位槽内液面保持不变。现将阀门开度减小，试定性分析以下各流动参数的变化：管内流量、阀门前后压力表读数 p_A、p_B。

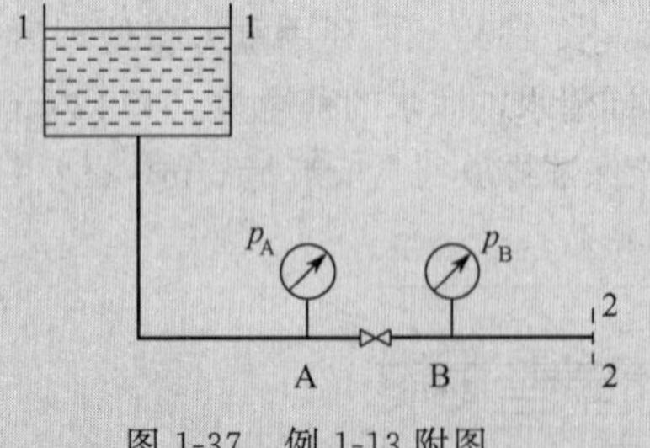

图 1-37 例 1-13 附图

解 (1) 管内流量的变化

显然，将阀门开度关小后，管内流量必然减小。下面用机械能衡算方程证明这一结论。

取管出口截面 2-2 为位能基准面，在高位槽液面 1-1 和截面 2-2 间列机械能衡算方程

$$gz_1+\frac{p_1-p_2}{\rho}=\left(\lambda\frac{l}{d}+\sum\zeta+1\right)\frac{u_2^2}{2}$$

将阀门关小后，式中只有 $\sum\zeta$ 增大，其余的量均不变（λ 一般变化很小，可近似认为是常数)，由此可推断，u_2 必减小，即管内流量减小。

(2) 阀门前后压力表读数 p_A、p_B 变化

取压力表 p_A 所在管截面为 A-A 面，由截面 1-1、A-A 间的机械能衡算可得

$$\frac{p_A}{\rho}=gz_1+\frac{p_1}{\rho}-\left(\lambda\frac{l}{d}+\sum\zeta+1\right)_{1\text{-A}}\frac{u_A^2}{2}$$

当阀门关小时，等号右边各项除 u_A 减小外，其余的量均不变，故 p_A 增大。

p_B 的变化可由截面 B-B、2-2 间的机械能衡算得到

$$\frac{p_B}{\rho}=\frac{p_2}{\rho}+\left(\lambda\frac{l}{d}+\sum\zeta\right)_{B\text{-}2}\frac{u_2^2}{2}$$

当阀门关小时，等号右边各项除 u_2 减小外，其余的量均不变，故 p_B 必减小。

讨论：由本题可引出如下结论：简单管路中若某个部件的阻力系数变大，如阀门关小，将导致管内流量减小，部件的上游压力上升，下游压力下降。这个规律具有普遍性。

【例 1-14】 计算流量

在风机出口后的输气管壁上开一测压孔，用 U 形管测得该处静压为 186 mmH_2O。测压孔以后的管路包括 80 m 直管及 4 个 90°弯头。输气管通向表压为 120 mmH_2O 的设备，其内径 500 mm，$\varepsilon=0.3$ mm。所输送的空气温度为 25 ℃，试估计其体积流量。

解 管内空气的平均表压 $p=(186+120)/2=153$ mmH_2O 或 $153\times9.81/1000=1.5$ kPa，则绝压为 102.8 kPa。气体流动过程中的压力变化为 $186-120=66$ mmH_2O 或 $66\times9.81/1000=0.65$ kPa，显然空气流动过程中的压力变化远小于管内空气绝压，故可按不可压缩流体处理，且气体位头的影响可以忽略。

在测压孔所在的截面与管出口截面之间列机械能衡算式

$$\frac{u_1^2}{2}+\frac{p_1}{\rho}=\frac{u_2^2}{2}+\frac{p_2}{\rho}+\lambda\frac{l+l_e}{d}\frac{u^2}{2} \tag{a}$$

式中　$p_1=186\times9.81=1824$ Pa，$p_2=120\times9.81=1177$ Pa，$u_1=u_2$，$d=0.5$ m，$l=80$ m，4 个 90°弯头 $l_{e1}/d=4\times35=140$，ρ 取管内平均值，计算如下。

管内空气平均压力下、25 ℃时管内空气的平均密度为

$$\rho=\frac{pM}{RT}=\frac{102.8\times29}{8.314\times(273+25)}=1.203\ \text{kg}\cdot\text{m}^{-3}$$

将上述数据代入式(a)

$$\frac{1824}{1.203}=\frac{1177}{1.203}+\left(\lambda\frac{80}{0.5}+\lambda\times140\right)\frac{u^2}{2}$$

化简得：

$$\lambda u^2=3.59 \tag{b}$$

由上式求 u 需用试差法。类似例 1-12，应先假设 λ 为佳，先设 $\lambda=0.02$，代入式(b)，解得

$$u=13.4\ \text{m}\times\text{s}^{-1}$$

复核：

$$\varepsilon/d=0.3/500=0.0006$$

查附录六知，25 ℃空气的黏度 $\mu=1.84\times10^{-5}$ Pa·s，得

$$Re=\frac{du\rho}{\mu}=\frac{0.5\times13.4\times1.203}{1.84\times10^{-5}}=4.38\times10^5$$

由式(1-59) 计算得 $\lambda=0.0191$。此 λ 值比原设值稍小，将此 λ 值代到式(b) 中重算 u，得

$$u=13.7\ \text{m}\cdot\text{s}^{-1}$$

用此 u 值按前面的方法重求 λ，可知与 0.0191 很接近，试差结束。据此算出体积流量为

$$V_s=\pi/4d^2u=0.785\times0.5^2\times13.7=2.69\ \text{m}^3\cdot\text{s}^{-1}\ （或\ 9680\ \text{m}^3\cdot\text{h}^{-1}）$$

二、复杂管路

复杂管路指有分支的管路，包括并联管路、分支（或汇合）管路（见图 1-38）。

（一）并联管路

如图 1-38(a) 所示，并联管路的特点如下。

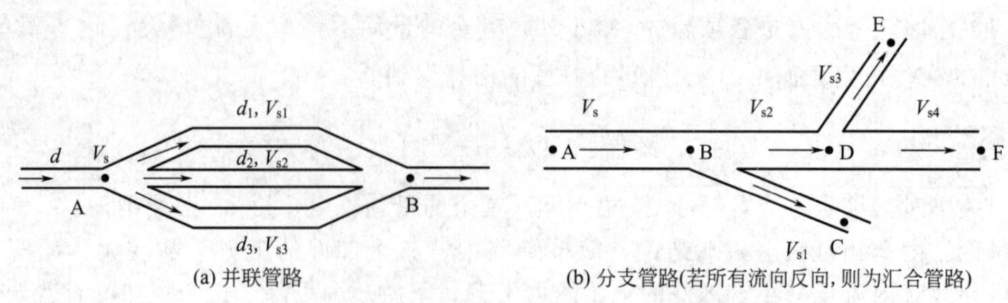

图 1-38 复杂管路

(1) 总流量等于各并联支管流量之和，对 ρ=常数的流体，则有：

$$V_s = V_{s1} + V_{s2} + V_{s3} \tag{1-67}$$

(2) 并联各支管的阻力损失相等，对图 1-37(a) 有

$$w_{f1} = w_{f2} = w_{f3} \tag{1-68}$$

这是因为，并联的各支管起始于同一分流点 A 和终结于同一汇合点 B（现将截面简化地用其中心点表示)。故沿各支管在 A、B 之间列机械能衡算方程得

$$E_{tA} = E_{tB} + w_{f1}, \quad E_{tA} = E_{tB} + w_{f2}, \quad E_{tA} = E_{tB} + w_{f3}$$

式中，E_{tA}、E_{tB}为分流点 A、汇合点 B 的总机械能。

由上式可知式(1-68) 成立。根据阻力损失计算式(1-65) 可将式(1-68) 改写为

$$\lambda_1 \frac{\sum l_1}{d_1} \frac{u_1^2}{2} = \lambda_2 \frac{\sum l_2}{d_2} \frac{u_2^2}{2} = \lambda_3 \frac{\sum l_3}{d_3} \frac{u_3^2}{2}$$

式中，$\sum l$ 为包括直管长和所有局部阻力当量长度在内。

将 $u = 4V_s/\pi d^2$ 代入得

$$\frac{8\lambda_1 \sum l_1}{\pi^2 d_1^5} V_{s1}^2 = \frac{8\lambda_2 \sum l_2}{\pi^2 d_2^5} V_{s2}^2 = \frac{8\lambda_3 \sum l_3}{\pi^2 d_3^5} V_{s3}^2$$

故

$$V_{s1} : V_{s2} : V_{s3} = \sqrt{\frac{d_1^5}{\lambda_1 \sum l_1}} : \sqrt{\frac{d_2^5}{\lambda_2 \sum l_2}} : \sqrt{\frac{d_3^5}{\lambda_3 \sum l_3}} \tag{1-69}$$

上式表明：细而长的支管通过的流量小，粗而短的支管通过的流量则大。

思考：如果管路系统由总管和并联支管串联而成，则在计算总阻力损失时，也认为是各个管的总和，对吗？

(二) 分支（或汇合）管路

分支（或汇合）管路的特点如下。

(1) 总管流量等于各支管流量之和，对图 1-38(b)，当 ρ 为常数时，有

$$V_s = V_{s1} + V_{s2}, \quad V_{s2} = V_{s3} + V_{s4}$$

即

$$V_s = V_{s1} + V_{s3} + V_{s4} \tag{1-70}$$

(2) 可在各分支点（或汇合点）处将其分为若干个简单管路，对每一段简单管路，仍然满足机械能衡算方程，以 ABC 段为例，有：

$$E_{tA} = E_{tB} + w_{f,A\text{-}B} \quad 及 \quad E_{tB} = E_{tC} + w_{f,B\text{-}C}$$

因此

$$E_{tA} = E_{tC} + w_{f,A\text{-}B} + w_{f,B\text{-}C} = E_{tC} + w_{f,A\text{-}C} \tag{1-71}$$

应当指出，当流体流过分支点（或汇合点）时有动量交换，其结果一方面造成局部损失，另一方面在各流股之间产生机械能转移，通常把这种转移所引起的机械能变化也归并到局部损失中。所以，当流体流过三通时，有可能因机械能转移而使某根支管的总压头增大，其阻力系数便为负值。

(三) 复杂管路应用举例

复杂管路问题也可分为设计型和操作型两类。

【例 1-15】 分支管路的设计型问题分析

如图 1-39 所示，贮罐内有 40 ℃的粗汽油（密度为 710 kg·m^{-3}），液面维持恒定，用泵抽出，流经三通后分成两路。一路送到设备一的顶部，最大流量为 10800 kg·h^{-1}，另一路送到设备二的中部，最大流量为 6400 kg·h^{-1}。有关部位的高度及压力在图中标出。

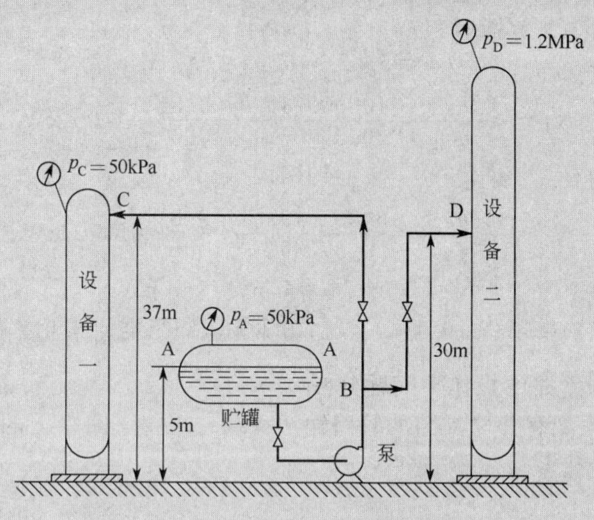

图 1-39　例 1-15 附图

已估计出：在各段管路上阀全开的情况下，管路的压头损失自 A 至 B 为 2 m（液柱，下同），自 B 至 C 为 6 m，自 B 至 D 为 5 m。设泵效率 η 为 60%，求泵所需功率。

解　这是一个分支管路的设计型问题。将贮罐内液体以不同流量分别送至不同的两设备，所需泵的压头不一定相等，设计时应按所需压头大的支路进行计算。为此，先不计动能项（较长距离输送时，动能项常可忽略不计），并以地面作为位能基准面，确定三通处 B 所需的最大压头值。

C、D 处的总压头分别为

$$h_C=z_C+\frac{p_C}{\rho g}=37+\frac{50\times10^3}{710\times9.81}=44.2\ \text{m}$$

$$h_D=z_D+\frac{p_D}{\rho g}=30+\frac{1.2\times10^6}{710\times9.81}=202.3\ \text{m}$$

要保证将粗汽油按规定的流量送到设备一，三通 B 处的总压头应为

$$h_B=h_D+\sum h_{f,BC}=44.2+6=50.2\ \text{m} \tag{a}$$

要保证将粗汽油按规定的流量送到设备二，三通 B 处的总压头应为

$$h'_B=h_D+\sum h_{f,BD}=202.3+5=207.3\ \text{m}$$

比较后得知，须取 $h_B=207.3$ m。

在贮罐内液面 A-A 和三通 B 处间列机械能衡算式

$$z_A+\frac{u_A^2}{2g}+\frac{p_A}{\rho g}+h_e=h_B+\sum h_{f,AB} \tag{b}$$

$$5+0+\frac{50\times10^3}{710\times9.81}+h_e=207.3+2$$

$$h_e=207.3-10.2=197.1\ \text{m} \tag{c}$$

泵所需功率 $N=\frac{m_s h_e g}{\eta}=\frac{(10800+6400)\times197.1\times9.81}{0.6\times3600}\approx15400\text{W}$（或 15.4kW）

讨论：本题设备一所需的压头要比设备二低得多，而流量却大得多，这种情况下共用一泵是很不经济的，为了节能，应使用两台泵给两条管路分别供液。以下对此情况再作功率计算。

对于设备一，式(b) 仍然成立，且其他数据不变，而由式(a) 可知 $h_B=50.2\text{ m}$，于是，将式(c) 中的 207.3 替换为 50.2，得

$$h_{e1}=50.2-10.2=40.0\text{ m}$$

$$N_1=\frac{m_{s1}h_{e1}g}{\eta}=\frac{10800\times 40.0\times 9.81}{0.6\times 3600\times 1000}=1.96\text{ kW}$$

对于设备二，仍有 $h_{e2}=197.1\text{ m}$

而 $$N_2=\frac{m_{s2}h_{e2}g}{\eta}=\frac{6400\times 197.1\times 9.81}{0.6\times 3600\times 1000}=5.73\text{ kW}$$

总功率 $$N'=N_1+N_2=7.69\approx 7.7\text{ kW}$$

较原输送管路的功率节省 15.4－7.7＝7.7 kW，即只需原来功率的一半。

【例 1-16】 复杂管路的操作型问题分析

如图 1-40 所示为配有并联支路的管路输送系统，现将支路①上的阀门 k_1 关小，则下列流动参数将如何变化？

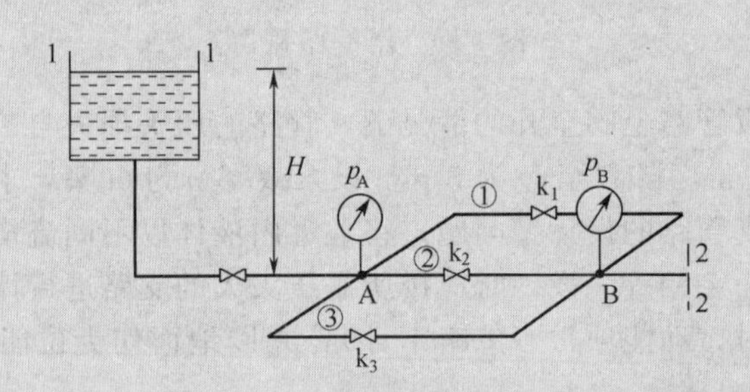

图 1-40 例 1-16 附图

(1) 总管流量 V_s 及支管①、②、③的流量 V_{s1}、V_{s2}、V_{s3}；(2) 压力表读数 p_A、p_B。

解 (1) 总管及各支管流量分析

当阀门 k_1 关小时，支路①的流量必然减小。此外，k_1 关小，将导致支路①及管路 A→B的阻力损失增大，而由截面 1-1 至截面 2-2 间的机械能衡算可知总阻力损失 $w_{f,1\text{-}2}$ 近似为 H 不变，故 $w_{f,1\text{-}A}$、$w_{f,B\text{-}2}$ 必然减小；因此，总管流量 V_s 将变小。

由 $w_{f,1\text{-}A}$、$w_{f,B\text{-}2}$ 变小可知 E_{tA} 增大，E_{tB} 减小，于是 A、B 间的机械能之差增大，可知支路②及支路③的流量 V_{s2}、V_{s3} 将增大。

(2) 压力表读数 p_A、p_B 的变化分析

因 E_{tA} 变大，而 E_{tA} 中位能不变、动能减小，故压力能必增大，即 p_A 增大。

由 B 与截面 2-2 间的机械能衡算可知，由于 $w_{f,B\text{-}2}$ 减小，故 p_B 减小。

讨论：本例表明，并联管路上的任一支管阻力系数变大，必然导致该支管和总管内流量减小，该支管上游压力增大，下游压力减小，而其他并联支管流量增大。这一规律与简单管路在同样变化条件下所遵循的规律一致（见例 1-13）。

注意：以上规律适用于并联支路阻力损失与总管阻力损失相当的情形，若总管阻力损失小到可忽略，则任一支管的阻力系数的变化对其他支管几乎没有影响。

【例 1-17】 操作型问题计算

如图 1-41 所示，高位槽中水经总管流入两根支管 1、2，然后排入大气中，当阀门 k、k_1 全开、k_2 为 1/4 开度时，测得支管 1 内的流量为 0.5 $m^3 \cdot h^{-1}$，试求：支管 2 中流量；若将阀门 k_2 全开，则支管 1 中是否有水流出？

已知管内径均为 30 mm，支管 1 比支管 2 高 10 m，M-N 段直管长为 70 m，N-1 段直管长为 16 m，N-2 段直管长为 5 m，当管路上所有阀门均处在全开状态时，总管、支管 1、2 的局部阻力当量长度分别为 $\sum l_e = 11$ m、$\sum l_{e1} = 12$ m、$\sum l_{e2} = 10$ m。管内摩擦系数 λ 均可取为 0.025。

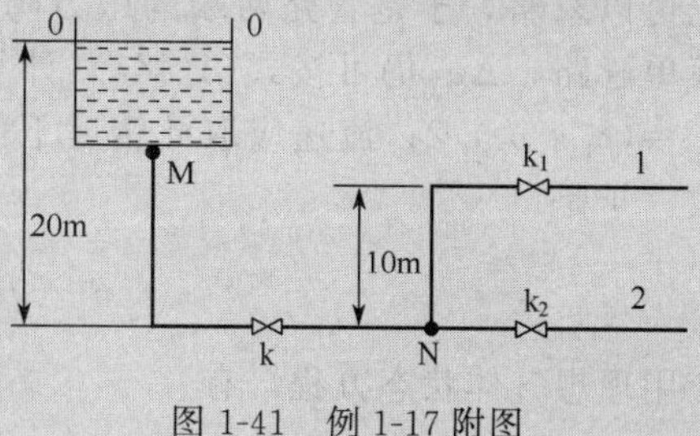

图 1-41　例 1-17 附图

解　本题计算均忽略管出口截面的动能项。

（1）支管 2 中流量　本题已知支管 1 流量，支管 2 的流量可通过解出总管流量而求得。

在截面 0-0 与截面 1-1 间列机械能衡算方程

$$gz_0 = gz_1 + \lambda \frac{l + \sum l_e}{d}\frac{u^2}{2} + \lambda \frac{l_1 + \sum l_{e1}}{d}\frac{u_1^2}{2}$$

将 $z_0 - z_1 = 20 - 10 = 10$ m，$\lambda = 0.025$，$l + \sum l_e = 70 + 11 = 81$ m，$d = 0.03$ m，$l_1 + \sum l_{e1} = 16 + 12 = 28$ m 及 $u_1 = \frac{V_{s1}}{\pi d^2/4} = \frac{0.5/3600}{\pi \times 0.03^2/4} = 0.197\ m \cdot s^{-1}$ 代入上式，算得：

$$u = 1.70\ m \cdot s^{-1}$$

总管流量　$V_s = \frac{\pi}{4} d^2 u = \frac{\pi}{4} \times 0.03^2 \times 1.70 = 0.0012\ m^3 \cdot s^{-1}$ 或 $4.3\ m^3 \cdot h^{-1}$

故　$$V_{s2} = V_s - V_{s1} = 4.3 - 0.5 = 3.8\ m^3 \cdot h^{-1}$$

本题若计入截面 1-1 的动能项而严格计算，结果仍为 $u = 1.70\ m \cdot s^{-1}$。

（2）阀门 k_2 全开　由以上问题（1）可知，k_2 处在 1/4 开度状态时，支管 2 内的流量远大于支管 1 内的流量，此时若将支管 2 上的阀门 k_2 继续开大至全开，支管 1 内的流量 V_{s1} 可能降为零，即无水流出。因此，以下暂按支管 1 中无水流出求解。

在截面 0-0 与截面 2-2 间列机械能衡算

$$gz_0 = \lambda \frac{(l + \sum l_e) + (l_2 + \sum l_{e2})}{d} \times \frac{u^2}{2}$$

$$9.81 \times 20 = 0.025 \times \frac{70 + 11 + 5 + 10}{0.03} \times \frac{u^2}{2}$$

解得　$$u = 2.21\ m \cdot s^{-1}$$

再由 N 处与截面 2-2 间的机械能衡算可知

$$E_{tN} = E_{t2} + w_{f,N\text{-}2} = 0 + \lambda \frac{l_2 + \sum l_{e2}}{d}\frac{u^2}{2} = 0.025 \times \frac{5 + 10}{0.03} \times \frac{2.21^2}{2} = 30.5\ J \cdot kg^{-1}$$

而　$$E_{t1} = gz_1 = 9.81 \times 10 = 98.1\ J \cdot kg^{-1}$$

可见，$E_{tN} < E_{t1}$，支管 1 中无水流出的假设是正确的。另一方面，若 $E_{tN} > E_{t1}$，则支管 1 中有水流出，原假设错误，此时需按分支管路重新进行计算。

三、可压缩流体的管路计算

前面介绍的管路计算都只涉及不可压缩流体。对于可压缩流体，由于压力改变会导致密度、速度等的变化，因此，其计算要复杂些，前述结论不一定适用。以下介绍其简化的机械能衡算法。

（一）等温流动时的简化计算法

在不包括输送机械的气体输送管路中，若管路较长（常可作为等温流动），则压力和密度的变化较大，此时机械能衡算式中气体动能变化、高度变化等的影响与阻力损失相比可以忽略，于是管路两端的压力降（p_1-p_2）可以认为与阻力损失 Δp_f 相等。对等径简单管路，Δp_f 仍可按式(1-44a）计算，只是式中密度应取为两端的算术平均值 ρ_m，即 $\rho_m=(\rho_1+\rho_2)/2$；流速应取此密度下的平均流速 u_m，即 $u_m=G/\rho_m$，在稳定流动时 G 为常数。于是

$$p_1-p_2=\lambda\frac{l}{d}\frac{u_m^2}{2}\rho_m=\lambda\frac{l}{d}\frac{G^2}{2\rho_m} \tag{1-72}$$

应用理想气体状态方程，有

$$\rho_m=\frac{\rho_1+\rho_2}{2}=\frac{M(p_1+p_2)}{2RT} \tag{1-73}$$

代入式(1-72）中，可化成

$$p_1^2-p_2^2=\lambda\frac{l}{d}\frac{RT}{M}G^2 \tag{1-74}$$

注意：式(1-74）中的 p 应当用绝压，法定单位为 Pa，R 为 8314 J·kmol^{-1}·K^{-1}。

式(1-72）的推导过程参见下面的选学内容。

【例 1-18】 25 ℃天然气（可视为甲烷）用内径 500 mm 的管道输送到 22 km 远处，输送量为 50000 m^3·h^{-1}（标准状态），管入口处加压到 0.52 MPa（绝），求出口压力。管壁粗糙度取为 0.1 mm。

解 甲烷的摩尔质量 $m=16$ kg·kmol^{-1}，输送管内的质量流速为

$$G=\frac{V_s m}{22.4\times\pi d^2/4}=\frac{50000\times16}{3600\times22.4\times\pi\times0.5^2/4}=50.5\ \text{kg·m}^{-2}\text{·s}^{-1}$$

查附录十二得 25 ℃时甲烷的黏度 $\mu=1.09\times10^{-5}$ Pa·s

$$Re=\frac{du\rho}{\mu}=\frac{dG}{\mu}=\frac{0.5\times50.5}{1.09\times10^{-5}}=2.32\times10^6$$

$$\varepsilon/d=0.1/500=0.0002$$

由图 1-29 或由式(1-59）计算得 $\lambda=0.0146$，代入式(1-74）得

$$p_2^2=p_1^2-\lambda\frac{l}{d}\frac{RT}{M}G^2=(0.52\times10^6)^2-0.0146\times\frac{22000}{0.5}\times\frac{8314\times298}{16}\times50.5^2=1.67\times10^{10}$$

$$p_2=1.29\times10^5\ \text{Pa 或 129 kPa（绝）}$$

选学内容

（二）可压缩流体的机械能衡算式

对于如图 1-42 所示的等径直管内可压缩流体的稳定流动，任取一微元段，在该微元管段中，流体可视为不可压缩，机械能衡算式(1-23）可写成

$$\mathrm{d}\left(\frac{u^2}{2}\right)+\frac{\mathrm{d}p}{\rho}+\mathrm{d}w_f=0 \tag{1-75}$$

其沿程损失可用下式进行计算：

$$\mathrm{d}w_f=\lambda\frac{\mathrm{d}l}{d}\times\frac{u^2}{2}$$

将上式及比体积 $v=1/\rho$ 代入式(1-75）中，得：

$$d\left(\frac{u^2}{2}\right)+v\mathrm{d}p+\lambda\ \frac{\mathrm{d}l}{d}\times\frac{u^2}{2}=0 \tag{1-76}$$

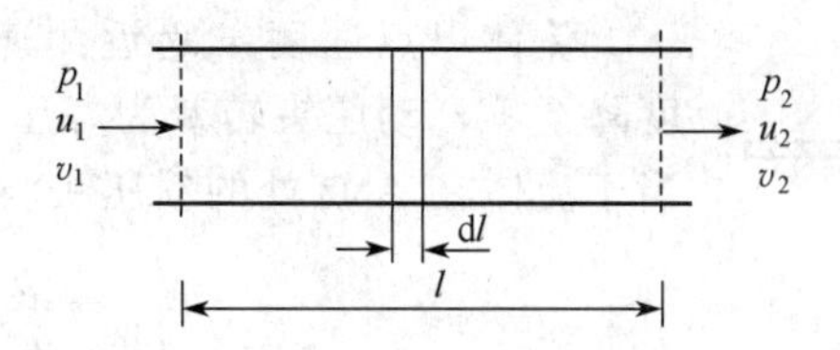

图 1-42　可压缩流体在管道内的稳定流动

考虑到气体作稳定流动，虽然平均流速 u 沿管长变化，但质量流速 G 不变，将 $u=G/\rho=Gv$ 的关系代入上式得：

$$G^2 v\mathrm{d}v+v\mathrm{d}p+\frac{G^2 v^2}{2d}\lambda\,\mathrm{d}l=0$$

同除以 v^2 得

$$G^2\frac{\mathrm{d}v}{v}+\frac{\mathrm{d}p}{v}+\frac{G^2}{2d}\lambda\,\mathrm{d}l=0$$

沿管长进行积分得

$$G^2\ln\frac{v_2}{v_1}+\int_{p_1}^{p_2}\frac{\mathrm{d}p}{v}+\frac{G^2}{2d}\int_0^l\lambda\mathrm{d}l=0 \tag{1-77}$$

式(1-77) 是可压缩流体的机械能衡算方程。为了得出 $\int_{p_1}^{p_2}\frac{\mathrm{d}p}{v}$，需要知道流动过程的 p-v 关系式。

等温流动时，因温度 T 为常数，μ 和 $Re=du\rho/\mu=Gd/\mu$ 不变，故 λ 也为常数。又由等温时的理想气体状态方程可知

$$pv=p_1v_1=p_2v_2=\frac{RT}{M}=\text{常数}$$

根据以上条件积分式(1-77) 得

$$G^2\ln\frac{p_1}{p_2}+\frac{M}{2RT}(p_2^2-p_1^2)+\frac{G^2\lambda l}{2d}=0$$

为了使用方便，将上式改写成

$$p_1^2-p_2^2=\frac{2RTG^2}{M}\left(\ln\frac{p_1}{p_2}+\frac{\lambda l}{2d}\right) \tag{1-78}$$

式(1-78) 即为可压缩流体等温流动时的机械能衡算方程。注意，式中 p 应当采用绝压。等号右边包括两项，由推导过程可知，第一项反映了动能的变化，第二项反映了沿程损失。除非在高真空下（如 $p_2<3$ kPa）及相对较短的管路中（如 $l/d<3000$），第一项比第二项均小得多，可略去，于是式(1-78)变为式(1-74)。

非等温流动过程的 p-v 关系较为复杂，具体推导过程从略。

第六节　流量测量

化工生产过程中要经常对各种操作参数进行测量，并加以调节、控制，流体流量就属于其中之一。

测量流量的仪器种类很多，下面所述，限于根据流体力学原理而制作的两类。

一、变压头流量计

（一）测速管

测速管又称皮托管（Pitot tube），如图 1-43 所示。它由两根同心圆管组成，在管道中与流动方向平行安置。内管前端敞开，朝着迎面而来的被测流体。外管前端封闭，但管侧壁在距

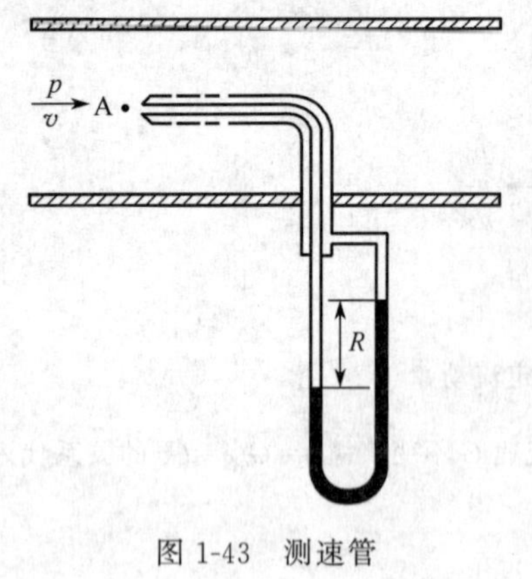

图 1-43　测速管

前端一定距离处开有几个小孔，流体在小孔旁流过。内、外管另一端都露在管道外边，各与压差计的一个接口相连。

流体以点速度 v 趋近测速管的前端点 A 处，轴向速度降至零，动压头转变为静压头，由内管传递出的压力相当于流体在 A 点处的动压头与静压头之和，称为**冲压头**

$$\frac{p_A}{\rho g}=\frac{p}{\rho g}+\frac{v^2}{2g}$$

当流体沿外管侧壁上的小孔流过时，其速度没有改变，故通过侧壁小孔从外管传递出的是流体的**静压头** $p/\rho g$。U 形管压差计的读数 R 反映上述冲压头与静压头之差。于是

$$\frac{v^2}{2g}=\frac{p_A-p}{\rho g}=\frac{R(\rho_0-\rho)}{\rho}$$

故
$$v=\sqrt{\frac{2gR(\rho_0-\rho)}{\rho}} \tag{1-79}$$

式中，ρ_0 为指示液密度。

若被测流体为气体，$\rho_0 \gg \rho$，上式可简化为：

$$v=\sqrt{\frac{2gR\rho_0}{\rho}} \tag{1-80}$$

测速管所测得的是管道截面上某一点的轴向速度，故用测速管可测量截面上的速度分布。若要测量流量，可通过测出管轴心处的最大点速度 v_{max}，然后根据 v_{max} 与平均速度 u 的比值求出 u。此比值随 Re 值（按 v_{max} 或 u 计算）的大小而变，如图 1-44 所示。

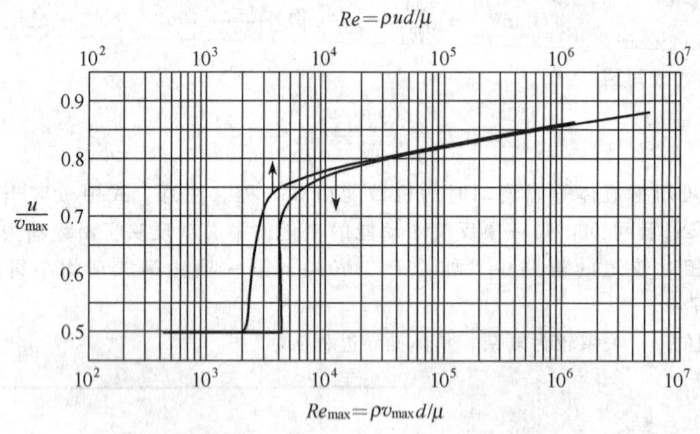

图 1-44　u/v_{max} 与 Re_{max} 或 Re 的关系

为了保证速度分布达到充分发展且不受干扰，皮托管之前要有一段长度约等于管径 50 倍的直管道作为稳定段，又皮托管的直径不应超过管道直径的 1/15。

按标准设计，精密加工并在管道内正确安装的皮托管，据其所得读数用式(1-80) 算出的流速，与实际数值的误差一般可在 1%以内。

皮托管的优点是阻力小，可用于测量大直径气体管道内的流速，缺点是不能直接测出平均速度，且压差计读数小，常要放大才能读得准确。

（二）孔板

在管内垂直于流动方向插入一片中央开有圆孔的板，如图 1-45 所示，即构成孔板流量

计。板上的孔口经精细加工，其侧边与管轴成 45°角，称为锐孔。

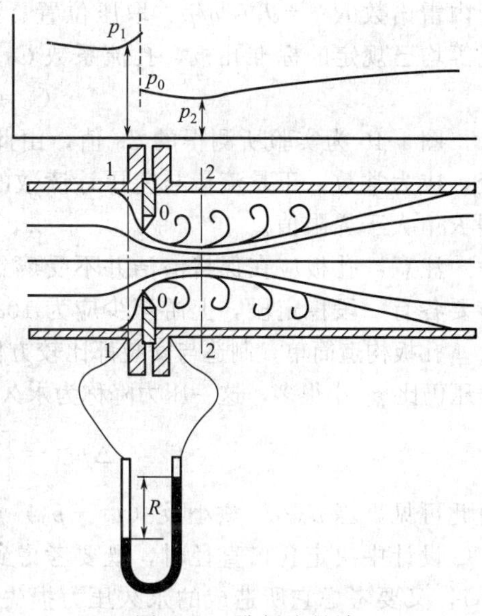

图 1-45　孔板流量计

如图 1-45 所示，流体流到孔口时，流股截面收缩，其后，流股还继续收缩，至截面最小处，即速度最大处，也称作缩脉。然后流股逐渐扩大到全管。

图 1-45 示出了孔板前后各处静压的变化情况。根据机械能衡算可知，孔板前后的静压差与流量有关，因此，测出孔板上、下游两个固定位置之间的静压变化，便可计量出流量的大小。

取压方法一般采用角接法，即取压口在安置孔板的前后两片法兰上，其位置尽量靠近孔板。

管内流速与孔板前后压力变化的关系，可用机械能衡算导出。先不计阻力损失，对图 1-45 中的孔板前截面 1-1 与孔口截面 0-0 列机械能衡算式，可得

$$\frac{p_1}{\rho}+\frac{u_1^2}{2}=\frac{p_0}{\rho}+\frac{u_0^2}{2} \tag{1-81}$$

根据不可压缩流体的连续性方程得

$$u_1=(A_0/A_1)u_0 \tag{1-82}$$

代入式(1-81)，消去 u_1 后得

$$u_0=\frac{1}{\sqrt{1-(A_0/A_1)^2}}\sqrt{\frac{2(p_1-p_0)}{\rho}}$$

考虑到流体在两取压口间实际有阻力损失，将上式右边加一校正系数 C_D 而改写成：

$$u_0=\frac{C_D}{\sqrt{1-(A_0/A_1)^2}}\sqrt{\frac{2(p_1-p_0)}{\rho}}$$

或

$$u_0=C_0\sqrt{\frac{2(p_1-p_0)}{\rho}} \tag{1-83}$$

式中，C_0 为孔流系数，需由实验确定。$C_0=C_D/\sqrt{1-(A_0/A_1)^2}$

若 U 形压差计的指示液密度为 ρ_0，读数为 R。根据静力学原理，有

$$p_1-p_0=R(\rho_0-\rho)g$$

代入式(1-83) 得：

$$u_0=C_0\sqrt{\frac{2gR(\rho_0-\rho)}{\rho}} \tag{1-84}$$

体积流量

$$V_s=u_0A_0=C_0A_0\sqrt{\frac{2gR(\rho_0-\rho)}{\rho}} \tag{1-85}$$

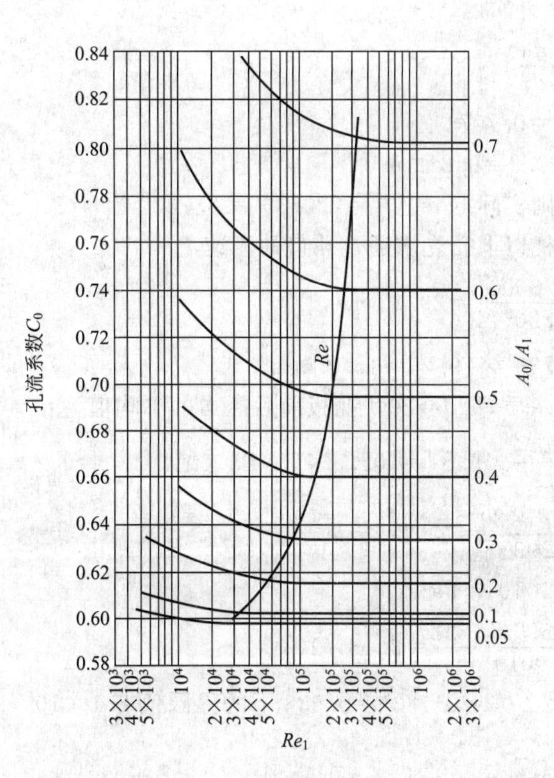

图 1-46　孔流系数 C_0 与 Re_1 及 A_0/A_1 的关系

孔流系数 C_0 取决于截面积比 A_0/A_1、

管内雷诺数 $Re_1=d_1u_1\rho/\mu$、取压位置、孔口的形状及加工精度等。对于测压方式、加工状况等均已规定的标准孔板，孔流系数 C_0 可以表示为

$$C_0=f(Re_1, A_0/A_1) \tag{1-86}$$

图 1-46 为实验所测得的 C_0 值，由此图可见，Re_1 超过某界限值之后，C_0 不再随 Re_1 而变，成为常数，于是流量与差压计读数的平方根成正比。显然，在孔板的设计和使用中，希望 Re_1 大于界限值。

注意：孔板应在保持清洁并不受腐蚀情况下使用，此时误差在 1%～2%以内。其上下游要各有一段稳定段，上游至少应为 $10d_1$，下游 $5d_1$。

孔板构造简单，制造与安装都比较方便，其主要缺点是阻力损失大，即在下游速度复原后，静压仍比 p_1 小很多，这一压力降称为永久压力损失，以 $\Delta p_{f,0}$ 表示，可用下列经验式估计：

$$\Delta p_{f,0}=\left[1-\left(\frac{d_0}{d_1}\right)^2\right](p_1-p_0) \tag{1-87}$$

由此可见，当 d_0/d_1 愈小及（p_1-p_0）愈大时，$\Delta p_{f,0}$ 也愈大。

设计中决定孔口直径时，既要考虑到孔板在规定流量之下的压差便于准确读数（不能太小），又要考虑它所造成的永久压力损失不要太大。应当注意，管路上装了孔板之后，由于阻力增大，其最大流量往往下降颇多。

【例 1-19】 某鼓风机通过一内径 300 mm 的输气管向设备提供空气，已知风机出口处的流量为 4000 m^3/h，其压力为 150 mmH_2O，温度为 20 ℃。现要在输气管上设置标准孔板，希望达到上述流量时，其压差读数不小于 100 mmH_2O，而永久压力损失则不超过 50 mmH_2O。求孔板的开孔直径及孔板所消耗的功率。设大气压力为 101.3 kPa。

解 先根据永久压力损失的要求，用式(1-87) 定出 d_0/d_1。将 $\Delta p_{f,0}=50$ mmH_2O，$p_1-p_0=100$ mmH_2O 代入得

$$50=\left[1-\left(\frac{d_0}{d_1}\right)^2\right]\times 100$$

得

$$d_0/d_1=0.707$$

$$d_0=0.707\times 0.3=0.212\ \text{m}$$

即 d_0 不应小于 212 mm，取 $d_0=220$ mm，则实际的 $d_0/d_1=220/300=0.733$

下面核算压差读数能否达到 100 mm 水柱以上。先求通过孔口的流速

$$u_0=\frac{V_s}{\pi d_0^2/4}=\frac{4000/3600}{\pi\times 0.220^2/4}=29.23\ \text{m·s}^{-1}$$

于是，输气管内流速 $u_1=(d_0/d_1)^2u_0=0.733^2\times 29.23=15.7\ \text{m·s}^{-1}$

本例可将空气作为不可压缩流体，其摩尔质量 $M=29$，孔板前后压力的平均值为：

$$p=101.3\times 10^3+\frac{150+(150-100)}{2}\times 9.81=102.3\times 10^3\ \text{Pa（绝）}$$

故密度为：

$$\rho=\frac{pM}{RT}=\frac{102.3\times 10^3\times 29}{8314\times 293}=1.22\ \text{kg·m}^{-3}$$

查附录六得 20 ℃时空气的黏度为 $\mu=1.81\times 10^{-5}$ Pa·s

故

$$Re_1=\frac{d_1u_1\rho}{\mu}=\frac{0.3\times 15.7\times 1.22}{1.81\times 10^{-5}}=3.18\times 10^5$$

由图 1-46 可知，此 Re_1 值大于 $A_0/A_1=(d_0/d_1)^2=0.733^2=0.538$ 下的界限值 2.1×10^5，适用。

又从图 1-46 查得孔流系数 $C_0=0.71$，代入式(1-83) 求取压差值

$$29.23=0.71\sqrt{2(p_1-p_0)/1.22}$$

解之得

$$p_1-p_0=1034\ \text{Pa 或 } 105.4\ \text{mmH}_2\text{O}$$

此压差读数符合要求。

由式(1-87) 可得孔板的永久压力损失为

$$\Delta p_{f,0}=(1-0.733^2)\times 105.4=48.7\ \text{mmH}_2\text{O}\ (<50\ \text{mmH}_2\text{O})$$

压力损失符合设计要求。

因设置 $d_0=220$ mm 孔板所消耗的外加功率为

$$N_e=V_s\Delta p_{f,0}=\frac{4000}{3600}\times 48.7\times 9.81=531\ \text{W（或 }0.531\ \text{kW）}$$

（三）文丘里管

为克服孔板压力损失大的缺点，可改用渐缩渐扩的锥管（见图 1-47），其收缩段和扩大段的锥角如图 1-47 所示，此种短管称为文丘里管（Venturi tube）。其上游的取压口在直管与渐缩段的交界处稍前；下游取压口在直径最小的喉部。在上述两处沿管一周开几个小孔，再用圆环包围，使几个小孔传出的压力均衡起来之后引到压差计上。此种结构称为测压环。

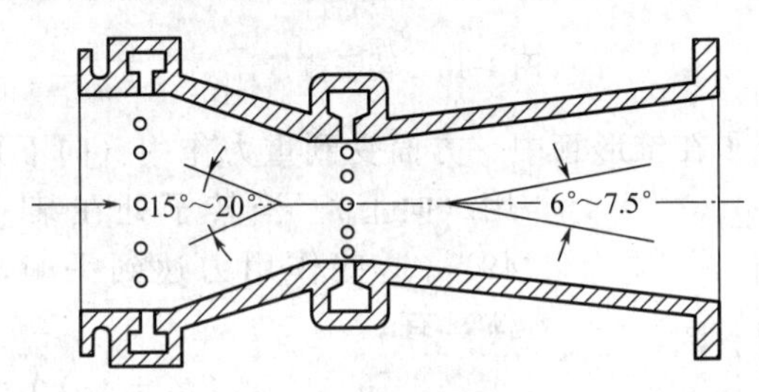

图 1-47　文丘里流量计

文丘里管的渐缩渐扩结构使流体流速改变时避免边界层分离，而减小了阻力损失，其永久压力损失仅占压差读数（p_1-p_2）的 10%左右。流速的计算亦可采用式(1-85)，其 C_0 中的 C_D 可取为 0.98（直径 50～200 mm 的管）或 0.99（直径 200 mm 以上的管）。

在喉径与孔径相同、管径也相同时，由于文丘里管阻力损失小，同一流量下其压差读数比孔板要小。它对测量含有固体颗粒的液体也较孔板适用。文丘里管的缺点是加工量大、精度要求高，因而造价高，安装时需占去一定管长位置。

（四）可压缩流体流量的测量

气体的流量用孔板或文丘里管测量时，若密度变化较大，应按可压缩流体考虑，式(1-85) 应乘上校正系数，校正系数值一般小于 1，可查专业书上的图表。

二、变截面流量计

孔板或文丘里管流量计的收缩口面积是固定的，流量的大小由流体通过收缩口的压差来指示，因此，它们属变压头流量计。另一类流量计中，流体通过时的压差是固定的，而收缩口的面积却随流量变化，此种流量计属变截面流量计，其典型代表为转子流量计，或简称为**转子计**。

转子计系一根垂直锥形玻璃管，其截面积自下而上稍微扩大（锥角约为 4°），并在管内装有一个金属（或其他材料）制的浮子而构成。浮子顶部的边沿刻有斜槽，流体流过时发生旋转，故又称**转子**。其密度较被测流体大，故转子平时沉在管下端，有流体自下而上流动时即被推起而悬浮在管内的流体中，随流量的不同，转子将悬浮在不同位置上（见图 1-48）。如果在每一高度刻上体积流量数值，那么由转子的停留位置可直接读出体积流量下面通过转子的受力和流体的机械能转化关系分析这一测量原理。

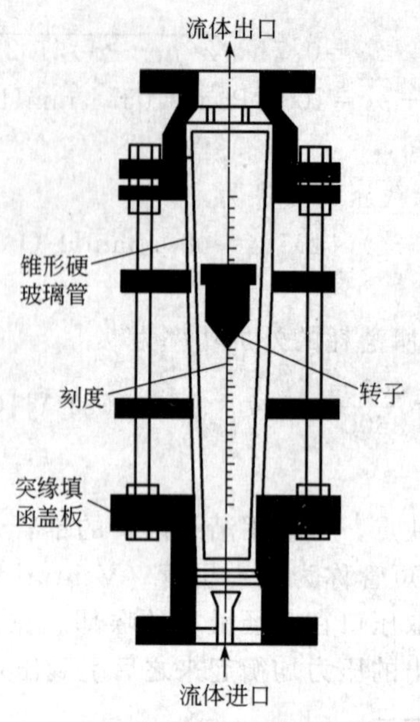

图 1-48　转子流量计

先不计阻力损失，转子在锥形管中一方面受到重力作用（向下），另一方面受到压差作用（向上）。当转子处在某一平衡位置时（见图 1-49），这些作用力达到平衡，若将转子视为一圆柱体，有

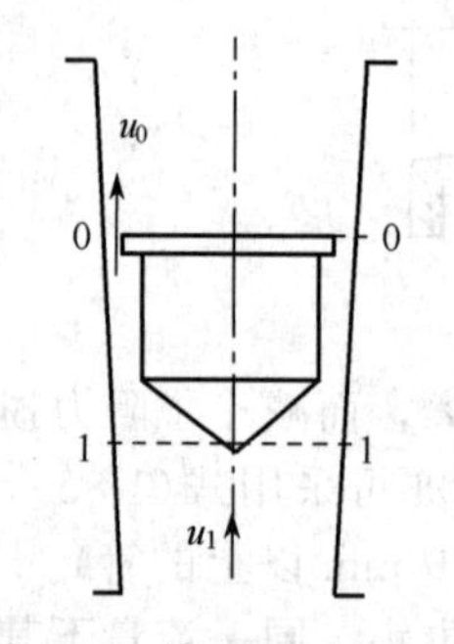

图 1-49　转子的受力平衡

$$(p_1-p_0)A_f=V_f\rho_f g \tag{1-88}$$

式中，p_0、p_1 为转子上、下两端平面处的静压力；A_f、V_f、ρ_f 为分别为转子的截面积、体积和密度。

为求 p_0、p_1，取图 1-49 中转子上端所在的环隙截面为 0-0 面，下端所在截面为 1-1 面，在两截面间列柏努利方程，有

$$p_1-p_0=\rho g(z_0-z_1)+\frac{\rho}{2}(u_0^2-u_1^2) \tag{1-89}$$

上式两边同乘以转子的横截面积 A_f，得：

$$(p_1-p_0)A_f=\rho g(z_0-z_1)A_f+\frac{\rho}{2}(u_0^2-u_1^2)A_f \tag{1-90}$$

将式(1-90) 代入式(1-88) 中得

$$\frac{\rho}{2}(u_0^2-u_1^2)A_f=V_f(\rho_f-\rho)g \tag{1-91}$$

由式(1-90) 可知，转子所受到的压差由两方面原因所造成：一是位能变化引起的，即上式中等号右边第一项，这部分压差实际上就是转子受到的浮力，其数值为 $\rho g(z_0-z_1)A_f=\rho gV_f$，方向向上；二是动能变化引起的，即式中等号右边第二项，由于 $u_0>u_1$，故这部分力的方向也向上，这里称为**升力**。由式(1-91) 可知，升力等于净重力（重力−浮力）。

当被测流体流量增大时，升力随之变大，而转子的净重力（重力−浮力）却保持不变，因此，转子的受力平衡被打破，转子上浮。随着转子的上浮，环隙面积逐渐增大，环隙内流速将减小，于是升力也随之减小。当转子上浮至某一高度时，转子所受升力又与净重力相等，转子受力重新达到平衡，并停留在这一新高度上。转子计就是依据这一原理，用转子的

位置来指示流量的大小。

将 $u_0A_0=u_1A_1$ 代入式(1-91) 中得

$$\frac{\rho}{2}u_0^2[1-(A_0/A_1)^2]A_f=V_f(\rho_f-\rho)g$$

于是

$$u_0=\frac{1}{\sqrt{1-(A_0/A_1)^2}}\sqrt{\frac{2V_f(\rho_f-\rho)g}{\rho A_f}}$$

考虑到实际转子的形状不是圆柱体，且存在阻力损失，在上式中引入校正系数，并将此校正系数与 $1/\sqrt{1-(A_0/A_1)^2}$ 项合写为系数 C_R（称为转子计的流量系数），于是，上式变为

$$u_0=C_R\sqrt{\frac{2V_f(\rho_f-\rho)g}{\rho A_f}} \tag{1-92}$$

流量

$$V_s=u_0A_0=C_RA_0\sqrt{\frac{2V_f(\rho_f-\rho)g}{\rho A_f}} \tag{1-93}$$

对于特定形状的转子计，流量系数 C_R 是环隙雷诺数 Re_0 的函数，其值可由实验测定，如图 1-50 所示。由图可知，当雷诺数超过一定值后，C_R 为常数。

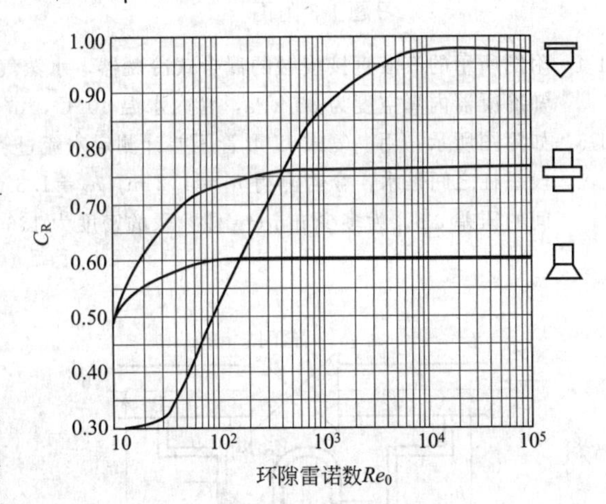

图 1-50　转子计的流量系数

对于一定的转子，$\sqrt{2V_f(\rho_f-\rho)g/(\rho A_f)}$ 值为常数，故式(1-93) 表明流量只取决于环隙截面积 A_0，而 A_0 决定于转子在筒内的位置，故转子计一般都以转子的位置来指示流量，而将刻度标于玻璃管上。

由式(1-92) 可知，u_0 为常数，因此转子计的永久阻力损失 $w_f=\zeta u_0^2/2$ 将不随流量而变，所以转子计常用于测量流量变化范围较宽的场合。

此外，由式(1-88) 可见转子两端压差（p_1-p_0）为常数，即转子计具有恒压差的特点。

与孔板流量计不同，转子计出厂前不是提供流量系数，而是将用 20 ℃水或 20 ℃、101.3 kPa（绝）的空气标定的流量值刻于玻璃管上。如果使用时被测流体物性（ρ、μ）与上述标定用流体不同，则流量计刻度必须加以换算。在流量系数 C_R 不变条件下，由式(1-93)可知换算公式为

$$\frac{V_s'}{V_s}=\sqrt{\frac{\rho(\rho_f-\rho')}{\rho'(\rho_f-\rho)}} \tag{1-94}$$

式中，V_s'、ρ'为实际被测流体的流量、密度；V_s、ρ 为标定用流体的流量、密度。

转子计读取流量方便，流体阻力不大，测量精确度较高，能用于腐蚀性流体的测量；流量计前后无须保留稳定段。缺点是流体只能垂直向上流动；玻璃材质的转子计易碎，且不耐高温、高压。

习　题

1-1　试计算空气在－40 ℃和 310 mmHg 真空度下的密度。

1-2　在大气压为 760 mmHg 的地区，某真空蒸馏塔塔顶真空表的读数为 738 mmHg。若在大气压为

655 mmHg的地区使塔内绝对压力维持相同的数值，则真空表读数应为多少？

1-3 如附图所示，封闭的罐内存有密度为 1000 kg•m^{-3} 的水。水面上所装的压力表读数为 42 kPa。在水面以下安装一压力表，表中心线在测压口以上 0.15 m，其读数为 58 kPa。求罐内水面至下方测压口的距离 Δz。

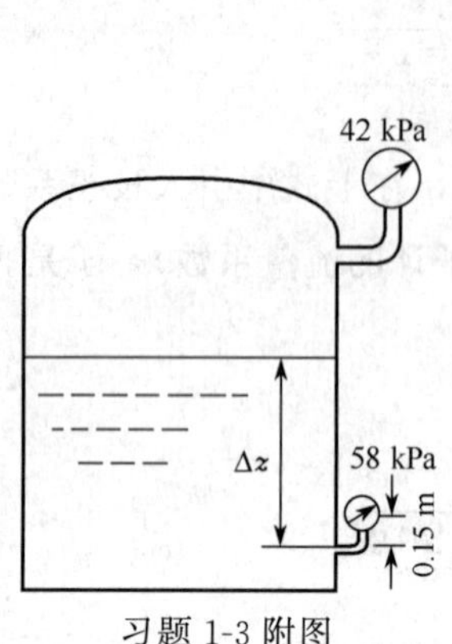

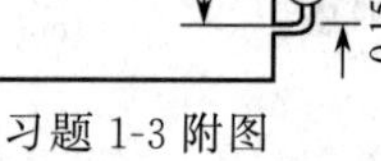

习题 1-3 附图

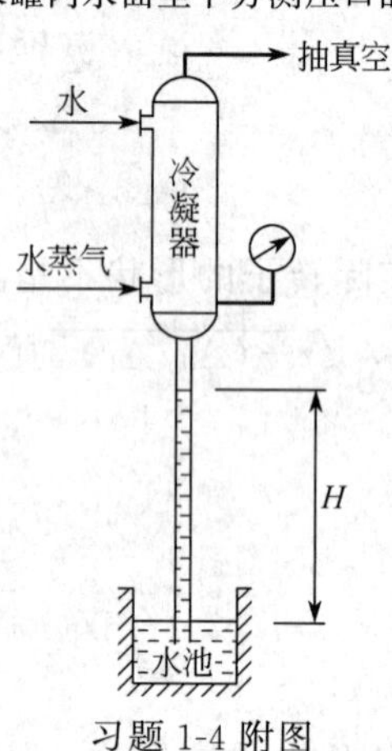

习题 1-4 附图

1-4 附图所示的汽液直接接触的混合式冷凝器，水蒸气被水冷凝后，冷凝水和水一道沿管流至水池，现已知冷凝器内真空度为 83 kPa，管内水温 40 ℃，试估计管内水柱的高度 H。

1-5 如附图所示，用一复式 U 形管压差计测定水流过管道上 A、B 两点的压差，压差计的指示液为汞，两段汞柱之间是水，今若测得 $h_1=1.2$ m，$h_2=1.3$ m，$R_1=0.9$ m，$R_2=0.95$ m，问管道中 A、B 两点间的压差 Δp_{AB} 为多少 mmHg 柱？汞的密度为 13600 kg•m^{-3}。(先推导关系式，再进行数字运算)。

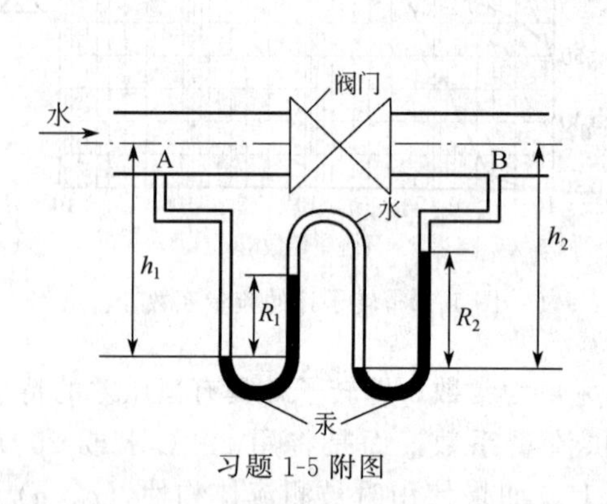

习题 1-5 附图

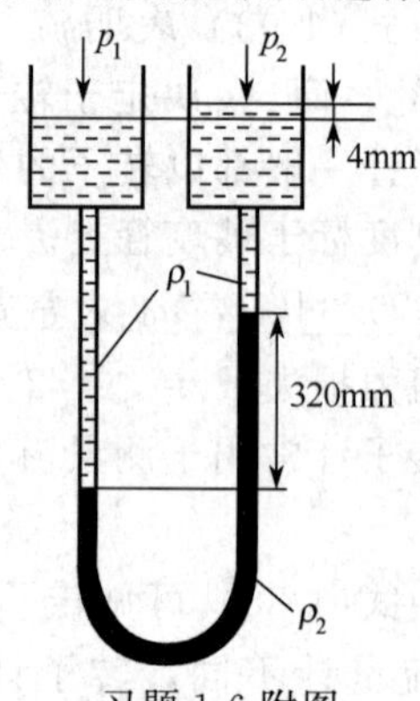

习题 1-6 附图

1-6 如附图所示，用双液体 U 形管压差计测定两处空气的压差，读数为 320 mm。由于两侧臂上的两个小室不够大，致使小室内两液面产生 4 mm 的高度差。求两处压差为多少 Pa。若计算时不考虑两小室液面的高度差，会造成多大的误差？两指示液的密度分别为 $\rho_1=910$ kg•m^{-3}，$\rho_2=1000$ kg•m^{-3}。

1-7 硫酸流经由大小管组成的串联管路，硫酸密度为 1830 kg•m^{-3}，体积流量为 150 L•min^{-1}，大小管尺寸分别为 ϕ76 mm×4 mm 和 ϕ57 mm×3.5 mm，试分别求硫酸在大管和小管中的质量流量、平均流速、质量流速。

1-8 用一敞口高位槽向喷头供应液体，液体密度为 1050 kg•m^{-3}。为了达到所要求的喷洒条件，喷头入口处要维持 40 kPa 的压力。液体在管路内的速度为 2.2 m•s^{-1}，从高位槽至喷头入口的管路阻力损失估计为 25 J•kg^{-1}。求高位槽内的液面至少要在喷头入口以上多少米。

1-9 如附图所示，用泵将密度为 890 kg•m^{-3} 的液体从容器 A 送入塔 B，输送量为 15 kg•s^{-1}。容器内与塔内的表压见图，流体流经管路的阻力损失为 122 J•kg^{-1}。求泵供给该液体的外加功率。

1-10 附图所示为一制冷盐水的循环系统，循环量为 45 m^3•h^{-1}，盐水流经管路的压头损失为：从 A 至 B 的一段为 9 m，从 B 至 A 的一段为 12 m，盐水的密度为 1100 kg•m^{-3}。试求：(1) 泵所需功率，设其效率为 0.65；(2) 若 A 处的压力表读数为 0.15 MPa，则 B 处的压力表读数应为多少 MPa?

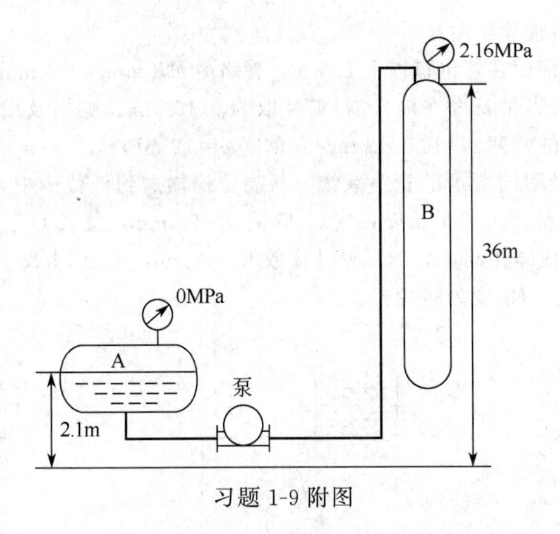

习题 1-9 附图

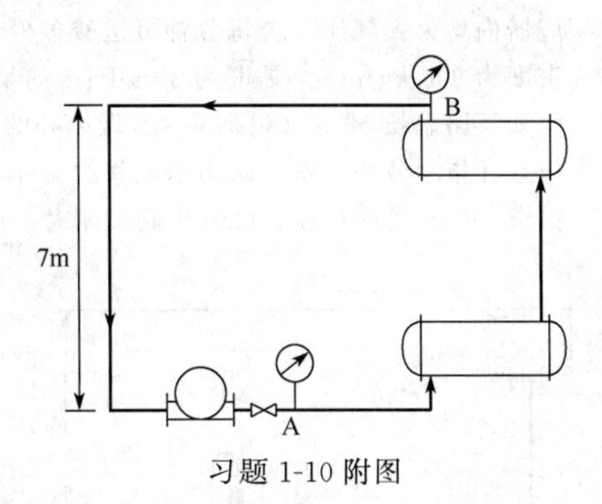

习题 1-10 附图

1-11　一水平管分别由内径为 33 mm 及 47 mm 的两段直管接成，水在小管内以 2.5 m·s^{-1} 的速度流向大管，在接头两侧相距 1 m 的 A、B 两截面处各接一测压管，已知 A-B 两截面间的压头损失为70 mmH_2O，分析两测压管中的水位哪个高，相差多少？

1-12　如附图所示，水由高位水箱经管道从喷嘴流出，已知 $d_1=125$ mm，$d_2=100$ mm，喷嘴 $d_3=75$ mm，差压计读数 $R=80$ mmHg，若管内阻力损失（不含出口）可忽略，求 H 和 p_A。

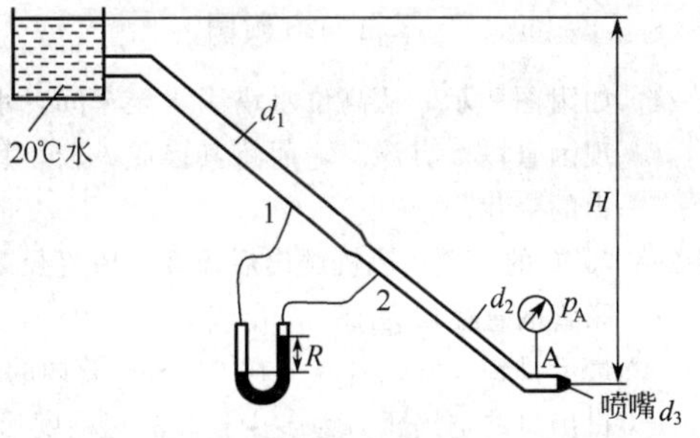

习题 1-12 附图

1-13　某列管式换热器中共有 250 根平行换热管。流经这些管内的总水量为 144t·h^{-1}，平均水温 10 ℃，为了保证换热器的冷却效果，需使管内水流处于湍流状态，问对管径有何要求？

1-14　90 ℃的水流进内径 20 mm 的管内，问水的流速不超过那一数值时流动才一定为层流？若管内流动的是 90 ℃的空气，则此一数值应为多少？

1-15　在内径为 100 mm 的新钢管内输送一种溶液，流速为 1.8 m·s^{-1}。溶液的密度为 1100 kg·m^{-3}，黏度为 2.1 mPa·s。试求：(1) 每 100 m 钢管的沿程压力损失及压头损失；(2) 若管长期使用后，由于腐蚀，其粗糙度增至原来的 10 倍，求沿程损失增大的百分率。

1-16　其他条件不变，若管内流速愈大，则湍动程度愈大，其阻力损失应愈大。然而，雷诺数增大时摩擦系数却变小，两者是否有矛盾？应如何解释？

1-17　关于压头损失有一粗略估计的规则：湍流条件下，管长每等于管径的 50 倍，则压头损失约等于一个速度头。试根据范宁公式验证是否合理。

1-18　若市场的钢管价格与其直径的 1.37 次方成正比，现拟将一定体积流量的流体输送某一段距离，试对采用两根小直径管道输送和一根大直径管道输送两种方案（这两种方案的管内流速相同），作如下比较：(1) 所需的设备费；(2) 若流体在大管中为层流，则改用上述两根小管后为克服管路阻力所消耗的功率将为大管的几倍？若管内均为湍流（λ 按柏拉修斯公式计算），则情况又将如何？

1-19　用鼓风机将车间空气抽入截面为 200 mm×300 mm、长 155 m 的长方形风道内（粗糙度 $\varepsilon=0.1$ mm），然后排至大气中，体积流量为 0.5 m^3·s^{-1}。大气压为 750 mmHg，温度为 15 ℃。求鼓风机所需的功率，设其效率为 0.8。提示：本题的空气因压力变化小可视为不可压缩流体。

1-20　在 20 ℃下将苯液从贮槽中用泵送到反应器，经过长 40 m 的 ϕ57 mm×2.5 mm 新钢管，管路上有两个 90°弯头，一个截止阀（按 1/2 开启计算）。管路出口在贮槽的液面以上 12 m。贮槽与大气相通，而反应器是在 500 kPa 下操作。若要维持 1.7 L·s^{-1} 的体积流量，求泵所需的功率。泵的效率取为 0.5。

1-21　将山上湖泊中的水引至贮水池，已知湖面比池面高 45 m，管道长度取为 1000 m（包括所有局部阻力当量长度在内），要求流量为 300 m^3·h^{-1}，湖水温度可取为 10 ℃。如采用新铸铁管，其直径需多大？

如经长期锈蚀，粗糙度 ε 变为 1 mm，输水管能否继续使用？

1-22 一贮酸槽通过管道向其下方的反应器送酸，槽内液面在管出口以上 2.5 m。管路由 ϕ38 mm×2.5 mm 无缝钢管组成，全长为 25 m（包括所有局部阻力当量长度在内）。粗糙度取为 0.15 mm。贮槽及反应器内均为大气压。求每分钟可送酸多少升？酸的密度 $\rho=1650\ \mathrm{kg \cdot m^{-3}}$，黏度 $\mu=12\ \mathrm{mPa \cdot s}$。

1-23 密度为 $900\ \mathrm{kg \cdot m^{-3}}$、黏度为 30 mPa•s 的某液体经附图所示的管路系统，从高位槽输送到低位槽中，已知管路总长 50 m（包括除 AB 段以外的所有局部阻力当量长度在内），管径 $d=53$ mm，复式 U 形压差计指示液为水银，两指示液间的流体与管内流体相同，U 形压差计读数 $R_1=7$ cm，$R_2=14$ cm，试求：(1) 管内流速；(2) 当阀关闭时，读数 R_1、R_2 变为多少？

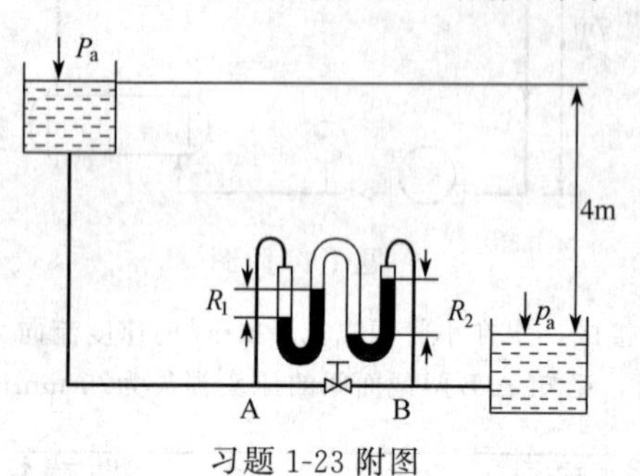

习题 1-23 附图

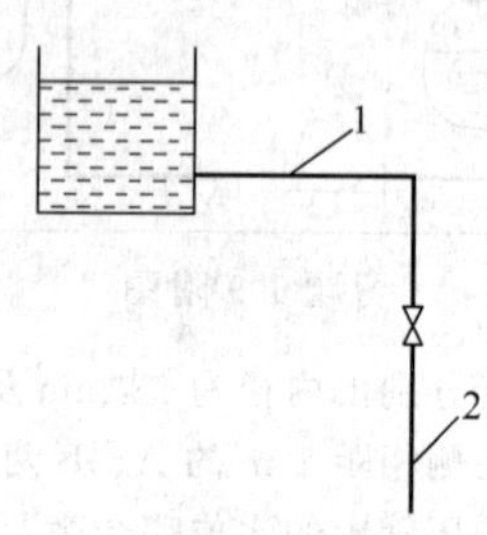

习题 1-24 附图

1-24 如附图所示，从高位水塔引水至车间，水塔的水位可视为不变，管段 1 与 2 以阀门为界，管径相同，现因管段 2 有渗漏，而将其换成一较小管径的管子，长度与原来相同，试分析输送能力和阀门前压力的变化。

1-25 30 ℃的空气从风机送出后流经一段直径 200 mm、长 20 m 的管，然后在并联的管内分成两股，两段并联管的直径均为 150 mm，其一长 40 m，另一长 80 m；合拢后又流经一段直径 200 mm 长 30 m 的管，最后排到大气。若空气在 200 mm 管内的流速为 $10\ \mathrm{m \cdot s^{-1}}$，求在两段并联管内的流速各为多少？又求风机出口的空气压力为多少？管的粗糙度均可取为 0.05 mm。提示：本题的空气可视为不可压缩流体。

1-26 如附图所示，20 ℃软水由高位槽 A 分别流入反应器 B 和吸收塔 C 中，反应器 B 内压力为 50 kPa，吸收塔 C 中真空度为 10 kPa，总管为 ϕ57 mm×3.5 mm，管长 $(20+z_A)$m，通向反应器 B、吸收塔 C 的管路均为 ϕ25 mm×2.5 mm，长分别为 15 m 和 20 m（以上管长包括所有局部阻力的当量长度在内）。管道粗糙度可取为 0.15 mm。如果要求向反应器 B 供应 $0.314\ \mathrm{kg \cdot s^{-1}}$ 的水，向吸收塔 C 供应 $0.471\ \mathrm{kg \cdot s^{-1}}$ 的水，问 z_A 至少需多少米？

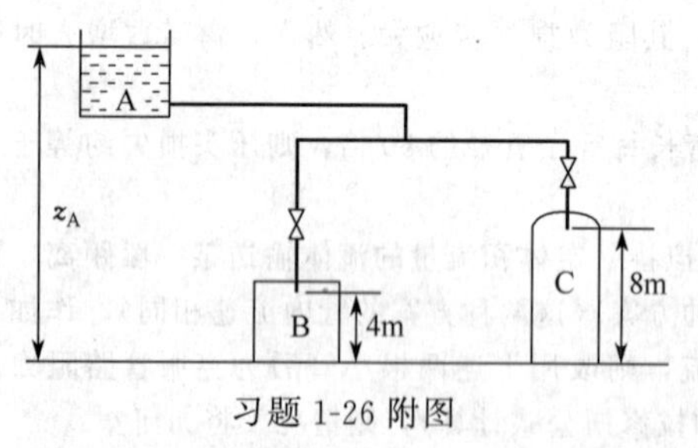

习题 1-26 附图

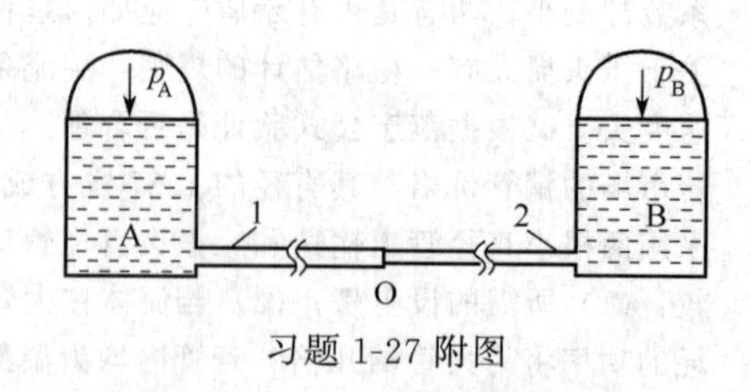

习题 1-27 附图

1-27 如附图所示，某化工厂用管路 1 和管路 2 串联，将容器 A 中的盐酸输送到容器 B 内。容器 A、B 液面上方表压分别为 0.5 MPa、0.1 MPa，管路 1、2 长均为 50 m（以上管长包括所有局部阻力的当量长度在内），管道尺寸分别为 ϕ57 mm×2.5 mm 和 ϕ38 mm×2.5 mm。两容器的液面高度差可忽略，摩擦系数 λ 可取 0.038。已知盐酸密度 $1150\ \mathrm{kg \cdot m^{-3}}$，黏度 2 mPa•s。试求：(1) 该串联管路的输送能力；(2) 由于生产急需，管路的输送能力要求增加 50%。现库存仅有 9 根 ϕ38 mm×2.5 mm、长6 m 的管子。于是有人提出在管路 1 上并联一长50 m的管线，另一些人提出应在管路 2 上并联一长 50 m 的管线。试比较这两种方案。

1-28 如附图所示的分支管路系统，试分析当支管 1 上的阀门 k_1 关小后，总管流量、支管 1、2 内流量及压力表读数 p_A 如何变化。

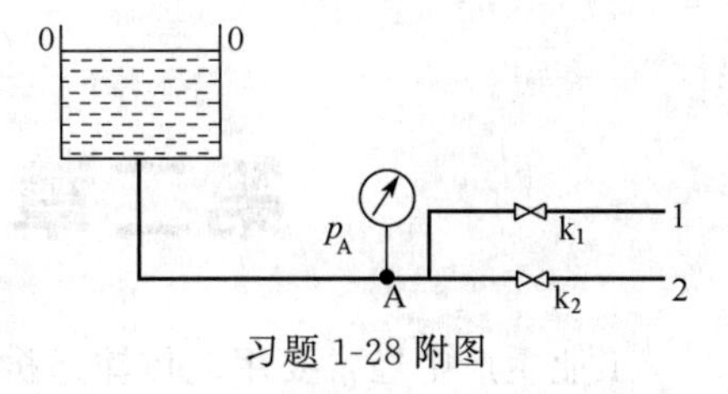

习题 1-28 附图

1-29　欲将 20 ℃的燃气以 5000 $kg \cdot h^{-1}$ 的流量输送到 100 km 远处，管内径 300 mm，管路末端压力为 50 kPa，试求管路起点需要多大的压力？设流动为等温流动，$\lambda = 0.02$，标准状态下燃气的密度为 0.85 $kg \cdot m^{-3}$。

1-30　为测定空气流量，将皮托管插入直径为 1 m 的空气管道中心，其压差大小用双液体压差计测定，指示液为水（$\rho_1 = 1000\ kg \cdot m^{-3}$）和氯苯（$\rho_2 = 1106\ kg \cdot m^{-3}$）。空气温度为 40 ℃，压力为 101 kPa（绝），试求压差计读数为48 mm时的空气质量流量（$kg \cdot s^{-1}$）。

1-31　在 ϕ160 mm×5 mm 的空气管道上安装一孔径为 75 mm 的标准孔板，孔板前空气压力为 0.12 MPa（绝），温度为 25 ℃。问当 U 形差压计上指示的读数为 145 mmH_2O 时，流经管道空气的质量为多少 $kg \cdot h^{-1}$？

1-32　用 20 ℃水标定的某转子计，其转子为硬铅（$\rho_f = 11000\ kg \cdot m^{-3}$），现用此流量计测量 20 ℃、101.3 kPa（绝）下的空气流量，为此将转子换成形状相同、密度为 $\rho_f' = 1150\ kg \cdot m^{-3}$ 的塑料转子，设流量系数 C_R 不变，问在同一刻度下，空气流量为水流量的多少倍？

符　号　说　明

符号	意义	单位	符号	意义	单位
A	面积	m^2	Re	雷诺数	—
C_0	流量系数	—	t	时间	s
C_R	转子流量计的流量系数	—	T	时间周期	s
d	管内径	m	u	流速	$m \cdot s^{-1}$
d_e	当量直径	m	U	单位质量流体的内能	$J \cdot kg^{-1}$
E_t	以单位质量流体计的总机械能	$J \cdot kg^{-1}$	v	点速度	$m \cdot s^{-1}$
F	力	N	v'	脉动速度	$m \cdot s^{-1}$
G	质量流速	$kg \cdot m^{-2} \cdot s^{-1}$	V_s	体积流量	$m^3 \cdot s^{-1}$
h	总压头	m	w_e	对单位质量流体输入的外功	$J \cdot kg^{-1}$
h_e	外界加予流体的压头	m	w_f	单位质量流体的阻力损失	$J \cdot kg^{-1}$
h_f	压头损失	m	z	高度（z 方向上的距离）	m
L	长度	m	ε	绝对粗糙度	m
l_e	当量长度	m	λ	摩擦系数	—
m_s	质量流量	$kg \cdot s^{-1}$	μ	黏度	$Pa \cdot s$
M	摩尔质量	$kg \cdot kmol^{-1}$	ν	运动黏度	$m^2 \cdot s^{-1}$
N_e	外加功率	W	ρ	密度	$kg \cdot m^{-3}$
p	压力	Pa	τ	剪应力	$N \cdot m^{-2}$
P	总压力	N	τ_w	壁面上的剪应力	$N \cdot m^{-2}$
r	径向距离	m	υ	比体积	$m^3 \cdot kg^{-1}$
R	半径；压差计读数	m	ζ	阻力系数	—

参考文献

1　Moody L F. Friction Factors for Pipe Flow. Transactions of the ASME，1944，66（8）：671-684
2　Drew T B，Koo E C，McAdams W H. The Friction Factor for Clean Round Pipes. Tran. Am. Inst. Chem. Eng.，1932，59：28
3　Olujic Z. Compute Friction Factors Fast for Flow in Pipes. Chem. Eng.，1981，88（25）：91
4　谭天恩．可压缩流体的管路计算．石油化工，1989，321（5）：18
5　李玉柱等编．流体力学·第二版．北京：高等教育出版社，2008
6　蔡增基等．流体力学．泵与风机·第五版．北京：中国建筑工业出版社，2009

第二章 流体输送机械

工业生产中经常要用流体输送机械驱动流体通过各种设备，此外，各车间之间、车间与贮槽之间的流体输送，也是很常见的。要将流体从一处送至他处，无论是提高其位置或是升高其压力，或只需克服沿途管路的阻力损失，都需要通过向流体提供机械能，才能实现。流体输送机械就是向流体作功以提高其机械能的装置。流体从输送机械获得机械能后，其直接表现是静压头的增大。新增的静压头在输送过程中再转变为其他压头或用于克服流动阻力。

化工厂内所输送的流体，有的性质比较特殊，例如温度高、腐蚀性强、黏度大、含有固体悬浮物等。因此，化工生产对所用的输送机械往往有一些特殊的要求。

本章结合化工生产的特点，讨论各种流体输送机械的操作原理、基本构造与性能，以便能合理地选择其类型，决定其规格，计算功率消耗，正确地安排其在管路系统中的位置，并了解其操作、管理。至于这些机械的详细结构与设计，则属于专门领域，不在本课程范围之内。

输送液体的机械统称为泵，输送（或压缩）气体的机械有风机、压缩机、真空泵等。

流体输送机械按工作原理和结构可分为叶片式、容积式（又称正位移式）和其他形式。其中，叶片式是依靠旋转的叶片向流体传送机械能，常用的有离心式、轴流式、混流式等。容积式是利用工作室容积周期性的变化，把能量传递给流体，使流体的压力增加，常用的有往复式（如活塞泵）、回转式（如齿轮泵、罗茨鼓风机）。其他形式的流体输送机械为工作原理无法归属到上述范畴的，如射流泵、旋涡泵、真空泵等。

第一节 离 心 泵

离心泵在工业生产中应用最为广泛。其结构较简单，流量易于调节，并适用于输送有腐蚀性、含悬浮物等工业生产中性质特殊的液体。

一、离心泵的操作原理与构造

（一）操作原理

图 2-1 所示为离心泵的简图。泵轴 A 上装叶轮，叶轮上有若干弯曲的叶片 B［分别见图 2-1(b) 及 (a)］。泵轴由外界的动力带动，使叶轮在泵壳 C 内旋转。液体由入口 D 沿轴向垂直地进入叶轮中央，在叶片之间通过而进入泵壳，最后从泵的切线出口 E 排出。

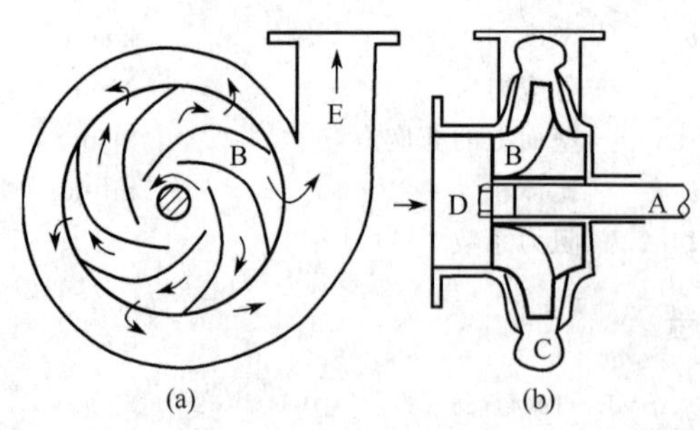

图 2-1 离心泵简图

A—泵轴；B—叶片；C—泵壳；D—入口；E—出口

离心泵的操作原理如下。开动前泵内要先灌满所输送的液体。开动后，叶轮高速旋转，叶片间的液体随之旋转，使液体获得了动能。同时，液体因旋转而产生离心力，故从叶轮中部抛向叶轮外周，压力增高。液体以很高的速度（15～25 $m \cdot s^{-1}$）流入泵壳，因泵壳呈蜗壳状，越接近泵的出口，壳内流动通道截面积越大，使液体在壳内减速，其大部分动能转换为压力能，然后从出口进入排出管路。

叶轮内的液体被抛出的同时，叶轮中部形成真空。吸入管路一端与叶轮中心处相通，另一端则浸没在输送的液体内，在液面压力（常为大气压）与叶轮中心处压力（负压）的压差作用下，液体便经吸入管路进入泵内，填补了被排出液体的位置。只要叶轮不停地转动，离心泵便不断地吸入和排出液体。由此可见离心泵之所以能输送液体，主要是依靠高速旋转的叶轮所产生的离心力，故名离心泵。

离心泵开动时如果泵壳内和吸入管路内没有充满液体，就会抽不上液体，这是因为空气的密度比液体小得多，旋转所产生的离心力不足以造成吸上液体所需的真空度。像这种因泵壳内存在气体而导致吸不上液的现象，称为“气缚”。为使启动前泵内充满液体，在吸入管路底部通常装有止逆阀。

（二）基本部件与构造

离心泵最基本的部件为叶轮与泵壳。

叶轮是离心泵的心脏部件。普通离心泵的叶轮如图 2-2 所示，它分为闭式、开式与半开式三种。图 2-2(c) 所示为闭式，前后两侧均有盖板，2～6 片弯曲的叶片装在盖板内，构成与叶片数相等的液体通道。液体从叶轮中央进入后，经过这些通道流向叶轮的周边。闭式叶轮主要用于输送较为洁净的液体。有些离心泵的叶轮没有前、后盖板，叶片完全外露，称为开式［见图 2-2(a)］；有些只有后盖板，称为半开式［见图 2-2(b)］。开式和半开式叶轮用于输送浆料、黏性大或有固体颗粒悬浮物的液体时，不易堵塞，但液体在叶片间运动时易发生倒流，故效率也较低。

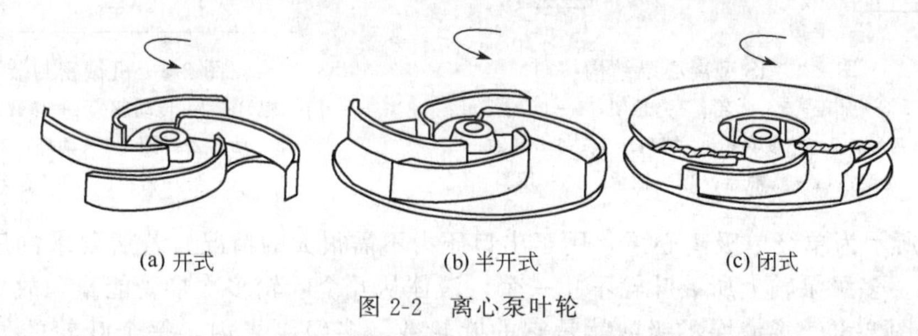

图 2-2　离心泵叶轮

有些叶轮的后盖板上钻有小孔，以便把后盖板前后的空间连通起来，称为平衡孔。因为叶轮在工作时，离开叶轮周边的液体压力已增大，有一部分会渗到叶轮后侧，而叶轮前侧液体入口处为低压，因而产生了轴向推力，将叶轮推向泵入口一侧，引起叶轮与泵壳接触处的磨损，严重时还会发生振动。平衡孔能使一部分高压液体泄漏到低压区，减小叶轮两侧的压力差，从而起到减轻轴向推力的作用，但也会降低泵的效率。

泵壳就是泵体的外壳，如图 2-1 所示，它包围旋转的叶轮，并设有与叶轮垂直的液体入口和切线出口。泵壳在叶轮四周形成一个截面积逐步扩大的蜗牛壳形通道，故常称为蜗壳。叶轮顺着蜗壳形通道内逐渐扩大的方向旋转，愈靠近出口，壳内所接受的液体量愈大，所以通道的截面积必须逐渐增大。此外，泵壳之所以呈蜗壳状，还有一个更为重要的目的：使从叶轮四周抛出的高速液体在泵壳通道内逐渐降低速度，于是大部分动能转变为静压能，既提高了流体的出口压力，又减少了因液体流速过大而引起的机械能损耗。所以，泵壳既有汇集液体功能，同时又是个能量转换装置。

有些泵在叶轮外周还装一个固定的带叶片的环，称为导轮（见图 2-3）。导轮上叶片（导叶）的弯曲方向与叶轮上叶片的弯曲方向相反，其弯曲角度正好与液体从叶轮流出的方向相适应，从而引导液体在泵壳的通道内平缓地改变流动方向和降低流速，使机械能损耗减小，提高动压头转变为静压头的效率。

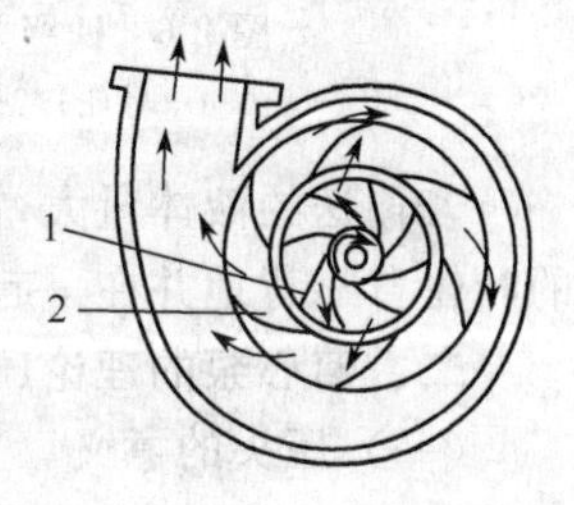

图 2-3　有导轮的离心泵
1—叶轮；2—导轮

由于泵轴转动而泵壳不动，其间必有缝隙。为避免泵内高压液体经缝隙漏出，或防止外部空气渗入泵内，必须设置密封装置。常用的密封装置有填料密封和机械密封。填料密封是将轴穿过泵壳处的环隙作成密封圈（见图 2-4），其中填入柔性的填料（如浸油或渗涂石墨的石棉带、碳纤维和膨胀石墨等），将泵壳内、外隔开，而轴仍能自由转动。此种密封圈又称填料函。机械密封是由两个光滑而密切贴合的金属环形面构成（见图 2-5 中的图注 6、7），动环随轴转动，静环装在泵壳上固定不动，二者在泵运转时保持紧贴状态以防止渗漏。对于输送酸、碱的离心泵，密封要求比较严，多用机械密封。

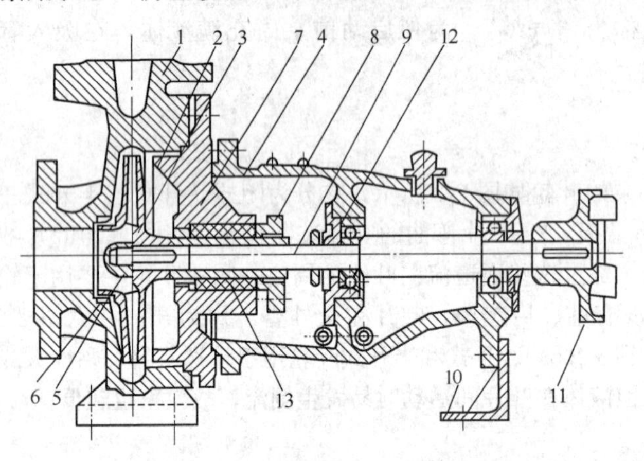

图 2-4　IS 型离心泵结构

1—泵体；2—泵盖；3—叶轮；4—悬架；5—叶轮螺母；6—密封环；7—护轴套；8—填料压盖；9—泵轴；10—支架；11—联轴器；12—轴承；13—填料

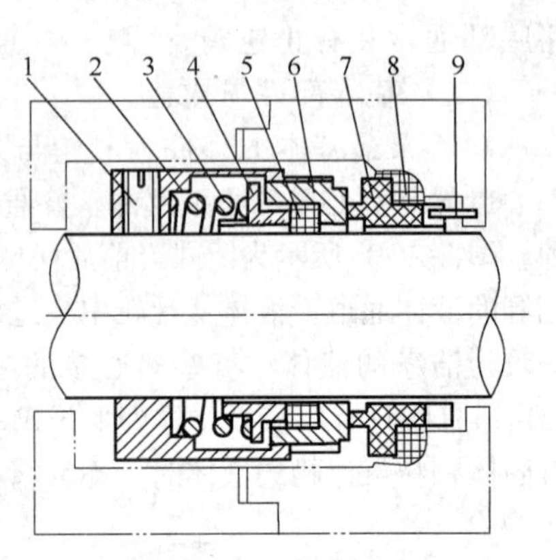

图 2-5　机械密封装置

1—螺钉；2—传动座；3—弹簧；4—锥环；5—动环密封圈；6—动环；7—静环；8—静环密封圈；9—防转销

图 2-4 所示为单级单吸离心泵，用于出口压力不需很大的情况。若所要求的压头高，可采用多级泵。多级泵轴上所装叶轮不止一个，液体从几个叶轮多次接受能量，故可达到较高的压头（见图 2-6）。离心泵的级数就是它的叶轮数。多级泵壳内，每个叶轮的外周都有导轮（单级泵一般不设导轮）。我国生产的多级泵一般为 2～9 级，最多可达 12 级。

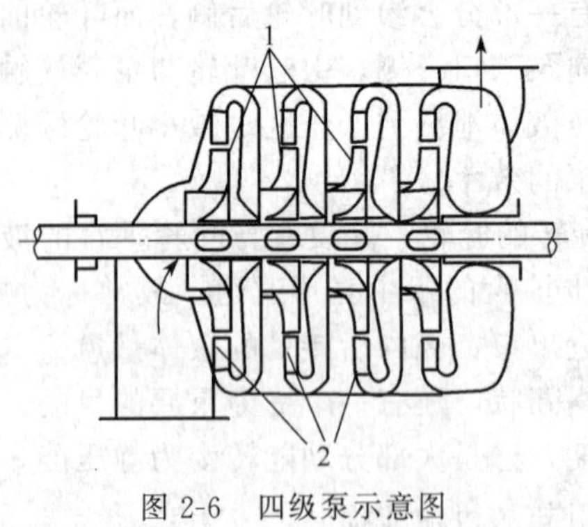

图 2-6　四级泵示意图

1—叶轮；2—导轮

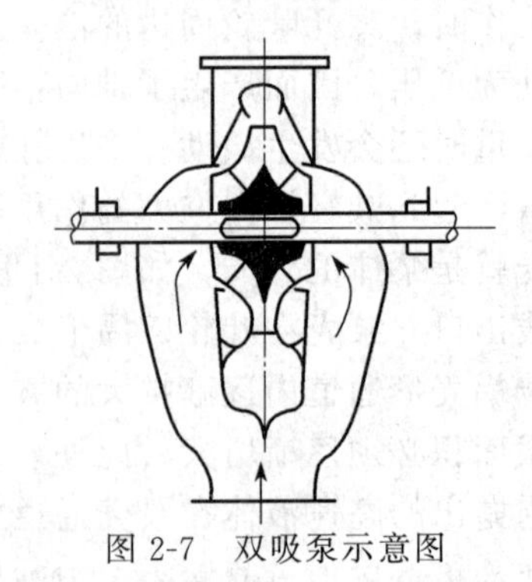

图 2-7　双吸泵示意图

若输送的液体量大，则采用双吸泵。双吸泵的叶轮有两个吸入口，好像两个没有前盖板的叶轮背靠背地并在一起（见图 2-7），其轴向推力可得到完全平衡。

二、离心泵的理论压头与实际压头

（一）压头的意义

泵向单位重量液体提供的机械能，称为泵的压头（或扬程），用符号 H 表示，单位为 m。当泵在管路输送系统中正常工作时，泵的压头应与第一章提及的管路所需压头 h_e 相等。

根据第一章的机械能衡算方程(1-24) 可知，对于任一管路输送系统，所需压头 h_e 为

$$h_e=\Delta z+\frac{\Delta p}{\rho g}+\frac{\Delta u^2}{2g}+\sum h_f \tag{2-1}$$

式中，Δz 为升举高度；$\Delta p/\rho g$ 为液体静压头的增量；$\Delta u^2/2g$ 为动压头的增量，与其他项相比，一般可以忽略不计；$\sum h_f$ 为全管路（包括吸入管路和排出管路）的压头损失。

因此，泵产生的压头用于使液体位置升高、静压头增大以及克服流动过程中的压头损失。

（二）理论压头

离心泵的压头与泵的构造、尺寸、叶轮的转速和流量有关，下面设想一种理想情况来分析它们之间的关系式。这里的理想情况是指：①叶轮内叶片的数目无限多（当然，叶片的厚度为无限小），液体完全沿着叶片的弯曲表面流动；②液体为黏度等于零的理想液体，即流动没有阻力损失。

离心泵在上述理想情况下所能产生的压头，称为**理论压头**，用符号 H_∞ 表示。

在叶轮进口 1 与出口 2 之间列柏努利方程（见图 2-8），可得到理论压头的表达式

$$H_\infty=\frac{p_2-p_1}{\rho g}+\frac{c_2^2-c_1^2}{2g} \tag{2-2}$$

式中，H_∞ 为叶轮加给液体的理论压头，m；p_1、p_2 为液体在 1、2 处的静压，Pa；c_1、c_2 为液体在 1、2 处的绝对速度，$m \cdot s^{-1}$；ρ 为液体的密度，$kg \cdot m^{-3}$；g 为重力加速度，$9.81\ m \cdot s^{-2}$。

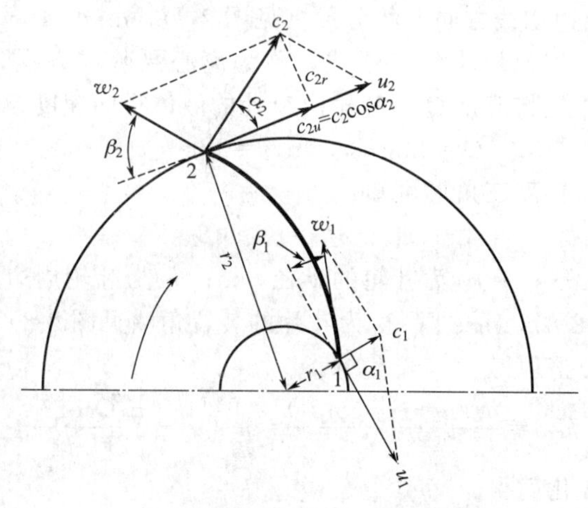

图 2-8　液体进入与离开叶轮时的速度

式(2-2) 没有考虑 1、2 两处的高度差，因叶轮每转一周，1、2 两处的高低互换两次，按时均计此高差可视为零。

式(2-2) 中的速度 c_1 或 c_2 是由两个分速度合成的，如图 2-8 所示。其一是沿着叶片而运动的相对速度 w_1 或 w_2，根据假定 1，该速度处处与叶片相切；其二是液体被叶轮带动旋转的切线速度 u_1 或 u_2。

根据余弦定律，以上各速度之间有如下关系：

$$w_1^2=c_1^2+u_1^2-2c_1u_1\cos\alpha_1 \quad 即 \quad c_1^2=w_1^2-u_1^2+2c_1u_1\cos\alpha_1 \tag{2-3}$$

$$w_2^2=c_2^2+u_2^2-2c_2u_2\cos\alpha_2 \quad 即 \quad c_2^2=w_2^2-u_2^2+2c_2u_2\cos\alpha_2 \tag{2-4}$$

液体从叶轮进口 1 流到出口 2，静压头之所以增加，即式(2-2) 中的 $(p_2-p_1)/\rho g$ 的产生原因有二。

原因一：液体在叶轮内接受了离心力作的功。1 kg 液体在旋转时受到的离心力为

$$F_c=\omega^2 r$$

式中，F_c 为液体所受离心力，N·kg^{-1}；r 为旋转半径，m；ω 为旋转的角速度，s^{-1}。

离心力所作的外功（J·kg^{-1}）为

$$\int_{r_1}^{r_2} F_c \mathrm{d}r=\int_{r_1}^{r_2}\omega^2 r\mathrm{d}r=\frac{\omega^2}{2}(r_2^2-r_1^2)=\frac{u_2^2-u_1^2}{2}$$

原因二：相邻两叶片所构成的通道，其截面积自内而外逐渐扩大，液体通过时会减速，因此一部分动能转变为静压能。每千克液体静压能增加的量等于其动能减小的量，即为

$$\frac{w_1^2-w_2^2}{2}$$

于是，1kg 的液体通过叶轮后其静压能的总增量应为上述两项之和，即

$$\frac{p_2-p_1}{\rho}=\frac{u_2^2-u_1^2}{2}+\frac{w_1^2-w_2^2}{2} \tag{2-5}$$

将上式各项除以 g，连同式(2-3)、式(2-4) 代入式(2-2)，化简后得

$$H_\infty=\frac{c_2 u_2\cos\alpha_2-c_1 u_1\cos\alpha_1}{g}$$

离心泵设计中，为了在叶轮进口处少产生漩涡，一般都使设计流量下的 $\alpha_1=90°$，此时，$\cos\alpha_1=0$。上式成为

$$H_\infty=\frac{c_2 u_2\cos\alpha_2}{g}=\frac{u_2 c_{2u}}{g} \tag{2-6}$$

式中，c_{2u} 为速度 c_2 在周边切线方向上的分量（见图 2-8），m·s^{-1}。

式(2-6) 即为离心泵理论压头的表达式，称为离心泵基本方程。为将其变成理论压头 H_∞ 与流量 Q 的表达式，先将流量 Q 用叶轮出口处的液体径向速度与叶轮周边面积之积表示

$$Q=2\pi r_2 b_2 c_2\sin\alpha_2=2\pi r_2 b_2 c_{2r} \tag{2-7}$$

又由图 2-8 中的叶轮出口速度三角形可知：

$$u_2-c_{2u}=c_{2r}\cot\beta_2 \tag{2-8}$$

式中，Q 为泵的流量，m^3·s^{-1}；r_2 为叶轮的半径，m；b_2 为叶轮周边的宽度，m；c_{2r} 为速度 c_2 在径向的分量（见图 2-8），m·s^{-1}；β_2 为叶片的装置角（见图 2-8）。

由式(2-6)～式(2-8)整理得

$$H_\infty=\frac{u_2(u_2-c_{2r}\cot\beta_2)}{g}=\frac{1}{g}\left(u_2^2-\frac{u_2 Q\cot\beta_2}{2\pi r_2 b_2}\right) \tag{2-9}$$

因为 $u_2=\omega r_2$，代入上式化简得

$$H_\infty=\frac{1}{g}\left[(\omega r_2)^2-\frac{Q\omega\cot\beta_2}{2\pi b_2}\right] \tag{2-10}$$

式(2-10) 表明了离心泵理论压头 H_∞ 与流量 Q、角速度 ω，叶轮构造尺寸（β_2、r_2、b_2）之间的关系。由此式可以看出，离心泵理论压头 H_∞ 与流量 Q 呈线性关系，其斜率的正负取决于装置角 β_2。当 $\beta_2<90°$时，叶片为后弯，由式(2-10) 可知，H_∞ 随 Q 的增大而减小；当 $\beta_2=90°$时，叶片为径向，H_∞ 不随 Q 而变化；当 $\beta_2>90°$时，叶片为前弯，H_∞ 随 Q 的增大而变大。上述关系可用图 2-9(a) 表示。

由图 2-9(a) 显见，前弯叶片的 H_∞ 为最高，似乎泵设计时应取前弯叶片，但是，实际上都采用后弯叶片。这是因为：由式(2-2) 看出，H_∞ 中包括静压头的增量$\left(\frac{p_2-p_1}{\rho g}\right)$和动压头$\left(\frac{c_2^2-c_1^2}{2g}\right)$的增量两部分。对于前弯叶片，其动能占的比例颇大，见图 2-9(b)。在转化为静压能的实际过程中，会有大量机械能损失，使泵的效率降低。因而，一般泵的设计都采用后

弯叶片（$\beta_2 \approx 25° \sim 30°$）。

（三）实际压头

考虑到离心泵内的实际情况不同于前述的理想情况，因而液体通过泵的过程中将产生如下几种压头损失，致使泵的实际压头要小于理论压头。

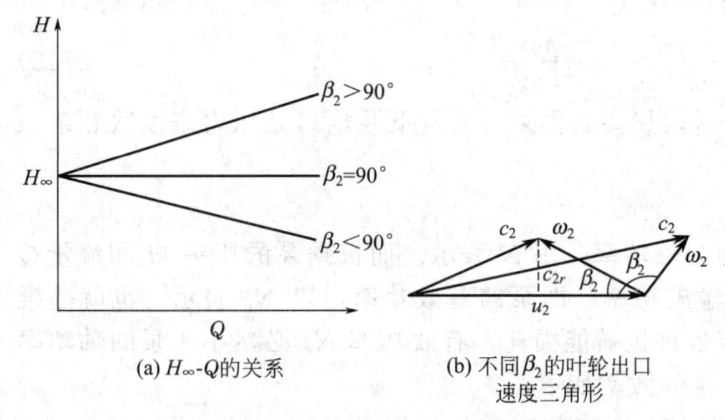

图 2-9　前弯、径向、后弯叶片比较

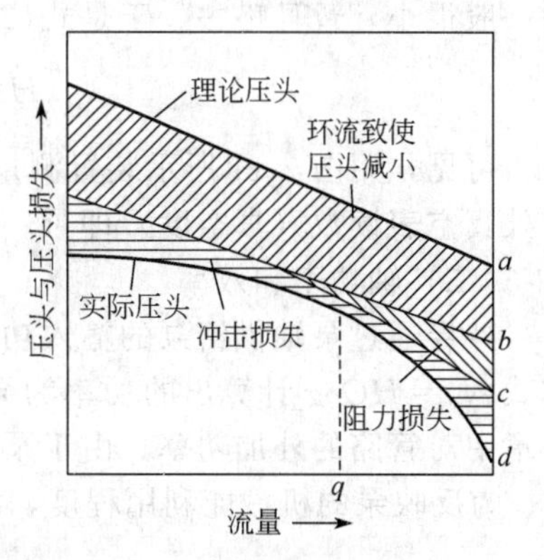

图 2-10　离心泵的理论压头和实际压头

（1）叶片间的环流　由于叶片数目并非无限多，液体不是严格按叶片的轨道流动，而是在两个叶片之间有环流出现，从而产生涡流损失，此损失只与叶片数、液体黏度等有关，与流量几乎无关。考虑这一因素后，图 2-10 中理论压头线 a 变为直线 b。

（2）阻力损失　实际流体从泵的进口到出口有阻力损失，它约与流速的平方成正比，亦即约与流量的平方成正比。考虑到这项损失后，压头线应为曲线 c。

（3）冲击损失　液体以绝对速度 c_2 离开叶轮周边冲入蜗壳内的液流中，产生涡流。叶片的装置角 β_2 是根据额定的流量设计的，以使所造成的冲击为最小（图 2-10 中点 q 所示）。若操作时的流量偏离设计值，则相对速度 w_2 就改变，从而 c_2 亦变，冲击便加剧；c_1 与 u_1 之间的夹角 α_1 亦会偏离 90°加大冲击。实际流量与设计值的偏离愈远，冲击损失便愈大。再考虑到这项损失后，压头线应为曲线 d。此即实际压头与流量之间的大致关系。

三、离心泵的主要性能参数

离心泵铭牌上一般列有下述参数：转速 n、流量 Q、压头（或称为扬程）H、轴功率 N、效率 η，有些还包括汽蚀余量（见“六、离心泵的安装高度”），这些就是离心泵的主要性能参数。铭牌上所列的数字，是指泵在最高效率下的值，即设计值。下面逐一介绍离心泵的主要性能参数。

（一）压头和流量

压头和流量这两个性能参数在前面已经介绍过了，下面主要说明离心泵在出厂前是如何测量它们的。

利用如图 2-11 所示的装置，就可以直接测出离心泵的压头与流量的关系，同时还可测出轴功率与流量的关系。在泵入口处安装真空表、泵出口处安装压力表（见图 2-11 点b、c）。将泵灌满液体后，在某个固定的转速 n 下，先在出口阀关闭时启动泵，然后开启出口阀，维持某一流量 Q，便可测定出其相应的压头 H，同时可以测得输入泵的轴功率 N。改变流量进行多次测定即可得到转速 n 下一系列 Q、H 与 N 值。

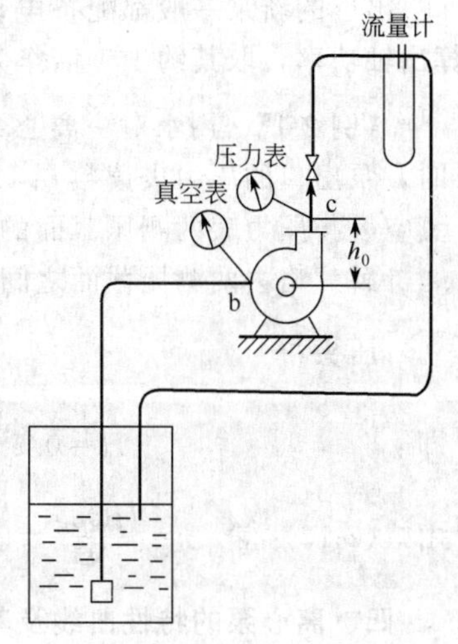

图 2-11　测定离心泵性能参数的装置

H 的测量公式如下。

设泵进口 b 与出口 c 间的垂直距离为 h_0，根据 b、c 两截面间的机械能衡算得

$$H=h_0+\frac{p_c-p_b}{\rho g}+\frac{u_c^2-u_b^2}{2g}+h_{f,b\text{-}c} \tag{2-11}$$

由于两截面间的管长很短，其阻力损失 $h_{f,b\text{-}c}$ 通常可以忽略，两截面间的动压头之差和高度差一般很小，暂且略去。于是式(2-11) 简化成

$$H\approx\frac{p_c-p_b}{\rho g}=\frac{p_c+p_b'(\text{真空})}{\rho g} \tag{2-12}$$

可见，用图 2-11 所示装置测量 H 时，只要测得某一流量下泵出口处压力表读数和泵入口处真空表读数（真空度）即可。

（二）轴功率和效率

外界通过泵轴供给泵的输入功率称为**轴功率**，用 N 表示。而根据泵的压头 H 和流量 Q 按式 $N_e=HQ\rho g$ 计算出的功率为泵的输出功率，即泵的**有效功率**，以 N_e 表示，也就是第一章中对管路的外加功率。由于泵内有各种机械能损耗，有效功率 N_e 必然小于泵的轴功率 N。为反映泵的机械能利用程度，定义泵的效率如下。

$$\eta=\frac{N_e}{N}=\frac{HQ\rho g}{N} \tag{2-13}$$

式中，N 为泵的轴功率，W；H 为泵的压头，m；Q 为泵的流量，$m^3\cdot s^{-1}$；ρ 为液体密度，$kg\cdot m^{-3}$。

泵内的机械能损耗可分为以下三种。

（1）水力损失　泵内的水力损失包括前述的环流损失、阻力损失和冲击损失，即图2-10 示出的理论压头与实际压头之差。

（2）容积损失　从叶轮四周送出的压力较高的液体会有少量漏回到压力较低的叶轮的中央入口，这部分液体已获得的能量化为无用，从而造成容积损失。采用闭式叶轮的泵，其渗漏量一般都很少，但在磨损后渗漏便趋严重。

（3）机械损失　轴承、密封圈（填料函）等机械部件的摩擦，以及叶轮盖板外表面与液体之间的摩擦造成机械损失，直接增大泵所需的功率。

上述三项机械能损失的总和决定泵的效率。小型水泵的效率一般为 50%～70%，大型泵可达 90%。油泵、耐腐蚀泵的效率比水泵低，杂质泵的效率更低。

出厂的新泵一般都配备电动机。若需另配电动机，可按使用时的最大流量用式(2-13) 算出轴功率，取其约 1.1 倍作为选配电动机的功率（电动机的额定功率有其系列）。

【例 2-1】 用水对一离心泵的性能进行测定，在某一次实验中测得：流量 10 $m^3\cdot h^{-1}$ 时，泵出口的压力表读数 0.17 MPa，泵入口的真空表读数 0.02 MPa，轴功率 1.07 kW。真空表与压力表两测压截面的垂直距离为 0.5 m。试计算泵的压头及效率。

解　略去两测压截面之间的管路阻力与动压头之差，应用式(2-11)

压头
$$H=h_0+\frac{p_c-p_b}{\rho g}$$

即
$$H=0.5+\frac{0.17\times10^6-(-0.02\times10^6)}{1000\times9.81}=19.9\ \text{m}$$

由式(2-13) 得
$$\eta=\frac{HQ\rho g}{N}=\frac{19.9\times10\times1000\times9.81}{3600\times1.07\times1000}=0.507\ (\text{或 }50.7\%)$$

四、离心泵的特性曲线及其应用

（一）离心泵特性曲线

离心泵的生产部门将其产品的主要性能参数间的关系用曲线表示出来，称为**离心泵特性**

曲线，供使用者选择和操作时参考。

图 2-12 所示为某一 IS[1] 型离心泵特性曲线图，它由以下的曲线组成：

① H-Q 曲线，表示压头与流量的关系；

② N-Q 曲线，表示轴功率与流量的关系；

③ ηQ 曲线，表示效率与流量的关系。

④ $(\mathrm{NPSH})_r$ 线，见"六、离心泵的安装高度"。

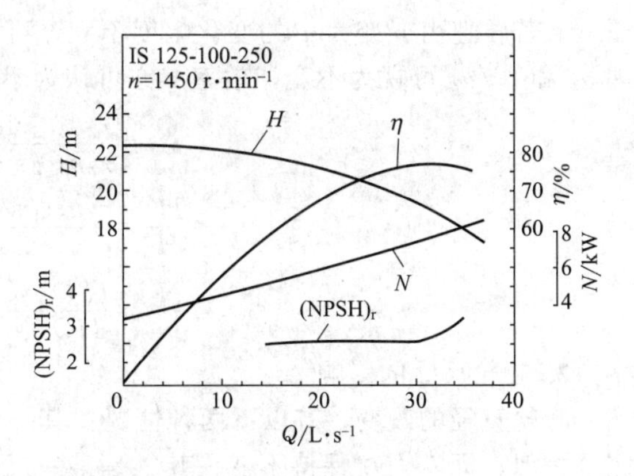

图 2-12　IS 125-100-250 型离心泵特性曲线

离心泵特性曲线是用前述方法在固定的转速下测出的，只适用于该转速，故特性曲线图上一定要注明转速 n 的值。

各种型号的离心泵各有其特性曲线，其共同特点如下。

① 压头随流量的增大而下降（流量很小时可能有例外）。这是一个重要的特性。

② 轴功率随流量增大而上升，故离心泵在启动前应关闭出口阀，使泵在所需功率最小的条件下启动，以减小电动机的启动电流，同时也避免出口管线的水力冲击。

③ 效率先随流量的增大而上升，达到一最大值后再下降。根据生产任务选用离心泵时，应使泵在最高效率点附近操作。

（二）液体性质对离心泵特性的影响

泵生产部门所提供的特性曲线一般都是用清水作实验求得的，若使用时所输送液体的物性与水差异较大，要考虑物性（主要指密度和黏度）的影响。

（1）密度的影响　由式(2-7) 可知，离心泵的流量与液体密度无关，故输送不同密度的液体，泵的流量应不随密度改变。再由式(2-10) 和图 2-10 可知，离心泵的压头与所输送液体的密度亦无关。所以，H-Q 曲线不因所输送的液体密度不同而变。

由前述影响泵效率的诸因素分析可知，泵的效率也与液体密度无关。故由式(2-13) 可知，轴功率与液体密度成正比。

（2）黏度的影响　若液体的运动黏度小于 $2\times10^{-5}\ \mathrm{m^2\cdot s^{-1}}$ 时，如汽油、煤油、轻柴油等，则黏度对离心泵特性曲线的影响可不予考虑。

当黏度更大时，需对离心泵的特性曲线进行修正，然后再选用泵。黏度对离心泵性能的影响甚为复杂，难以用理论方法推算，但有算图可查取修正系数。许多关于离心泵的专著及国产油泵的说明书上均载有该类算图。

（三）转速与叶轮尺寸对离心泵特性的影响

前已指出，某一型号泵（叶轮直径一定）的特性曲线是在一定转速下测得的。如调节转速，则其流量与压头也相应改变；若将泵的叶轮略加切削而使直径变小，可以降低其压头与流量，最高效率点也随着移动。下面分别将转速与叶轮直径对离心泵特性的影响，作简单的分析。

1. 转速的影响

前已得出理论压头式(2-6)，即 $H_\infty=\dfrac{c_2u_2\cos\alpha_2}{g}$ 及流量的表达式(2-7)，即 $Q=2\pi r_2b_2c_2$

---

[1] 型号意义：以 IS125-100-250 为例，IS——采用 ISO 国际标准的单级单吸清水离心泵；125——泵入口直径，mm；100——泵出口直径，mm；250——叶轮外径，mm。IS 型单级单吸清水离心泵是我国现在标准化程度高、应用最广的离心泵系列之一。流量范围为 6.3～400 m³/h，扬程范围为 5～125 m。主要用于输送温度不超过 80 ℃的清水或物性类似清水的液体。

$\sin\alpha_2$。若转速由 n 变为 n' 的变化幅度不大，可以近似认为液体离开叶轮的速度三角形相似，即 α_2 和 c_2/u_2 可视为不变，效率 η 亦可认为不变，而有如下比例定律

$$\frac{Q'}{Q}=\frac{r_2 b_2 c_2' \sin\alpha_2}{r_2 b_2 c_2 \sin\alpha_2}=\frac{u_2'}{u_2}=\frac{n'}{n} \tag{2-14a}$$

$$\frac{H'}{H}=\frac{c_2' u_2' \cos\alpha_2}{c_2 u_2 \cos\alpha_2}=\left(\frac{u_2'}{u_2}\right)^2=\left(\frac{n'}{n}\right)^2 \tag{2-14b}$$

$$\frac{N'}{N}=\frac{H'Q'\rho g}{HQ\rho g}=\left(\frac{n'}{n}\right)^3 \tag{2-14c}$$

2. 叶轮尺寸的影响

叶轮直径的改变，有以下两种情况：其一是属于同一系列两不同尺寸的泵，其几何形状完全相似，即 b_2/D_2 保持不变；其二是某一尺寸的叶轮外周经过切削而使 D_2 变小，则因出口截面基本不变而 b_2/D_2 变大。下面对这两种情况分别作简单的分析。

对同一系列两不同尺寸的泵，在相同转速下，可用下列关系式

$$\frac{Q'}{Q}=\left(\frac{D_2'}{D_2}\right)^3 \quad \frac{H'}{H}=\left(\frac{D_2'}{D_2}\right)^2 \quad \frac{N'}{N}=\left(\frac{D'_2}{D_2}\right)^5 \tag{2-15}$$

对切削叶轮的情形，如果切削的幅度在15%以内，有的泵 $D_2b_2\approx D_2'b_2'$。且 α_2 的变化很小，泵效率可视为不变。故由式(2-7) 可知

$$\frac{Q'}{Q}=\frac{D'_2}{D_2} \tag{2-16a}$$

在固定转速下，u_2、c_2 均与 D_2 成正比，故

$$\frac{H'}{H}=\left(\frac{D'_2}{D_2}\right)^2 \tag{2-16b}$$

$$\frac{N'}{N}=\left(\frac{D'_2}{D_2}\right)^3 \tag{2-16c}$$

切削叶轮的泵及其特性曲线一般由生产厂家提供，以增加用户的选择面。当切削率为7%～10%时，在泵规格号之后加字母 A（如 100-80-125A）；当切削率为 13%～15%时，则在泵规格号之后加字母 B。

【例 2-2】 IS65-40-200 型离心水泵叶轮直径为 200 mm。在转速为 2900 $r\cdot min^{-1}$ 时，最大效率点处的性能如下：$Q=25\ m^3\cdot h^{-1}$，$H=50$ m，$N=7.5$ kW，$\eta=60\%$。

IS65-40-200A 型的叶轮直径由 200 mm 切削至 187.5 mm。求相同转速下此泵最高效率点处的流量、扬程和轴功率值。

解 此条件下性能的变化符合式(2-16)。

$$\frac{Q'}{Q}=\frac{187.5}{200}=0.938$$

$$Q'=0.938Q=0.938\times 25=23.4\ m^3\cdot h^{-1}$$

$$H'=0.938^2 H=0.880\times 50=44.0\ m$$

$$N'=0.938^3 N=0.825\times 7.5=6.18\ kW$$

五、离心泵的工作点与流量调节

安装在输送管路上的离心泵，在具体操作条件下提供的压头 H 和流量 Q，可用其 H-Q 特性曲线上的某一点表示。至于这一点的确定，则需要看泵前后所连接的管路情况。也就是说，装在某特定管路中的泵，其压头和实际输送量要由泵的特性与管路的特性共同决定。

（一）管路特性方程

某一特定管路的流量与所需压头之间的关系式，称为**管路特性方程**。实际上，式(2-1)

就是管路特性方程，即

$$h_e=\Delta z+\frac{\Delta p}{\rho g}+\frac{\Delta u^2}{2g}+\sum h_f$$

式中的压头损失

$$\sum h_f=\lambda\frac{\sum(l+l_e)}{d}\frac{u^2}{2g}=\left(\frac{8\lambda}{\pi^2 g}\right)\frac{\sum(l+l_e)}{d^5}Q^2 \tag{2-17}$$

对于某一特定管路，式(2-17) 中的各量除 λ 与 Q 外，其他都是固定的；而 λ 对常见的湍流情况变化不大，若在湍流平方区，λ 只取决于管路的相对粗糙度，于是可将 $\Delta u^2/2g+\sum h_f$ 写成

$$\frac{\Delta u^2}{2g}+\sum h_f=BQ^2 \tag{2-18}$$

再令 $A=\Delta z+\Delta p/\rho g$，则式(2-1) 可简化为

$$h_e=A+BQ^2 \tag{2-19}$$

式(2-19) 是管路特性方程的另一表达形式。其中，Δz 和 $\Delta p/\rho g$ 均与流量无关，按此式标绘出的曲线称为**管路特性曲线**，如图 2-13 的曲线Ⅰ所示。

（二）工作点与流量调节

1. 工作点

图 2-13 中还绘出了离心泵的特性曲线，即曲线Ⅱ。曲线Ⅰ与曲线Ⅱ的交点 M_1 所代表的流量，就是将液体送过管路所需的压头与泵对液体所提供的压头恰好相等时的流量，称为泵在管路上的**工作点**。它表示一个特定的泵安装在一条特定的管路上时，泵所提供的压头和实际输送的流量。

2. 流量调节

为调节流量，即改变工作点，可采用两种方法，一是改变管路特性曲线，二是改变泵的特性曲线。

(1) 调节阀门　改变管路特性曲线最简单的方法是阀门调节。在离心泵出口处都装有调节流量用的阀门，阀门开大或关小，即改变阀门的局部阻力系数，式(2-19) 中的系数 B 将相应变小或变大，因而管路特性曲线的弯曲程度也就随着改变。设图 2-13 中的曲线Ⅰ为阀门全开时的管路特性曲线，若关小到某一程度，新的管路特性曲线应移到线Ⅰ上方，如图中的线Ⅲ所示，于是工作点便由 M_1 移至 M_2，表明流量由 Q_1 降到 Q_2。

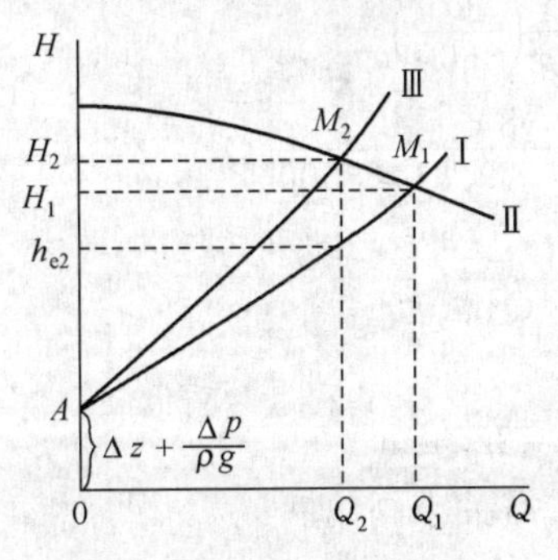

图 2-13　离心泵的工作点

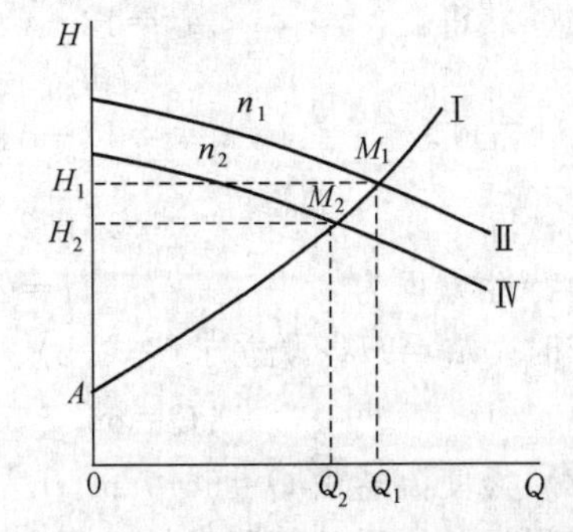

图 2-14　泵转速改变时工作点的变化

关小阀门实质上是人为地增大管路阻力（相当于图 2-13 中 H_2 至 h_{e2} 这一线段）来适应离心泵的特性，以减小流量。其结果是比实际需要多耗动力，并可能使泵在离设计点较远处工作而降低效率，这是它的缺点。其优点是方便、迅速，可在某一最大流量与零之间随意调节。

（2）改变泵的转速或切割叶轮　为了改变泵的特性曲线，常用的措施是改变泵的转速，如图 2-14 所示，曲线Ⅰ为管路特性曲线，曲线Ⅱ为离心泵的转速等于 n_1 时的特性曲线，两线的交点 M_1 为工作点。若将泵的转速降低到 n_2，则此泵的特性曲线便变为曲线Ⅳ，它与管路特性曲线的交点 M_2 成为新的工作点。此时流量由 Q_1 降到 Q_2，压头亦由 H_1 降到 H_2。显然，所耗动力也相应下降。近二十多年来，由于交流电动机变频调速技术的进展及推广使用，取得了显著的节能效果；且在减小流量的同时，还有减少机械磨损及故障率、降低噪声等优点；又便于自动控制；是大中型泵的首选。

改变泵的特性曲线，也可以采用切削叶轮的方法。

【例 2-3】 如图 2-15 所示，用离心泵将池中常温水送至一敞口高位槽中。泵的特性方程可近似用 $H=25.7-7.36\times10^{-4}Q^2$ 表示（H 的单位为 m，Q 的单位为 $m^3\cdot h^{-1}$）；管出口距池中水面高度为13 m，直管长 90 m，采用 ϕ114 mm×4 mm 的钢管。管路上有 2 个 $\zeta_1=0.75$ 的 90°弯头，1 个 $\zeta_2=6.0$ 的全开截止阀，1 个 $\zeta_3=8.0$ 的底阀。摩擦系数可取为 0.03。试求：（1）截止阀全开时，管路中实际流量为多少 $m^3\cdot h^{-1}$？（2）为使流量达到 60 $m^3\cdot h^{-1}$，现采用调节阀门开度的方法，应如何调节？求此时的管路特性方程。（3）泵的原转速为 2900 $r\cdot min^{-1}$，若采用调节转速的方法使流量变为 60 $m^3\cdot h^{-1}$，则新的转速应为多少？

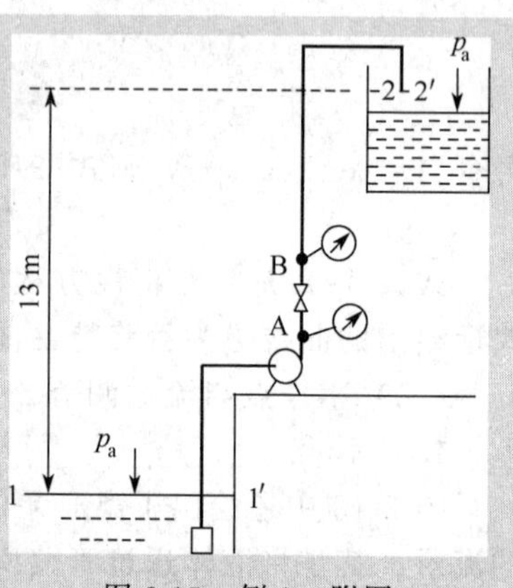

图 2-15　例 2-3 附图

解　（1）水池液面 1-1′与管出口截面 2-2′间的管路特性方程为：

$$h_e=\left(\Delta z+\frac{\Delta p}{\rho g}\right)+\frac{\Delta u^2}{2g}+h_{f,1\text{-}2} \tag{a}$$

其中，$\Delta z=13$ m，$\Delta p=0$，$\dfrac{\Delta u^2}{2g}=\dfrac{u_2^2}{2g}=\dfrac{u^2}{2g}$，则

$$u=\frac{4}{\pi d^2}\frac{Q}{3600}\ （Q\text{ 以 } m^3\cdot h^{-1}\text{ 计}），$$

$$h_{f,1\text{-}2}=\left(\lambda\frac{l}{d}+\sum\zeta\right)_{1\text{-}2}\frac{u^2}{2g}=\left(0.03\times\frac{90}{0.106}+2\times0.75+6.0+8.0\right)\frac{u^2}{2g}=40.97\times\frac{u^2}{2g}$$

代入式(a) 得：

$$h_e=13+(40.97+1)\times\frac{8}{\pi^2 d^4 g}\left(\frac{Q}{3600}\right)^2$$

$$=13+41.97\times\frac{8}{\pi^2\times0.106^4\times9.81\times3600^2}Q^2$$

$$=13+2.12\times10^{-3}Q^2 \tag{b}$$

而泵的特性方程为

$$H=25.7-7.36\times10^{-4}Q^2 \tag{c}$$

泵工作时，$h_e=H$。联立求解式(b)、式(c) 得：

$$Q=66.7\ m^3\cdot h^{-1}\qquad h_e=H=22.4\ m$$

（2）为使流量由 $Q=66.7\ m^3\cdot h^{-1}$ 变为 60 $m^3\cdot h^{-1}$，需关小阀门。

设阀门关小后的管路特性方程为

$$h_e'=A+B'Q'^2 \tag{d}$$

其中，$A=13$ m（因为 $\Delta z+\Delta p/\rho g$ 不变），B' 通过下面方法求取。

阀门关小后，泵特性方程式(c) 不变，故将 $Q'=60\ m^3\cdot h^{-1}$ 代入式(c) 可以求出新的工作点

$$H'=25.7-7.36\times10^{-4}\times60^2=23.05\ \text{m}$$

$Q'=60\ \text{m}^3\cdot\text{h}^{-1}$，$H'=23.05$ m 就是阀门关小后新工作点的横、纵坐标（见图 2-16 中点 M'）。Q'、H' 也应满足阀门关小后的管路特性方程，于是，将 Q'、H' 即 h'_e 代入式(d) 得

$$23.05=13+B'\times60^2$$

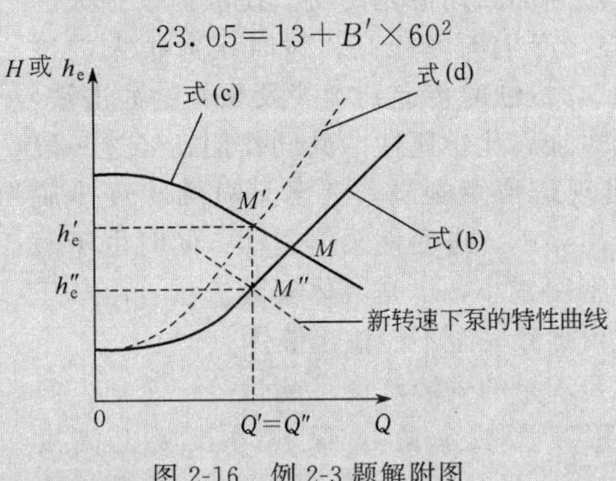

图 2-16　例 2-3 题解附图

解得 $B'=2.79\times10^{-3}$。于是，阀门关小后的管路特性方程为

$$h'_e=13+2.79\times10^{-3}Q'^2$$

(3) 若采用调节转速的方法使流量变为 60 $\text{m}^3\cdot\text{h}^{-1}$，则应将转速变小，即工作点下移至点 M''。根据式(b) 可知点 M''的横、纵坐标分别为

$$Q''=60\ \text{m}^3\cdot\text{h}^{-1}\qquad h''_e=13+2.12\times10^{-3}\times60^2=20.63\ \text{m}$$

Q''、H''应满足新转速下泵的特性方程。新转速下泵的特性方程推导如下。

根据式(2-14a)、式(2-14b)，有

$$Q=\frac{n}{n'}Q''\qquad H=\left(\frac{n}{n'}\right)^2H''$$

将上式代入原转速下泵的特性方程式(c) 中，化简得

$$H''=25.7\left(\frac{n'}{n}\right)^2-7.36\times10^{-4}(Q'')^2 \tag{e}$$

式(e) 是新转速下泵的特性方程。将 $Q''=60\ \text{m}^3\cdot\text{h}^{-1}$，$h''_e=H''=20.63$ m，$n=2900$ $\text{r}\cdot\text{min}^{-1}$ 代入上式得

$$n'=2900\times\sqrt{\frac{20.63+7.36\times10^{-4}\times60^2}{25.7}}=2900\times0.95=2755\ \text{r}\cdot\text{min}^{-1}$$

请思考：用下述方法求解本例中的 (3) 对不对？

$$n'=n\frac{Q''}{Q}=2900\times\frac{60}{66.7}=2900\times0.90=2610\ \text{r}\cdot\text{min}^{-1}$$

或
$$n'=n\sqrt{\frac{H''}{H}}=2900\times\sqrt{\frac{20.63}{22.4}}=2900\times0.96=2784\ \text{r}\cdot\text{min}^{-1}$$

提示：比例定律能否适用于由泵和管路特性曲线共同决定工作点的情况？管路特性曲线过坐标原点时呢？

六、离心泵的安装高度

离心泵的安装位置与被吸入液体液面的垂直高度，称为**安装高度**，用 z_s 表示。它直接影响到离心泵能否正常输送液体。根据离心泵的工作原理可知，液体之所以能被吸入泵内，

是依靠液面与泵进口处（真空）之间的压差作用。若将泵的安装高度提高，将导致泵内压力降低。泵内最低压力点通常位于叶片进口稍后的 K 点附近（见图 2-17）。当 p_K 降至被输送液体的饱和蒸气压时，液体将发生沸腾，所生成的蒸气泡在随液体从入口向外周流动中，又因压力迅速加大而急剧冷凝。使液体以很大的速度从周围冲向汽泡中心，产生频率很高，瞬时压力很大的冲击，这种现象称为**"汽蚀"**。汽蚀时传递到叶轮及泵壳的冲击波，加上液体中微量溶解的氧对金属化学腐蚀的共同作用，经过一段时间后，可使叶轮表面出现斑痕及裂缝，甚至呈海绵状逐步脱落；发生汽蚀时，还会发出噪声，进而使泵体震动；同时由于蒸气的生成使得液体的表观密度减小，于是液体实际流量、出口压力和效率都下降，严重时可导致完全不能输出液体。

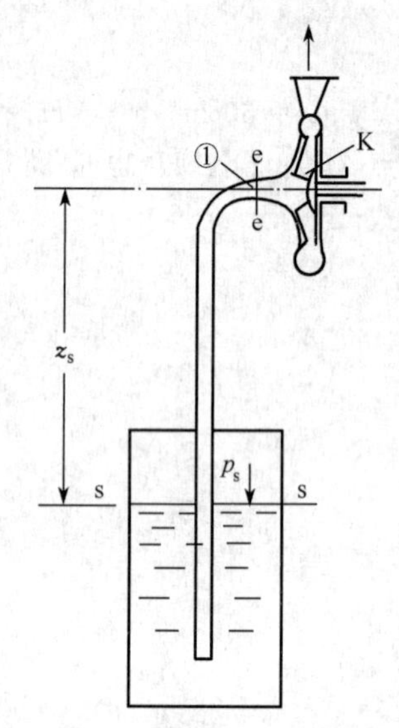

图 2-17　离心泵的安装高度

为避免发生汽蚀，就要求泵的安装高度不超过某一定值。我国的离心泵样本中，采用"汽蚀余量"，又称净正吸上高度（NPSH，Net Positive Suction Head）来表示泵的这一性能，下面简述其意义，并说明如何用于确定泵的安装高度。

前已指出，为了防止汽蚀，p_K 应高于液体的饱和蒸气压 p_v。但 p_K 很难测出，易于测定的是泵入口接管 e 处的压力 p_e（绝压，见图 2-17）。显然，$p_e > p_K$。以贮罐液面 s 为基准水平面，在液面 s 与截面 e 之间列机械能衡算方程，得

$$\frac{p_s}{\rho g}=z_s+\frac{p_e}{\rho g}+\frac{u_e^2}{2g}+\sum h_{f,s\text{-}e} \tag{2-20}$$

或

$$z_s=\frac{p_s}{\rho g}-\left(\frac{p_e}{\rho g}+\frac{u_e^2}{2g}\right)-\sum h_{f,s\text{-}e} \tag{2-20a}$$

式中，p_s 为液面 s 处的压力，通常为大气压 p_a，即 $p_s=p_a$；z_s 为安装高度，m；p_e 为泵入口处的压力，Pa；u_e 为泵入口处的液体流速，$m \cdot s^{-1}$；$\sum h_{f,s\text{-}e}$ 为吸入管线由液面 s 至截面 e 的压头损失，m。

其中，静压头与动压头之和（$p_e/\rho g+u_e^2/2g$），称为截面 e 的全压头（m），它与以压头表示的蒸气压 $p_v/\rho g$ 之差，即称为**汽蚀余量**，用 Δh 表示

$$\Delta h=\left(\frac{p_e}{\rho g}+\frac{u_e^2}{2g}\right)-\frac{p_v}{\rho g}$$

Δh 应当为正值，且 Δh 愈大，愈能防止出现汽蚀。泵刚好发生汽蚀时（即 p_e 降为 $p_{e,min}$、p_K 恰好等于 p_v 时）的汽蚀余量称为**最小汽蚀余量**，以 Δh_{min} 表示。

$$\Delta h_{min}=\left(\frac{p_{e,min}}{\rho g}+\frac{u_e^2}{2g}\right)-\frac{p_v}{\rho g} \tag{2-21}$$

Δh_{min} 可通过实验测定，以泵的扬程较正常值下降 3% 为准。

为确保泵能正常运行，通常规定允许汽蚀余量（又称必需汽蚀余量）为

$$\Delta h_{允许}=\Delta h_{min}+0.3\ (m),$$

其值可从泵的样本（见附录十七）中查得，于是泵的允许安装高度为

$$z_{s,允许}=\frac{p_s}{\rho g}-\frac{p_v}{\rho g}-\sum h_{f,s\text{-}e}-\Delta h_{允许} \tag{2-22}$$

实际的安装高度还应比允许值低 0.4～0.6 m。

注意：离心泵性能表中所列出的 $\Delta h_{允许}$ 值是在液面压力 p_s 为 101.3 kPa、用 20 ℃水测

得的（p_v=2350 Pa，即 0.24 mH_2O）。若离心泵输送的是与水不同的液体，比如油，则要根据油的密度、蒸气压对所规定的 $\Delta h_{允许}$ 值进行校正。求校正系数的曲线载于泵的说明书中。校正系数常小于 1，故为简便计，也可不校正，而将其视为外加的安全因数。

为了尽量减小吸入管道的压头损失 $\sum h_{f,s\text{-}e}$，泵的吸入管直径可比排出管直径适当增大；泵的位置应靠近液源以缩短吸入管长度；吸入管应少拐弯，省去不必要的管件；调节阀应安装在排出管路上。

由式(2-22) 可知，在输送饱和蒸气压高的液体时，允许安装高度往往很小；有时还会出现负值，对此，应将泵安装在液面以下，使液体自灌入泵。

【例 2-4】 用油泵从密闭容器中送出 30 ℃的丁烷，容器内丁烷液面上方的绝压 p_s=343 kPa。输送到最后，液面将降到泵入口以下 2.8 m。液体丁烷在 30 ℃时的密度 ρ=580 kg·m^{-3}，饱和蒸气压 p_v=304 kPa，吸入管路的压头损失估计为 1.5 m，所选用油泵的汽蚀余量为 3 m。问这个泵能否正常操作？

解 为判断泵能否正常操作，需核算这一油泵的安装高度是否合理，故应先算出允许安装高度，以便与题中所给的 2.8 m 相比较。将 p_s、ρ、p_v、$h_{f,s\text{-}e}$、$\Delta h_{允许}$ 等值代入式(2-22) 得到允许安装高度为

$$z_{s,允许}=\frac{p_s}{\rho g}-\frac{p_v}{\rho g}-\sum h_{f,s\text{-}e}-\Delta h_{允许}=\frac{343000-304000}{580\times 9.81}-1.5-3=2.4\ \mathrm{m}$$

题中指出，容器内液面降到最低时，安装高度为 2.8 m，比上面计算值 2.4 m 大，可知泵的安装位置太高，不能保证整个输送过程中不出现汽蚀现象，而应将泵的安装高度降低至少 2.8−2.4=0.4 m（为安全计，应降低 1 m 或更多为好）。

七、离心泵的类型、选用、安装与操作

（一）离心泵的类型

离心泵种类繁多，分类方法也多种多样。按输送液体的性质分，化工生产中常用的离心泵有以下几类。

(1) 水泵　凡是输送清水和物性与水相近、无腐蚀性且杂质很少的液体的泵都称水泵，前述的 IS 型泵即为其中的一种，特点是结构简单，操作容易。

(2) 耐腐蚀泵　主要特点是接触液体的部件（叶轮、泵体）用耐腐蚀材料制造，因而要求结构简单，零件容易更换，维修方便，密封可靠。用于耐腐蚀泵的材料有：高硅铸铁、不锈钢、各种合金钢、塑料、陶瓷、玻璃等。

(3) 油泵　输送石油产品的泵称为油泵。油品的一个重要特点是易燃、易爆，因而对油泵的重要要求是密封完善。采用填料函进行密封时，要从泵外边连续地向填料函的密封圈注入冷的封油，封油的压力稍高于填料函内侧的压力，以防泵内的油从填料函溢出。封油从密封圈的另一个孔引出。油泵亦可按需要采用机械密封。

热油（200 ℃以上）泵的密封圈、轴承、支座等都装有水夹套，用冷却水冷却，以防其受热膨胀。泵的吸入口与排出口均向上，以便从液体中分离出的气体不致积存于泵内。热油泵的主要部件都用合金钢制造，冷油泵可用铸铁。

(4) 杂质泵　输送含有固体颗粒的悬浮液、稠厚的浆液等的泵称为杂质泵，它又细分为污水泵、砂泵、泥浆泵等。对这种泵的要求是不易堵塞、易拆卸、耐磨。它在构造上的特点是叶轮流道宽，叶片数少（一般 2～5 片），有些泵壳内还衬以耐磨又可更换的钢护板。

同一类型的离心泵自成一个系列，将这些泵在适宜工作范围的 H-Q 特性曲线绘于一张坐标图上，称为系列特性曲线或型谱，如图 2-18 所示为 IS 型泵的型谱。有了型谱图，便于用户选泵，也便于为新产品的开发确定方向。

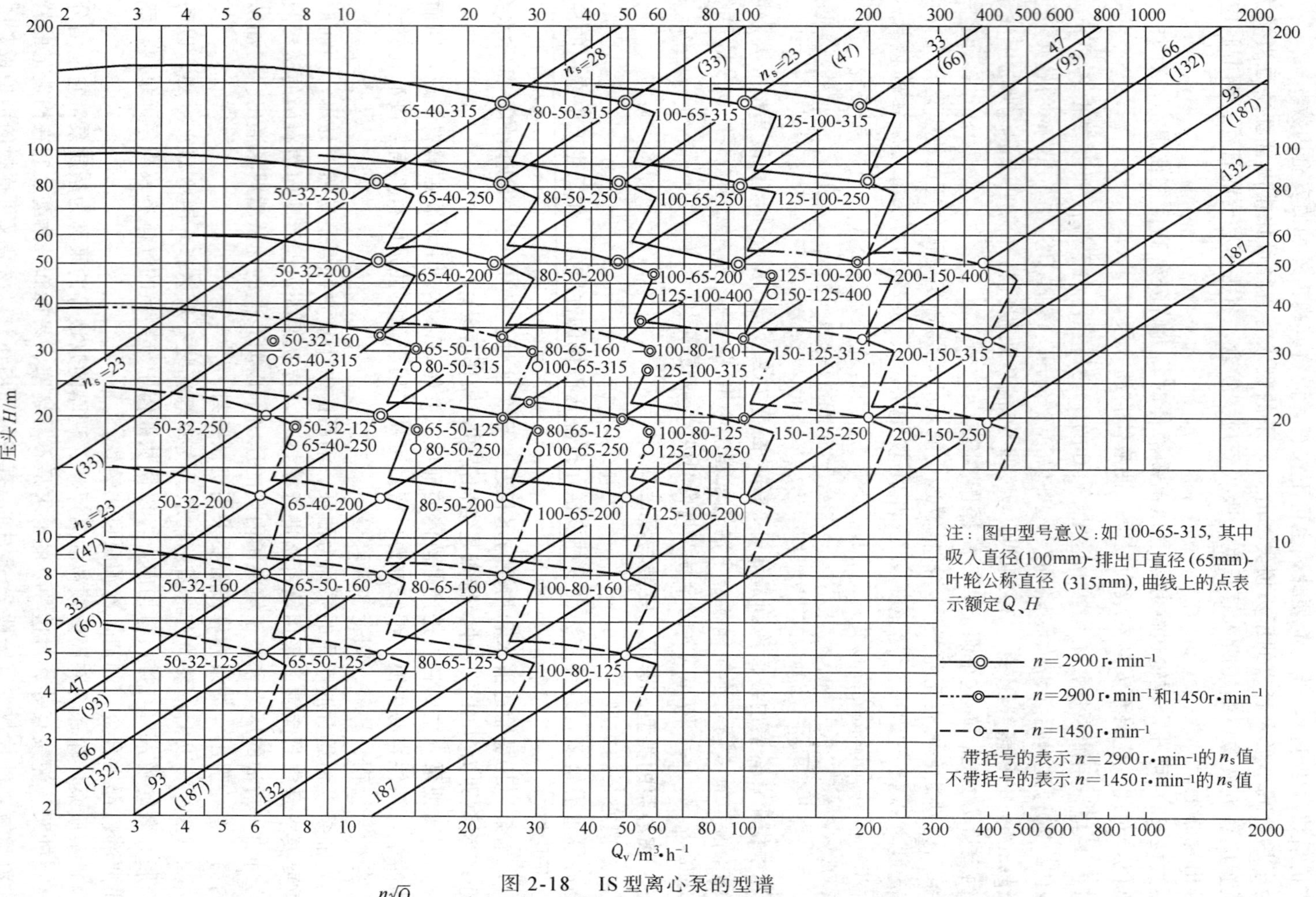

图 2-18　IS型离心泵的型谱

$n_s=\frac{n\sqrt{Q}}{16.44H^{0.75}}$，称为泵的比转数。$n_s$较大，表示泵额定的压头$H$较低，而流量$Q$较大

（二）离心泵的选用

选择离心泵时，通常可按照下列原则进行：

(1) 先根据输送要求及操作条件确定泵的类型 根据所输送液体决定选用水泵、油泵等；根据现场安装条件决定选用卧式泵、立式泵等；根据扬程大小选单级泵、多级泵等；对单级泵，根据流量大小选用单吸泵、双吸泵等。

(2) 再根据所要求的流量与压头确定泵的型号 在工业生产中，所要求的流量和压头往往在一定范围内变动，一般应以最大流量作为所选泵的额定流量，如缺少最大流量值时，可取正常流量的 1.1～1.15 倍作为额定流量。对于压头，则应以输送系统在最大流量下的压头的 1.05～1.1 倍作为所选泵的额定压头。按上述额定流量及压头，利用系列型谱图就可以选择泵的型号了。若是没有一个型号的 H 和 Q 与所要求的刚好相符，则在邻近型号中选用 H 和 Q 都稍大的一个。若是有几个型号都能满足要求，则除了考虑哪一个型号的 H 和 Q 比较接近于所需的数值以外，还应考虑哪一个型号的效率在此条件下比较高。

【例 2-5】 用泵将水送到 15 m 高之处，最大流量为 80 $m^3 \cdot h^{-1}$。估计此流量下管路的压头损失为 3 m。试在 IS 型泵中选定合用的泵。

解 题中已给出最大流量为 $Q=80\ m^3 \cdot h^{-1}$，此流量下流过管路所需的压头可用式(2-1) 计算（动压头增量可以忽略）：

$$h_e=\Delta z+\frac{\Delta p}{\rho g}+h_f=15+0+3=18\ m$$

取 h_e 的 1.05～1.1 倍，则为 18.9～19.8 m。

根据 $Q=80\ m^3 \cdot h^{-1}$、$h_e=18.9\sim19.8$ m 查图 2-18 可知，IS100-80-125（$n=2900\ r \cdot min^{-1}$）和 IS125-100-250（$n=1450\ r \cdot min^{-1}$）泵都适用，但后者泵体较大，一般情况下都选前者。

查图得 $Q=80\ m^3 \cdot h^{-1}$ 时，泵压头 $H=20.1$ m。

（三）离心泵的安装与运转

各种类型的泵，都有生产部门提供的安装与使用说明书可供参考。此处仅指出若干应注意之点，并加以解释。

泵的安装高度必须低于允许值，以免出现汽蚀现象或吸不上液体。要尽量降低吸入管路的阻力，要注意不能因泵入口处变径引起气体积存而形成气囊，否则大量气体一旦吸入泵内，便导致吸不上液体——气缚。

离心泵启动前，必须将泵内灌满液体，至泵壳顶部的小排气旋塞开启时有液体冒出为止，以保证泵和吸入管内无空气积存。离心泵应在出口阀关闭即流量为零的条件下启动，此点对大型的泵尤其重要。电机运转正常后，再逐渐开启出口阀，至达到所需流量。注意，泵在闭阀情况下运行时间一般不应超过 2～3 min，如时间太长，泵壳、轴承会发热，严重时可能导致泵壳的热力变形。停泵前亦应先关闭出口阀，以免压出管路内的液体倒流入泵内使叶轮受冲击而损坏。

运转过程中要定时检查轴承发热情况，注意润滑。若采用填料函密封，应注意其泄漏和发热情况，填料的松紧程度要适当。

离心泵在运转中的故障，形式多样，原因各异，不同类型的泵容易发生的故障也不尽相同。比较常遇到的故障之一是吸不上液，如在启动时发生，可能是由于注入的液体量不足或液体从底阀漏走，亦可能是吸入管或底阀、叶轮堵塞。在运转过程中停止吸液，常是由于泵内吸入空气，造成“气缚”现象，应检查吸入管路的连接处及填料函等处漏气情况。至于具体问题如何具体解决，则可参阅各类型泵的安装使用说明书。

第二节 其他类型泵

一、其他叶片式泵

叶片式泵中除了离心泵外，还有轴流泵和混流泵。三者的区别在于叶轮出水的水流方向。其中，离心泵属径向流，液体在叶轮中受离心力作用而沿径向流动；轴流泵属轴向流，液体在叶轮中主要受到轴向推力作用而沿叶轮轴向流动；混流泵属斜向流，液体在叶轮中受到离心力和轴向推力共同作用而沿斜向流动。

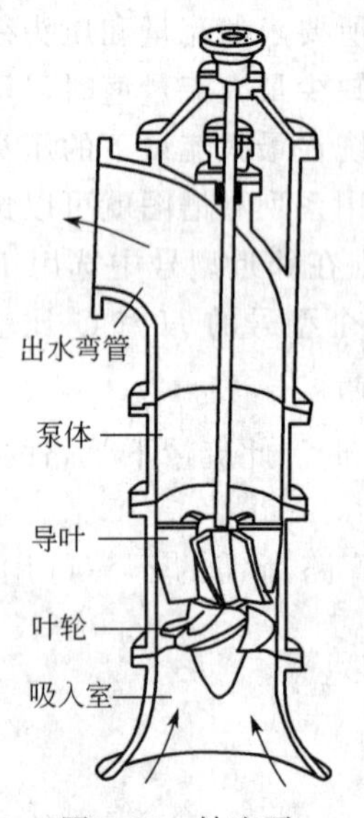

图 2-19 轴流泵

轴流泵和混流泵的特点都是大、中流量，中、低压头，特别是轴流泵，压头一般仅为 4～15 m。下面着重介绍轴流泵的结构及特点。

轴流泵的工作原理类似电风扇，其外形很像一段圆管，泵壳直径与吸液口直径相近。其结构如图 2-19 所示。叶轮上装有 2～7 个叶片，在圆管形泵壳内旋转。叶轮上部装有 6～12 片固定导叶，以使液体的旋转运动变为轴向运动，并把旋转运动的动能转变为压力能。

随流量的减小，轴流泵的压头较快增大，轴功率也增大。这是因为流量较小时，在叶片的进口和出口处产生液体回流，液体多次重复被加能，类似于多级加压，使压头较快增大。而回流使阻力损失增大，从而导致轴功率变大，在 $Q=0$ 时轴功率最大。因此轴流泵应在管路中所有阀门全部打开的情况下启动。轴流泵的 Q-η 曲线上的高效区范围很窄。根据上述特点，调节流量不宜用出口阀门，而是改变叶片装置角，大中型泵则首选调转速。

二、容积式泵

容积式泵靠泵体工作室容积的改变对液体进行压送，其改变方式有往复运动和旋转运动两种。

（一）往复泵

1. 往复泵的结构和工作原理

图 2-20 所示为往复泵的简图。泵缸 1 内有活塞 2，通过活塞杆 3 与传动机械（图中未绘）相连接。活塞为扁的圆盘，可在缸内作往复运动。泵缸左侧是阀室，内有单向的吸入阀 4 和排出阀 5。泵缸内活塞与阀之间的空间称为工作室。

当活塞自左向右移动时，工作室内的容积增大，形成低压。贮池内的液体受大气与工作室之间的压差作用，被压进吸入管，顶开吸入阀而进入泵缸。这时排出阀因受排出管中液体的压力而关闭。当活塞移到右端时，工作室的容积为最大，吸入的液体量也达到最大。此后活塞便开始向左移动，液体受挤压，使吸入阀关闭，同时工作室内压力增高，排出阀被推开，液体进入排出管。活塞移到左端时，排液完毕，完成一个工作循环。此后活塞又向右移动，开始另一个工作循环。活塞在两端点间的移动距离称为冲程。

上述往复泵在活塞往复一次的过程中，吸液和排液各一次，交替进行，输送液体不连续，称为单动泵。若活塞左右两侧都装有阀门，则可使吸液与排液同时进行，采用这种结构的泵称为双动泵。图 2-21 为一双动往复泵的简图。它没有采用活塞而用活柱（柱塞）。活柱为长的圆柱，可以比活塞承受更大的轴向力，故适用于较高的操作压力。活柱左侧和右侧都有吸入阀（在下方）和排出阀（在上方）。活柱向右移动时，左侧的吸入阀开启，右侧的吸入阀关闭，液体经左侧的吸入阀进入左侧的工作室。同时，左侧的排出阀关闭，右侧的排出阀开启，液体从右侧的工作室排出。当活柱向左移动时，情况就反过来。所以，双动泵活柱的每一个工作循环中，吸液和排液各两次，在“往”或“复”中都有液体吸入和排出。

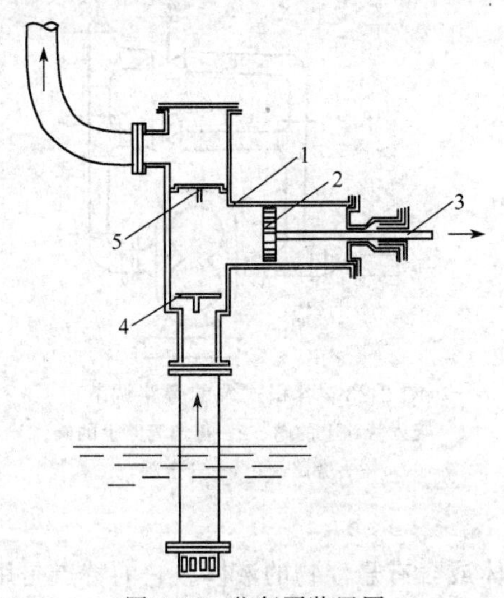

图 2-20　往复泵装置图

1—泵缸；2—活塞；3—活塞杆；4—吸入阀；5—排出阀

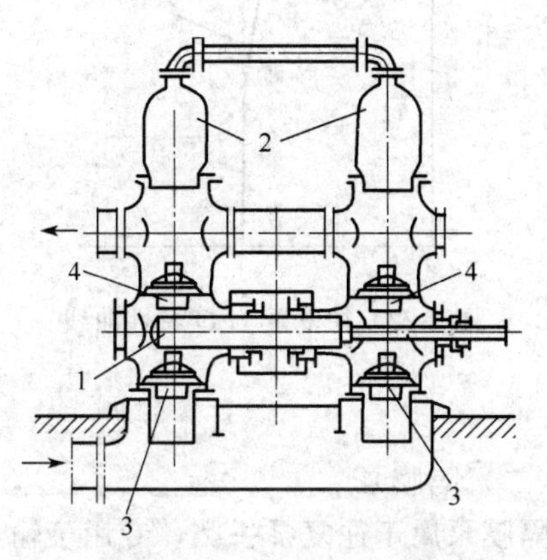

图 2-21　双动往复泵

1—活柱；2—空气室；3—吸入阀；4—排出阀

应用广泛的电动往复泵需要一套变转动为往复运动的曲柄连杆传动机构，此时活塞或活柱的运动速度按正弦曲线变化，因此排液量也按正弦曲线而不均匀。为对液流的这种波动进行缓冲，图 2-21 中左右两个排出阀的上方有两个空室，称为空气室；在一个循环中，当一侧的排出液量大时，一部分液体便被压入该侧的空气室；反之，空气室内一部分液体又可压到泵的排出口；使得液体的输送较为均匀。

2. 往复泵与离心泵的比较

往复泵和离心泵一样，均借助于泵内产生真空而吸入液体，所以安装高度也有一定的限制。另一方面，往复泵内的低压是靠工作室的扩张而造成的，所以不需要先充满液体，即有自吸作用。

往复泵在使用期间出口阀需经常处于打开状态，一旦关闭，而活塞仍继续运动，将在工作室内造成极高的压力，由此可导致电机、或传动机构、或泵体、或管路之一超负荷而损坏；对蒸汽机或内燃机带动的泵，则会停止运转。

理论上，往复泵的流量就是单位时间内活塞扫过的体积，它取决于活塞的面积、冲程和冲数（单位时间的往复次数），这些量通常是固定的，因此，流量也固定不变。而扬程则是由活塞施加给液体的静压所决定，与流量无关。因此，往复泵的 H-Q 特性曲线是一条垂直线，如图 2-22 中虚线所示。但实际上随着泵内压力越大，泵内泄漏量也越多，因而，流量随压头增大而略有减小（见图 2-22 中实线）。

根据上述特性可知，往复泵不能像离心泵通过调节出口阀来改变流量，只可以在排出管上安装旁路，如图 2-23 所示，由泵排出的液体，一部分经旁路阀 3 流回吸入管路。4 为安全阀，若出口压力超过一定限度，即自动开启，泄回一部分液体，避免损坏事故。

另外，与离心泵不同的是，由于液体经往复泵时，并没有获得很高的动能，因此，其的效率都比较高，一般都在 70%以上，最高可超过 90%。而且适用于输送黏度很大的液体。

往复泵不宜直接用以输送腐蚀性液体和有固体颗粒的悬浮液，因泵内阀门、活塞受腐蚀或被颗粒磨损、卡住，都会导致严重的泄漏。此时可考虑用下述隔膜泵。

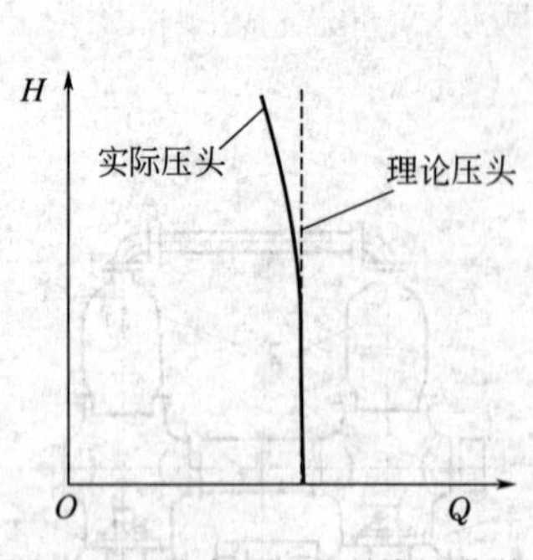

图 2-22　往复泵 H-Q 特性曲线

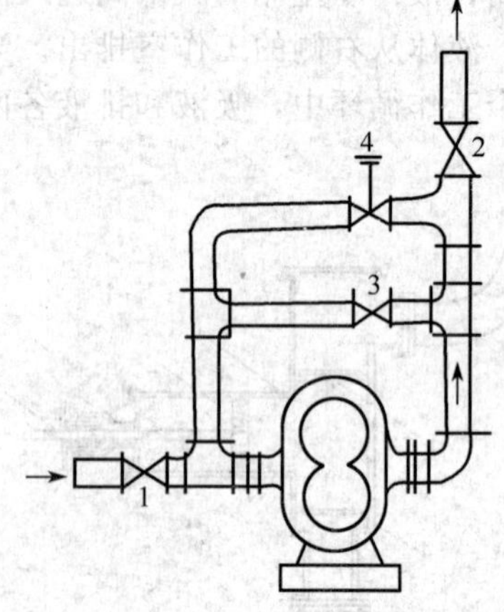

图 2-23　容积式泵的旁路调节

1—吸入管路上的阀；2—排出管路上的阀；3—旁路阀；4—安全阀

（二）隔膜泵

隔膜泵属于往复泵一类，专用于输送腐蚀性液体或含有悬浮物的液体。它的特点是用弹性薄膜（橡胶，皮革或塑料制成）将泵分隔成不联通的两部分，如图 2-24 所示，被输送的液体位于隔膜一侧，活柱位于另一侧，彼此互不接触，活柱即避免了受腐蚀或被磨损。活柱的往复运动产生的作用力通过介质（油或水）传递到隔膜上，隔膜同步作往复运动，使另一侧的被输送液体经球形活门吸入或排出。泵内与腐蚀性液体或悬浮物接触的唯一活动部件是活门，它易于设计成不受这种液体所侵害。

隔膜泵隔膜除了用活塞或活柱带动，也可以用压缩空气带动。

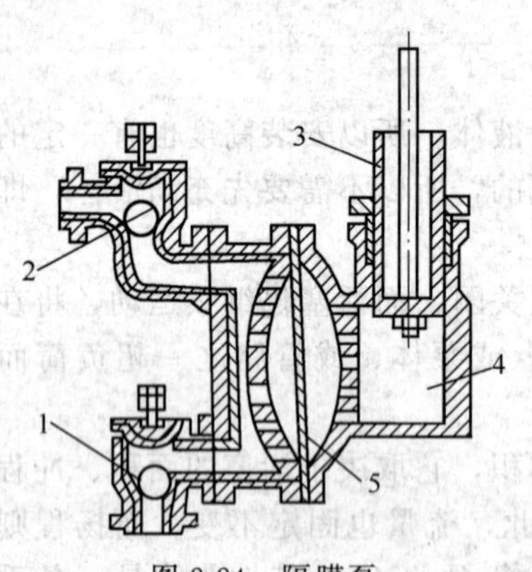

图 2-24　隔膜泵

1—吸入活门；2—压出活门；3—活柱；4—水（或油）缸；5—隔膜

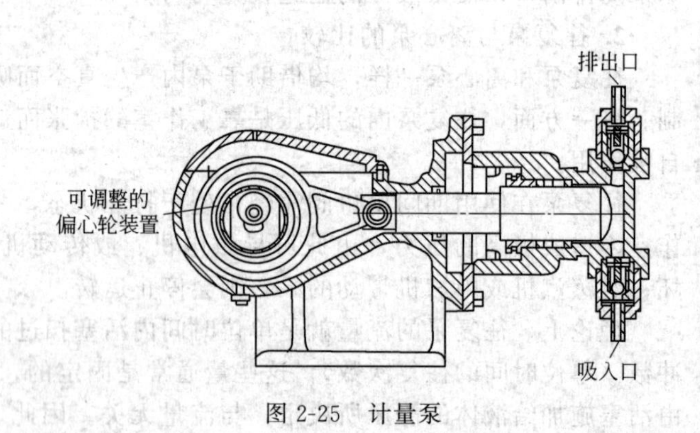

图 2-25　计量泵

（三）计量泵

有些反应器的操作，要求送入的液体量十分准确而又便于调整；有时又要求两种或两种以上的液体按严格的流量比例送入，于是利用往复泵流量固定这个特点，发展出了计量泵（比例泵）。它们多数是小流量的。

图 2-25 所示的是计量泵的一种形式。它是一个柱塞泵，由转速稳定的电动机通过偏心轮来带动。若用一个电动机同时带动两个或更多的计量泵，不但可达到每股流体的流量固定，还能达到各股流体流量的比例也固定。

偏心轮的偏心程度可以调整，活柱的冲程也就随之改变，流量与冲程是正比关系，故可用此法调节流量。

（四）齿轮泵

齿轮泵也属容积式泵的一种，其构造如图 2-26 所示。泵壳内有两个齿轮，一个用电动机带动旋转，另一个被啮合着向相反的方向旋转。吸入腔内两轮的齿互相拨开，于是形成低压而吸入液体。被吸入的液体再被齿嵌住，随齿轮转动而达到排出腔。其中两轮的齿互相啮合，于是加压排出液体，出口压力可略高于 1 MPa。

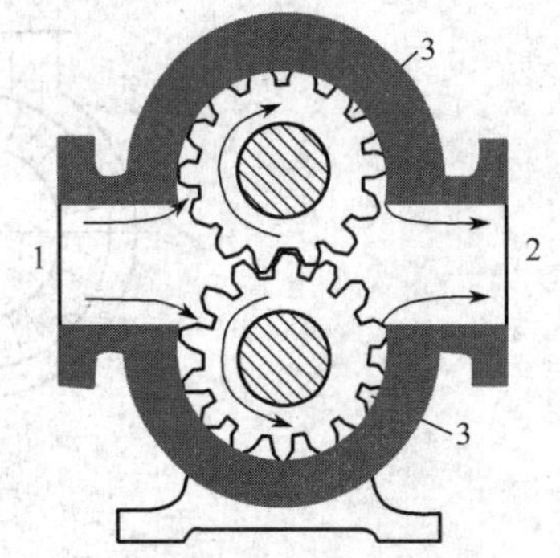

图 2-26　齿轮泵

1—吸入口；2—排出口；3—齿轮

齿轮泵的压头较高而流量较小，可用于输送黏稠液体以至膏状物料，但不宜用于输送含有固体颗粒的悬浮液。它又常用作辅助设备，例如往离心油泵的填料函灌注封油。

（五）螺杆泵

螺杆泵也属容积式泵，内有一个或一个以上的螺杆。图 2-27(a) 为单螺杆泵。螺杆在壳内转动，使液体沿轴向推进，挤压到排出口。图 2-27(b) 为双螺杆泵，一个螺杆转动时，带动另一个螺杆，螺纹互相啮合，液体被拦截在啮合室内沿杆轴前进，从螺杆两端被挤向中央排出。此外还有多螺杆泵。螺杆泵转速大，螺杆长，因而可达到很高的出口压力。若在单螺杆泵的壳室内衬硬橡胶，可用以输送送带颗粒的悬浮液，输出压力在 1 MPa 以内；三螺杆泵的输出压力可达到 100 MPa。螺杆泵效率高，噪音小，适于在高压下输送黏稠性液体。

注意：旋转泵（齿轮泵和螺杆泵的合称）的流量调节，也需采用旁路法或改变转速。

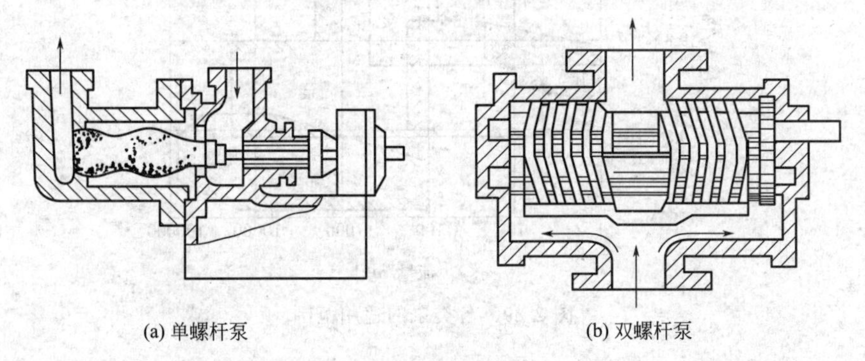

(a) 单螺杆泵　　(b) 双螺杆泵

图 2-27　螺杆泵

三、其他形式泵

凡是工作原理无法归属到叶片式和容积式范畴的都为其他形式泵，如射流泵、旋涡泵等。下面介绍旋涡泵。

旋涡泵是一种特殊类型的叶片式泵，如图 2-28(a) 所示，泵壳成正圆形，吸入口不在泵盖的正中而是在泵壳顶部与排出口相对。它的叶轮是一个圆盘，四周铣有凹槽而构成叶片，成辐射状排列［见图 2-28(b)］。叶轮 1 上有叶片 2，叶轮在泵壳 3 内转动，其间有引水道 4。吸入管接头和排出管接头之间为隔舌 5，隔舌与叶轮只有很小的缝隙，用以分隔吸入腔与排出腔。泵内液体在随叶轮旋转的同时，又在引水道与各叶片之间反复迂回。液体靠离心力及叶片的正向压力获得能量，故旋涡泵在开动前也要灌液。它的特性在于流量减小时压头升高较快，功率也增大，这与离心泵不同而与容积式泵相似。因此，旋涡泵的流量调节，也应该采用与容积式泵相同的方法。

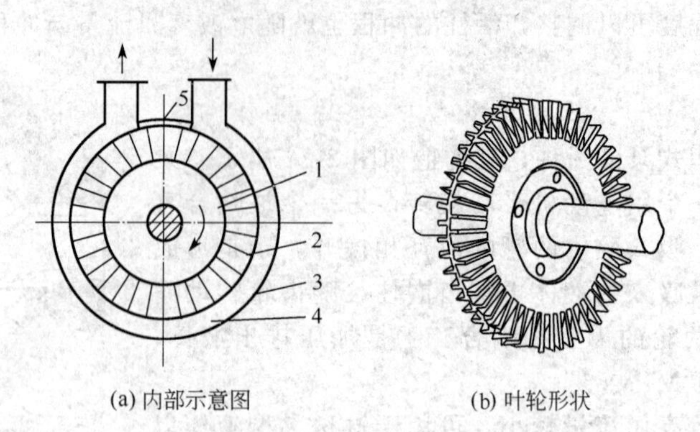

图 2-28 旋涡泵

1—叶轮；2—叶片；3—泵壳；4—引水道；5—吸入口与排出口的隔舌

旋涡泵属于流量小压头大的泵，虽然效率较低，但由于体积小，结构简单，故在化学工业中的应用亦多。但旋涡泵不适用于有悬浮物的液体的输送，否则隔舌稍有磨损，压头、流量、效率均会显著下降；也不宜于黏度很大的液体。

四、各类泵在化工生产中的应用

图 2-29 示出几种常用类型泵的流量、扬程适用范围。

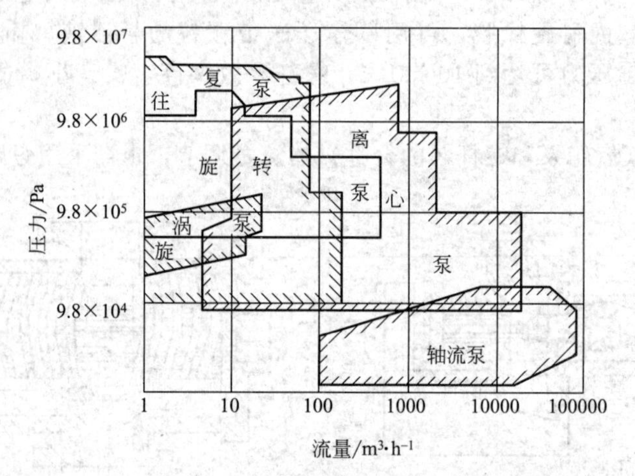

图 2-29 各类泵的适用范围

由图可见，**离心泵**的应用范围最广。其品种、系列和规格也最多。它的结构简单、紧凑，又能直接用电动机或汽轮机带动；对地基的要求比往复泵要低，因而安装及使用都较简便。它的流量均匀而易于调节，又能输送有腐蚀性、含悬浮物的液体。它的缺点是压头较低，一般没有自吸能力，效率只是在较窄的流量范围内才比较高，一般来说要比往复泵低些。

往复泵的优点是压头高，送液量固定，有自吸作用，效率较高；但其结构比较复杂，用电动机带动时还需要一套曲柄连杆机构。所以，往复泵只宜在压头高、流量也较大的情况下使用。若所需压头不很高，它可用离心泵代替；若所需压头较高而流量不大，它可用旋转泵代替。

旋转泵一般用于小流量、高压头的场合。用于高黏度液体（例如合成橡胶、树脂、纤维的聚合液）时，可于外壳装夹套加热以降低黏度而节省动力。旋转泵的效率介乎往复泵与离心泵之间，输出压力很高时效率有所下降。

第三节　通风机、鼓风机、压缩机和真空泵

气体输送与压缩机械可按其排气压力（出口处表压，而进口处表压为零）或压缩比（排气绝压与进气绝压之比）分为四类。

通风机　排气压力不大于 15 kPa。

鼓风机　排气压力为 15～300 kPa，压缩比小于 4。

压缩机　排气压力在 300 kPa 以上，压缩比大于 4。

真空泵　排气压力为大气压，压缩比范围很大，根据所需的真空度而定。

气体输送与压缩机械在化工生产中应用广泛，主要有以下几方面：

(1) 气体输送　为了克服管路的阻力损失，需要提高气体的压力。若纯粹为了输送目的，需提高的压力一般不大；但输送量很大时，所需的动力却往往相当大。气体输送要用通风机或鼓风机。

(2) 产生高压气体　有些化学反应要在一定压力以至很高的压力下进行。例如石油产品加氢，甲醇、尿素、氨的合成，乙烯的本体聚合等；也有些化工过程需采用压缩空气，或对气体进行压缩，例如制冷、气体的液化与分离。产生高压气体要用压缩机。

(3) 产生真空　某些化学反应或单元操作如缩合、蒸发、蒸馏、干燥等有时要在减压下进行，于是要用真空泵从设备中抽气以产生真空。

气体的密度远比液体小，故气体压、送机械的运转速度常较高，其中的活动部分如活门、转子等比较轻巧；气体易泄漏，故压、送机各部件之间的缝隙要留得很小。此外，气体在压缩过程中所接受的能量有一部分转变为热，使气体温度明显升高，故压缩机一般都设置冷却器。

一、离心式风机

离心式通风机、鼓风机、压缩机的操作原理和离心泵类似，即依靠叶轮的旋转运动产生离心力以提高气体的压力。通风机通常为单级，鼓风机有单级亦有多级，压缩机都是多级的。

（一）离心通风机

离心通风机按排气压力的不同，又分为低压（1 kPa 以下）、中压（1～3 kPa）与高压（3～15 kPa）三种。低压和中压风机大都用于通风换气、排尘系统和空调系统。高压风机则用于强制通风和气力输送等。

1. 结构

离心通风机的结构和单级离心泵有相似之处，它的机壳也是蜗壳形，但壳内通道及出口的截面常不为圆形而为矩形［见图 2-30(a)］，因其加工方便，又可直接与矩形截面的气体管道连接。通风机叶轮上叶片数目比较多，叶片比较短。叶片有平直的，有后弯的，亦有前弯的，一般大型风机中，为了使效率较高及降低噪声，几乎都采用后弯叶片。但对中小型风机来说，当效率不是主要考虑因素时，也有采用前弯的或径向的叶片。在相同压头下，前弯叶片的风机形体较小。图 2-30(b) 示出低压离心通风机所用的平叶片叶轮。

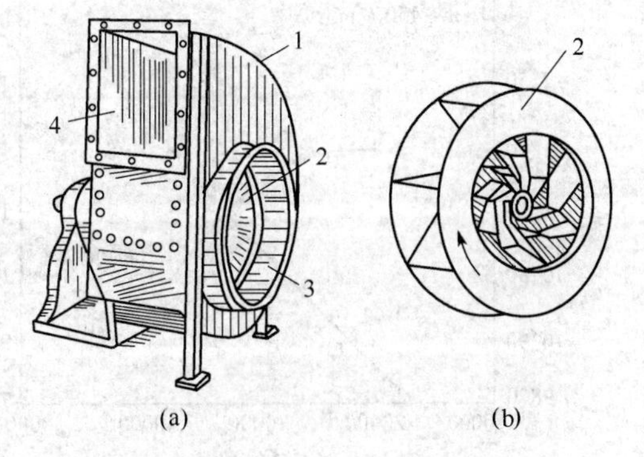

图 2-30　低压离心通风机及叶轮

1—机壳；2—叶轮；3—吸入口；4—排出口

2. 离心通风机的性能参数与特性曲线

离心通风机有的性能参数与离心泵稍有不同。

（1）风量 Q　指气体通过进风口的体积流量，$m^3 \cdot s^{-1}$。注意，风量须按进口状况计量。

（2）风压 p_t　将离心泵的压头表达式［式(2-11)］用于离心通风机时，可忽略其中位头和压头损失项，但因出口风速大，需计入速度头的增量，于是

$$H_t=\frac{p_c-p_b}{\rho g}+\frac{u_c^2-u_b^2}{2g} \tag{2-23a}$$

当风机直接从大气抽入空气时，取截面 b 在进口外侧（见图 2-11），则 $p_b=0$，$u_b=0$，式(2-23a) 成为

$$H_t=\frac{p_c}{\rho g}+\frac{u_c^2}{2g} \tag{2-23b}$$

将上式两边乘以 ρg，每一项都化为风机通用的压力形式。

$$p_t=p_c+\rho u_c^2/2=p_{st}+p_{dy} \tag{2-23c}$$

式中，p_t 为全风压，简称全压，Pa，即 1 m^3 气体获得的机械能，$p_t=\rho g H_t$；p_{st}为静风压，Pa；p_{dy}为动风压，Pa。

在不加说明时，通风机的风压都是指全风压。

有别于泵的强度特性“压头”与液体密度无关，由 $p_t=\rho g H_t$ 可知，风机的风压与被输送气体的密度成正比。风机性能图表上所列出的风压，是按 $\rho_0=1.2\ kg \cdot m^{-3}$ 的空气（“标定状况”，即 20 ℃及 101.3 kPa）确定出的，称为**标定风压** p_{t0}，即 $p_{t0}=\rho_0 g H_t$。在选择风机时，需将实际全风压 p_t 换算成标定风压 p_{t0}。

$$\frac{p_t}{p_{t0}}=\frac{\rho}{1.2} \tag{2-24}$$

然后再根据 p_{t0} 查性能图表（参见例 2-6）。

（3）功率和效率　通风机的轴功率的计算式与离心泵的类似

$$N=\frac{Qp_t}{\eta} \tag{2-25}$$

式中，N 为轴功率，W；Q 为实际风量，$m^3 \cdot s^{-1}$；η 为全压效率。

离心通风机在设计流量下的全压效率 η 约为 70%～90%。此外还有按静风压定出的静压效率 η_{st}。显然，η_{st} 低于 η。

（4）离心风机的特性曲线　与离心泵一样，离心通风机的性能参数也可用特性曲线表示。图 2-31 示出典型的通风机特性曲线。包括 p_{t0}-Q、η-Q、N-Q 三条曲线（有些图中还绘有静风压 p_{st}-Q、静压效率 η_{st}-Q 曲线）。

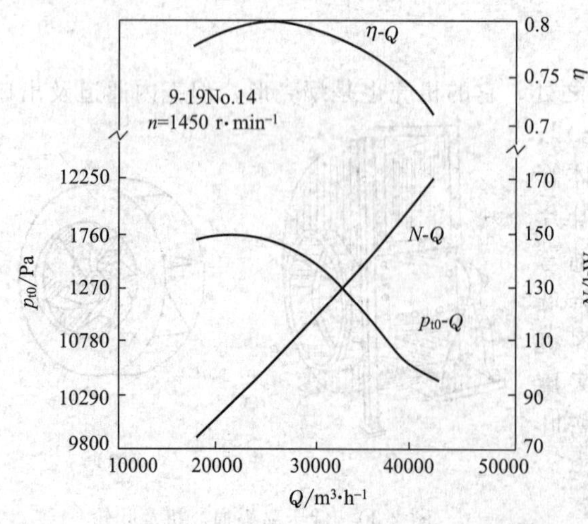

图 2-31　9-19No.14 离心通风机的特性曲线

（5）离心风机的综合特性曲线　在风机样本中，常将某一系列、不同型号的风机，在不同转速下的高效区的一段 p_{t0}-Q 曲线绘在同一双对数坐标图上供用户使用，参见附录十八。

3. 离心通风机的选用

与选用离心泵类似，选用通风机时，首先根据所输送的气体的种类、性质（如清洁空气，易燃气体，腐蚀性气体、

含尘气体、高温气体等）与风压范围，确定风机类型，然后以所需全压的1.05～1.1倍作为额定全压，所要求的最大风量、或正常风量的1.1～1.15倍作为额定风量。按额定风量及额定全压，利用综合特性曲线图就可以选择风机的型号。

我国出产的离心通风机，常用的有4-73(4-72)型（中低压），9-19型和9-26型（高压）等。图2-31为9-19No.14的特性曲线，其中No.14表示叶轮直径为1400 mm。

【例2-6】 要向某一设备底部输送空气。空气进风机时的温度按40 ℃计，所需风量为18000 $m^3 \cdot h^{-1}$。已得知：当地大气压为760 mmHg，设备底部压力960 mmH_2O，风机出口至设备底部的压力损失（包括出口接输气管的渐扩管、输气管本身、至设备底部的局部损失等）100 mmH_2O，风机出口处的动压110 mmH_2O，其在渐扩管中转换成静压的部分占60%。试选用合适的风机。

解 先确定风压。已知：风机出口处的动压 $p_{dy}=110\ mmH_2O$（或1079 Pa）。

根据风机出口与设备底部之间的机械能衡算可得，风机出口处的静风压

$$p_{st}=960-110\times60\%+100=994\ mmH_2O\ （或9748Pa）$$

代入式(2-23b) 得所需的风机全压

$$p_t=p_{st}+p_{dy}=9478+1079=10827\ Pa$$

该全压要校正为“标定状况”下的数值才能用于选风机。由式(2-24) 得

$$p_{t0}=\frac{1.2}{\rho}p_t=\frac{T}{T_0}p_t=\frac{273+40}{273+20}p_t=1.068\times10827\approx11570\ Pa$$

加10%的安全量后为 $p_{t0}=11570\times1.1\approx12730\ Pa$

可见 p_{t0} 在3～15 kPa之间，故需用高压离心通风机。

按进风口处计的风量为18000 $m^3 \cdot h^{-1}$，加10%的安全量后的风量为

$$Q=18000\times(1+10\%)=19800\ m^3\cdot h^{-1}$$

根据风量19800 $m^3 \cdot h^{-1}$、风压12730 Pa的要求，查附录十八可知型号8-18-101No.14的通风机适用。从图上查得：转数 $n=1450\ r\cdot min^{-1}$，风量 $Q=19800\ m^3\cdot h^{-1}$ 时，全压 $p_{t0}=12.7\ kPa$。

（二）离心鼓风机和压缩机

1. 离心鼓风机

离心鼓风机的外形与离心泵相似，蜗壳形通道的截面亦为圆形（图2-32），但鼓风机的外壳直径与宽度之比较大，叶轮上叶片的数目较多，以适应大的风量；转速亦较高，因为气体密度小，必须高转速才能达到较大的风压。由于叶轮出口处动压所占比例较大，因而鼓风机中固定的导轮是不可少的。单级离心鼓风机的出口表压多在30 kPa以内，多级离心鼓风机，可到300 kPa。

2. 离心压缩机

为达到更高的出口压力，要使用压缩机。其特点是转速高（一般都在5000 $r\cdot min^{-1}$ 以上），故能产生高达1 MPa以上的出口压力。由于压缩比高，压缩机都分成几段，每段包括若干级，段与段之间设有中间冷却器。因气体体积缩小很多，叶轮的宽度和直径逐段缩小。图2-33中所示的离心压缩机分成三段，每段两级。气体在第一段内经两次压缩后，从蜗形壳引到压缩机外的中间冷却器（图中未绘出）冷却，再吸到第二段进行压缩，

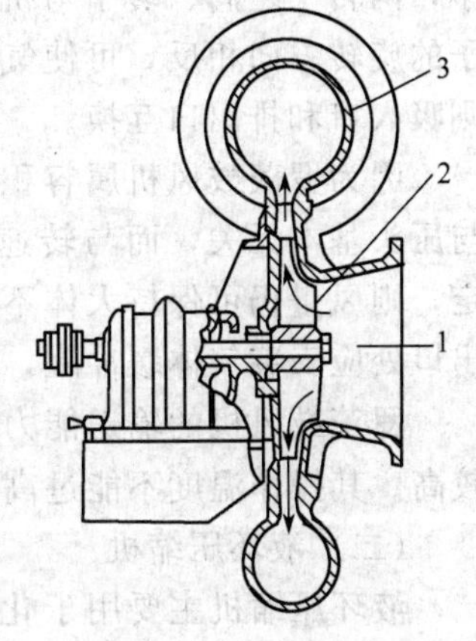

图2-32 单级离心鼓风机

1—进口；2—叶轮；3—蜗形壳

又同样引出进行冷却，吸到第三段进行压缩，最后从第3段末的第6级排出。

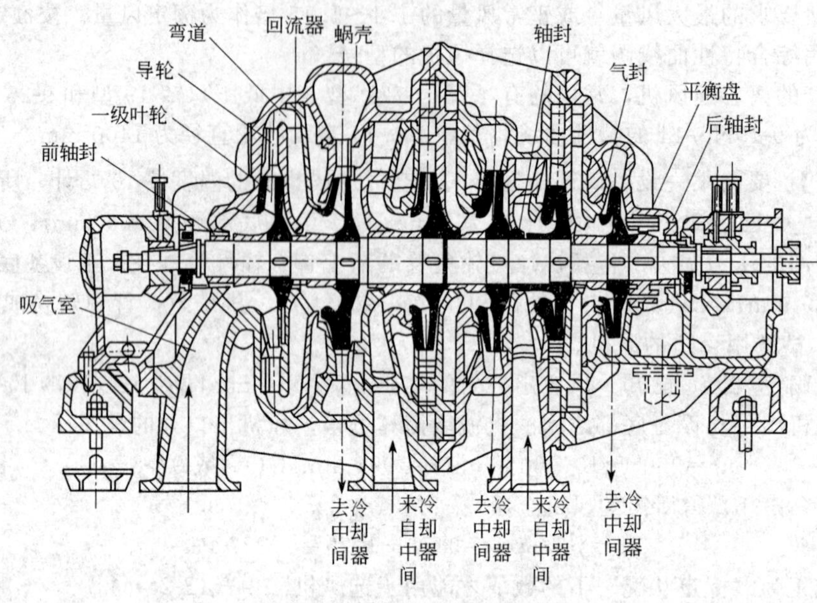

图 2-33 多级离心式压缩机

与往复压缩机相比，离心式压缩机有下列优点：流量及压缩比相同时，体积与重量都较小，供气均匀、运转平稳、易损部件少、维护方便。因此，除非压力要求很高，离心压缩机已有取代往复压缩机的趋势。而且，由于化工与石油化工生产的需要，离心压缩机已发展成为非常大型的设备，流量达每小时几十万立方米，压力达几十兆帕。

二、旋转鼓风机和压缩机

旋转鼓风机和压缩机的机壳内有一个或多个转子，没有活塞和活门等装置，属回转式的容积式风机，其特点是：构造简单、紧凑，体积小，排气连续，适用于压力不大而流量较大的场合。

旋转鼓风机的出口压力一般不超过 80 kPa，常见的有罗茨鼓风机。旋转压缩机的出口压力一般不超过 400 kPa。

（一）罗茨鼓风机

罗茨鼓风机的作用原理与齿轮泵类似。如图 2-34 所示，机壳内有两个渐开摆线形的转子，两转子之间、转子与机壳之间缝隙很小，使转子既能自由运动，又无过多的泄漏。两转子的旋转方向相反，可使气体从机壳一侧吸入，从另一侧排出。若改变两转子的旋转方向，则吸入口和排出口互换。

因为罗茨鼓风机属容积式风机，故其具有与容积式泵（如往复泵）相同的特点，如风量与压头基本无关，而与转速成正比，因此，当出口压力提高（一定限度内）时，若转速一定，则风量仍可保持大体不变，故又名定容式鼓风机。流量调节一般采用旁路或改变转速，出口处应安装气体缓冲罐，并装置安全阀。

罗茨鼓风机的输送能力为 2～500 $m^3 \cdot min^{-1}$，出口压力达 80 kPa，但在 40 kPa 附近效率较高。其操作温度不能过高（不超过 80～85 ℃），否则引起转子受热膨胀而轧死。

（二）液环压缩机

液环压缩机主要用于化工行业氢气、氯气、氯乙烯气等介质的压送。其构造如图 2-35 所示，由一略呈椭圆形的外壳和旋转叶轮所组成，壳中有适量的液体，该液体与所输送的气体不起化学反应。如液环压缩机用于压送氯气时，壳内充浓硫酸。当叶轮旋转时，叶片带动液体旋转，由于离心力的作用，液体被抛向壳内部形成一层近于椭圆形的液环。在液环内，椭圆形长轴两端显出两个新月形空隙，供气体进入和排出。当叶轮旋转一周时，在液环和叶片间所形成的密闭空间逐渐变大和变小各两次，因此气体从两个吸气口进入机内，从两个压气口排出。

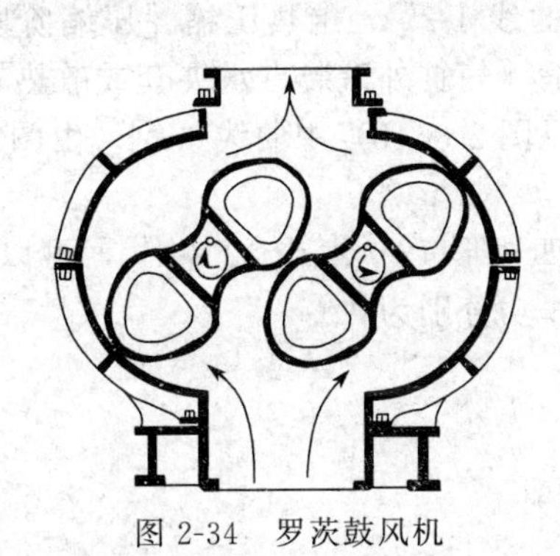

图 2-34　罗茨鼓风机

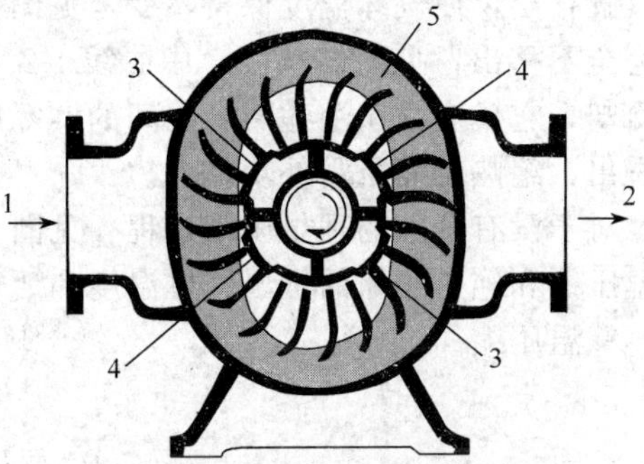

图 2-35　液环压缩机

1—进口；2—出口；3—吸气口；4—排气口；5—液环

单级液环压缩机排出压力可达 0.3 MPa，两级可达 0.6 MPa。两级以上压缩机结构复杂，一般不采用。液环压缩机的缺点是生产能力不大、效率低（带动液体消耗的功率大），有逐渐被其他压缩机取代的趋势。

三、往复压缩机

（一）操作原理与工作循环

往复压缩机的操作原理和往复泵相近，但因气体的可压缩性，其工作过程便与往复泵有所区别，现以单动往复压缩机对理想气体的可逆压缩过程为例加以说明。

如图 2-36(a) 所示，活塞位于气缸最右端时，缸内气体的体积为 V_1，压力为 p_1，其状况用图中的点 1 表示。活塞开始向左推时，位于气缸左端的两个活门（吸入活门 S 和排出活门 D）都是关闭的，故气体体积缩小而压力上升。直到压力升到 p_2，排出活门 D 才被顶开。这一阶段称为压缩阶段，气体状况的变化以曲线 1-2 来表示。

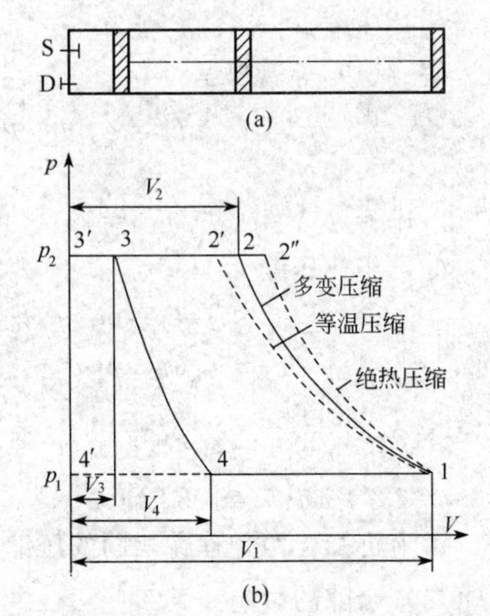

图 2-36　有余隙时往复压缩机的工作过程

S—吸入活门；D—排出活门

气体压力达到 p_2，排出活门 D 被推开后，活塞继续向左推进，缸内气体便经 D 压出。气缸内的压力维持为 p_2，气体体积逐渐减少，这一阶段称为压出阶段，气体状况变化以水平线 2-3 表示。由于活塞与气缸盖之间必需留出少许空隙（称为余隙），以免活塞杆受热膨胀后，活塞与气缸盖相撞，因此到了压出阶段之末，缸内气体尚有剩余，其体积为 V_3；这时气体的状况以点 3 表示。余隙容积占活塞推进一次所扫过容积的百分率，称为**余隙系数** ε，$\varepsilon=V_3/(V_1-V_3)$。对于大、中型往复压缩机，低压气缸的余隙系数在 8%以下，高压气缸的值可达 12%左右。

活塞从气缸最左端退回时，气缸内的压力很快下降到 p_1，气体状况沿曲线 3-4 而变化，这一阶段称为膨胀阶段。当气体开始膨胀后，排出活门 D 关闭；状况达到点 4 时，吸入活门S打开，气体被吸入，气缸内压力维持为 p_1，其中气体体积则渐增。这个阶段为气体的吸入阶段，缸内气体状况沿水平线上4-1而变化，至重新回复到点1，完成了一个操作循环。四边形1234所包围的面积即为活塞在一个操作循环中对气体所作的功。

根据气体与外界的换热情况，压缩过程可分为等温压缩［气体因压缩所获得的热量全部自气缸移出，使气体温度保持不变，见图2-36(b) 中曲线1-2′］、绝热压缩［压缩阶段中热量完全不移出，见图2-36(b) 中曲线1-2″］和多变压缩［气缸外壁装有水夹套或散热翅片进行冷却，它代表介于上述两者之间的实际压缩过程，见图2-36(b) 中曲线1-2］。由图2-36可以看出，绝热压缩所需外功最大。

对于没有余隙的理想压缩过程［见图2-36(b) 中四边形12′3′4′或12″3′4′］，可以推得，等温压缩和绝热压缩的排出气体温度和活塞对气体所作功分别为

等温压缩

$$T_1=T_2=\text{常数}$$

$$W_s=p_1V_1\ln(p_2/p_1) \tag{2-26}$$

绝热压缩

$$T_2=T_1(p_2/p_1)^{(\gamma-1)/\gamma}$$

$$W_s=p_1V_1\frac{\gamma}{\gamma-1}[(p_2/p_1)^{(\gamma-1)/\gamma}-1] \tag{2-27}$$

式中，W_s 为活塞对气体所作的功，J；γ 为绝热指数，$\gamma=c_p/c_V$（c_p 和 c_V 分别为定压比热容和定容比热容）。

对于多变压缩，需将式(2-27) 中的绝热指数 γ 用多变指数 κ 代替。

【例2-7】 在一理想压缩循环中，将1 m³、温度293 K、压力101 kPa（绝）的空气，压缩到808 kPa（绝），然后排出。试求排气的体积、温度和所需的外功。分别按等温压缩及绝热压缩（$\gamma=1.4$）计算。

解 (1) 等温压缩

$$V_2=V_1(p_1/p_2)=1\times(101/808)=0.125\ \text{m}^3$$

$$T_1=T_2=293\ \text{K}$$

$$W_s=p_1V_1\ln(p_2/p_1)=101\times10^3\times1\times\ln(808/101)=210\times10^3\ \text{J（或 210 kJ）}$$

(2) 绝热压缩

$$V_2=V_1(p_1/p_2)^{1/\gamma}=1\times(101/808)^{1/1.4}=0.226\ \text{m}^3$$

$$T_2=T_1(p_2/p_1)^{(\gamma-1)/\gamma}=293\times(808/101)^{(1.4-1)/1.4}=531\ \text{K}$$

$$W_s=p_1V_1\frac{\gamma}{\gamma-1}[(p_2/p_1)^{(\gamma-1)/\gamma}-1]=101\times10^3\times1\times\frac{1.4}{1.4-1}[(808/101)^{(1.4-1)/1.4}-1]$$

$$=287\times10^3\ \text{J(或 287 kJ)}$$

由上可知，两过程在相同的压缩比下，终点的状态及所需的外功差别很大。

（二）余隙的影响

余隙的存在会使每一循环所送出的气体量有所减小，当压缩比 p_2/p_1 很大时，会达到一种极限状态：汽缸余隙内的气体从 p_2 膨胀到 p_1 后，将充满整个汽缸，而使吸气量降到零。因此，压缩比过大时，如大于8，应采用下述的多级压缩。

（三）多级压缩

多级压缩就是在一个气缸里压缩了一次的气体，送入中间冷却器冷却，然后再送入次一级气缸进行压缩，经几次压缩达到所需的排气压力。

前已叙及，若所需的压缩比很大，会使每一循环所送出的气体量大为减小，而且气体温

度的过度升高会引起气缸内润滑油碳化甚至油雾爆炸等问题。在机械结构上亦造成不合理的现象：为了承受气体很高的排气压力，气缸要做得很厚；为了吸入初压很低因而体积很大的气体，气缸又要做得很大。解决这些问题的方法是进行多级压缩。

图 2-37 所示为三级压缩机的流程图，图中 1、4、7 为气缸，其直径逐级减小，因为每次压缩之后，气体的体积都显著缩小；2、5 为中间冷却器，8 为最终出口气体的冷却器；3、6、9 为油水分离器，其作用是从压出气体中分出润滑油和凝结水，以免带入下一级气缸或其他设备。

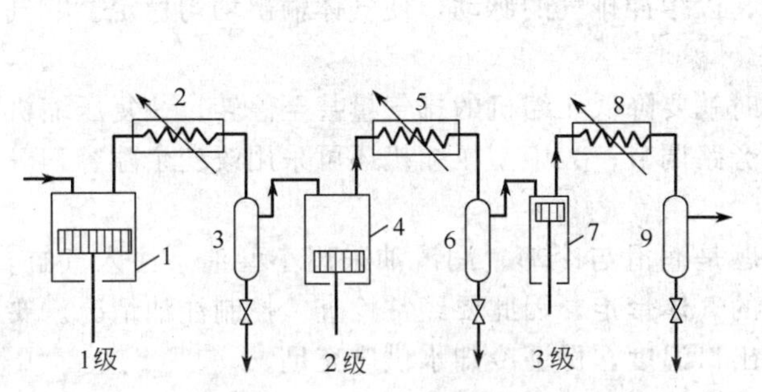

图 2-37　三级压缩机流程图
1,4,7—气缸；2,5—中间冷却器；3,6,9—油水分离器；8—出口气体的冷却器

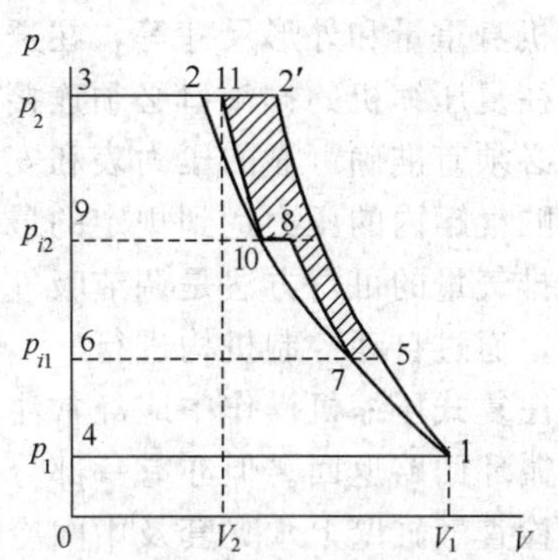

图 2-38　单级压缩与三级压缩所需外功的比较

在相同的总压缩比下，由于多级压缩采用了中间冷却器，使各级所需外功之和要比单级压缩时为少。图 2-38 所示为单级压缩与三级压缩所需外功的比较。为了简化，暂不考虑余隙的影响，并略去气体通过冷却器的压力降，若一次自 p_1 压缩到 p_2，每一循环所需外功按等温过程计为面积 1-2-3-4，按绝热过程计为面积 1-2′-3-4。若分三次压缩完毕，在第一级气缸内按绝热过程压缩到 p_{i1}，所需外功为面积 1-5-6-4；从第一级送出的气体状况为点 5，经中间冷却器冷却到压缩前的温度，用等温线上的点 7 代表；第二次压缩到 p_{i2}，所需外功为面积 7-8-9-6；又用中间冷却器从点 8 冷却到点 10；进行第三次压缩到排气压力 p_2，所需外功为面积 10-11-3-9。由此 p-V 图可以清楚地看出，分三级进行绝热压缩所需外功，比只用一级绝热压缩所需外功减少了相当于阴影部分的面积。从图中还可以看出，若级数愈多，所需外功便愈接近于等温过程。然而压缩机的级数愈多，构造便愈复杂，造价也越高，发生故障的可能性也越大，因此常用的多为 2～6 级，每级压缩比约为 3 至 5。

（四）往复压缩机的分类、选用与操作管理

往复压缩机分类的方式很多，例如，按所压缩气体的种类，分为空气压缩机、氨压缩机、氢压缩机、石油气压缩机等；按气缸在空间中的位置，分为立式（气缸垂直放置）、卧式（气缸水平放置）与角式（气缸相互配置成 V 形、W 形、L 形）压缩机。

选择压缩机时，首先应根据所处理的气体选定压缩机的种类。各种气体因其性质的不同而对压缩机有不同的要求。例如，氧气压缩机的润滑方法和零部件材料就不能与空气压缩机一样，氧因其强烈的助燃性质，气缸与活塞之间的润滑不能采用润滑油而要采用甘油与蒸馏水；与氧接触的零部件要采用不含易燃成分并耐腐蚀的材料制造。又如石油气因为易燃、有毒，其压缩机填料函的密封要能严防泄漏；又要对加压后温度高有可能聚合使活门堵塞的原料气，为了控制温度，各级的压缩比要小。

压缩机种类选出后是结构形式的选定。立式压缩机结构简单，重量较轻，惯性力垂直作用在地基上，震动小，故基础可小且占地省，但机身高（多级串联时），厂房也要高，操作维护不便。因此，立式压缩机都是生产能力属中、小型而级数不多的设备。卧式压缩机机身低，厂房高度可低，检修亦方便，但机器庞大，惯性力很大，需要强固的基础。大型压缩机多为卧式。角式压缩机惯性力平衡得好，可以采用高转速，但因气缸倾斜，检修维护不便。这种型式设备过去多属小型，现已可做成中型乃至大型。

选定形式之后，下一步是确定压缩机的规格，其根据是生产中所要求的排气量与排气压力。压缩机产品样本或规格目录上对每个型号都载有上述性能参数。除此之外，还载有级数、转速、活塞行程、气缸数目和直径、电动机功率、贮气罐体积、排气温度、冷却水用量、机身重量和外形尺寸等，在选用时都可参考。

往复压缩机的排气口必须连接贮气罐，以缓冲排气的脉动，使气体输出均匀稳定。贮气罐上必须有准确可靠的压力表和安全阀。

贮气罐内的压力达到规定的最高限度时就要降低压缩机的排气量甚至停转。往复压缩机调节排气量的可行方法是调节吸气阀，或旁路调节；大中型压缩机还可采用改变余隙容积等方法，通过自动控制机构进行。

往复式压缩机操作中应经常注意的问题是润滑与冷却。润滑油采用小型油泵注入气缸，再经循环回路返回。但亦有一部分被排出的气体带走，因此要经常检查、控制注油情况。要定时检查气缸壁上水夹套及中间冷却水的出口温度，保证冷却水供应充足。

四、真空泵

从真空容器中抽气，加压后排向大气的压缩机即为真空泵。若将前述任一种压缩机的进气口与要抽真空的设备接通，即成为真空泵。然而，专为产生真空用的设备在设计时必须考虑到吸入的气体密度小以及压缩比高的特点。吸入的气体密度小要求真空泵的体积足够大，压缩比高则余隙的影响大。真空泵内气体的压缩过程基本上是等温的，因为抽气的质量速率小，设备便相对大到足以使散热充分。

真空泵的主要性能参数：极限剩余压力，这是真空泵所能达到的最低绝压。抽气速率，这是真空泵在剩余压力下单位时间内所吸入的气体体积，亦即真空泵的生产能力，单位为 $m^3 \cdot h^{-1}$。真空泵的选用即根据这两个指标。

（一）往复真空泵

往复真空泵的构造与往复压缩机并无显著区别，只是真空泵在低压下操作，汽缸内外压差很小，所用的阀门必须更为轻巧；所达到的真空度较高时，压缩比很大，故余隙必须很小。为了降低余隙的影响，还在汽缸左右两端之间设置平衡气道，活塞排气阶段终了，平衡气道连通一很短时间，残留于余隙中的气体可从活塞一侧流到另一侧，以减小其影响。

往复真空泵有干式与湿式之分。干式只抽吸气体，可以达到96%～99.9%的真空；湿式能同时抽吸气体与液体，但只能达到80%～85%的真空。

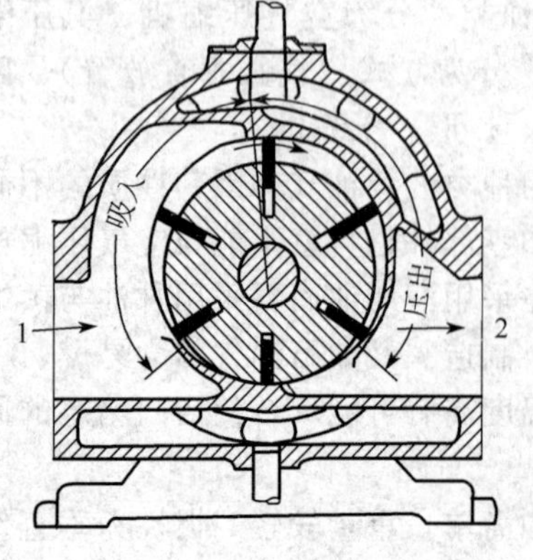

图 2-39　滑片真空泵
1—吸入口；2—排出口

（二）旋转真空泵

前述液环压缩机亦可作为真空泵使用，成为一种典型的旋转真空泵，可以取得低至400 Pa的绝压。常用的有水环真空泵。

另一种典型的旋转真空泵为滑片真空泵，如图 2-39 所示，泵壳内装一偏心的转子，转子上有若干个槽，槽内有可以滑动的片。转子转动时槽内的滑片向四周伸出，与泵壳的内周密切接触。气体于滑片与泵壳所包围的空间扩大的一侧吸入，于二者所包围的空间缩小的另一侧排出。滑片真空泵所产生的低压可至近 1 Pa。

（三）射流泵

射流泵利用流体高速流动时的机械能来达到输送的目的，它可输送液体，亦可输送气体。在化工生产中，它常用以抽真空，此时称为射流真空泵。

射流泵的工作流体可为水，亦可为水蒸气。图 2-40 所示为水蒸气射流泵。工作水蒸气在高压下以很高的流速从喷嘴 1 中喷出，连续带走吸入室 2 内的空气，造成真空，于是泵外的气体或蒸气在内外压差作用下进入吸入室，与工作水蒸气一并进入混合管 3，再经扩散管 4 使部分动能转化为压能，而后从压出口排出。

喷射泵的特点是构造简单、紧凑，没有活动部分，但是机械效率很低，工作蒸气消耗量大，因此不作一般输送用，但在产生较高真空时却比较经济。

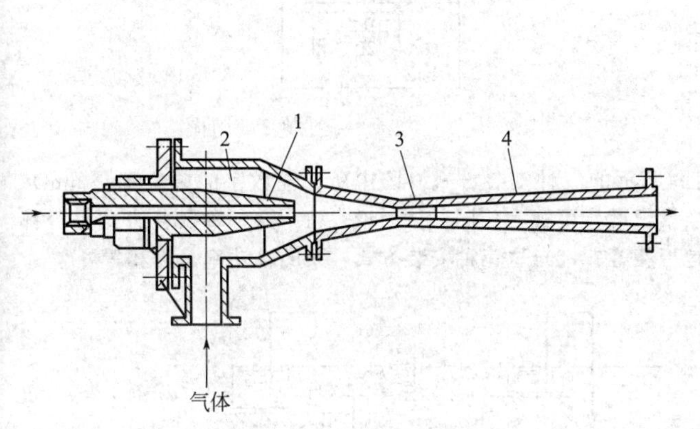

图 2-40　水蒸气射流泵构造

1—喷嘴；2—吸入室；3—混合管；4—扩散管

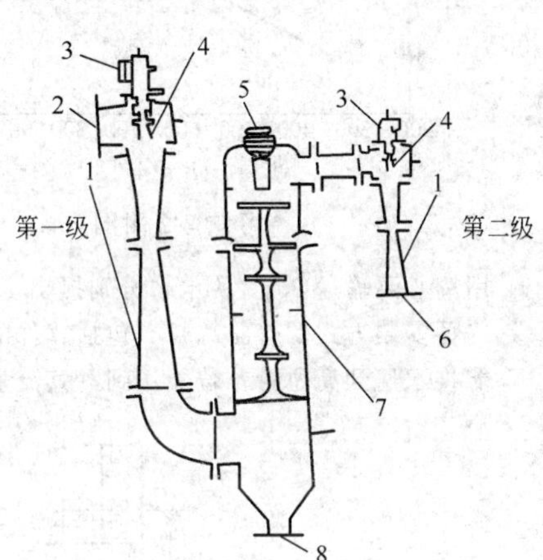

图 2-41　有中间冷凝器的两级水蒸气喷射泵

1—扩散管；2—蒸汽吸入口；3—工作水蒸气进口；4—喷嘴；5—冷却水进口；6—不凝气排出口；7—混合冷凝器；8—水排出口（下接气压管）

单级水蒸气喷射泵可以产生绝压约 13 kPa 的低压。若要得到更高的真空，可采用多级喷射泵。若为 5 级，绝压可低至 7 Pa。图 2-41 所示为有冷凝器的两级水蒸气喷射泵。第一级喷嘴 4 将吸入口 2 吸入的蒸汽送到混合冷凝器 7，器顶有冷却水洒下，将吸入的蒸汽冷凝成水，二者一起从器底排出。不凝气则由第二级的喷嘴 4 从冷凝器中抽出，送到第二级底部的排出口 6 排出。

习　题

2-1　在图 2-12 所示的离心泵特性曲线图上，任选一个流量，读出其相应的压头与功率，核算其效率是否与图中所示的值一致。

2-2　用内径 200 mm、长 50 m 的管路输送液体（密度与水相同），升举 10 m。管路上全部管件的当量长度为 27 m，摩擦系数可取为 0.03。作用于上、下游液面的压力相同。试列出管路特性方程。其中的流量 Q 以 $m^3 \cdot h^{-1}$ 计，压头 H 以 m 计。

附图中的实线与虚线分别为 IS 250-200-315 型和 IS 250-200-315A 型离心泵的特性曲线。若在本题中的管路分别安装这两个泵，试求各自的流量、轴功率及效率。

2-3　如附图所示的循环管路系统，管内径均为 40 mm，管路摩擦系数 $\lambda=0.02$，吸入管路和压出管路总长为 10 m（包括所有局部阻力的当量长度在内）。阀门全开时，泵入口处真空表的读数为 40 kPa，泵出口处压力表的读数为 108 kPa。泵的特性曲线方程可用 $H=22-B_0Q^2$ 表示，其中 H 以 m 计，Q 以 $m^3 \cdot h^{-1}$ 计；B_0 为待定常数。试求：(1) 阀门全开时泵的输水量和扬程；(2) 现需将流量减小到阀门全开时的 90%，若采用切削叶轮直径的方法，则泵的有效功率为多少 kW？叶轮直径应切削为原来的百分之几？

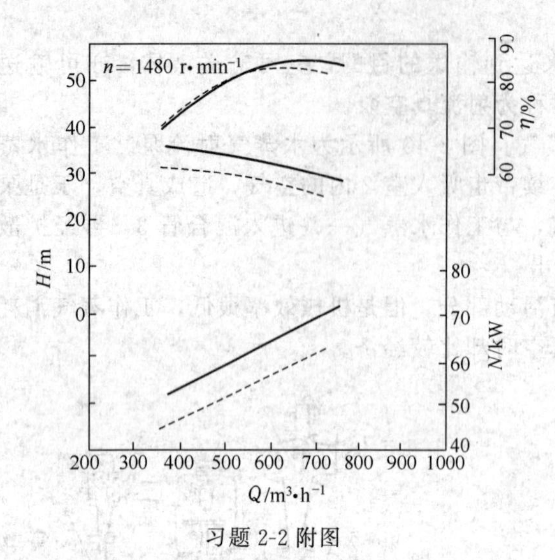

习题 2-2 附图

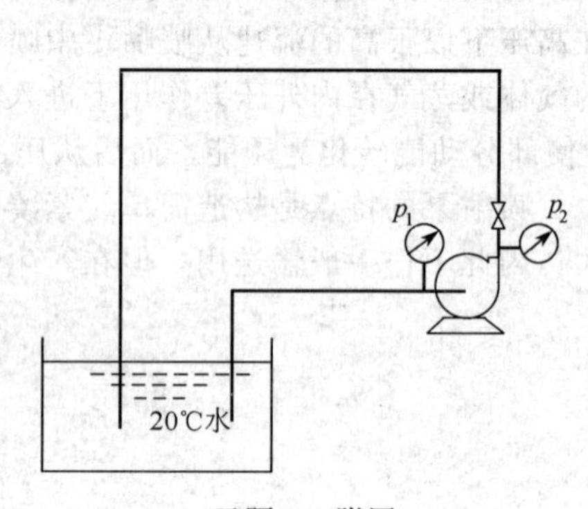

习题 2-3 附图

2-4 用离心泵输送 65 ℃的水，分别提出了附图所示的三种安装方式（图中所标注数字的单位都是 mm）。三种安装方式的管路总长（包括管件的当量长度）可视为相同。试讨论：(1) 这三种安装方式是否都能将水送到高位槽？若能送到，其流量是否相等？(2) 这三种安装方式，泵的轴功率是否相等？

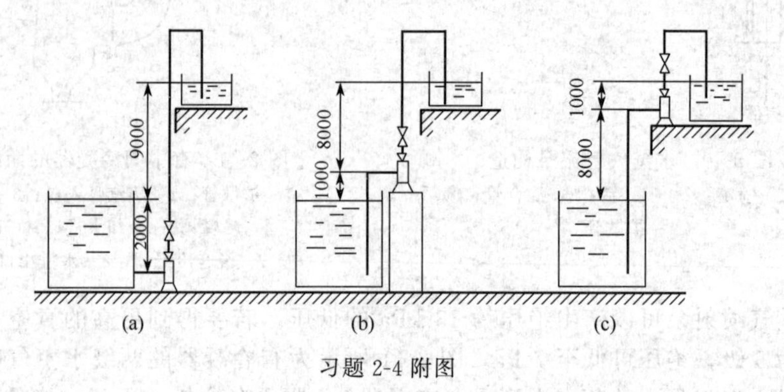

习题 2-4 附图

2-5 如附图所示，用离心泵将 30 ℃的水由水池送至吸收塔内。已知塔内操作压力为 500 kPa，要求流量为 65 $m^3 \cdot h^{-1}$，输送管是 ϕ108 mm×4 mm 钢管，总长 40 m，其中吸入管路长 6 m，局部阻力系数总和

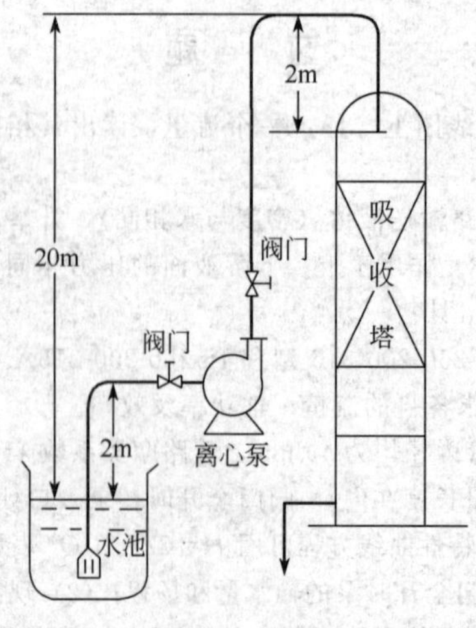

习题 2-5 附图

$\sum\zeta_1=5$；压出管路的局部阻力系数总和$\sum\zeta_2=15$。（1）通过计算选用适合的离心泵；（2）泵的安装高度是否合适？大气压为 760 mmHg；（3）若用附图中入口管路上的阀来调节流量，可否保证输送系统正常操作？管路布置是否合理？为什么？

2-6　将密度为 1500 $kg\cdot m^{-3}$的硝酸送入反应釜，最大流量为 6 $m^3\cdot h^{-1}$，升举高度为 8 m。釜内压力为300 kPa，管路的压力损失为 30 kPa。试在下面的耐腐蚀泵性能表中选定一个型号，并估计泵的轴功率。

IH 型耐腐蚀泵性能参数

型号	流量/$m^3\cdot h^{-1}$	扬程/m	转速/$r\cdot min^{-1}$	效率/%
IH40-20-160	6.3	32	2900	36
IH40-20-200		50		34
IH40-20-250		80		26

注：耐腐蚀泵型号意义，以 IH40-32-160 为例，其中 IH——国际标准化工泵系列产品；40——泵入口直径，mm；32——泵排出口直径，mm；160——叶轮的名义直径，mm。

2-7　有下列输送任务，试分别提出适合的泵类型：

（1）向空气压缩机的汽缸中注入润滑油；

（2）输送浓番茄汁至装罐机；

（3）输送带有结晶的饱和盐溶液至过滤机；

（4）将水从水池送至冷却塔顶（塔高 30 m，水流量 5000 $m^3\cdot h^{-1}$）；

（5）将洗衣粉浆液送到喷雾干燥器的喷头中（喷头内压力 10 MPa，流量 5 $m^3\cdot h^{-1}$）；

（6）配合 pH 控制器，将碱液按控制的流量加入参与化学反应的物流中。

2-8　如附图所示，要用通风机从喷雾干燥器中排气，每小时要排出 16000 m^3 的湿空气（按风机进口计），并使干燥器内维持 15 mmH_2O 的负压，防止粉尘泄漏到大气中。干燥器的气体出口至通风机的入口之间的管路阻力损失（包括旋风除尘器）共为 155 mmH_2O。通风机出口的动压可取为15 mmH_2O。干燥器送出的空气密度为 1.0 $kg\cdot m^{-3}$。试计算风机的全风压（折算为“标定状况”后的数值）。

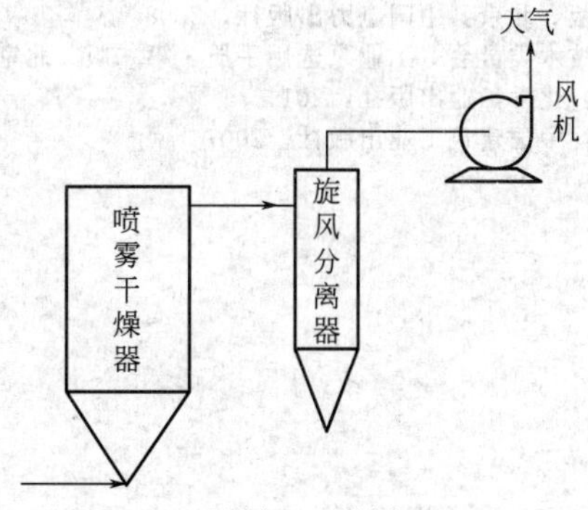

习题 2-8 附图

2-9　现有一台 4-72No.8 通风机，它在转速 $n=1000$ $r\cdot min^{-1}$时的操作性能如下表所示。问此通风机是否能满足习题 2-8 的需要？如不适用，有无办法改造到能用？

序号	全压/mmH_2O	风量/$m^3\cdot h^{-1}$	轴功率/kW	序号	全压/mmH_2O	风量/$m^3\cdot h^{-1}$	轴功率/kW
1	98	11200	3.63	5	88	16600	4.38
2	97	12000	3.78	6	81	18000	4.48
3	95	13900	3.96	7	74	19300	4.60
4	92	15300	4.25				

2-10　往复压缩机的活塞将 278 K，101.3 kPa（绝）的空气抽入汽缸，压缩到 324 kPa（绝）后排出。试求活塞对每千克空气所作的功。若将 1 kg 空气在一密闭的筒内用活塞自 101.3 kPa（绝）压缩到 324 kPa（绝），所需功是多少？两种情况下均按绝热压缩计。

符 号 说 明

符号	意义	单位
b	宽度	m
c	离心泵内液体流动的绝对速度	$m\cdot s^{-1}$
D	直径	m
F_c	离心力	N
H	压头	m
H_∞	离心泵的理论压头	m
h_e	流体流过管路所需的压头	m
h_f	压头损失	m
Δh	汽蚀余量（净正吸上高度）	m
L	长度	m
l_e	当量长度	m
m	质量	kg
N	轴功率	W
n	转速	$r\cdot s^{-1}$
p	压力	Pa
p_a	大气压	Pa
p_s	泵入口一侧的液面上的压力	Pa
p_e	泵入口处的压力	Pa
p_{st}	风机的静风压	Pa
p_t	风机的全压	Pa
p_v	蒸气压	Pa
Q	泵的流量、风机的风量	$m^3\cdot s^{-1}$
r	半径	m
T	热力学温度	K
u	流速、旋转时切线速度	$m\cdot s^{-1}$
V	体积	m^3
w	流体沿叶片表面的运动速度	$m\cdot s^{-1}$
W_s	压缩机活塞对气体所作功（轴功）	J
z	高度	m
z_s	泵的安装高度	m
$z_{s,允许}$	泵的允许安装高度	m
α	绝对速度和圆周速度的夹角	rad
β	相对速度和圆周速度的夹角	rad
γ	绝热指数	—
ρ	密度	$kg\cdot m^{-3}$
η	效率，通风机的全压效率	—
ω	角速度	$rad\cdot s^{-1}$

参考文献

1 何川，郭立君等．泵与风机・第三版．北京：中国电力出版社，2008

2 全国化工设备设计技术中心站机泵技术委员会．工业泵选用手册・第二版．北京：化学工业出版社，2011

3 魏新利．泵与风机节能技术．北京：化学工业出版社，2011

4 姜乃昌．泵与泵站・第五版．北京：中国建筑工业出版社，2007

第三章　机械分离与固体流态化

工业生产中，需要将混合物加以分离的情况很多。例如，原料常要经过提纯或净化（即分离杂质）之后才符合加工要求；自反应器送出的反应产物一般多与尚未反应的物料及副产物混在一起，需要从其中分离出纯度合格的产品及将未反应的原料送回反应器或另行处理。生产中的废气、废液在排放以前，应将其中所含的有害物质尽量除去，以减轻环境污染，并尽可能将其资源化。显然，为了实现上述分离目的，必须根据混合物的性质和分离要求而采用不同的方法。

大致说来，混合物可分两大类，即均相混合物与非均相混合物。

非均相混合物包括：固体颗粒的混合物（颗粒间为气相分隔），由固体颗粒与液体构成的悬浮液，由不互溶液体构成的乳浊液，由固体颗粒（或液滴）与气体构成的含尘气体（或含雾气体）等。这类混合物的特点是体系内都包括一个以上的相，相界面两侧的物质性质不相同。这种混合物的分离纯粹就是将不同的相分开，一般都可以用机械方法达到。例如，由大小不等的颗粒构成的混合物可以用筛分开；悬浮液可以用过滤方法分离成液体与固体渣两部分；气体中所含的灰尘则可以利用重力、离心力或在电场中将其除去。

本章只讨论分离非均相混合物所采用的机械方法，分离均相混合物采用的各种方法以后将分别讨论。

第一节　筛　　分

根据固体颗粒大小用筛进行分离的过程称为筛分。筛分原理涉及单个颗粒及颗粒群的特性。

一、颗粒的特性

颗粒的最基本特性是大小（粒径）、形状和表面积。

（一）球形颗粒

球形颗粒形状最匀称，只用一个尺寸——直径 d_p 就可以表明其大小。球形颗粒的表面积为 $A=\pi d_p^2$，体积 $V=(\pi/6)d_p^3$。其比表面积，即单位体积颗粒的表面积为

$$a_{球}=\frac{A}{V}=\frac{6}{d_p} \tag{3-1}$$

（二）非球形颗粒

非球形颗粒的大小可用当量直径来表示。当量直径的规定法有多种，主要根据使用目的而定，如根据非球形颗粒的体积与某一球形颗粒的体积相等，该球形颗粒的直径就是非球形颗粒的体积当量直径。再如，根据非球形颗粒的表面积、比表面积与某一球形颗粒相等，可分别得到表面积、比表面积当量直径。

非球形颗粒的形状用形状因数来反映。最常用的形状因数为球形度 φ，其定义为

$$\varphi=\frac{与颗粒体积相等的球的表面积}{颗粒的表面积} \tag{3-2}$$

显然，球形颗粒的球形度为 1，而同体积的物体中以圆球的表面积最小，故颗粒的形状与圆球相去愈远，其球形度愈小于 1。如正立方体的球形度等于 0.805，直径与高度相等的

圆柱体的球形度等于0.874。经粉碎后的物料，其φ值多在0.6～0.7之间。

令d_{eV}代表非球形颗粒的体积当量直径，根据式(3-1)、式(3-2)，可知非球形颗粒的比表面积为

$$a=\frac{6}{\varphi d_{eV}} \tag{3-3}$$

二、颗粒群的特性

（一）粒度分布

通常颗粒群中各颗粒的尺寸（粒度）不会完全一样。某一粒度范围的颗粒的质量分率随粒度的变化关系，称为颗粒群的粒度分布，可用曲线来表示。有频率分布曲线与累计分布曲线两种，如图3-1所示。频率分布曲线为某一粒度范围的颗粒的质量分率与其平均直径的关系，累计分布曲线为等于及小于某一直径的颗粒所占的质量分率。

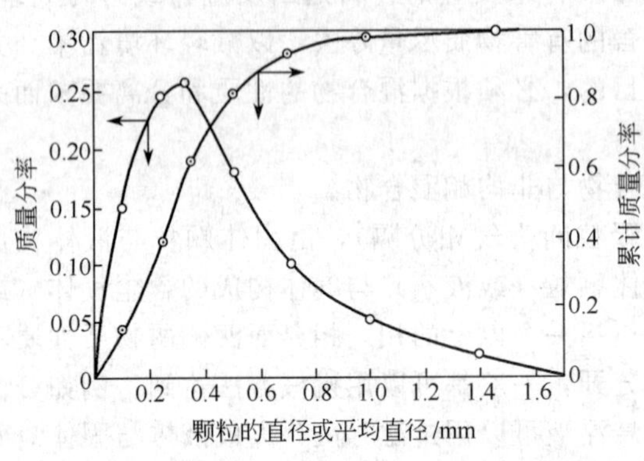

图3-1 颗粒大小的频率分布曲线与累计分布曲线

（二）平均直径

颗粒群的平均直径是颗粒群的另一特性，其表示方法随使用目的而异，现将常用的几种简述如下。

(1) 长度平均直径 将全部颗粒的直径相加，然后除以颗粒的总数就是长度平均直径。这是表示颗粒平均直径最简便的方法。

设样品可按直径区分为d_1，d_2，d_3，…，d_k共k组，其中一组直径为d_i的颗粒共有n_i个，则长度平均直径

$$d_{Lm}=\frac{n_1d_1+n_2d_2+n_3d_3+\cdots+n_kd_k}{n_1+n_2+n_3+\cdots+n_k}=\sum_{i=1}^{k}n_id_i\Big/\sum_{i=1}^{k}n_i \tag{3-4}$$

设平均直径为d_i的颗粒所占的质量分率为a_i，则a_i与直径为d_i的颗粒总数n_i、每个颗粒的体积、颗粒密度ρ_s三者之积成正比，即

$$a_i=K_1n_id_i^3\rho_s$$

式中，K_1为比例常数。

由上式得

$$n_i=\frac{a_i}{K_1d_i^3\rho_s} \tag{3-5}$$

将式(3-5)代入式(3-4)，化简后得

$$d_{Lm}=\sum_{i=1}^{k}\frac{a_i}{d_i^2}\Big/\sum_{i=1}^{k}\frac{a_i}{d_i^3} \tag{3-6}$$

若所考虑的颗粒群的主要性质与其直径有关，则上述长度平均直径恰好体现此点，因为它恰好等于所有颗粒的直径的算术平均值。

(2) 表面积平均直径 若颗粒群的主要性质与其表面积有关，则应当用表面积平均直径来表示其粒度大小，用符号d_{Am}表示。表面积πd_{Am}^2等于全部颗粒的表面积之和除以颗粒的总数，即

$$\pi d_{Am}^2=\sum_{i=1}^{k}n_i\pi d_i^2\Big/\sum_{i=1}^{k}n_i \tag{3-7}$$

故

$$d_{Am}=\sqrt{\sum_{i=1}^{k}n_id_i^2\Big/\sum_{i=1}^{k}n_i} \tag{3-8}$$

将式(3-5)代入式(3-8)，化简后得

$$d_{Am}=\sqrt{\sum_{i=1}^{k}\frac{a_i}{d_i}\Bigg/\sum_{i=1}^{k}\frac{a_i}{d_i^3}} \tag{3-9}$$

（3）体积平均直径　用符号 d_{Vm} 表示。体积 $(\pi/6)d_{Vm}^3$ 等于全部颗粒的体积之和除以颗粒的总数，按照与前述相同的方法可导出

$$d_{Vm}=\sqrt[3]{\sum_{i=1}^{k}n_i d_i^3\Bigg/\sum_{i=1}^{k}n_i} \tag{3-10}$$

及

$$d_{Vm}=\sqrt[3]{1\Bigg/\sum_{i=1}^{k}\frac{a_i}{d_i^3}} \tag{3-11}$$

（4）体积表面积平均直径　通过颗粒表面进行传热或传质时，其速率与比表面积成正比，因此需要定义出一种平均直径，按此计算的比表面积应等于所有颗粒的比表面积的平均值。这种平均直径称为体积表面积平均直径，又称邵特（Sauter）直径，用符号 d_{VAm} 表示，根据上述定义可列出

$$\frac{\pi d_{VAm}^2}{\frac{\pi}{6}d_{VAm}^3}=\frac{\sum_{i=1}^{k}n_i\pi d_i^2}{\sum_{i=1}^{k}n_i\frac{\pi}{6}d_i^3}$$

于是

$$d_{VAm}=\sum_{i=1}^{k}n_i d_i^3\Bigg/\sum_{i=1}^{k}n_i d_i^2 \tag{3-12}$$

将式(3-5) 代入式(3-12)，化简后得

$$d_{VAm}=1\Bigg/\sum_{i=1}^{k}\frac{a_i}{d_i} \tag{3-13}$$

三、筛分

（一）筛分原理

筛分分析在标准筛上进行。标准筛由一系列具有不同大小孔眼的筛组成，筛网用金属丝制成，孔类似正方形。世界各国采用不同的标准筛系列（见附录二十）。现以世界上比较通行的泰勒（Tyler）标准筛系列为例说明。其筛孔大小以每英寸长度筛网上的孔数表示，称为“目”。每个筛的网线直径也有规定，因此，一定目数的标准筛其筛孔尺寸一定。例如100目的筛即指每英寸（in）筛网上有100个筛孔，网线的直径规定为0.0042 in，故筛孔的边长为（1/100－0.0042)＝0.0058 in或0.147 mm。筛号越大，筛孔越小。此标准系列中各相邻筛号（按从大到小的次序）的筛孔边长按$\sqrt{2}$倍递增。

进行筛分时，将几个筛子按筛孔从大到小的次序自上而下叠置起来，最底下置一无孔的盘——底盘。样品加于顶端的筛上，摇动或振动一定的时间。通过筛孔的物料称为**筛过物**，未能通过的称为**筛留物**。若某一粒径的颗粒能通过上一层筛而截留于相邻的下一层筛上，则此颗粒的直径便可视为等于此两号筛孔边长的算术平均值，于是可以测出粒径或粒度。将截留在每个筛面上的颗粒取出称重，即可算出每一号筛上所截留的样品的质量分率。

（二）筛的有效性与生产能力

筛分过程在不同结构的工业筛上进行。不论是标准筛或工业筛，理想情况能够做到筛留物中最小的颗粒刚好大于筛过物中最大的颗粒。标明这两部分物料的大小的界线称为**分割直径** d_c（指当量直径，下同）。比 d_c 小的颗粒的通过率与比 d_c 大的颗粒的截留率的乘积，称

为筛的有效性，或称**筛分效率**。显然，理想情况的有效性等于1。实际的筛不可能达到这一效果，即筛留物中有些颗粒的直径小于d_c，而筛过物中有些颗粒的直径却大于d_c，也就是说，实际筛的有效性都小于1。工业筛的加料速率过快或筛平面倾斜度过大，就会因分离时间过短而使有效性下降；筛网磨损将使不应通过的颗粒通过；筛孔堵塞则截留住更多应通过的颗粒；物料中的水分可引起颗粒结团而减小通过率；分离圆球形颗粒的有效性比分离纤维状或针状物料的要大得多。

筛的生产能力以单位时间能够加到单位面积筛表面上的物料质量表示。生产能力与有效性是相互制约的，如提高筛的摇动或振动速率可以提高其生产能力，但要以降低其有效性为代价。要分离的颗粒愈小，筛分愈困难，筛的生产能力亦愈小。

将筛分结果用表或图表示，可直观地表示出颗粒的质量分率或累计质量分率与其平均直径的关系，表3-1中列出一个典型的筛分分析结果，图3-1则为表3-1相对应的图。表中的平均颗粒直径表示停留在某号筛网上颗粒的平均直径，其值可按相邻两筛号的筛孔边长的平均值计算，如表中第2行，筛号14的筛网上的平均颗粒直径＝(1.651＋1.168)/2＝1.410 mm。通过最细一号筛而落在筛底盘上的颗粒，其平均直径则取为此筛孔边长的1/2，故通过65目颗粒的直径取为0.208/2＝0.104 mm。累计质量分率是用大于或等于某筛号的颗粒质量分率加合而得（见表3-1第四列）。

表3-1 筛分结果示例（泰勒筛）

筛 号	筛孔尺寸/mm	平均颗粒直径/mm	质量分率	累计质量分率
10	1.651			
14	1.168	1.410	0.02	1.00
20	0.833	1.001	0.05	0.98
28	0.589	0.711	0.10	0.93
35	0.417	0.503	0.18	0.83
48	0.295	0.356	0.26	0.65
65	0.208	0.252	0.24	0.39
底盘		0.104	0.15	0.15
合计			1.00	

【例3-1】 计算表3-1所列颗粒群的各种平均直径。

解 (1) 长度平均直径

$$d_{\mathrm{Lm}}=\sum_{i=1}^{k}\frac{a_i}{d_i^2}\Big/\sum_{i=1}^{k}\frac{a_i}{d_i^3}$$

$$=\frac{\dfrac{0.02}{1.410^2}+\dfrac{0.05}{1.001^2}+\dfrac{0.10}{0.711^2}+\dfrac{0.18}{0.503^2}+\dfrac{0.26}{0.356^2}+\dfrac{0.24}{0.252^2}+\dfrac{0.15}{0.104^2}}{\dfrac{0.02}{1.410^3}+\dfrac{0.05}{1.001^3}+\dfrac{0.10}{0.711^3}+\dfrac{0.18}{0.503^3}+\dfrac{0.26}{0.356^3}+\dfrac{0.24}{0.252^3}+\dfrac{0.15}{0.104^3}}$$

$$=20.67/155.86=0.133\ \mathrm{mm}$$

(2) 表面积平均直径

$$d_{\mathrm{Am}}=\sqrt{\sum_{i=1}^{k}\frac{a_i}{d_i}\Big/\sum_{i=1}^{k}\frac{a_i}{d_i^3}}$$

$$=\sqrt{\left(\frac{0.02}{1.410}+\frac{0.05}{1.001}+\frac{0.10}{0.711}+\frac{0.18}{0.503}+\frac{0.26}{0.356}+\frac{0.24}{0.252}+\frac{0.15}{0.104}\right)/155.86}$$

$$=\sqrt{3.688/155.86}=0.154\ \mathrm{mm}$$

（3）体积平均直径

$$d_{\mathrm{Vm}}=\sqrt[3]{1\Big/\sum_{i=1}^{k}\frac{a_i}{d_i^3}}=\sqrt[3]{1/155.86}=0.186\ \mathrm{mm}$$

（4）体积表面积平均直径

$$d_{\mathrm{VAm}}=1\Big/\sum_{i=1}^{k}\frac{a_i}{d_i}=1/3.688=0.271\ \mathrm{mm}$$

由本例可知，各平均直径的大小次序是：$d_{\mathrm{Lm}}<d_{\mathrm{Am}}<d_{\mathrm{Vm}}<d_{\mathrm{VAm}}$。

第二节　沉降分离

利用非均相混合物在重力场或离心力场中，其中各个不同成分所受到的重力或离心力不同，从而将各个不同成分加以分离的方法称为**沉降分离**。按混合物所处的力场，可分重力沉降分离和离心沉降分离。前者适于分离出较大的固体颗粒（约 100 μm 以上），而后者则可以分离出较小的颗粒（5～10 μm 以上）。

一、重力沉降原理

（一）自由沉降

单个颗粒在无限大流体（容器直径大于颗粒直径的 100 倍以上）中的降落过程，称为自由沉降。

重力场内，当颗粒在静止的流体中自由沉降时，共受到三个力的作用：重力、浮力和阻力（又称曳力）。对于给定的颗粒和流体，重力和浮力的大小都是固定值。重力与浮力之差称为净重力，是使颗粒发生沉降的动力，对于给定的颗粒和流体，重力和浮力的大小都是固定值。阻力作用方向与颗粒运动方向相反，即向上。阻力则随颗粒降落的速度而变化。令 m 为颗粒的质量，a 为颗粒的加速度，则有

$$(\text{重力}-\text{浮力})-\text{阻力}=ma$$

初始时，颗粒的降落速度为零，因而所受阻力也为零，颗粒将加速下降。随降落速度的增加，阻力也相应增大，直至与净重力相等，颗粒受力达到平衡，加速度也减为零。此后，颗粒即以等速下降，这一终端速度称为**沉降速度**。

由上可知，单个颗粒在静止流体中的沉降过程可划分为两个阶段：第一阶段为加速运动，第二阶段为等速运动。但是，小颗粒的加速阶段极短，例如密度为 3000 $\mathrm{kg\cdot m^{-3}}$、粒径分别为 81 μm 和 243 μm 的颗粒，在水中重力沉降的加速阶段的时间分别约为 0.01 s 和 0.1 s，因此，工程计算时，此加速阶段可忽略不计。而认为整个沉降过程都是在沉降速度下进行。

下面分析直径为 d 的球形颗粒的沉降速度。颗粒所受重力等于它的体积（$\pi d^3/6$）、密度 ρ_s 和重力加速度 g 之积

$$\text{重力}=\frac{\pi}{6}d^3\rho_s g$$

颗粒所受浮力等于它的体积与流体密度 ρ 和 g 之积

$$\text{浮力}=\frac{\pi}{6}d^3\rho g$$

关于颗粒所受阻力分析如下：颗粒在静止流体中作沉降运动时所受阻力与流体以一定速度流过静止颗粒时所施加给颗粒的曳力本质上是相同的。当颗粒沉降速度很小时，流体呈层

流在球的周围绕过，没有旋涡出现，流体对球的阻力为黏性阻力。若速度增加，便发生边界层分离，黏性阻力逐渐让位于形体阻力。无论是黏性阻力还是形体阻力，均可采用与第一章中流动阻力相类似的公式来表示。令 ζ 为阻力（曳力）系数，u_0 为沉降速度，A 为颗粒在垂直于沉降方向上的投影面积，$A=\pi d^2/4$，则

$$\text{阻力}=\zeta\frac{\pi d^2}{4}\times\frac{\rho u_0^2}{2}$$

达到沉降速度时，阻力的大小应等于净重力，即

$$\frac{\pi d^3}{6}(\rho_s-\rho)g=\zeta\frac{\pi d^2}{4}\times\frac{\rho u_0^2}{2}$$

解得

$$u_0=\sqrt{\frac{4d(\rho_s-\rho)g}{3\rho\zeta}} \tag{3-14}$$

式(3-14) 为沉降速度的一般表达式。

使用上式计算沉降速度要先知道阻力系数 ζ，采用量纲分析法可以导出 ζ 是流体与颗粒做相对运动时雷诺数 Re_0 的函数

$$\zeta=f(Re_0) \tag{3-15}$$

而

$$Re_0=\frac{du_0\rho}{\mu} \tag{3-16}$$

在计算雷诺数时，d 应为表征颗粒大小的长度，对于球形颗粒而言，自然是它的直径；ρ、μ 为流体的密度、黏度。

式(3-15) 的具体形式需实验测定。对于球形颗粒，结果如图 3-2 中的实线所示，可将此线分成四段，其表达式见式(3-17)～式(3-20)。第一段的表达式是准确的，其他几段的公式则是近似的。

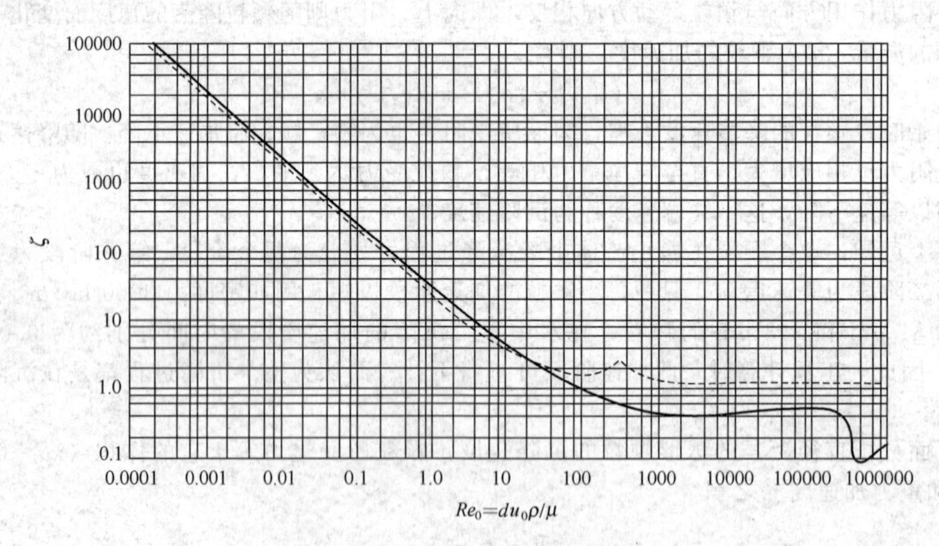

—— 球形颗粒；------ 圆盘形颗粒

图 3-2 颗粒沉降时阻力系数与雷诺数的关系

（1）$Re_0\leqslant 0.3$（可近似用到 $Re_0=2$） 层流区，又称斯托克斯（Stokes）区，此时

$$\zeta=\frac{24}{Re_0} \tag{3-17}$$

（2）$2<Re_0\leqslant 500$　过渡区，又称阿仑（Allen）区，此时

$$\zeta=\frac{18.5}{Re_0^{0.6}} \tag{3-18}$$

（3）$500<Re_0\leqslant 2\times 10^5$　湍流区，又称牛顿区，此时

$$\zeta\approx 0.44 \tag{3-19}$$

（4）$Re_0>2\times 10^5$　ζ 急剧下降，在 $Re_0=(3\sim 10)\times 10^5$ 范围内可近似取

$$\zeta\approx 0.1 \tag{3-20}$$

雷诺数超过 2×10^5 的第 4 段在工业沉降过程中一般是达不到的。

将式(3-17)～式(3-19) 逐个代入式(3-14)，可以得到下列计算沉降速度 u_0 的公式。

（1）$Re_0\leqslant 0.3$，（可近似用到 $Re_0=2$）　层流区

$$u_0=\frac{d^2(\rho_s-\rho)g}{18\mu} \tag{3-21}$$

（2）$2<Re_0\leqslant 500$　过渡区

$$u_0=0.269\sqrt{\frac{d(\rho_s-\rho)gRe_0^{0.6}}{\rho}} \tag{3-22}$$

（3）$500<Re_0\leqslant 2\times 10^5$　湍流区

$$u_0=1.74\sqrt{\frac{d(\rho_s-\rho)g}{\rho}} \tag{3-23}$$

式(3-21) 也称为**斯托克斯定律**。沉降过程中所要除去的颗粒直径 d 一般很小，Re_0 常在 2 以内，故此式很常用。

计算 u_0 时需先知道 Re_0 才能在式(3-21)～式(3-23) 中选择其一，然而，由于 u_0 还是未知数，Re_0 自然不能预先算出。解决的办法之一是：先假设沉降属于层流区，用斯托克斯定律计算 u_0，然后将此 u_0 代入式(3-16) 核算 Re_0，如 $Re_0>2$，便根据其大小改用相应的公式另行计算 u_0。新算出的 u_0 也要核验，直至确认所用的公式适合为止。

非球形颗粒的形状多种多样，且与同体积的球形颗粒相比，表面积较大，在沉降过程中所受的阻力也较大。对于形状较为普通的颗粒，已通过实验作出 ζ 与 Re_0 的关系曲线，如图 3-2 还示出了圆盘形颗粒的 ζ-Re_0 曲线。在工程中，非球形颗粒的沉降速度仍可近似用球形颗粒的沉降速度公式计算，但其中的 d 值须采用非球形颗粒的当量直径 d_e 值。

【例 3-2】 尘粒的直径为 30 μm，密度为 2000 kg·m^{-3}，求它在空气中做自由沉降时的沉降速度。空气的密度为 1.2 kg·m^{-3}，黏度为 0.0185 mPa·s。

解　先假定沉降在层流区，用式(3-21) 计算

$$u_0=\frac{d^2(\rho_s-\rho)g}{18\mu}=\frac{(30\times 10^{-6})^2\times(2000-1.2)\times 9.81}{18\times 0.0185\times 10^{-3}}=0.053\ \mathrm{m\cdot s^{-1}}$$

核验　$$Re_0=\frac{du_0\rho}{\mu}=\frac{30\times 10^{-6}\times 0.053\times 1.2}{0.0185\times 10^{-3}}=0.103\ (<2)$$

故计算出的结果可用。

（二）干扰沉降

上述计算沉降速度的方法是在下述前提条件才成立的：颗粒沉降时彼此相距较远，互不干扰；容器壁对颗粒沉降的阻滞作用可以忽略。

若颗粒之间的距离相当近，即使没有相互接触，一个颗粒沉降时亦会受到其他颗粒的影响，这种沉降称为**干扰沉降**。干扰沉降的速度比用前述方法算出者为小，其原因主要有二：

一是颗粒实质上是在密度与黏度都比清液为大的悬浮体系内沉降，所受的阻力较大；二是颗粒向下沉降时，流体被置换而向上运动，阻滞了靠得很近的其他颗粒的沉降。混合物中颗粒的体积分数超过 0.1 时，干扰沉降的影响便开始显现。干扰沉降的速度可用自由沉降速度的计算方法估算，再根据颗粒的浓度进行校正。

二、重力沉降分离设备

（一）降尘室

从气流中分离尘粒的重力沉降设备称为降尘室，如图 3-3 所示。气体进入降尘室后，因流通截面扩大而速度减慢。尘粒一方面随气流沿水平方向运动，其速度与气流速度 u 相同。另一方面在重力作用下以沉降速度 u_0 垂直向下运动。理论上讲，只要气体通过降尘室经历的时间大于或等于其中的尘粒沉降到室底所需的时间，尘粒便可以分离出来。

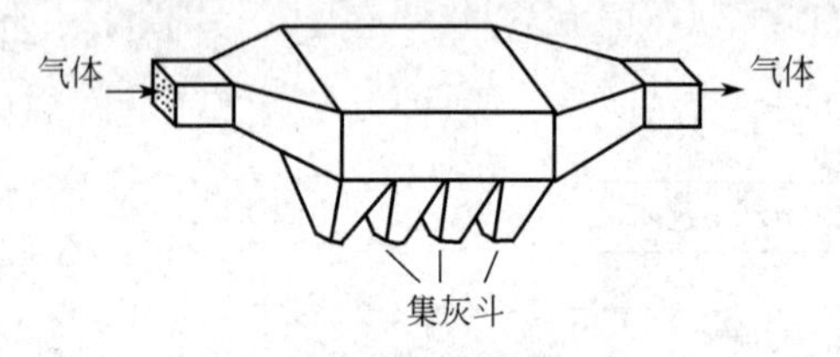

图 3-3　降尘室

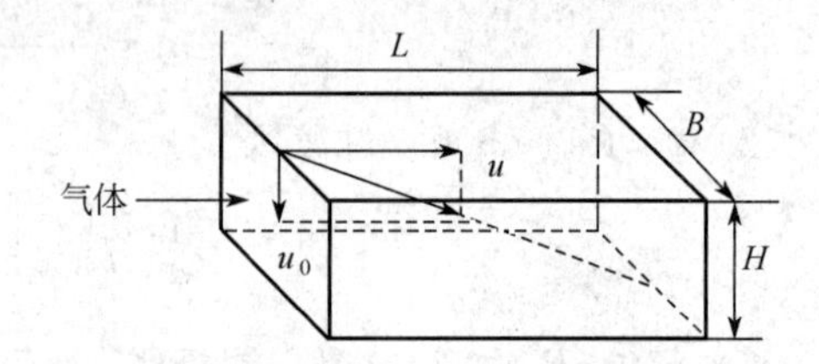

图 3-4　颗粒在降尘室中的运动

根据图 3-4 来分析降尘室的性能，令 H 为降尘室的高度，m；L 为沿气流方向的降尘室的长度，m；B 为降尘室的宽度，m；则颗粒在降尘室内的停留时间为 $\theta_t = L/u$，位于降尘室最高点的颗粒沉降至室底的时间为 $\theta_0 = H/u_0$，故颗粒因沉降而完全被除去所满足的条件是 $L/u \geqslant H/u_0$，显然，完全被除去的最小颗粒所满足的条件是

$$\frac{L}{u} = \frac{H}{u_0} \tag{3-24}$$

故在完全除去最小颗粒的要求下，含尘气体的最大处理量为

$$V_s = BHu = BLu_0 = A_0 u_0 \tag{3-25}$$

式中，A_0 为降尘室的底面积，m^2；V_s 为含尘气体流量，$m^3 \cdot s^{-1}$。

由上式可知，含尘气体的最大处理量为降尘室的底面积 A_0 与沉降速度 u_0 之积，而与降尘室的高度 H 无关。因此，降尘室一般做成扁平形的。为了提高含尘气体的处理量，可将降尘室做成多层，即室内以水平隔板分割成若干层，称为多层降尘室。隔板间距应考虑出灰的方便。

由此可知，若颗粒在降尘室中作层流区自由沉降，则完全被除去的最小颗粒直径 d_{min} 可计算如下。

$$u_0 = \frac{d_{min}^2 (\rho_s - \rho) g}{18\mu} = \frac{V_s}{A_0}$$

$$d_{min} = \sqrt{\frac{18\mu}{g(\rho_s - \rho)} \times \frac{V_s}{A_0}} \tag{3-26}$$

降尘室的体积庞大，属于低效率的设备，只适用于分离粗颗粒（一般指直径在 100 μm 以上的颗粒），多作为预分离的设备。如果需要处理的气量很大，其中颗粒较粗，而且容易磨损设备，则采用降尘室是合理的。例如从炉气中分离尘粒，可以先经过降尘室除去大部分粗颗粒，然后再进入较为高效的除尘设备（如下述的旋风分离器等）进一步降低含尘量。

虽然理论上凡是满足 $\theta_t \geqslant \theta_0$ 条件的颗粒均能被完全除去，但实际上，由于降尘室内流速分布不均，使得部分气体的停留时间较短，分离效果不像上述计算的那样理想。因此，气流在降尘室的均匀分布十分重要。另外，降尘室内的气体流速不应过高，以免将已沉降下来的颗粒重新扬起。根据经验，多数灰尘的分离，可取 $u<3\ \mathrm{m\cdot s^{-1}}$，对于较易扬起灰尘的，宜取 $u<1.5\ \mathrm{m\cdot s^{-1}}$。

【例 3-3】 降尘室高 2 m，宽 2 m，长 5 m，用于矿石焙烧炉炉气的除尘。操作条件下气体的流量为 25000 $\mathrm{m^3\cdot h^{-1}}$，密度为 0.6 $\mathrm{kg\cdot m^{-3}}$，黏度为 0.03 mPa·s。试求：(1) 能完全除去的氧化铁灰尘（密度 4500 $\mathrm{kg\cdot m^{-3}}$）的最小直径；(2) 粒径为 60 μm 的氧化铁灰尘被除去的百分数。假设进气中不同粒径的颗粒沿高度分布均匀；(3) 若将上述降尘室用隔板分隔成 2 层（不考虑隔板的厚度），如需完全除去的尘粒直径相同，则含尘气体的处理量最大为多少 $\mathrm{m^3\cdot h^{-1}}$？反之，若生产能力相同，则能完全除去的尘粒的最小颗粒直径为多大？

解 (1) 设沉降中斯托克斯定律适用，将 $\mu=3\times10^{-5}\ \mathrm{Pa\cdot s}$，$\rho_s=4500\ \mathrm{kg\cdot m^{-3}}$，$\rho=0.6\ \mathrm{kg\cdot m^{-3}}$，$V_s=25000/3600\ \mathrm{m^3\cdot s^{-1}}$，$A_0=2\times5=10\ \mathrm{m^2}$ 代入式(3-26)，有

$$d_{\min}=\sqrt{\frac{18\mu}{g(\rho_s-\rho)}\frac{V_s}{A_0}}=\sqrt{\frac{18\times3\times10^{-5}}{9.81\times(4500-0.6)}\times\frac{25000/3600}{10}}$$

$$=9.22\times10^{-5}\mathrm{m} \text{ 或 } 92.2\ \mu\mathrm{m}$$

核算 $$u_0=\frac{d_{\min}^2(\rho_s-\rho)g}{18\mu}=\frac{(9.22\times10^{-5})^2\times(4500-0.6)\times9.81}{18\times3\times10^{-5}}=0.695\ \mathrm{m\cdot s^{-1}}$$

$$Re_0=\frac{d_{\min}u_0\rho}{\mu}=\frac{9.22\times10^{-5}\times0.695\times0.6}{3\times10^{-5}}=1.28\quad(<2)$$

得知上述结果尚属可用。

(2) 60 μm 小于上述 $d_{\min}$，故不能完全除去。假设在高度 h 以下的 60 μm 颗粒均能被除去，考虑到进气中不同粒径的颗粒沿高度分布均匀，故粒径为 60 μm 的颗粒被除去的百分数 $=h/H$，这里 H 为降尘室的高度。

再根据式(3-24) 可知，在相同的停留时间下，上述比值与沉降速度成正比，即与颗粒直径的平方成正比，于是

$$\text{粒径为 60 μm 的颗粒被除去的百分数}=\frac{d^2}{d_{\min}^2}=\left(\frac{60}{92.2}\right)^2=0.423\ (\text{或 }42.3\%)$$

(3) 若把降尘室隔成 2 层，则降尘室底面积为 $2A_0$，即增大为原来的 2 倍。又需完全除去的尘粒直径相同，则颗粒的沉降速度 u_0 相同。根据式(3-25) 可知，生产能力将增大为原来的 2 倍，即 50000 $\mathrm{m^3\cdot h^{-1}}$。

反之，若把降尘室隔成 2 层后生产能力相同，则每一层流过的气量 $V_{s0}=V_s/2$，即减小为原来的 1/2。根据式(3-26) 可知，完全除去的尘粒的最小颗粒直径为

$$d'_{\min}=d_{\min}\sqrt{\frac{V_{s0}}{V_s}}=92.2\times\sqrt{\frac{1}{2}}=65.2\ \mu\mathrm{m}$$

因颗粒直径减小，其沉降速度及 Re_0 亦减小，故斯托克斯定律适用，无需校核。

（二）沉降槽

从悬浮液中分离出清液而留下稠厚沉渣的重力沉降设备称为沉降槽。

悬浮液的沉降过程属于干扰沉降，愈往下颗粒浓度愈高，沉降速度愈慢。再有，沉降很快的大颗粒也会把沉降慢的小颗粒向下拉，结果小颗粒被加速而大颗粒则变慢。此外，有时颗粒会相互聚结成棉絮状整团向下沉，这称为**絮凝现象**，使沉降加快。所以，这种过程中的

沉降速度难以进行理论计算，通常由实验测定。

间歇沉降槽中，将料浆装入槽内静置足够长时间后，用泵或虹吸管将清液抽出，并打开槽底的口将沉渣放出。

连续沉降槽进料、排清液、排沉渣都是连续进行的。图 3-5 所示为一种典型的构造，又称为增稠器。料浆由位于中央的进料口送到液面以下。固体颗粒向下沉降，清液向上流动。清液到达槽顶的溢流堰以上便自行流出。沉渣由缓慢转动的耙汇集到底部的卸料锥中央处排出。

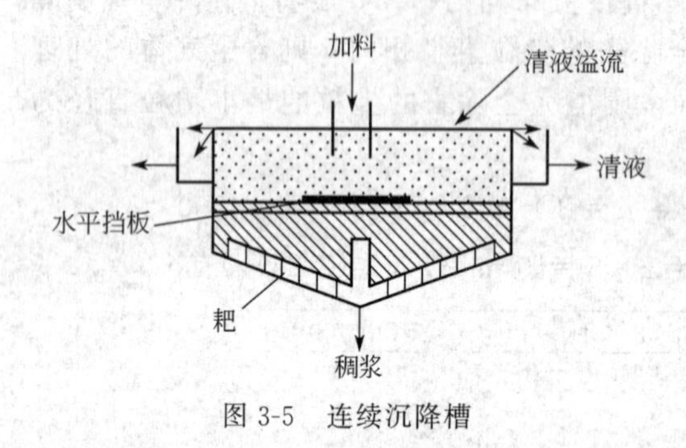

图 3-5　连续沉降槽

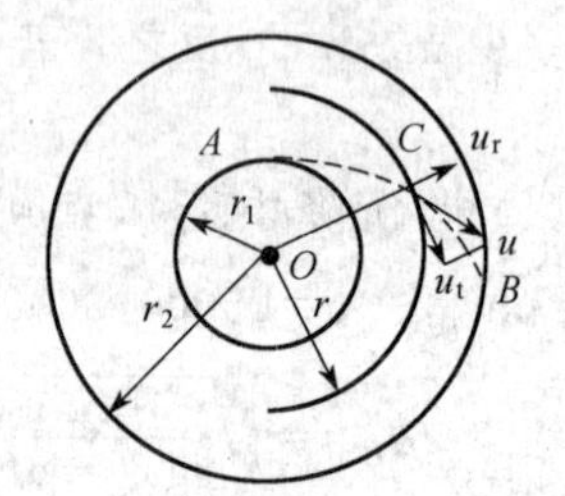

图 3-6　颗粒在旋转流场中的运动

连续沉降槽的直径可以大到 100 m 以上，高度却都在几米以内。排出的沉渣中液体含量可达 50%左右。若要处理的悬浮液量很大而浓度又较低，增稠以后再送去过滤，可以大大减轻过滤设备的负荷，节省动力消耗。

强化沉降槽操作的有效方法是提高颗粒的沉降速度。在悬浮液中加入少量电解质，往往能促进絮凝现象发生，而有助于胶体颗粒的沉淀。

与降尘室同样原理，沉降槽的生产能力是由它的截面积来保证的，与其高度无关。沉降槽的高度可根据槽内要积存的沉渣量由经验决定。

三、离心沉降原理

为使颗粒从气体或液体中分离，利用离心力比利用重力要有效得多。颗粒所受的离心力由旋转而产生，转速愈大，离心力亦愈大；而颗粒所受重力却是固定的，不能提高。因此，利用离心力作用的分离设备不仅可以分离比较小的颗粒，设备的体积亦可缩小。

当颗粒在离心力场中沉降时，其路径成弧形，如图 3-6 中的虚线 ACB 所示。当颗粒位于距旋转中心 O 的距离为 r 的点 C 处时，其切线速度为 u_t，径向速度（即沉降速度）为 u_r，绝对速度即为此二者的合速度 u，其方向为点 C 处弧形的切线方向。

与重力场中的自由沉降类似，颗粒在离心力场中自由沉降时，共受到三个力的作用：离心力、浮力和阻力，重力相比之下小到可以忽略。

若颗粒为球形，其质量为 m，离心加速度为 a_r，旋转半径为 r，则离心力的大小为 $ma_r=mu_t^2/r=m\omega r^2$，其作用方向沿旋转半径从圆心指向外。浮力等于颗粒所排开的流体所受的离心力，即 $(\pi/6)d^3\rho a_r$，方向与离心力相反。颗粒在运动中所受的阻力 $=\zeta(\pi/4)d^2\rho u_r^2/2$，指向旋转中心。

与重力沉降不同的是，因为离心加速度随旋转半径的增大而变大，故离心场中的沉降过程只有加速段没有匀速段。但在小颗粒沉降过程中，加速度一般很小，可近似作为匀速沉降处理，此时近似认为离心力减去浮力等于阻力，即

$$\frac{\pi}{6}(d^3)\frac{u_t^2}{r}(\rho_s-\rho)=\zeta\left(\frac{\pi}{4}d^2\right)\frac{\rho u_r^2}{2}$$

由此解出离心沉降速度

$$u_r=\sqrt{\frac{4d(\rho_s-\rho)u_t^2}{3\rho\zeta r}} \tag{3-27}$$

离心加速度 a_r 与重力加速度 g 之比称为离心分离因数 K_C，即

$$K_C=\frac{a_r}{g}=\frac{u_t^2}{gr} \tag{3-28}$$

工业上 K_C 值约从几十至几万，因此，同一颗粒在离心场中的沉降速度远大于其重力沉降速度，用离心沉降可将更小的颗粒从流体中分离出来。

颗粒与流体介质的相对运动属于层流时，阻力系数 ζ 也可用式(3-17) 表示，将此式代入式(3-27)，简化得

$$u_r=\frac{d^2(\rho_s-\rho)}{18\mu}\left(\frac{u_t^2}{r}\right) \tag{3-29}$$

与式(3-21) 对比可知，是用离心加速度 u_t^2/r 代替了重力加速度 g。

四、离心沉降分离设备

（一）旋风分离器

1. 构造与操作

旋风分离器是工业生产中使用很广的除尘设备。它利用离心沉降原理从气流中分离颗粒。如图 3-7 所示，其器体上部为圆筒形，下部为圆锥形。含尘气体从圆筒上侧的进气管以切线方向进入，速度为 12～25 $m\cdot s^{-1}$，按螺旋形路线向器底旋转，接近底部后转而向上，成为气芯，从顶部的中央排气管排出。气流中所夹带的尘粒在随气流旋转的过程中逐渐趋向器壁，碰到器壁后落下，自锥形底落入灰斗（未绘出）。但是直径很小的颗粒常在未到达器壁前即被卷入上旋气流而被带出。

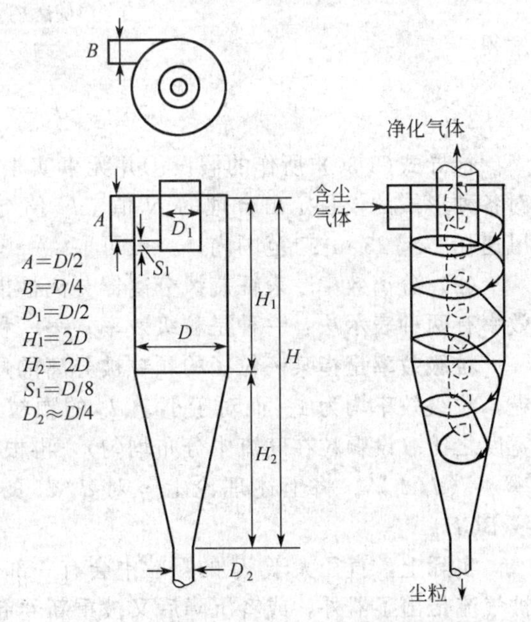

图 3-7　旋风分离器的尺寸及操作原理图

旋风分离器内的压力在器壁附近最高，往中心逐渐降低，到达气芯处常降为负压，低压气芯一直延伸到器底的出灰口。因此，出灰口必须密封完善，以免漏入空气而使收集于锥形底的灰尘重新卷起，甚至从灰斗中吸进大量粉尘。

旋风分离器构造简单，其分离因数约为几十至几百，一般可分离气体中直径 5 μm 以上的粒子。

旋风分离器的缺点是对气流的阻力较大，设备和颗粒均易磨损。

旋风分离器各部分的尺寸都有一定比例，图 3-7 所示为一种类型的尺寸比例。只要规定出其中一个主要尺寸（直径 D 或进气口宽度 B），则其他各部分的尺寸亦确定。由于气体通过进气口的速度变动范围不大，以保证其分离效果，故每个尺寸已规定好的旋风分离器所处理的气体体积流量，亦即其生产能力，可变动的范围较窄。

2. 旋风分离器的主要性能

评价旋风分离器性能的主要指标有两个：一是分离性能；二是气体通过时的压降。

(1) 临界直径　旋风分离器理论上能完全分离出的最小颗粒直径称为临界直径 d_c，它是旋风分离器的分离性能之一。临界直径的大小可以根据下列假设推导而得：①气体在旋风分离器内的切线速度 u_t 恒定，且等于进口处的气速 u_i；②颗粒沉降过程中所穿过的气流的最大厚度等于进气口宽度 B(见图 3-7)；③颗粒与气流的相对运动为层流。

根据假设③，沉降速度可用式(3-29) 表示。其中，ρ 比 ρ_s 小得多故可略去；又用进口速度 u_i 代替切线速度 u_t，旋转半径 r 取平均值 r_m，此式成为

$$u_r=\frac{d^2\rho_s u_i^2}{18\mu r_m}$$

根据假设②可得到沉降所需时间　$$\theta_0=\frac{B}{u_r}=\frac{18\mu r_m B}{d^2\rho_s u_i^2}$$

令气体进入气芯以前在器内旋转的圈数为 N，则运行的距离为 $2\pi r_m N$，故得停留时间

$$\theta_t=\frac{2\pi r_m N}{u_i}$$

颗粒到达器壁所需的沉降时间只要不大于停留时间，它便可以从气流中分离出来，因此沉降时间恰好等于停留时间的颗粒，就是能分离出的最小颗粒。令上述两时间的表达式相等，并将其中的 d 改为临界直径 d_c，得

$$\frac{18\mu r_m B}{d_c^2\rho_s u_i^2}=\frac{2\pi r_m N}{u_i}$$

解得

$$d_c=\sqrt{\frac{9\mu B}{\pi N u_i\rho_s}} \tag{3-30}$$

推导式(3-30) 所作的假设①并无事实根据，但此式简单，被认为尚属可用，问题是要对各种形式的设备定出合理的 N 值。N 值与进口气速有关，对于常用形式的旋风分离器，风速在 12～25 $m\cdot s^{-1}$范围内，一般可取 $N=3$～5，风速愈大，N 也愈大。

(2) 分离效率　表征旋风分离器分离性能的除上述临界直径以外，还有分离效率。分离效率有两种表示法：一种是粒级效率；另一种是总效率。

粒级效率是指某一粒径的颗粒被分离的质量百分率。理论上，直径大于及等于 d_c 的颗粒，粒级效率均为 1。而对于小于 d_c 的颗粒，其粒级效率等于颗粒距器壁的距离与进气口宽度之比（设颗粒在气流中分布均匀)，再根据式(3-30) 可知，直径等于 d 的颗粒的粒级效率 $\eta=(d/d_c)^2$。将上述理论上 η 对 d/d_c 的关系描绘在双对数坐标上应为图 3-8 中的折线 BCD。

实际上，直径大于 d_c 的颗粒中会有一部分由于气体涡流的影响，在没有到达器壁时就被气流带出了器外，或者沉降后又被重新卷起，导致它们的粒级效率小于 1；而直径小于 d_c 的颗粒有一部分由于沉降过程中聚结成大颗粒等原因，其粒级效率则较理论上为大，故实际的粒级效率 η 对 d/d_c 的关系如图 3-8 中的实线所示。

总效率是指由分离器分离出来的颗粒质量与入口气体中总粒子质量之比。总效率不仅与粒级效率有关，还与进入粉尘的粒度分布有关。粉尘的浓度亦有影响，浓度大则易聚结，总效率会有所提高。总效率并不能准确地代表旋风分离器的分离性能，总效率相同的两台旋风分离器，其分离性能却可能相差很大，这是因为若被分离的尘粒具有不同的粒度分布，则各种颗粒被除去的比例也不相同。

(3) 压降　旋风分离器的压降要消耗功率，这是进行分离需付出的代价。

旋风分离器的压降可类似局部阻力损失，可用下式表示

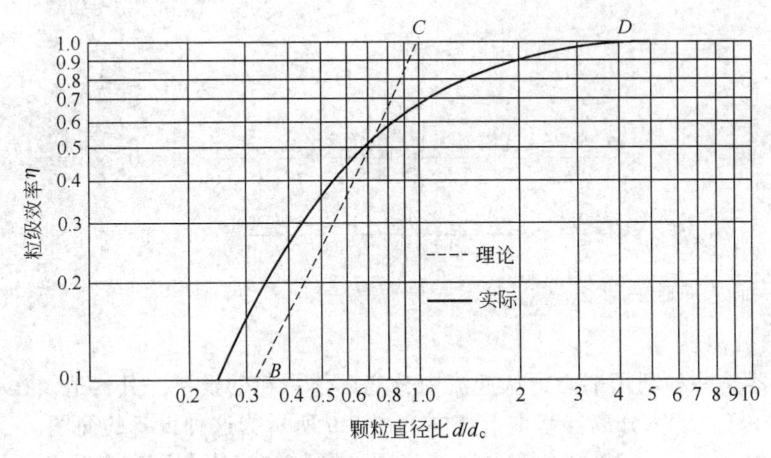

图 3-8　旋风分离器的粒级效率

$$\Delta p=\frac{\zeta_c \rho u_i^2}{2} \tag{3-31}$$

式中，ζ_c 为阻力系数，需通过实验测定。对于同一种结构形式的旋风分离器，不论其尺寸大小，阻力系数接近常数。

旋风分离器的压降一般在 500～2000 Pa 范围内。

3. 选型

选择旋风分离器的形式及决定其主要尺寸的根据：要求的生产能力（气体流量）与分离效率、可容许的压降、粉尘性质等。

选型时应在高效率与低阻力两者之间做权衡。长径比大且出、入口截面小的设备效率高而阻力大，反之则阻力小而效率低。设备的尺寸可根据气体处理量决定。规定进口气速即可算出旋风分离器进口的尺寸从而按比例确定出其直径。有性能表时亦可直接根据气体处理量查出适用的型号。但应注意同一形式中尺寸愈大，则沉降距离愈大，离心力却减小而效率将愈低，故需根据设备的直径 D 估计其分离性能是否合乎要求。若达不到要求则改用直径较小的设备，两个或多个并联操作。

许多小直径旋风分离器采用并联方式组成整体，装在一个外壳内，称为旋风分离器组。它的分离效果显然比处理同量气体的一个大旋风分离器好。然而，由于气流的分配难以完全均匀，排灰口彼此相通易导致窜灰等原因，其效率不能达到单个小设备所能达到的水平。

一般旋风分离器对 5 μm 以下的颗粒的分离效率很低，有需要时可在其后再接袋式过滤机或湿式除尘装置等，对带出的细粉做进一步分离。

【例 3-4】 已知含尘气体中尘粒密度为 2300 $kg \cdot m^{-3}$，气体温度为 500 ℃(ρ=0.46 $kg \cdot m^{-3}$，μ=0.036 mPa·s)，流量为 1000 $m^3 \cdot h^{-1}$。采用图 3-7 所示形式的旋风分离器，D=400 mm，气体在器内的旋转圈数 N 取 5。其他尺寸按图中所列的比例决定。试估计临界直径 d_c。

解　将 $\mu=3.6\times10^{-5}$ Pa·s，$A=D/2=0.4/2=0.2$ m，$B=D/4=0.4/4=0.1$ m，$N=5$，$\rho_s=2300\ kg \cdot m^{-3}$，$u_i=V_s/(AB)=(1000/3600)/(0.2\times0.1)=13.9\ m \cdot s^{-1}$ 代入式(3-30)中，得

$$d_c=\sqrt{\frac{9\mu B}{\pi N u_i \rho_s}}=\sqrt{\frac{9\times3.6\times10^{-5}\times0.1}{\pi\times5\times13.9\times2300}}=8.0\times10^{-6}\ \text{m}(\text{或 } 8.0\ \mu\text{m})$$

核算

$$r_m = \frac{D}{2} - \frac{B}{2} = \frac{D - D/4}{2} = \frac{3}{8}D = \frac{3}{8} \times 0.4 = 0.15\ \text{m}$$

$$u_r = \frac{d_c^2 \rho_s u_i^2}{18\mu r_m} = \frac{(8.0 \times 10^{-6})^2 \times 2300 \times 13.9^2}{18 \times 3.6 \times 10^{-5} \times 0.15} = 0.29\ \text{m·s}^{-1}$$

$$Re_0 = \frac{d_c u_r \rho}{\mu} = \frac{8.0 \times 10^{-6} \times 0.29 \times 0.46}{3.6 \times 10^{-5}} = 0.029\ (<2)$$

可见颗粒沉降服从斯托克斯公式，上述计算有效。

（二）旋液分离器

旋液分离器是一种利用离心力从液流中分离固体颗粒的设备。其构造及操作原理都与旋风分离器基本上相同。图 3-9 所示为这种设备的简图。

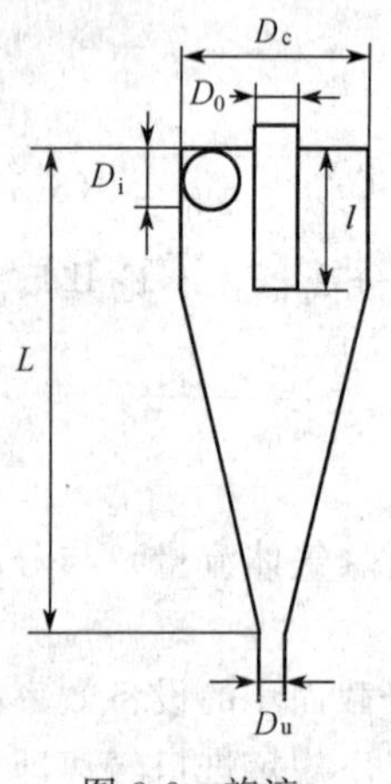

图 3-9 旋液分离器简图

旋液分离器不能将固体颗粒与液体介质完全分开。固体颗粒从下旋液流中甩到器壁上后，随液流下降到锥形底的出口，成为较浓的悬浮液排出，称为底流。清液或只含有很细颗粒的液体，则成为向上的内旋流经中心管排出，称为溢流。内层旋流中心还有一个空的空气芯。

调节旋液分离器底部出口的开度，可以调节底流量与溢流量的比例，从而使几乎全部或者仅使一部分固体颗粒从底流送出。使较大、较小直径的颗粒分别从底流、溢流中送出的过程称为分级。底流量与溢流量之比的调节，还可以控制两部分中颗粒大小的范围。

旋液分离器的直径与旋风分离器相比较小，而锥形部分较长，其原因在于固、液密度差较固、气密度差小，根据式(3-27) 可知，要想在一定的进口切线速度下，维持足够大的沉降速度，应缩小旋转半径；这样做还可减少沉降时间。而加大锥形部分的高度则增大了液流的行程，从而停留时间更长。

旋液分离器往往是很多个做成一组来使用。它可从液流中分出直径为几微米的小颗粒，但它作为分级设备的应用更为广泛。

由于圆筒直径小（常见的范围为 50～300 mm），液体进口速度大（可达 10 m·s^{-1}左右），故阻力损失很大，磨损也较严重。

第三节 过 滤

一、概述

过滤是利用多孔介质（称为过滤介质），使液体通过而截留固体颗粒，从而使悬浮液中的固、液得到分离的过程。原始的悬浮液称为滤浆，通过多孔介质后的液体称为滤液，被截留住的固体颗粒堆积层称为滤渣或滤饼（其空隙中充满滤液）。

驱使液体通过过滤介质的推动力，有重力、压力和离心力。本节着重讨论应用最为普遍的压力过滤，而以离心力为推动力的过滤将在第四节中介绍。

（一）深层过滤和滤饼过滤

工业上的过滤方法主要有以下两种。

1. 深层过滤

颗粒尺寸比介质的孔道小得多，但孔道弯曲细长，颗粒进入之后仍容易被截住，还由于流体流过时所引起的挤压与冲撞作用，颗粒紧附在孔道的壁面上（见图 3-10）。这种过滤是在过滤介质内部进行的，介质表面无滤饼形成。过滤用的介质为粒状床层或素烧（不上釉的）陶瓷的筒或板。此法适用于从液体中除去很小量（0.1%以下，质量分数）的固体微粒，例如饮用水的净化。

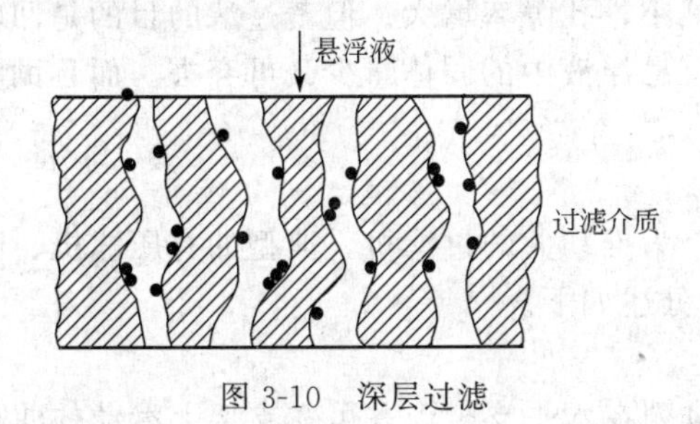

图 3-10　深层过滤

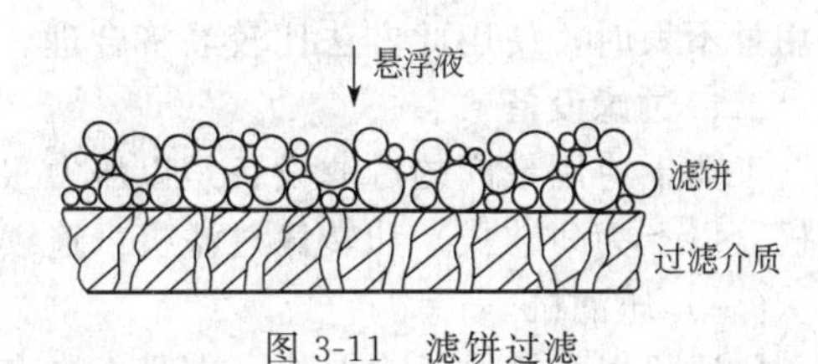

图 3-11　滤饼过滤

2. 滤饼过滤

颗粒的尺寸大多数都比过滤介质的孔道大，过滤时固体物积聚于介质表面，形成滤饼（见图 3-11）。过滤开始时，很小的颗粒也会进入介质的孔道内，其情况与深层过滤相同，部分特别小的颗粒还会通过介质的孔道而不被截留，使滤液仍显得浑浊。在滤饼形成之后，它便成为对其后的颗粒起主要截留作用的介质，滤液因此变清。过滤阻力将随滤饼的加厚而渐增，滤液滤出的速率亦渐减，故滤饼积聚到一定厚度后，要将其从介质表面上移去。滤饼过滤方法适用于处理固含量比较大的悬浮液（体积分数在 1%以上），可滤出比较多的固体物。化工生产中的过滤多数属于这一种，本节以后的讨论也限于这一种。

（二）过滤介质

工业上使用的过滤介质应具有下列特性。

（1）多孔性　使液体通过时阻力小，但为了截留住固体颗粒，孔道又不宜大。

（2）耐腐蚀性、耐热性　以适应有相应要求的悬浮液。

（3）有足够的机械强度　过滤时要承受一定的压力，且操作中拆装、移动频繁，故应具有这一特性。

过滤介质种类繁多，其中以各种天然及合成纤维为原料织造的各种滤布最为常用，此外还有用铜、镍、不锈钢等金属丝织成的平纹或斜纹网。

用沙砾、碎石、炭屑等堆积成层，亦可作为过滤介质，此外还有各种多孔介质，如多孔陶瓷、多孔塑料、烧结金属等。新型过滤介质有聚合物膜和无机膜等。

（三）滤饼的可压缩性

某些悬浮液所形成的滤饼，其空隙结构因颗粒坚硬不会因受压（指滤饼两侧的压差）后不会变形，这种滤饼称为不可压缩的。若滤饼受压后变形，致使滤饼的空隙率（孔隙体积与滤饼总体积之比）减小而使过滤阻力增大，这种滤饼称为可压缩的。

（四）助滤剂

若悬浮液中所含的颗粒都很细，刚开始过滤时这些细粒会进入过滤介质而堵塞孔隙，即使并未严重到如此程度，这些很细的颗粒所形成的滤饼对液体的透过性也很差，即阻力很大，使后续的过滤困难。又若滤饼具有明显的可压缩性，也将使过滤阻力大为增加。

采用助滤剂可以减轻上述困难。助滤剂是颗粒细小且粒度分布范围较窄，坚硬而悬浮性好的颗粒状或纤维状物质。助滤剂能形成结构疏松、而且几乎是不可压缩的滤饼。常用作助滤剂的物质有：硅藻土，这是一种单细胞水生植物的沉积化石，经过干燥或煅烧，含 85%以上的二氧化硅；珍珠岩，将一种玻璃状的火山岩熔融后喷入水中，得到中空的小球，再打碎而成；此外还有炭粉、纤维素等。

助滤剂施用的方法有二。一是配成悬浮液先在过滤介质表面滤出一薄层由助滤剂构成的滤饼，然后进行正式过滤。此法称为预涂，可以防止滤布孔道被微细的颗粒堵死，并可在一开始就得到澄清的滤液；在滤饼有胶黏性时，亦易于从滤布上取下。二是将助滤剂加到滤浆中，所得到的滤饼将有一较坚硬的骨架，压缩性减小，孔隙率增大。但若过滤的目的是回收固体物又不允许混入助滤剂，此法便不适用。只有悬浮液中的固体量少又可弃去，而且助滤剂用量不大时，使用此方法比较经济合理。

二、过滤设备

工业上应用最广的过滤设备是以压力（压差）为推动力的过滤机，典型的有压滤机、叶滤机（以上为间歇式）和转筒过滤机（连续式），分述如下。

（一）压滤机

压滤机以板框式最为普遍，它是由许多交替排列在水平支架上并可在支架上滑动的滤板和滤框所构成（见图 3-12）。

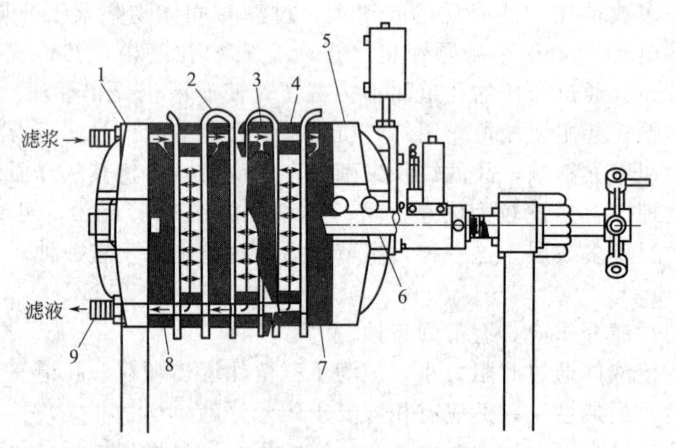

图 3-12　板框式压滤机简图（暗流式）

1—固定机头；2—滤布；3—滤板；4—滤框；5—滑动机头；6—机架；7—滑动机头板；8—固定机头板；9—机头连接机构

板与框的形状如图 3-13 所示。滤框和滤板的左上角与右上角均有孔，滤框右上角的孔还有小通道与框内的空间相通（如箭头所示），滤浆可由此进入。滤板又分成两种，图 3-13(a) 所示为非洗涤板，图 3-13(c) 所示为洗涤板。洗涤板的特点是左上角的孔还有小通道与板面的两侧相通，洗涤液可以由此进入（如箭头所示）。为了便于区别，在板与框边上做不同的标记，非洗涤板以一钮为记，洗涤板以三钮为记，而框则用两钮，见图 3-13。板框压滤机通过板和框角上的通道，或板与框两侧伸出的挂耳通道加料和排出滤液。滤液的排出方式分为明流和暗流两种：明流是通过滤板上的滤液阀排到压滤机下部敞口槽的过滤，滤液是可见的，可用于需检查滤液质量；暗流压滤机的滤液在机内汇集后由总管排出机外（见图 3-12）。对于滤液易挥发或含有有毒气体的悬浮液的过滤需用暗流。

板框压滤机的操作是间歇的，每个操作循环由装合、过滤、洗涤、卸渣、整理五个阶段组成。装合时，将板与框交替地置于机架上，板的两侧用滤布包起（滤布上亦根据板、框角上孔的位置而开孔），然后用手动的或机动的压紧装置将滑动机头压向固定机头，使板与框紧密接触。过滤时，用泵将滤浆压入机内，滤浆经过板、框角上的孔所连成的通道，由框内的小孔道进入框内［见图 3-14(a)］，滤液穿过滤布到达板侧，沿板面流动，然后排出。固体物则积存于框内形成滤饼，直到整个框的空处都填满为止。滤饼的洗涤方式如图 3-14(b)

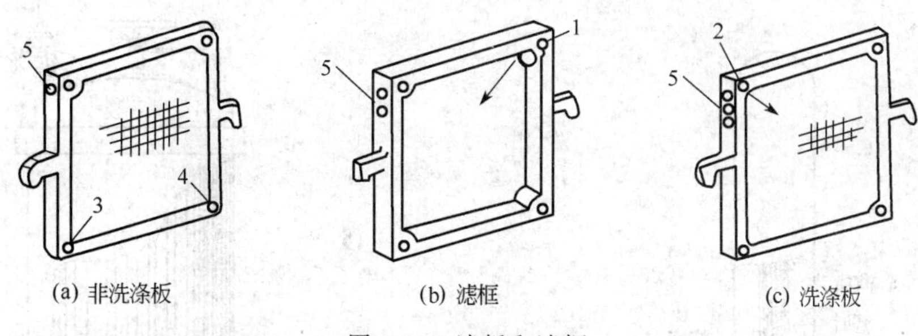

图 3-13　滤板和滤框

1—悬浮液通道；2—洗涤液入口通道；3—滤液通道；4—洗涤液出口通道；5—用于标识的钮

所示，洗涤用的清水经洗涤板上角的斜孔进入板侧，穿过滤布到达滤框，再穿过整个滤饼及另一侧的滤布，经过非洗涤板流动而排出，此种洗涤方式称为横穿洗法。洗涤阶段结束后，进入卸渣、整理阶段，即将滑动机头松开，取出滤饼并清洗滤布及板、框，准备下一循环开始。

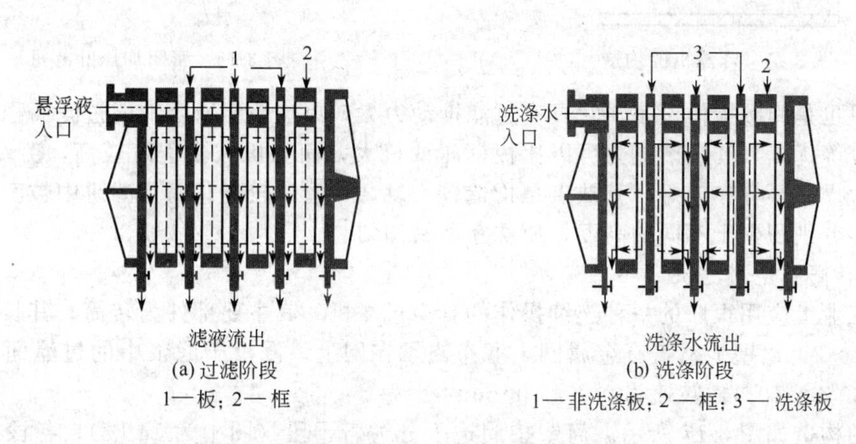

图 3-14　板框压滤机的过滤和洗涤

压滤机的板、框可用铸铁、碳钢、不锈钢、铝、塑料、木材制造，操作压力一般为0.3～0.5 MPa。我国制定的压滤机规格系列中，框的厚度为25～50 mm，框每边长320～1000 mm。框的数目可自几块到50块以上，随生产能力而定。

板框压滤机的优点是构造简单，过滤面积大且占地省，过滤压力高（压差可达1.5 MPa)，便于用耐腐蚀材料制造，所得滤饼含水量少且能进行洗涤。它的主要缺点在于所用的劳动量多而且劳动强度大，一般适用于中小规模的生产及有特殊要求的场合。

近年大型压滤机的机械化与自动化发展很快，节省了劳动量。滤板及滤框可由液压装置自动压紧或拉开，全部滤布连成传送带式，运转时可将滤饼从框中带出使之受重力作用而自行落下。又有一种设计能在拉开滤框的同时将滤布拉出，借助于振动器清除附着在滤布上的滤渣。

（二）叶滤机

叶滤机由许多滤叶组成，滤叶可以垂直放置亦可水平放置。滤叶为金属网围成的扁平框架（见图 3-15)，外包滤布。将滤叶装在密闭的机壳内（见图 3-16)，为滤浆所浸没。滤浆中的液体在压力作用下穿过滤布进入滤叶内部，成为滤液从其周边引出。过滤完毕，机壳内改充清水，使水循着与滤液相同的路径通过滤饼，进行置换洗涤。最后，滤饼可用振动器使其脱落，或用压缩空气将其吹下。

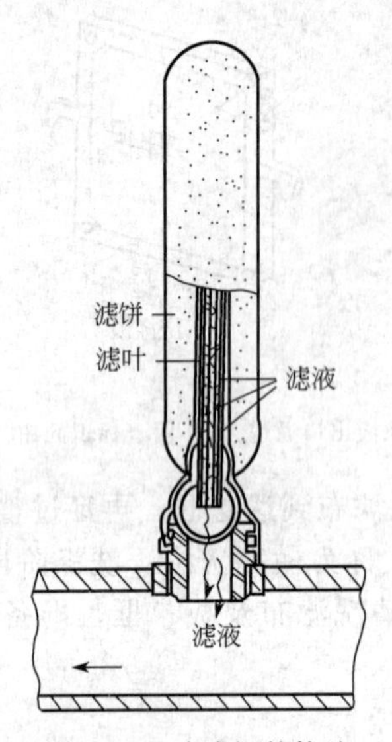

图 3-15 叶滤机的构造

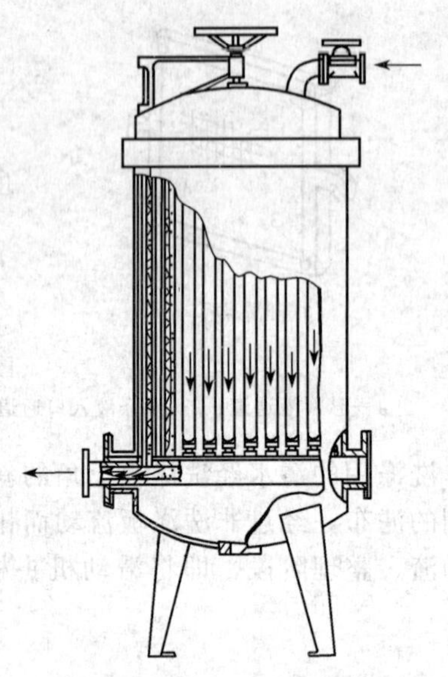

图 3-16 密闭加压叶滤机

叶滤机也是间歇操作设备，它具有过滤推动力大，单位地面所容纳的过滤面积大，滤饼洗涤较充分等优点。其生产能力可以比板框压滤机大，而且机械化程度较高，劳动力较省，密闭过滤，操作环境亦较好。其缺点是构造较为复杂，造价较高，而且滤饼中粒度差别较大的颗粒可能分别积聚于不同的高度，使洗涤不易均匀。

（三）转筒真空过滤机

这是工业上应用很广的一种连续操作的真空过滤机。其主要部件为转筒，其长度与直径之比为 1/2～2，筒壁上覆盖有金属网，滤布支承在网上。浸没于滤浆中的过滤面积约占全部面积的 30%～40%，转速为 0.1～3 $r \cdot min^{-1}$。

转筒的构造如图 3-17 所示。筒壁按周边平分为若干段（图中为 14 段），各段均有管通至轴心处（图中示出一段的连通管），但各段在筒内并不相通。圆筒的一端有分配头装于轴心处，分配头由一个与转筒连在一起的转动盘和一个与之紧密贴合的固定盘组成，分别如图 3-18(a)、(b) 所示。转动盘上的每一孔各与转筒表面的一段相通。固定盘上有三个凹槽，通

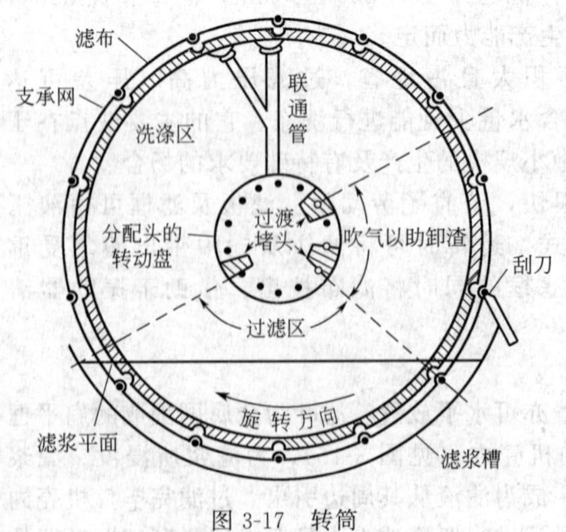

图 3-17 转筒

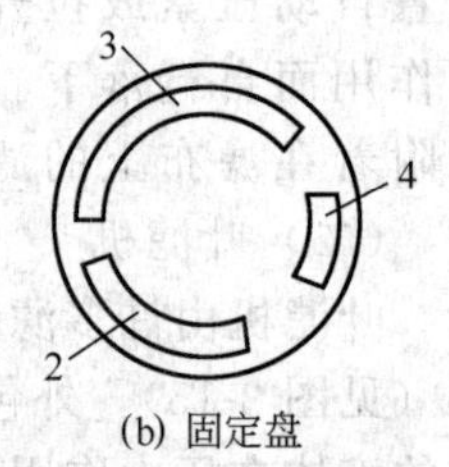

图 3-18 转筒的分配头

1—与筒壁各段相通的孔；2,3—与真空管路相通的凹槽；4—与吹气管路相通的凹槽

过管道分别与滤液罐、洗水罐（以上二者均处于真空之下）及鼓风机贮气罐（正压下）相连通（见图 3-19）。当转动盘上的某几个孔与固定盘上的凹槽相遇时，转筒表面与这些孔相连的几段便与滤液罐接通，滤液可从这几段吸入，同时滤饼即沉积于其上。滤饼厚度一般不超过 40～60 mm。对于难以过滤的胶质滤浆，厚度可小至 10 mm 以下。当转动盘转到使这几个小孔与凹槽相遇的，相应的几段表面便与洗水罐接通，吸入洗水。与凹槽 4 相遇则接通鼓风机，空气吹向转鼓的这部分表面，将沉积于其上的滤饼吹松。随着转筒的转动，这些滤饼又被刮刀刮下。这部分表面再往前转便重新浸入滤浆中，开始进行下一个操作循环。每当转动盘上的小孔与固定盘两凹槽之间的空白位置（与外界不相通的部分）相遇时，则转筒表面与之相对应的段停止操作，以便在操作区间转换时不致互相串通。通过分配头，每旋转一周，过滤表面的任一部分都顺序经历过滤、洗涤、吹松、刮渣等阶段。因此，每旋转一周，对于任一部分表面来说，都经历了一个操作循环；而任何瞬间，对于整个转筒来说，则其各部分表面分别进行着不同阶段的操作。

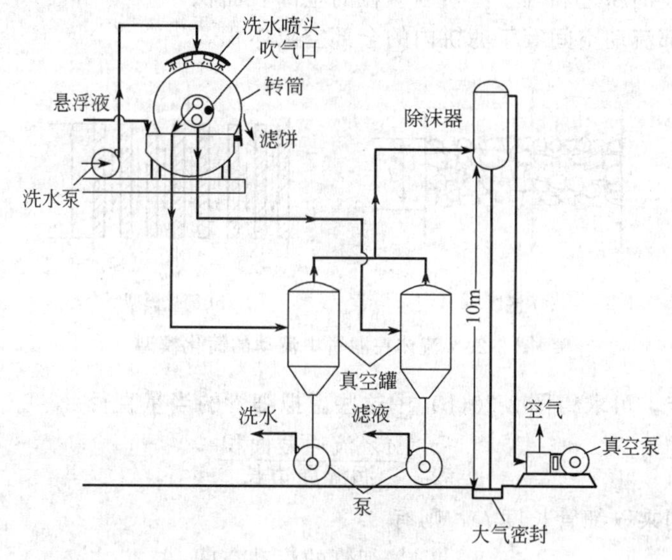

图 3-19　转筒真空过滤机的操作流程

转筒表面所形成的滤饼厚度一般不大，有时用刮刀卸料易损坏滤布，可改用绳索卸料：转鼓表面的整个宽度上都绕有许多圈环状的绳，滤渣形成后附于其上，卸料处绳索离开转鼓表面，将滤饼带出。

我国制定的转筒真空过滤机规格系列中，转筒的直径为 1～3 m，过滤面积为 2～50 m^2。

转筒过滤机的突出优点是操作连续、自动，其缺点是转筒体积庞大而其过滤面积相形之下便嫌小。由于采用真空吸液，过滤的推动力不大，悬浮液温度不能高。此外，转筒过滤机的滤饼洗涤亦不够充分。然而，它对于大规模处理固含量很大的悬浮液，是很适用的。

转筒的过滤表面还可以设在筒内，悬浮液送入后随筒旋转，称为内滤式，适用于其中固体颗粒粗细不等且易于沉淀的悬浮液，但其结构较复杂。

若将圆筒改为绕水平轴旋转的圆盘，过滤表面位于盘的两侧，则成为转盘过滤机。由于一根轴上可以安装 2～8 个圆盘，故过滤面紧凑得多，但构造也复杂得多，滤饼的洗涤亦无法进行。

三、过滤的基本理论

前已述及，滤饼过滤过程中，滤饼逐渐增厚，流动阻力也随之逐渐增大，所以过滤过程属于不稳定的流动过程。

（一）过滤速度

过滤速度指单位时间内通过单位过滤面积的滤液体积，用符号 u 表示。由于过滤为不稳定过程，需用微分式表示其瞬时过滤速度

$$u=\frac{dV}{A\,d\theta}=\frac{dq}{d\theta} \tag{3-32}$$

式中，u 为瞬时过滤速度，$m^3 \cdot m^{-2} \cdot s^{-1}$，即 $m \cdot s^{-1}$；V 为滤液体积，m^3；A 为过滤面积，m^2；q 为单位过滤面积所得的滤液体积，$m^3 \cdot m^{-2}$，$q=V/A$；θ 为过滤时间，s。

（二）过滤基本方程

过滤时，滤液在滤饼与过滤介质中的微小通道中流动，由于通道形状很不规则且相互交联，难以对流体流动规律进行理论分析，故常将真实流动［参见图 3-20(a)］简化成长度均为 l_e 的一组平行细管中的流动［图 3-20(b)］，并规定：

① 细管的内表面积之和等于滤饼内颗粒的全部表面积；

② 细管的全部流动空间等于滤饼内的全部空隙体积。

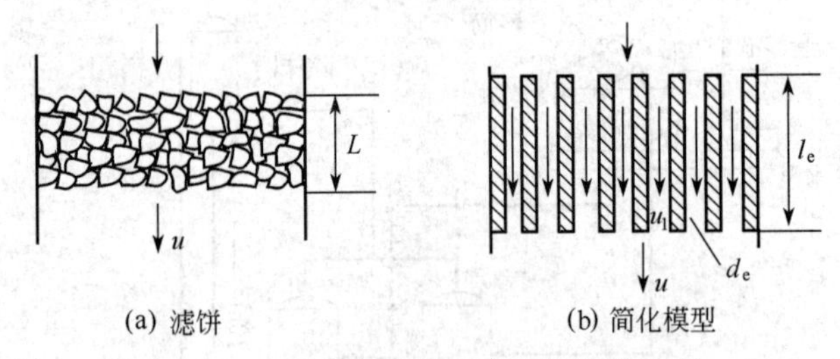

图 3-20　流体在滤饼中流动的简化模型

根据上述假定，可求得图 3-20(b) 中这些虚拟细管的当量直径 d_e。

$$d_e=\frac{4\times 流通截面积}{润湿周边长}$$

上式分子、分母同乘以细管长度 l_e，则有

$$d_e=\frac{4\times 细管的流动空间}{细管的全部内表面积}$$

令滤饼的体积为 V_c，其空隙率为 ε（空隙体积/滤饼体积），滤饼的比表面为 a_B（单位体积的滤饼层所具有的颗粒表面积），如果忽略颗粒因相互接触而使裸露的表面减少，则 a_B 与颗粒的比表面 a 的关系为 $a_B=a(1-\varepsilon)$。

根据上述假定可知，细管的流动空间$=\varepsilon V_c$，细管的全部内表面积$=a_B V_c=a(1-\varepsilon)V_c$。

故
$$d_e=\frac{4\varepsilon}{a(1-\varepsilon)} \tag{3-33}$$

由于滤饼的微小通道的直径很小，阻力很大，因而这时液体的流速亦很小，常属于层流，故可用第一章的哈根-泊谡叶公式［式(1-37)］计算虚拟细管中的阻力损失

$$\Delta p_f=\Delta p_1=\frac{32\mu l_e u_1}{d_e^2} \tag{3-34}$$

式中，Δp_1 为通过滤饼的压降，Pa；u_1 为滤液在虚拟细管中的流速，$m \cdot s^{-1}$，根据连续性方程可知 $u_1=u/\varepsilon$；μ 为滤液的黏度，$Pa \cdot s$；l_e 为细管长度，m，与滤饼厚度 L 具有一定的比例关系，令 $l_e=K_0 L$，K_0 为无量纲的比例常数。

将式(3-33) 及 $u_1=u/\varepsilon$ 和 $l_e=K_0 L$ 代入式(3-34)，整理得

$$u=\frac{\mathrm{d}V}{A\,\mathrm{d}\theta}=\frac{\varepsilon^3}{2K_0a^2(1-\varepsilon)^2}\frac{\Delta p_1}{\mu L} \tag{3-35}$$

式(3-35) 称为康采尼 (Kozeny) 式。令$\frac{\varepsilon^3}{2K_0a^2(1-\varepsilon)^2}=\frac{1}{r}$，$m^2$，则

$$u=\frac{\mathrm{d}V}{A\,\mathrm{d}\theta}=\frac{\Delta p_1}{\mu rL} \tag{3-36}$$

r 称为滤饼的比阻，与颗粒的比表面积、滤饼的空隙率等特性有关。对于不可压缩滤饼(几乎所有的滤饼都是可压缩的，但压缩性很小的，常当作不可压缩的来处理)，r 为常数。

式(3-36) 表明，瞬时过滤速度的大小由两个相互抗衡的因素决定：一为促使滤液流动的压力差 Δp_1，即过滤推动力；另一为阻碍滤液流动的因素 μrL，相当于过滤阻力。后者又由两方面的因素决定：一是滤液的黏度 μ；二是滤饼的特性 r 及其厚度 L。式(3-36) 还表明，滤饼不可压缩时，瞬时过滤速度与滤饼两侧的压差成正比，与其厚度、滤液黏度成反比。故式(3-36) 也可写成

$$u=\frac{\mathrm{d}V}{A\,\mathrm{d}\theta}=\frac{\text{过滤推动力}}{\text{过滤阻力}} \tag{3-36a}$$

以上推导过程仅考虑了滤饼层对过滤的影响，而未考虑到过滤介质，若两者都加以考虑，则可将两者阻力相加。为计算方便，将介质阻力折合成厚度为 L_e 的滤饼阻力，式(3-36) 改写成

$$u=\frac{\mathrm{d}V}{A\,\mathrm{d}\theta}=\frac{\Delta p_1}{\mu rL}=\frac{\Delta p_2}{\mu rL_e}=\frac{\Delta p}{\mu r(L+L_e)} \tag{3-37}$$

式中，Δp_2 为通过过滤介质的压降，Pa；Δp 为通过滤饼和过滤介质的总压降，Pa，$\Delta p=\Delta p_1+\Delta p_2$。

过滤时，滤饼厚度 L 随时间而增加，滤液量亦成比例增多。如果获得单位体积滤液时，在过滤介质上被截留的滤饼体积为 c(m^3 滤饼·m^{-3} 滤液)，则得到的滤液为 V 时，截留的滤渣体积为 cV，而滤渣层厚度为 L，则滤渣体积

$$cV=AL$$

或

$$L=\frac{cV}{A} \tag{3-38}$$

对于过滤介质

$$L_e=\frac{cV_e}{A} \tag{3-39}$$

式中，V_e 为滤出厚度为 L_e 的一层滤饼所获得的滤液体积。

值得注意的是，V_e 实际并不存在，而是一个虚拟的量，其值取决于过滤介质与滤饼的特性。

综合上述推理，式(3-37) 可写成

$$u=\frac{\mathrm{d}V}{A\,\mathrm{d}\theta}=\frac{\Delta pA}{\mu rc(V+V_e)} \tag{3-40}$$

若需要考虑滤饼的可压缩性，应计入比阻 r 随过滤压力的变化。比阻与过滤压力的关系需通过实验求出，其结果多整理成下列形式的经验公式

$$r=r_0\Delta p^s \tag{3-41}$$

式中，r_0、s 均为实验常数。其中 s 称为压缩指数，滤饼的可压缩性愈大，s 值愈大。对于不可压缩滤饼，$s=0$。表 3-2 列出了几种典型物料 s 的数值，以供参考。

表 3-2 典型物料的压缩指数

物料	硅藻土	碳酸钙	钛白(絮凝)	高岭土	滑石	黏土	硫化锌	氢氧化铝
s	0.01	0.19	0.27	0.33	0.51	0.56～0.6	0.69	0.9

将式(3-41) 代入式(3-40)，并令
$$K=\frac{2\Delta p^{1-s}}{\mu r_0 c} \tag{3-42}$$
得
$$\frac{dV}{d\theta}=\frac{KA^2}{2(V+V_e)} \tag{3-43}$$
或
$$\frac{dq}{d\theta}=\frac{K}{2(q+q_e)} \tag{3-43a}$$
式中 $q_e=V_e/A$。

式(3-43)、式(3-43a) 是过滤基本方程的微分式，表示任一瞬间的过滤速率。其中，K、q_e（或 V_e）通常称为**过滤常数**，其值需由实验测定。

（三）恒压过滤方程式

要将式(3-43)、式(3-43a) 用于过滤计算，还要按照具体条件积分。

间歇式过滤机（以板框压滤机为代表）的操作可以在恒压、恒速或变速变压等不同条件下进行。然而，工业过滤并不宜于使整个过程全部在恒速或恒压下进行。若要使整个过程都维持恒速，则过程末期的压力要升到很高。这时过滤机易产生泄漏，泵的带动设备亦会超负荷。严格地维持恒压则因刚开始时介质表面并无滤渣，猛然加压会使较细的颗粒堵塞介质的孔隙而增大其阻力。常用的操作方式是在供料泵出口安装支线，支线上有泄压阀，开始过滤时有一短的升压阶段，在此期间的过滤既非恒压亦非恒速，压力升到一定数值，泄压阀被顶开，从支线泄去一部分悬浮液，此后过滤便大体上在恒压下进行。

至于连续过滤机（以转筒真空过滤机为代表），则都是在恒压条件下操作。所以总地来说，恒压过滤还是占主要地位，故下面重点讨论恒压过滤的计算。

恒压过滤时，过滤压力恒定。对于一定的悬浮液，μ、r_0、c 亦为常数，故 K 为常数，这样，可将 K 提到积分号之外。从过滤开始（$\theta=0$）到过滤结束（θ 时刻），积分式(3-43)、式(3-43a) 得
$$V^2+2VV_e=KA^2\theta \tag{3-44}$$
或者
$$q^2+2qq_e=K\theta \tag{3-45}$$

若过滤介质阻力可忽略不计，则以上两式简化为
$$V^2=KA^2\theta \tag{3-46}$$
$$q^2=K\theta \tag{3-47}$$

（四）过滤常数的测定

过滤计算要有过滤常数 K、q_e（或 V_e）作为依据。由不同物料形成的悬浮液，其过滤常数差别很大。即使是同一种物料，由于浓度不同，存放时发生聚结、絮凝等的条件不同，其过滤常数亦不尽相等，故要有可靠的实验数据作为参考，才能做出有把握的设计。但是要注意，由于小型设备与大型设备之间，滤饼沉积的方式、饼的均匀程度、机械构造的影响等方面都有区别，故据此做出的设计，仍要采用相当大的安全系数（25%以上）。

下面说明如何通过实验测定过滤常数。

由恒压过滤方程式(3-45) 得
$$\frac{\theta}{q}=\frac{1}{K}q+\frac{2q_e}{K} \tag{3-48}$$

式(3-48) 表明，恒压过滤时 θ/q 与 q 之间为线性关系。故实验中只要得出不同过滤时间 θ 内的单位面积滤液量 q，将 θ/q 对 q 作图，便可得一直线，其斜率为 $1/K$，而截距为 $2q_e/K$。

或者将式(3-43a) 改写成以下形式

$$\frac{\mathrm{d}\theta}{\mathrm{d}q}=\frac{2}{K}q+\frac{2q_e}{K}$$

再将上式中的微分用差分代替

$$\frac{\Delta\theta}{\Delta q}=\frac{2}{K}q+\frac{2q_e}{K} \tag{3-49}$$

实验中测出 θ 与 q 的对应值之后，算出各时间段 $\Delta\theta$ 内的 Δq；将 $\Delta\theta/\Delta q$ 对 q 作图，所得直线的斜率为 $2/K$，截距为 $2q_e/K$。以上两种方法所得结果相同。

用上述方法还可以测出不同恒压差 Δp 下的 K 值，再根据 K 与 Δp 的关系［式(3-42)］，有

$$\lg K=(1-s)\lg\Delta p+B$$

可见 $\lg K$ 与 $\lg\Delta p$ 成直线关系，由直线的斜率可求出压缩指数 s。

【例 3-5】 $CaCO_3$ 粉末与水的悬浮液在恒定压差 117 kPa 及 25 ℃下进行过滤，实验结果见表 3-3，过滤面积为 400 cm^2，求此压差下的过滤常数 K 和 q_e。

表 3-3 恒压过滤实验中的 θ-V 数据

过滤时间 θ/s	6.8	19.0	34.5	53.4	76.0	102.0
滤液体积 V/L	0.5	1.0	1.5	2.0	2.5	3.0

解 利用 $q=V/A$ 将表 3-3 中的数据整理成表 3-4。

表 3-4 q 与 θ/q 的关系

θ/s	6.8	19.0	34.5	53.4	76.0	102.0
$q/m^3\cdot m^{-2}$	0.0125	0.025	0.0375	0.05	0.0625	0.075
$\frac{\theta}{q}/s\cdot m^{-1}$	544.0	760.0	920.0	1068.0	1216.0	1360.0

将 θ/q 与 q 的关系绘成图 3-21，得一直线，从图中求得

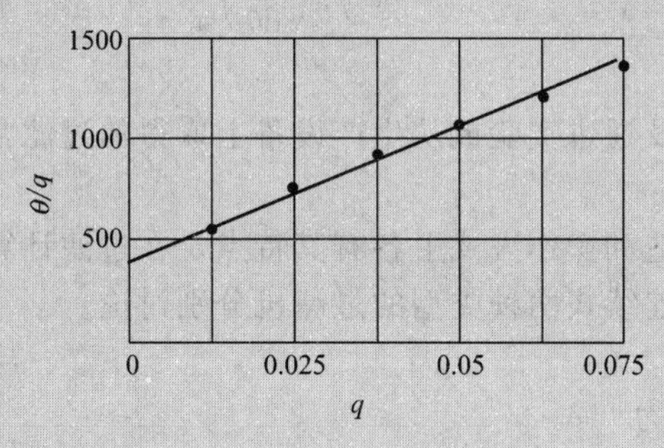

图 3-21 例 3-5 附图

斜率 $\frac{1}{K}=12900\ s\cdot m^{-2}$，截距 $\frac{2q_e}{K}=410\ s\cdot m^{-1}$

故

$$K=7.75\times10^{-5}\ m^2\cdot s^{-1}$$

$$q_e=\frac{K}{2}\times410=0.016\ m^3\cdot m^{-2}$$

四、滤饼洗涤

滤饼洗涤时，洗涤液（通常是水）所通过的滤饼厚度不增厚，因此，洗涤时的流动阻力不变，故恒压下的洗涤过程属于稳定流动过程。

（一）洗涤速度

洗涤速度用 $(\mathrm{d}V/A\mathrm{d}\theta)_\mathrm{w}$ 表示，单位 m/s。洗涤液在滤饼中的流动过程与过滤过程类似，因此

$$\left(\frac{\mathrm{d}V}{A\,\mathrm{d}\theta}\right)_\mathrm{w}=\frac{\text{洗涤推动力}}{\text{洗涤阻力}} \tag{3-50}$$

洗涤阻力与过滤阻力类似，与滤饼的比阻、洗涤液黏度、滤饼厚度、介质阻力有关。

当洗涤压力与最终过滤时的操作压力相同时，则洗涤速度 $(\mathrm{d}V/A\mathrm{d}\theta)_\mathrm{w}$ 与最终过滤速度 $(\mathrm{d}V/A\mathrm{d}\theta)_\mathrm{e}$ 之间有如下关系

$$\left(\frac{\mathrm{d}V}{A\,\mathrm{d}\theta}\right)_\mathrm{w}\Bigg/\left(\frac{\mathrm{d}V}{A\,\mathrm{d}\theta}\right)_\mathrm{e}=\frac{\mu L}{\mu_\mathrm{w}L_\mathrm{w}} \tag{3-51}$$

式(3-51) 还可改写成洗涤速率、最终过滤速率之比的形式

$$\left(\frac{\mathrm{d}V}{\mathrm{d}\theta}\right)_\mathrm{w}\Bigg/\left(\frac{\mathrm{d}V}{\mathrm{d}\theta}\right)_\mathrm{e}=\frac{\mu L A_\mathrm{w}}{\mu_\mathrm{w}L_\mathrm{w}A} \tag{3-51a}$$

式中，μ、μ_w 分别为滤液、洗涤液的黏度；A、L 分别为过滤面积和最终过滤时的滤饼厚度；A_w、L_w 分别为洗涤面积和洗涤时通过的滤饼厚度。

对于板框压滤机，属横穿洗法，即洗涤液所穿过的滤饼厚度 2 倍于最终过滤时滤液所通过的厚度，而洗涤液的流通截面却只有滤液的流通截面的一半，假定洗涤液的黏度与滤液黏度相等，则洗涤速率 $(\mathrm{d}V/\mathrm{d}\theta)_\mathrm{w}$ 只有最终过滤速率 $(\mathrm{d}V/\mathrm{d}\theta)_\mathrm{e}$ 的 1/4。

对于叶滤机和转筒真空过滤机，属置换洗法，洗涤液所走的路线与最终过滤时滤液的路线是一样的，故黏度相同时，洗涤速率 $(\mathrm{d}V/\mathrm{d}\theta)_\mathrm{w}$ 等于最终过滤速率 $(\mathrm{d}V/\mathrm{d}\theta)_\mathrm{e}$。

利用式(3-51a) 及式(3-43)，可由最终过滤速率求出洗涤速率。实际洗涤操作中可能会因滤饼开裂而发生沟流、短路等现象，使洗涤速率比按式(3-51a) 的计算值大。

（二）洗涤时间 θ_w

设洗涤液用量为 V_w，则洗涤时间

$$\theta_\mathrm{w}=V_\mathrm{w}\Bigg/\left(\frac{\mathrm{d}V}{\mathrm{d}\theta}\right)_\mathrm{w} \tag{3-52}$$

五、生产能力

利用过滤方程式，以及通过实验或从生产设备上取得的过滤常数数据，便可计算过滤机的生产能力，或过滤面积。

各种类型过滤机在构造和操作方式上各有其特点，在过滤计算中要结合设备的这些特点进行。下面将对间歇式和连续式两种类型的过滤机分别讨论。

（一）间歇过滤机

1. 操作周期及生产能力

间歇过滤机的一个操作周期 θ_c 包括过滤时间 θ、洗涤时间 θ_w、卸渣、重装等辅助时间 θ_R，即

$$\theta_\mathrm{c}=\theta+\theta_\mathrm{w}+\theta_\mathrm{R} \tag{3-53}$$

式中，θ 可采用恒压过滤方程式计算；θ_w 采用式(3-52) 计算；θ_R 由生产实际情况而定，与过滤及洗涤的速率无关。

间歇过滤机的生产能力是指一个操作周期内获得的滤液量或滤饼量。设一个操作周期内获得的滤液量为 V，则生产能力可表示为

$$Q=\frac{V}{\theta_\mathrm{c}}=\frac{V}{\theta+\theta_\mathrm{w}+\theta_\mathrm{R}} \tag{3-54}$$

2. 最佳操作周期及最大生产能力

一个操作循环中，过滤装置拆卸、整理与重装等辅助时间是固定的，与产量无关；而过

滤与洗涤所占的时间都因产量（以所得的滤液体积或滤饼体积计）的增加而增加。若一个操作循环中过滤时间短，则所形成的滤饼薄，过滤的平均速率便大，但其辅助时间所占的比例大，此时生产能力不一定大。反之，过滤时间延长则滤饼厚，过滤的平均速率小，生产能力也不一定大。所以，一个周期内过滤时间应有一最佳值，使生产能力达到最大。在此最佳过滤时间内生成的滤饼厚度，应是设计压滤机时决定最适宜框厚的根据，亦是决定叶滤机内两叶片之间距离的根据。

要求最佳操作周期及最大生产能力，可将式(3-54) 对 V 求导数，并令导数等于零求得。为简单计，略去滤布阻力。由式(3-46) 可知

$$\theta=\frac{V^2}{KA^2} \tag{3-55}$$

因一个循环的滤液量愈多，则滤饼愈厚，洗涤用水量也应愈多，故可设洗涤液量 V_w 与滤液量 V 成正比，即

$$V_w=JV$$

式中，J 为比例系数，无量纲。

再忽略洗涤液黏度与滤液黏度的差别，则洗涤速率为最终过滤速率的 δ 倍（置换洗法 $\delta=1$，横穿洗法 $\delta=1/4$）。即

$$\left(\frac{dV}{d\theta}\right)_w=\delta\left(\frac{dV}{d\theta}\right)_e=\delta\frac{KA^2}{2V}$$

故洗涤时间为

$$\theta_w=\frac{V_w}{(dV/d\theta)_w}=\frac{2JV^2}{\delta KA^2} \tag{3-56}$$

将式(3-55)、式(3-56) 代入式(3-54)，得

$$Q=\frac{V}{V^2/KA^2+2JV^2/\delta KA^2+\theta_R} \tag{3-57}$$

式(3-57) 中的 K、J、δ 为常数，θ_R 由工作情况而定亦为常数，故只有一个变量 V。为了求 Q 的最大值，可令 $dQ/dV=0$ 而得到

$$\theta_R=\frac{V^2}{KA^2}+\frac{2JV^2}{\delta KA^2}=\theta+\theta_w \tag{3-58}$$

这表明，在过滤介质阻力忽略不计的条件下，当过滤时间与洗涤时间之和等于辅助时间时，间歇过滤机的生产能力最大，此即为最佳操作周期

$$\theta_{c,opt}=\theta+\theta_w+\theta_R=2\theta_R \tag{3-59}$$

【例 3-6】 在试验装置中过滤钛白（TiO_2）的水悬浮液，过滤压力为 0.3 MPa，测得过滤常数为：$K=5\times10^{-5}\ m^2\cdot s^{-1}$，$q_e=0.01\ m^3\cdot m^{-2}$。又测出滤饼体积与滤液体积之比 $c=0.08\ m^3\cdot m^{-3}$。现要用工业型板框压滤机过滤同样的料液，过滤压力、所用的滤布亦与试验时相同。滤框长与宽均为 810 mm，厚度为 45 mm，共有 26 个框，过滤面积为 33 m^2，框内总容量为 0.760 m^3。试计算：(1) 过滤进行到框内全部充满滤饼所需的过滤时间；(2) 过滤后用总滤液量体积的 1/10 清水进行洗涤，求洗涤时间；(3) 洗涤后卸渣、清理、重装等共需 40 min，求每台压滤机的生产能力，以平均每小时可得到的滤饼体积计。

解　该压滤机的过滤面积与框内容量已列出，现核算如下。

过滤面积＝框长×框宽×框数×2＝0.81×0.81×26×2＝34.1 m^2

框内总容积＝框长×框宽×框厚×框数＝0.81×0.81×0.045×26＝0.768 m^3

计算值略大于题中的给定值，系由于计算中未考虑框上悬浮液通道与洗水通道所占的位置。后面的计算按题中给定值进行。

(1) 滤框充满的过滤时间

滤框全部充满滤饼时得到的滤液量

$$V=\frac{\text{框内总容积}}{c}=\frac{0.760}{0.08}=9.5\ \text{m}^3$$

单位面积的滤液量 $q=\frac{V}{A}=\frac{9.5}{33}=0.288\ \text{m}^3\cdot\text{m}^{-2}$

将 q 值及题中所给的过滤常数代入恒压过滤方程式(3-45) 中

$$0.288^2+2\times0.288\times0.01=5\times10^{-5}\theta$$

$$\theta=1774\ \text{s}\ (\text{或}\ 29.6\ \text{min})$$

(2) 过滤后用总滤液量体积的 1/10 清水进行洗涤，求洗涤时间

$$\text{洗涤液量}\ V_w=\frac{1}{10}V=0.95\ \text{m}^3$$

最终过滤速率 $\left(\frac{dV}{d\theta}\right)_e=\frac{KA^2}{2(V+V_e)}=\frac{KA}{2(q+q_e)}=\frac{5\times10^{-5}\times33}{2\times(0.288+0.01)}=2.77\times10^{-3}\ \text{m}^3\cdot\text{s}^{-1}$

板框压滤机属横穿洗涤，洗涤速率

$$\left(\frac{dV}{d\theta}\right)_w=\frac{1}{4}\left(\frac{dV}{d\theta}\right)_e=\frac{1}{4}\times2.77\times10^{-3}=6.93\times10^{-4}\ \text{m}^3\cdot\text{s}^{-1}$$

洗涤时间 $\theta_w=\frac{V_w}{(dV/d\theta)_w}=\frac{0.95}{6.93\times10^{-4}}=1371\ \text{s}$ (或 22.9 min)

(3) 生产能力，以平均每小时可得到的滤饼体积计

已知辅助时间 $\theta_R=40\ \text{min}$

操作周期 $\theta_c=\theta+\theta_w+\theta_R=29.6+22.9+40=92.5\ \text{min}$ (或 1.54 h)

故 $\text{生产能力}=0.760/1.54=0.49\ \text{m}^3(\text{滤饼})\cdot\text{h}^{-1}$

【例 3-7】 例 3-6 的压滤机的框稍嫌厚，若充满框才停止过滤，则过滤时间稍长，没有达到最佳化的要求。试求每周期最佳的滤液量与滤饼厚度，及可达到的最大生产能力。

解 因 $q_e/q=0.01/0.288=0.035$，故本题可略去滤布阻力以简化计算。由式(3-56) 可知

$$\theta_w=\frac{2J}{\delta}\theta$$

本题中 $J=1/10$，$\delta=1/4$，于是

$$\theta_w=\frac{2\times1/10}{1/4}\theta=0.8\theta$$

根据式(3-58)，达到最佳时，有

$$\theta_R=\theta+\theta_w$$

$$40=\theta+0.8\theta$$

$$\theta=22.2\ \text{min}\ (\text{或}\ 1332\ \text{s})$$

将 θ 及例 3-6 中给出的过滤常数、A 代入恒压过滤方程式(3-44) 中可求得滤液量

$$V^2+2\times0.01\times33\times V=5\times10^{-5}\times33^2\times1332$$

$$V=8.2\ \text{m}^3$$

相应的滤饼体积 $V\times c=8.2\times0.08=0.66\ \text{m}^3$

$$\text{滤框厚度}=\frac{\text{滤饼体积}}{A/2}=\frac{0.66}{33/2}=0.04\ \text{m}$$

此即为最佳滤框厚度。

其生产能力可计算如下。

$$操作周期=2\times40=80\ \text{min}（或 1.333\ \text{h}）$$

$$生产能力=\frac{0.66}{1.333}=0.5\ \text{m}^3(滤饼)\cdot\text{h}^{-1}$$

可见，最佳生产能力较例 3-6 的大。

（二）连续过滤机

1. 操作周期

以转筒真空过滤机为例，一个操作周期就是旋转一周所经历的时间，设转筒的转速为每秒钟 n 次，则操作周期便为

$$\theta_c=\frac{1}{n} \tag{3-60}$$

转筒真空过滤机在整个操作周期内只有部分面积进行过滤，也可以理解为：转筒的全部面积只在部分时间内进行过滤。设转筒表面浸入悬浮液中的分数为

$$\phi=\frac{浸入角度}{360°} \tag{3-61}$$

则过滤的部分面积就是 ϕA；部分时间就是 ϕ/n。

2. 生产能力

根据恒压过滤方程，略去滤布阻力，有 $V^2=KA^2\theta$，即转筒转一圈（一个操作周期）的滤液量为 $V=A\sqrt{K\theta}=A\sqrt{K\phi/n}$，故转筒过滤机的生产能力为

$$Q=\frac{V}{\theta_c}=nV=A\sqrt{K\phi n} \tag{3-62}$$

式(3-62）表明，提高转筒的浸没分数 ϕ 及转速 n 均可提高生产能力，但这类方法受到一定限制：若转速过大，则导致形成的滤饼过薄，不易从转筒表面取下；又若浸没分数提高，则洗涤、吸干、吹松等区域的分数便相应减小，可能达不到相应的要求。

【例 3-8】 例 3-6 中的悬浮液，拟改用转筒真空过滤机进行过滤。从产品样本中查得的有关参数为：转筒直径 2.6 m，宽度 2.6 m，过滤面积 20 m^2，转速范围为 0.13～0.8 r·min^{-1}，浸入角度为 90°～133°。生产中拟采用的转速为 0.13 r·min^{-1}，浸入角度为 130°。操作真空度为 70 kPa，若滤饼的压缩指数 $s=0.3$，而且滤布阻力在压力改变时不起变化，试求生产能力（以每小时送出的滤饼体积表示）。

解 先核算过滤面积

$$A=\pi\times直径\times宽度=\pi\times2.6\times2.6=21.2\ \text{m}^2$$

计算值大于题中所列的数值（因未考虑筒周壁各段间的间隙）。过滤面积应采用题中所列数值，即 $A=20\ \text{m}^2$。

再计算过滤常数。例 3-6 中列出的过滤常数仅适用于过滤压差为 0.3 MPa 的情况，现过滤压差为 70 kPa，故要进行修正。

根据式(3-42)，K 与 Δp^{1-s} 成正比，故在本题条件下

$$K=5\times10^{-5}\times\left(\frac{70}{300}\right)^{1-0.3}=1.81\times10^{-5}\ \text{m}^2\cdot\text{s}^{-1}$$

滤布阻力一般不因压力而变，故其相当的滤液量 q_e 亦不变，得本题条件下的过滤方程式为

$$q^2+2\times0.01q=1.81\times10^{-5}\theta \tag{a}$$

浸没分数 $\phi=\frac{130}{360}=0.361$

过滤时间 $\theta=\frac{\phi}{n}=\frac{0.361}{\frac{0.13}{60}}=166.6\ s$

将 θ 代入式(a)，解得 $q=0.0458 m^3\cdot m^{-2}$

转筒转一周得到的滤液量 $V=qA=0.0458\times 20=0.916\ m^3$

转筒转一周得到的滤饼量 $V_c=cV=0.08\times 0.916=0.0733\ m^3$

以每小时计的生产能力 $Q=60V_c n=60\times 0.0733\times 0.13=0.572\ m^3$(滤饼)$\cdot h^{-1}$

滤饼厚度为 $L=\frac{V_c}{A}=\frac{0.0733}{20}=0.00367\ m$（或 3.7 mm）

显见，滤饼比较薄，但本题已采用了产品样本中对本设备规定的最小转速（$0.13\ r\cdot min^{-1}$），不能再降低转速来增加过滤时间以提高饼厚。此计算结果表明，本题中的悬浮液固体颗粒含量低，采用转筒真空过滤机则滤饼过薄，不如采用板框压滤机合适。但与例 3-7 比较后，仍可看出：转筒真空过滤机在过滤推动力小得多、过滤面积也较小的条件下，其生产能力（$0.572\ m^3\cdot h^{-1}$）仍大于压滤机在最佳操作周期下的生产能力（$0.50\ m^3\cdot h^{-1}$）。若悬浮液中固含量多、颗粒粗（采矿、煤炭、无机盐化学工业中常见），则采用转筒真空过滤机的效果远优于压滤机。

第四节 离心分离

利用离心力分离非均相混合物的过程称为离心分离。其设备除前述的旋风（液）分离器外，更重要的还有离心机。

离心机的主要部件是一个载着物料、高速旋转的转鼓。其产生的离心力，可将悬浮液中的固体微粒沉降或过滤而除去，或使乳浊液中两种密度不同的液体分离。

离心分离可以对一般沉降或过滤方法不能分离的混合物进行分离，其速率也较大，例如悬浮液用过滤方法处理若需 1 h，用离心分离只需几分钟，而且可以得到比较干的固体渣。

离心机转鼓的直径或转速愈大，离心力愈大，对分离愈有利。这与旋风分离器直径小则分离性能好的特点似乎有矛盾，其原因在于二者离心力产生的方式不同：离心机是由设备本身的旋转产生离心力，其离心加速度 $a_r=r(2\pi n)^2$，可见，直径或转速愈大，a_r 愈大。后者则是由被分离的混合物以切线方向进入设备而产生离心力。当切线速度 u_i 一定时，根据离心加速度 $a_r=r\omega^2=u_i^2/r$ 可知，若设备直径愈小，则 a_r 愈大，对分离愈有利。

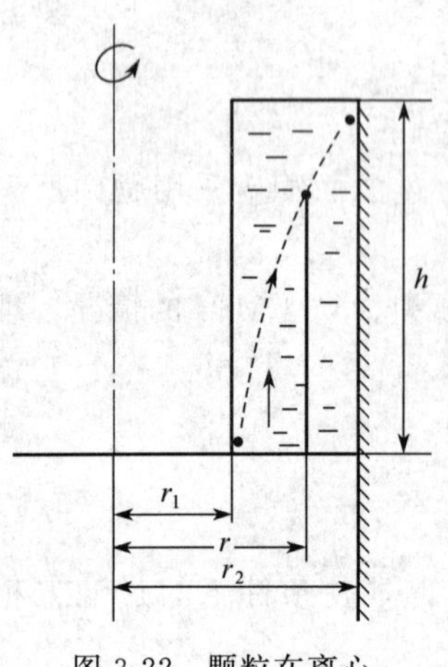

图 3-22 颗粒在离心机内的沉降

离心机按其所产生的离心力与重力之比，即离心分离因数 $K_C=a_r/g$ 值的大小，有常速（$K_C<3000$）、高速（$3000<K_C<50000$）与超速（$K_C>50000$）之分。

离心机按分离的方式分，则有下列几种。

（1）沉降式离心机 加料管将含固体微粒的悬浮液（通常含颗粒很小且浓度不大）连续引到转鼓底部，使其在鼓内自下而上流动。转鼓旋转时，液面形成抛物线形，但在 K_C

较大的情况下，液面便可视为与转轴平行（见图 3-22)。颗粒在被液体带动自下而上流动的过程中，又受到离心力作用以一径向速度趋向鼓壁，其实际的轨线如图 3-22 中的虚线所示。当悬浮液中某一颗粒沉降到达鼓内壁所需的时间，小于它从底部上升到转鼓顶部所需的时间（即它在鼓内的停留时间），则此颗粒便能从液体中分离出来，否则将随液体溢流而出。当颗粒层于鼓壁上达到一定厚度之后将其取出，清液则从鼓的上方开口溢流而出。

(2) 过滤式离心机　鼓壁上开孔，覆以滤布，悬浮液注入其中随之旋转。液体受离心力后穿过滤布及壁上的小孔排出，而固体颗粒则截留在滤布上。

(3) 分离式离心机　用于乳浊液的分离。非均相液体混合物被转鼓带动旋转时，密度大的液体趋向器壁运动，密度小的趋向中央，分别从靠近外周的及近中央的溢流口流出。

离心机按结构分，主要有：转鼓式间歇离心机（以三足式离心机为代表)、转鼓式自动卸料连续离心机、碟片式离心机、管式离心机等。

(1) 三足式离心机　图 3-23 所示为间歇操作的转鼓式离心机中最简单的一种。转鼓又称滤筐，是直立的，开口向上，从底部带动。机的外壳、转鼓和传动装置都悬在三个支柱上，故称三足式离心机。机盖打开后，浆料经加料管送入；机盖关闭后才能运转，从转鼓壁上的小孔甩出的液体集于机壳底部，用管子连续地引出。停止运转后机盖才能打开，滤渣从上方取出。也有转鼓底部可以开启，从下方卸料的设计。

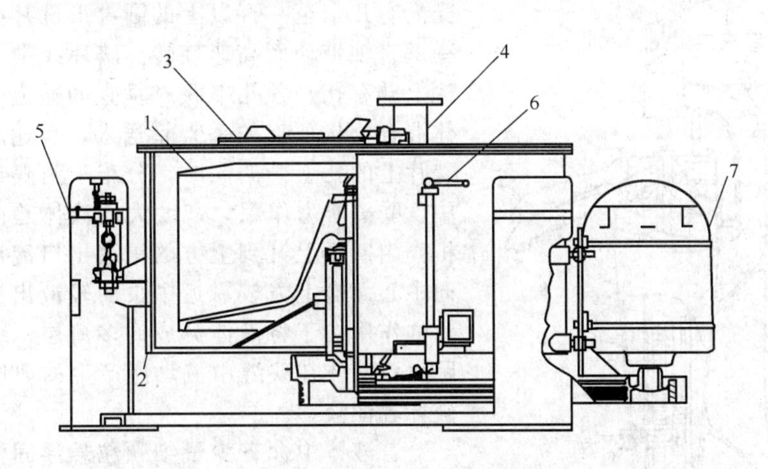

图 3-23　三足式间歇操作离心机

1—转鼓；2—机壳；3—机盖；4—加料管；5—支柱；6—制动器把手；7—电动机

这种离心机转鼓的直径多在 1 m 左右，转速为每分钟几百至一千多转，分离因数一般为 600～1200。

(2) 转鼓式自动卸料连续离心机　图 3-24 所示为自动卸渣的连续操作离心机的一种。转鼓（滤筐）是平卧的，内衬金属网板，由水平轴带动旋转。浆料由加料管送到一个旋转的圆锥形漏斗中，此斗将滤浆加速之后送到滤筐内。沉积在筐壁上的固体物迅速脱水而成饼状。一个往复运动的推渣器将此固体渣向筐边缘推送 30～50 mm，然后往后退以空出新的过滤面来接纳新送到的滤浆。锥形加料斗与推渣器一起做往复运动。滤渣在被推到筐边缘落下之前，有喷头向其洒水进行洗涤。

此种形式的离心机的转速多在 1000 $r \cdot min^{-1}$ 以内，适用于过滤颗粒直径较大（1 mm 左右)、浓度较大（30%以上）的滤浆，在食盐、硫酸铵、尿素等的生产中使用广泛。

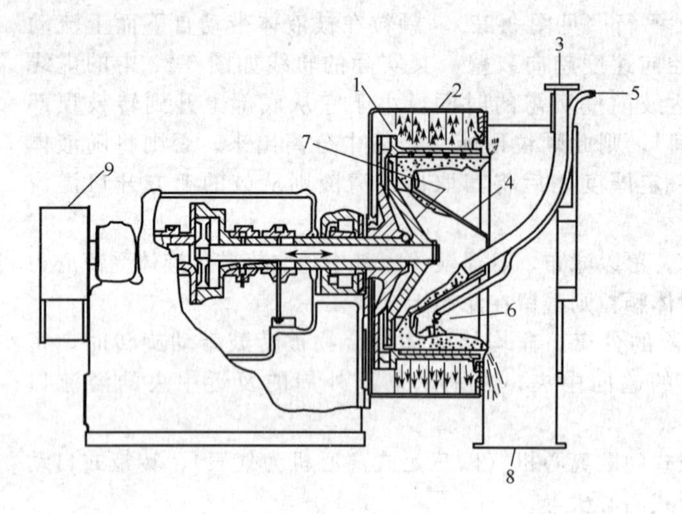

图 3-24 有往复式卸料器的连续操作离心机
1—转鼓；2—机壳；3—加料管口；4—加料斗；5—洗水管进口；6—洗水喷头；7—往复推渣器；8—卸渣口；9—传动轮

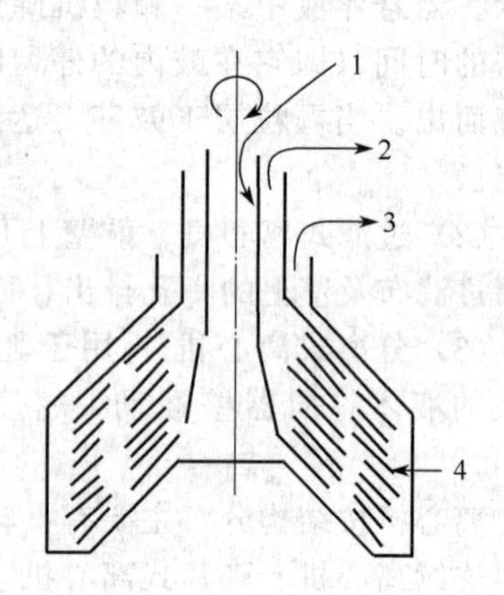

图 3-25 碟片式离心机
1—加料；2—轻液出口；3—重液出口；4—固体物积存区

(3) 碟片式离心机 此种离心机可用于分离不互溶的液体混合物，或从液体中分离出极细的颗粒。如图 3-25 所示，机的底部做成圆锥形，壳内有几十至一百以上的圆锥形碟片叠置成层，由一垂直轴带动而高速旋转。碟片在中央至周边的半途上开有孔，各孔串联成垂直的通道。要分离的液体混合物从顶部的垂直管送入，直达底部，在经过碟片上的孔上升的同时，分布于两碟片之间的窄缝中，受离心力作用，密度大的液体趋向外周，到达机壳内壁后上升到上方的重液出口流出；轻液则趋向中心而自上方较靠近中央的轻液出口流出。各碟片的作用在于将液体分成许多薄层，缩短液滴沉降距离；液体在狭缝中流动所产生的剪应力亦有助于破坏乳浊液。

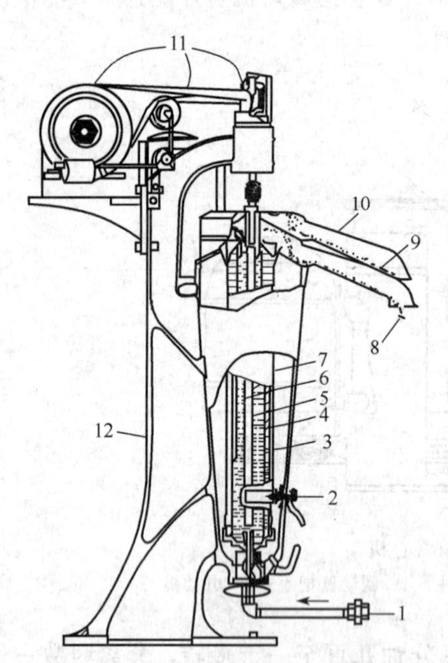

图 3-26 管式超速离心机
1—液体进口；2—制动器；3—重液；4—固体；5—轻液；6—空气；7—转鼓（管）；8—重液出口；9—轻液出口；10—出口盖；11—带动机构；12—机架

若液体中含有少量细颗粒悬浮固体，这些颗粒亦趋向外周运动而到达机壳内壁附近沉积下来，可间歇地加以清除。

碟片式离心机亦简称分离机，碟片直径可达到 1 m，转速多在 4000～7000 $r\cdot min^{-1}$ 之间，分离因数为4000～10000。此种设备广泛用于润滑油脱水、牛乳脱脂、饮料澄清、催化剂分离等。

(4) 管式离心机 在限定转鼓机械强度的条件下，提高转速，缩小转鼓直径，可以加大离心分离因数 K_C。依此设计成的管式超速（高速）离心机，其直径一般为 100～200 mm，高约为 0.75～1.5 m，如图 3-26 所示。其转速约 8000～50000 $r\cdot min^{-1}$，K_C 达 15000～60000。乳浊液自底部的进口引入，在管内自下而上运行的过程中，因离心力作用，依密度不同而分成内外两个同心层，到达顶部分别自轻液出口与重液出口送出管外。若用于从液体中分离出少量极细的固体颗粒则关闭重液出口，只留轻液出口。附于管壁上的小颗粒，可间歇地将管取出加以清除。

第五节　固体流态化

流态化是指固体颗粒层在流体的带动下，能使颗粒具有流体某些表观特性的过程。由于流态化了的颗粒表面能全部暴露于周围剧烈湍动的流体中，从而强化了传热、传质和化学反应；因而，流态化技术发展很快，许多工业部门在处理粉粒状物料的输送、混合、加热或冷却、干燥、吸附、煅烧和气-固反应等过程中，都广泛地应用了流态化技术。其缺点则是动力消耗大，设备易磨损，颗粒易碎。

本节介绍流态化过程的一些基本知识，至于流态化过程中的传热与传质问题的详细讨论请阅读相关的资料。

一、基本概念

如果流体自下而上地流过颗粒层，根据流速的大小，会出现下述三种不同情况。

(1) 固定床阶段　当流体通过颗粒床层的表观速度（即空床速度）u 较低时，颗粒空隙中流体的真实速度 u_1 小于颗粒的沉降速度 u_0，颗粒将保持静止状态，此时的颗粒层称为固定床［见图 3-27(a)］。

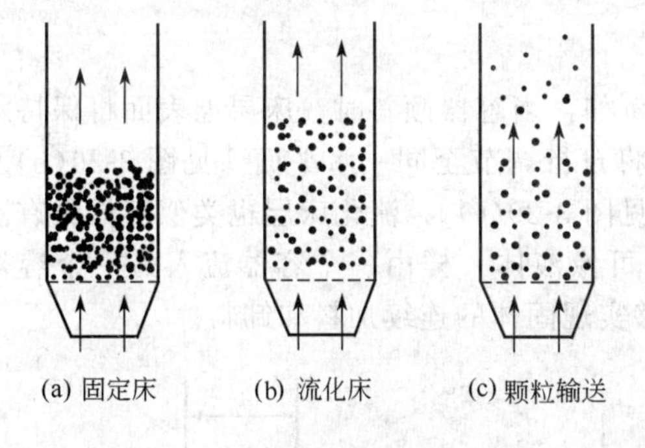

图 3-27　流态化过程的几个阶段

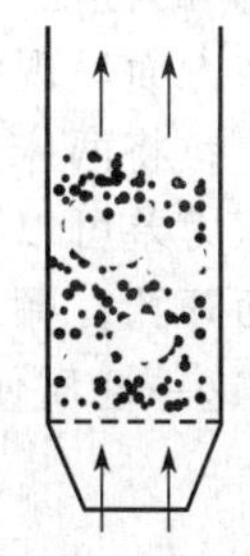

图 3-28　聚式流化床

(2) 流化床阶段　当流体的表观速度 u 加大到某一数值时，真实速度 u_1 比颗粒的沉降速度 u_0 稍大，此时床层内较小的颗粒将松动或“浮起”，颗粒床层高度也有明显增大。但随着床层的膨胀，床内空隙率 ε 也增大，而真实速度 $u_1=u/\varepsilon$，将随着 ε 的增大而减小，直至减到沉降速度 u_0 为止。也就是说，在某一表观速度下，颗粒床层只会膨胀到一定程度，此时颗粒悬浮于流体中，床层有一个明显的上界面，这种床层称为流化床［见图 3-27(b)］。

(3) 颗粒输送阶段　如果继续提高流体的表观速度 u，使真实速度 u_1 大于颗粒的沉降速度 u_0，则颗粒将被流体所带走，此时床层上界面消失，达到了颗粒输送阶段［见图 3-27(c)］，依此，可以实现固体颗粒的气力输送或液力输送。

二、流化床的两种状态

根据颗粒在流体中分散得是否均匀，可将流态化分成散式流态化和聚式流态化。

(一) 散式流态化

散式流态化现象一般发生在液固系统。此种床层中颗粒能均匀地分散在流体中。当流体流量逐渐增加时，床层从开始膨胀直到颗粒被带走，床内颗粒的分散状态和扰动程度平缓地加大，床层的上界面较为清晰，如图 3-27(b) 所示。

（二）聚式流态化

聚式流态化现象一般发生于气固系统，这也是目前工业上应用较多的系统，如图 3-28 所示。其特点是床层中存在两个相：其一是颗粒浓度大、分布较均匀的乳化相（密相）；另一是夹带少量颗粒、以气泡形式通过的气泡相（稀相）。当气泡到达床层顶部则破裂而将该处的颗粒溅散，使得床层上界面起伏不定，造成床层波动。当气量增大时，乳化相仍基本保持起始流化时的空隙率和气速，其余的气体以更多、更大的气泡通过床层。故从起始流态化开始，床层的波动逐渐加剧，但其膨胀程度却不大。

聚式流化床中可能发生以下两种不正常现象。

（1）腾涌　如果床层高度与直径的比值大、气速又高时，气泡就容易相互聚合成大气泡，当气泡直径大到与床径相等时，就将床层分隔成几段，床内颗粒群以活塞推进的方式向上运动，在达到上部后气泡破裂，颗粒又重新回落，这即是腾涌，亦称节涌。腾涌使气固之间的接触状况恶化，加剧颗粒的磨损与带出，并使床层受到冲击、发生震动，甚至损坏内部构件。

（2）沟流　在大直径床层中，由于颗粒堆积不匀或气体初始分布不良，可在床内局部地方形成沟流。此时，大量气体经过局部地区的通道上升，而床层的其余部分仍处于固定床状态（死床）。显然，当发生沟流现象时，气体不能与全部颗粒良好接触，将使工艺过程严重恶化。

三、流化床的主要特性

（一）类似液体的特性

流化床在一些方面呈现出类似液体的性质。例如，当容器倾斜时，床层上表面将保持水平［见图 3-29(a)］；将两床层相通，它们的床面将自行调节至同一水平面［见图 3-29(b)］；床层中任意两点压力差可以用液柱压差计测量［见图 3-29(c)］；流化床层也类似液体具有流动性，如容器壁面开孔，颗粒将从孔口喷出，并可像液体一样由一个容器流入另一个容器［见图 3-29(d)］，这一性质使流化床在操作中能够实现固体的连续加料和卸料。

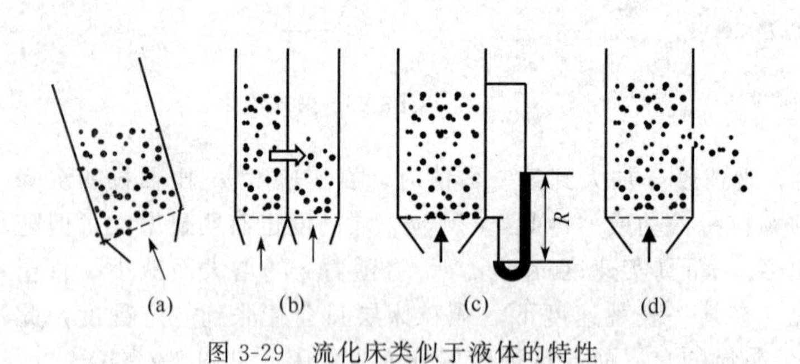

图 3-29　流化床类似于液体的特性

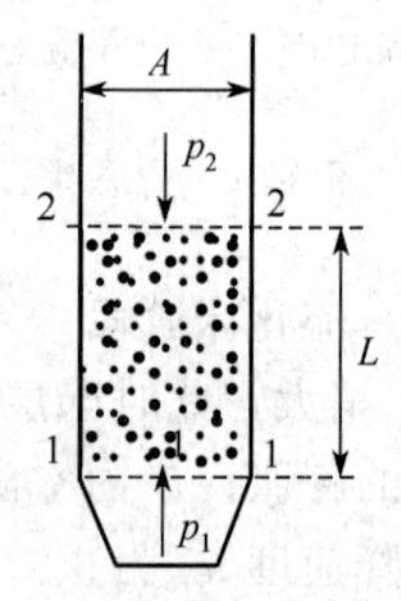

图 3-30　流化床

（二）几乎恒定的压力损失

床层一旦流化，全部颗粒处于悬浮状态，则整个床层受力平衡，即合力为零。现取整个床层做受力分析，如图 3-30 所示。忽略流体与容器壁面间的摩擦力，则整个床层的重量（包括流体）等于床层的压差 Δp（$\Delta p = p_1 - p_2$）乘以截面积 A，即

$$\Delta p A = m_p g + m_l g \tag{3-63}$$

式中，m_p 为床层中颗粒的总质量，kg；m_l 为床层内流体的质量，kg。

令床层高度为 L，则

$$m_l g = \left(AL - \frac{m_p}{\rho_s}\right)\rho g \tag{3-64}$$

式中，ρ、ρ_s 分别为流体和固体颗粒的密度，$kg \cdot m^{-3}$。

将式(3-64) 代入式(3-63)，得

$$\Delta p A = \frac{m_p(\rho_s - \rho)g}{\rho_s} + AL\rho g$$

即

$$\Delta p - L\rho g = \frac{m_p(\rho_s - \rho)g}{A\rho_s} \tag{3-65}$$

再对图 3-30 中截面 1-1 与 2-2 间的流化床做机械能衡算有

$$\Delta p = L\rho g + \Delta p_f$$

式中，Δp_f 为压力损失。

结合上式与式(3-65)，得

$$\Delta p_f = \Delta p - L\rho g = \frac{m_p}{A\rho_s}(\rho_s - \rho)g \tag{3-66}$$

上式表明，在流态化阶段，流体通过床层的压力损失等于流化床中以单位床层面积计的全部颗粒的净重力。由于后者不随流速而变化，故流化床的压力损失 Δp_f 不变，如图 3-31 中水平线段 BC 所示。注意，图中 BC 段略向上倾斜是由于流体流过器壁的阻力损失随气速增大而造成的。

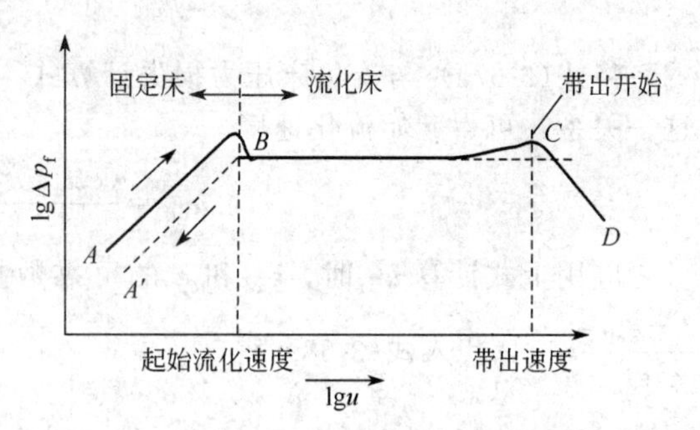

图 3-31　流化床压力损失与气速关系

图中 AB 段为固定床阶段，由于流体在此阶段流速较低，颗粒较细时常处于层流状态，压力损失与表观速度的一次方成正比，因此该段为斜率等于 1 的直线。图中 $A'B$ 段表示从流化床回复到固定床时的压力损失变化关系，由于颗粒从逐渐减慢的上升气流中落下所形成的床层较随机装填的要疏松一些，导致压力损失也小一些，故 $A'B$ 段处在 AB 段的下方。

CD 段向下倾斜，表示此时由于某些细颗粒开始为上升气流所带走，床内颗粒量减少，平衡颗粒重力所需的压力自然随着下降，直至达到某一气速颗粒全部被带走。

根据流化床恒定压力损失的特点，在流化床操作时可以通过测量床层压力损失来判断床层流化的优劣。如果床内出现腾涌，压力损失将有大幅度的波动；若床内发生沟流，则压力损失较正常时为低。

四、流化床的操作流速范围

流化床的空隙率随流体表观速度的增大而变大，因此，能够维持流化床状态的表观速度可以有一个较宽的范围。

床层开始流态化时的流体表观速度称为**起始流化速度**，用 u_{mf} 表示。当某指定颗粒开始被带出时的流体表观速度称为**带出速度**，用 u_0 表示。流化床的操作流速应大于 u_{mf}，又要小于 u_0。

（一）起始流化速度 u_{mf}

起始流化速度又称临界流化速度，或最小流化速度，它是固定床到流化床的转折点，如图 3-31 中的点 B 所示，故可通过固定床与流化床压力损失线的交点决定。此交点最好由实验测定，也可用下述方法估算。

当颗粒较细时，流体通过固定床层的空隙为层流，其压力损失 Δp_f 可应用第三节对滤液通过滤渣导出的式(3-35)

$$u=\frac{\varepsilon^3}{2K_0a^2(1-\varepsilon)^2}\frac{\Delta p_f}{\mu L}$$

将式中的比表面积 a 用式(3-3)，即 $a=6/\varphi d_{eV}$ 表示，得到

$$\Delta p_f=72K_0\frac{(1-\varepsilon)^2u\mu L}{\varepsilon^3(\varphi d_{eV})^2}$$

式中，d_{eV} 为非球形颗粒的体积当量直径，对于非均匀颗粒群，应采用邵特（Sauter）直径，m；φ 为球形度。

根据欧根（Ergun）的实验数据，层流时 $72K_0$ 取为 150，代入上式得

$$\Delta p_f=150\frac{(1-\varepsilon)^2u\mu L}{\varepsilon^3(\varphi d_{eV})^2} \tag{3-67}$$

当 u 达到起始流化速度 u_{mf} 时，Δp_f、ε 及 L 都达到固定床的最大值 Δp_{mf}、ε_{mf} 及 L_{mf}，式(3-67) 改写为

$$\Delta p_{mf}=150\frac{(1-\varepsilon_{mf})^2u_{mf}\mu L_{mf}}{\varepsilon_{mf}^3(\varphi d_{eV})^2} \tag{3-67a}$$

将式(3-67a) 与流化床压力损失计算式［式(3-66)］联立，并利用 $m_p=AL_{mf}(1-\varepsilon_{mf})\rho_s$ 这一关系，可得起始流化速度

$$u_{mf}=\frac{(\varphi d_{eV})^2(\rho_s-\rho)g}{150\mu}\frac{\varepsilon_{mf}^3}{1-\varepsilon_{mf}} \tag{3-68}$$

应用上式计算 u_{mf} 时，ε_{mf} 和 φ 的可靠数据常难以获得。而对于常见的细颗粒，发现有 $\frac{1-\varepsilon_{mf}}{\varphi^2\varepsilon_{mf}^3}\approx 11$，代入式(3-68) 得

$$u_{mf}=\frac{d_{eV}^2(\rho_s-\rho)g}{1650\mu} \tag{3-69}$$

式(3-69) 适用于起始流化雷诺数 $Re_{mf}=d_{eV}u_{mf}\rho/\mu$ 约小于 20 的范围，偏差约达±30%。

（二）带出速度

颗粒床层通常由非均匀的颗粒组成，当流体表观速度 u 稍大于某指定粒径颗粒的沉降速度 u_0 时，此种颗粒及更小的颗粒将被流体带出，故流化床中指定粒径颗粒的带出速度应当等于其沉降速度 u_0。层流范围内，u_0 按式(3-21) 计算

$$u_0=\frac{d^2(\rho_s-\rho)g}{18\mu}$$

流化床操作流速范围的大小可用 u_{mf}/u_0 表示。设想一理想情况：床层由直径相同的球形颗粒组成，则式(3-69) 中的 d_{eV} 与式(3-21) 中的 d 相等，在两式都适用的范围内，

$$\frac{u_0}{u_{mf}}=\frac{1650}{18}=91.7$$

可见，流化床的操作流速范围可以相当宽。实际上，由于床内颗粒通常大小不均匀，被带出的颗粒粒径 $d<d_{eV}$，使得操作流速范围比上述的要窄。若颗粒较大，流化或带出时超出层流范围，式(3-69) 及式(3-21) 不适用，其适用公式算出的 u_0/u_{mf} 也要比上述的小。

【例 3-9】 流化床反应器所用的硅胶催化剂颗粒的平均直径 $d_{eV}=0.3$ mm，密度 $\rho_s=1150\ \mathrm{kg\cdot m^{-3}}$，求其在 470 ℃气流中的起始流化速度 u_{mf}。设气体的物性可近似按空气推算。又若不希望粒径 $d=0.15$ mm 的催化剂被带出，气速范围 u_0/u_{mf} 为多少？

解 根据附录六可得 470 ℃干空气的 $\rho=0.48\ \mathrm{kg\cdot m^{-3}}$、$\mu=3.53\times10^{-5}\ \mathrm{Pa\cdot s}$，代入式(3-69)

$$u_{mf}=\frac{d_{eV}^2(\rho_s-\rho)g}{1650\mu}=\frac{(0.3\times10^{-3})^2\times(1150-0.48)\times9.81}{1650\times3.53\times10^{-5}}=0.0174\ \mathrm{m\cdot s^{-1}}$$

核算 Re_{mf} $Re_{mf}=\frac{d_{eV}u_{mf}\rho}{\mu}=\frac{0.3\times10^{-3}\times0.0174\times0.48}{3.53\times10^{-5}}=0.071\ (\ll20)$

故对 u_{mf} 的计算有效。

将 $\rho=0.48\ \mathrm{kg\cdot m^{-3}}$、$\mu=3.53\times10^{-5}\ \mathrm{Pa\cdot s}$ 代入式(3-21) 得

$$u_0=\frac{d^2(\rho_s-\rho)g}{18\mu}=\frac{(0.15\times10^{-3})^2\times(1150-0.48)\times9.81}{18\times3.53\times10^{-5}}=0.40\ \mathrm{m\cdot s^{-1}}$$

核算 Re_0 $Re_0=\frac{du_0\rho}{\mu}=\frac{0.15\times10^{-3}\times0.40\times0.48}{3.53\times10^{-5}}=0.82\ (<2)$

故对 u_0 的计算有效。

于是 $\frac{u_0}{u_{mf}}=\frac{0.40}{0.0174}=23$

习 题

3-1 求直径为 60 μm 的石英颗粒（密度 2600 $\mathrm{kg\cdot m^{-3}}$）分别在 20 ℃水中和 20 ℃空气中的沉降速度。

3-2 一种测定液体黏度的仪器由一钢球及玻璃筒组成，测试时筒内充有被测液体，记录钢球下落一定距离所需的时间即可测出液体黏度。已知球的直径为 6 mm，下落距离为 200 mm 所需的时间为 7.32 s，此糖浆的密度为 1300 $\mathrm{kg\cdot m^{-3}}$，钢的密度为 7900 $\mathrm{kg\cdot m^{-3}}$。求此糖浆的黏度。

3-3 某降尘室长 2 m、宽 1.5 m、高 2 m。在常压、100 ℃下处理 2700 $\mathrm{m^3\cdot h^{-1}}$ 的含尘气体，气体的物性与空气相同。设尘粒为球形，其密度为 2400 $\mathrm{kg\cdot m^{-3}}$，试求：(1) 能被完全除去的最小颗粒直径；(2) 直径为 50 μm 的颗粒有百分之几能被除去？

3-4 速溶咖啡粉（密度为 1050 $\mathrm{kg\cdot m^{-3}}$）的直径为 60 μm，被 250 ℃的热空气带入旋风分离器中，进入时的切线速度为 20 $\mathrm{m\cdot s^{-1}}$。在分离器内的平均旋转半径为 0.5 m，求其径向沉降速度及分离因数。

3-5 某淀粉厂的气流干燥器每小时送出 10000 $\mathrm{m^3}$ 带有淀粉颗粒（密度为 1500 $\mathrm{kg\cdot m^{-3}}$）的 80 ℃热空气。为了从中分离出淀粉颗粒，采用图 3-7 所示的旋风分离器。器身直径 $D=1000$ mm，其他部分的尺寸按图中所列的比例确定。取气体旋转圈数为 5，试估计理论上的临界粒径 d_c；计算直径为 10 μm 的颗粒的理论粒级效率，并利用图 3-8 估算其实际粒级效率。若阻力系数取 8，则设备的阻力损失为多少 kPa?

3-6 原用一个旋风分离器分离排放气中的灰尘，因分离效率不够高，拟改用三个同一型号、较小规格的并联，其各部分尺寸的比例不变，气体进口速度也不变。求每个小旋风分离器的直径应为原来的百分之多少？可分离的临界粒径为原来的几倍？

3-7 在实验室内用一片过滤面积为 0.05 $\mathrm{m^2}$ 的滤叶在 36 kPa（绝）下进行吸滤（滤浆压力保持为 1 个大气压）。在 300 s 内共吸出 400 $\mathrm{cm^3}$ 滤液，再过 600 s，又吸出 400 $\mathrm{cm^3}$ 滤液。试估算：(1) 该真空过滤的过滤常数 K、q_e；(2) 再收集 400 $\mathrm{cm^3}$ 滤液所需的时间；(3) 若每收集 1 L 滤液有 5 g 固体物沉积在滤叶上，求比阻 r($\mathrm{m\cdot kg^{-1}}$)。滤液黏度为 1 mPa·s，滤渣不可压缩。

3-8 某板框压滤机在恒压过滤 1 h 之后，共送出滤液 11 $\mathrm{m^3}$，停止过滤后用 3 $\mathrm{m^3}$ 清水（其黏度与滤液相同）于同样压力下对滤饼进行洗涤。求洗涤时间，设滤布阻力可以忽略。

3-9 用板框压滤机过滤某悬浮液，框的长、宽均为 450 mm，共有 10 个框。过滤压力为 400 kPa，不洗涤，滤布阻力可以忽略。此外，拆卸、重装等辅助时间共为 1200 s。试求其最大生产能力（$\mathrm{m^3}$ 滤液·$\mathrm{h^{-1}}$）。已测得过滤常数$K=4.3\times10^{-7}\ \mathrm{m^2\cdot s^{-1}}$。

3-10 有一转筒真空过滤机，每分钟转 2 周，每小时可得滤液 4 $\mathrm{m^3}$。现要求每小时获得 5 $\mathrm{m^3}$ 滤液，试求：(1) 其转速；(2) 转筒表面滤渣厚度为原来的几倍？滤布阻力可以忽略不计。

3-11 一转筒真空过滤机的过滤面积为 3 m^2，浸没在悬浮液中的部分占 30%。转速为 0.5 $r\cdot min^{-1}$，已知有关的数据如下。

滤渣体积与滤液体积之比 $c=0.23\ m^3\cdot m^{-3}$，过滤常数 $K=3.1\times10^{-4}\ m^2\cdot s^{-1}$，滤液黏度 $\mu=1$ mPa·s，转鼓内的绝压为 30 kPa，大气压为 101.3 kPa（绝），滤布阻力可以忽略。试计算：(1) 每小时的滤液体积；(2) 所得滤渣层的厚度。

符 号 说 明

符号	意义	单位
A	面积	m^2
a	质量分率	—
a	比表面积	m^{-1}
a_r	离心加速度	$m\cdot s^{-2}$
B	宽度	m
c	滤饼体积与滤液体积之比	$m^3\cdot m^{-3}$
D	直径（设备）	m
d, d_p	直径，颗粒直径	m
d_{Am}	表面积平均直径	m
d_{Lm}	长度平均直径	m
d_{Vm}	体积平均直径	m
d_{VAm}	体积表面积平均直径	m
d_c	旋风分离器的颗粒临界直径	m
H	高度	m
J	洗涤液体积与滤液体积之比	—
K	过滤常数	$m^2\cdot s^{-1}$
K_0, K_1	比例常数	—
L	长度，滤饼厚度，流化床高度	m
L_e	过滤介质的当量滤饼厚度	m
L_{mf}	起始流化床高度	m
l_e	长度	m
m	质量	kg
m_p	固体床层质量	kg
N	气体通过旋风分离器时的旋转圈数	—
n	颗粒数	—
n	转速	s^{-1}
p	压力	Pa
q	通过单位面积的滤液体积	$m^3\cdot m^{-2}$
q_e	通过单位面积滤布的当量滤液体积	$m^3\cdot m^{-2}$
r	半径	m
r	比阻	m^{-2}
s	滤饼的压缩指数	—
u	流速，过滤速度，表观流速	$m\cdot s^{-1}$
u_0	沉降速度，带出速度	$m\cdot s^{-1}$
u_i	进口速度	$m\cdot s^{-1}$
u_1	在固定床或滤饼孔隙中流动的真实速度	$m\cdot s^{-1}$
u_{mf}	起始流化速度	$m\cdot s^{-1}$
u_r	径向速度	$m\cdot s^{-1}$
u_t	切线速度	$m\cdot s^{-1}$
V	体积	m^3
V_e	过滤介质的当量滤液体积	m^3
V_s	体积流量	$m^3\cdot s^{-1}$
δ	洗涤速率与最终过滤速率之比	—
ε	床层空隙率	—
ε_{mf}	起始流化床空隙率	—
η	效率	—
θ	时间	s
μ	黏度	Pa·s
ζ	阻力系数	—
ρ	密度	$kg\cdot m^{-3}$
ρ_s	颗粒密度	$kg\cdot m^{-3}$
ϕ	转筒过滤机浸没分数	—
φ	球形度	—

参考文献

1 金绿松等. 离心分离. 北京：化学工业出版社，2008
2 吴占松等. 流态化技术基础及应用. 北京：化学工业出版社，2006

第四章　搅　　拌

液体的搅拌是化学工业中经常使用的一种单元操作。借搅拌以达到的目标通常是：使两种或多种可互溶的液体彼此混合均匀，例如用溶剂将浓溶液稀释；使不互溶的液体混合，例如用与液体不互溶的溶剂对前者进行洗涤；用液体萃取另一液体，或制备乳浊液等；使固体在液体中悬浮，例如在液体中溶化固体颗粒，从溶液中将固体结晶出来，用液体浸取固体中的可溶物质，用固体吸附液体中的污染物，促进液体与固体之间的化学反应，将催化剂悬浮在液体反应物中等；使气泡较密切地与液体接触，以加快气液间的传质或反应；促进液体与容器壁之间的传热，以防止局部过热等。

第一节　搅拌设备

一、主要部件

常用的机械搅拌装置由下列部分组成：

① 盛装被搅拌液体的容器，称为搅拌槽；

② 一根旋转的轴及安装在轴上的推动器（或称叶轮）；

③ 辅助部件，如支架、密封装置、槽壁上的挡板等。

图 4-1 所示为生产中用的一个典型的搅拌装置。搅拌系统的主件是叶轮（或称推动器），它随轴旋转而将机械能施加于液体，推动液体运动。但应指出，搅拌装置的性能如何，它消耗的功率多少，不仅取决于叶轮的形状、大小和转速，也取决于所搅拌液体的物性以及搅拌槽的形状和大小、槽壁上有无挡板等因素。

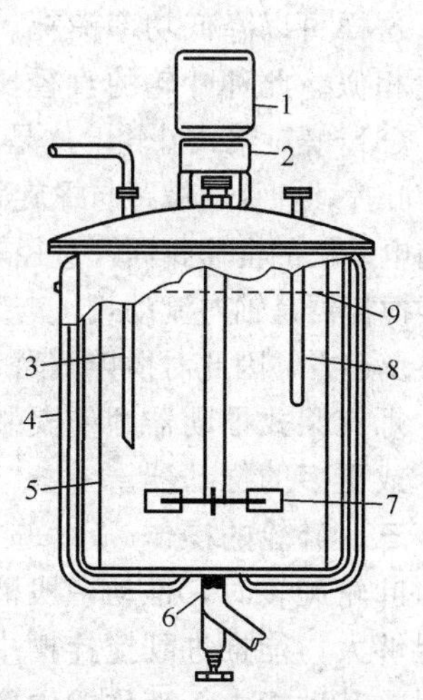

图 4-1　典型的搅拌器装置
1—电动机；2—减速器；3—插入管；4—夹套；5—挡板；6—排放阀；7—搅拌桨；8—温度计套；9—液面

二、叶轮形式

叶轮的式样很多，但除特殊情况以外，广泛使用的基本上有三类：桨式、透平式和船用螺旋桨（简称螺旋桨）式。

(1) 桨式叶轮　对于简单的搅拌问题，用安装在垂直轴上的平板构成的平桨即可，常用的有两片桨叶或四片桨叶。叶片有时是斜的，但较普通的还是垂直的。垂直叶片在槽中央以低速或中速旋转，将液体沿径向及切向拨动；液体先向槽壁运动，然后再向上或向下流。若用斜片桨，还有轴向推动。若槽比较深，则一根垂直轴上可以自上而下安装几组桨。平桨式搅拌器可用于简单的液体混合、固体的悬浮和溶化、气体的分散。此种叶轮并不产生高速液流，故适用于处理高黏度的液体。它的主要缺点是不易产生垂直液流，因此使固体悬浮的效果较差。

单桨式叶轮的总长一般为槽内径的 0.5～0.8 倍，桨叶的宽度为其长度的 1/16～1/10，转速为 20～150 $r\cdot min^{-1}$，搅拌桨末梢速度（外端的圆周速度）小于 3 $m\cdot s^{-1}$，一般是 1.5～2 $m\cdot s^{-1}$。转速很低时，桨式叶轮在不加挡板的槽内可造成平缓的搅拌；若转速较高，槽壁上要装挡板，否则液体便沿槽壁打漩而少混合作用。

有一种特制的桨其轮廓与槽的内壁十分密合，旋转时与槽壁形成的缝隙很小，称为锚式桨叶（见图 4-2）。它的特点是其刮扫作用可以防止搅拌桨与槽壁之间产生一层静止膜及除去壁上的沉积物，从而有利于传热，但它所起的混合作用是很弱的。

（2）透平式叶轮　如图 4-3 所示。它与叶片数目多而长度短的桨式叶轮相似，但其转速大。这是化工厂中使用最广泛的搅拌器，能有效地完成几乎所有的搅拌方式并能处理黏度范围较广的液体。它们在产生径向液流时特别有效，但亦同时引起轴向液流，尤其在槽壁上有挡板时。对混合液密度相差不大的液体，它们的效力极为显著。此外，其造价也比多数其他形式的搅拌器低。

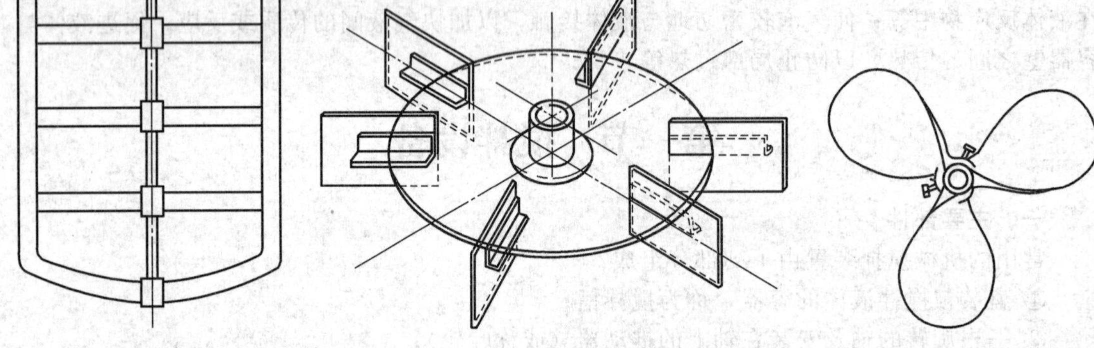

图 4-2　锚式桨叶　　图 4-3　透平式叶轮　　图 4-4　螺旋桨式推动器

最普通的叶轮有 6 个平片安装在一个中心圆盘上（见图 4-3），亦有采用弯片而不用平片的，这样可以降低功率消耗。叶轮亦可做成闭式，即于上、下两侧加盖板，与离心泵的闭式叶轮相似。此种叶轮的直径比平桨式的小，是槽径的 0.3～0.5 倍。

（3）螺旋桨式叶轮　这是一种高速旋转、引起轴向流动的搅拌器件。标准的螺旋桨式叶轮有三瓣叶片，叶片的螺距与螺旋桨的直径相等，如图 4-4 所示。叶轮旋转的速度约为 1500 $r \cdot min^{-1}$，可与电动机的全速相同，直径较大者转速亦可达 400～800 $r \cdot min^{-1}$。末梢速度可达 14～16 $m \cdot s^{-1}$。这类搅拌器是轴向流动式，产生强烈的湍动，而且螺旋桨叶强烈地剪切液体。由于液流能持久且能渗及远方，因此对搅拌低黏度的大量液体有良好效果，但不适用于高黏度液体。

螺旋桨式推动器即使安装在很大的槽内，其直径亦不超过 45 cm。槽比较深时亦可安装两个或更多的推动器。

三、叶轮的操作

叶轮旋转时，推动一股液体使它流动，要收到良好的搅拌效果，离开叶轮的液体速度必须足够大，能推进到搅拌槽中深远之处。这股液体具有一定的动能，当其在其余的液体中流过时，其动能由于液体的内摩擦而耗散，变为热能，可使被搅拌的液体温度稍升高。

如果搅拌槽是平底圆形槽，槽壁光滑并没有安装任何障碍物，液体黏度不大，而且叶轮放在槽的中心线上，则液体将随着叶轮旋转的方向循着槽壁滑动。这种旋转运动产生所谓的打漩现象，可造成下列不良后果：液体只是随着叶轮团团转，而很少产生横向的或垂直的上下运动及发生混合的机会；叶轮轴周围的液面下降，形成一个旋涡，旋转速度愈大则旋涡中心向下凹的程度愈深，最后可凹到与叶轮接触。此时，外面的空气可进入叶轮而被吸到液体中，叶轮所接触的是密度较小的气液混合物，所需的搅拌功率显著下降，这却表明打漩现象还限制了施加于液体的搅拌功率并限制了叶轮的搅拌效力；打漩时功率的波动会引起异常的作用力，易使转轴受损。避免打漩现象的方法有：在搅拌槽壁上安装垂直挡板，借以打断液体随叶轮团团转的运动；或不将叶轮放在槽的中心线上而放在偏心的位置上，借以破坏系统的对称，螺旋桨式叶轮通常采用此法而不需挡板。

打漩现象消除后，槽内液体的流型即取决于叶轮的形式。透平式或桨式叶轮在壁上有挡板的搅拌槽中搅拌黏度不高的液体时，产生径向流型。径向流动主要与槽壁和叶轮轴垂直，并在槽壁和叶轮轴附近转折而向上下垂直流动，如图 4-5 所示。此时既有垂直的液流，亦有横向的液流，使液体有良好的从顶到底的翻转运动，从而有利于混合。叶轮若是螺旋桨式，则产生轴向流型。轴向流动主要与槽壁和转轴平行，如图 4-6 所示。与透平式或桨式叶轮的情形一样，也有垂直液流和横向液流，因此也产生良好的液体混合。

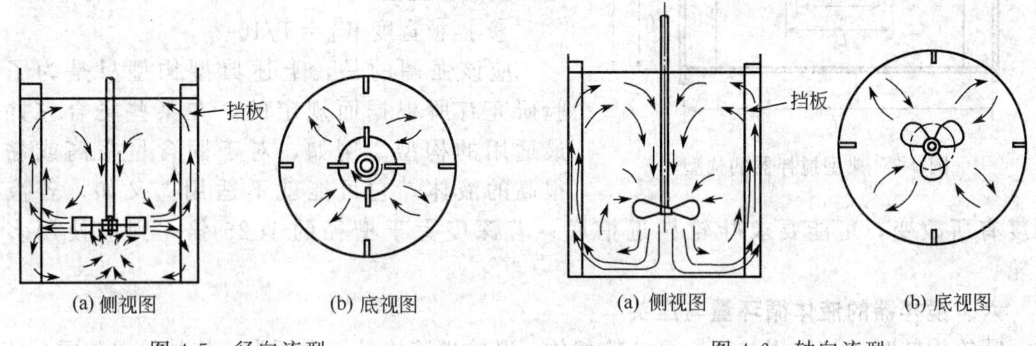

图 4-5　径向流型　　　图 4-6　轴向流型

液体混合系统的搅拌程度通常用叶轮叶片的末梢速度 u_t 来衡量。其计算式如下。

$$u_t = \pi D n \tag{4-1}$$

式中，u_t 为末梢速度，$m \cdot s^{-1}$；D 为叶轮直径（或叶片总长），m；n 为叶轮转速，s^{-1}。

透平式叶轮的末梢速度范围见表 4-1。

表 4-1　透平式叶轮的末梢速度范围

搅拌强度	$u_t/m \cdot s^{-1}$
低度搅拌	2.5～3.3
中度搅拌	3.3～4.1
高度搅拌	4.1～5.6

四、搅拌槽与挡板

搅拌槽一般是直立的圆筒形槽。槽底的构型以有利于流线型流动为宜，故多为碟形底，为简单计亦可用平底。锥形底因易形成停滞区及易使悬浮着的固体沉聚，除有特殊原因外不宜采用。方形槽或有棱角的槽因在有角之处的液体流动不畅，亦不宜采用。

槽壁上若安装挡板，一般用 4 个（多于此数没有必要）。挡板的宽度通常是槽径的 1/10 或 1/12，其长度一般要使下端通到槽底，上端露出液面之上。对于中等黏度的液体，挡板可离开槽壁放置（与壁相距一个挡板宽度），以防在槽壁与挡板接触之处形成停滞区。高黏度液体用的挡板应倾斜放置，并将宽度减小到槽径的 1/20。液体黏度大于 20000 cP 时，用透平式或螺旋桨式叶轮可不加挡板，因为高黏度对液体流动的天然阻力抑制打漩而自身起到了挡板的作用。

五、典型搅拌器构型

图 4-7 所示为一种所谓典型搅拌器的构型，这种构型对化工生产中多数工艺过程的液体

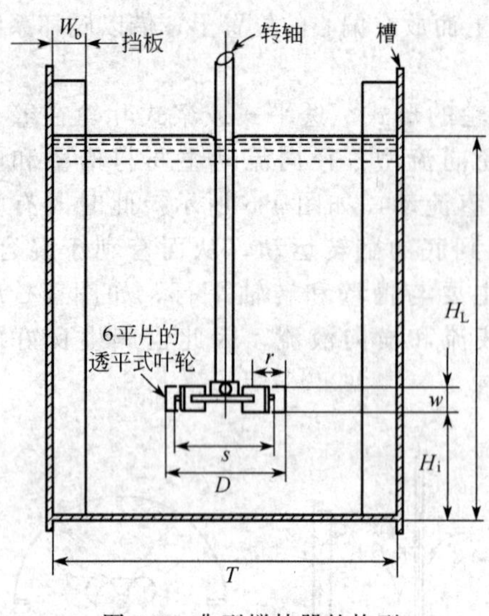

图 4-7 典型搅拌器的构型

混合要求能够满足。典型搅拌器的几何尺寸为：

① 叶轮为透平式，有 6 个平片，安装在直径为 s 的中心圆片上；

② 叶轮直径 $D=(1/3)$搅拌槽直径 T；

③ 叶轮距槽底的高度 $H_i=1.0D$；

④ 叶片宽度（高度）$w=D/5$；

⑤ 叶片长度 $r=D/4$；

⑥ 液体深度 $H_L=1.0T$；

⑦ 挡板数目=4，垂直安装在槽壁上并从槽底延伸到液面之上；

⑧ 挡板宽度 $W_b=T/10$。

应该强调的是，上述典型构型只是为了实验研究有所根据而规定的，在某些场合它并非最适用的构型。例如，对于固含量很高或黏度很高的液体，它可能就不适用。又如，若液体深度有所改变，可能要求叶轮靠近槽底；若深度大于槽径的 1.25 倍，则应使用多个叶轮。

六、搅拌器的液体循环量与压头

叶轮旋转时，其作用与离心泵叶轮相仿，既输送液体又产生压头（施加给单位重量流体的功），为此要消耗功率。体积流量、压头与功率之间的关系为

$$N=QH\rho g \tag{4-2}$$

式中，N 为功率，W；Q 为体积流量，$m^3 \cdot s^{-1}$；H 为压头，m；ρ 为液体密度，$kg \cdot m^{-3}$；g 为重力加速度，$m \cdot s^{-2}$。

压头 H 通常可以写成速度头 $u^2/2g$ 的倍数（u 为液体的线速度，$m \cdot s^{-1}$），速度头大小是剪切力大小、也是湍动强弱的量度。叶轮外端速度 u_t 可作为线速度的代表，而 $u_t \propto nD$（D 为叶轮直径，m；n 为转数，s^{-1}），这样，叶轮所产生的液体速度头就与 n^2D^2 成正比。体积流量则与速度和面积之积 $[(nD)(D^2)=nD^3]$ 成正比。将这两个关系式代入式 (4-2)，得

$$N \propto \rho n^3 D^5 \tag{4-3}$$

既然 $Q \propto nD^3$，$H \propto n^2D^2$，$N \propto n^3D^5$，则 $Q/H \propto D/n \propto D^{8/3}/N^{1/3}$。在功率消耗为一定值的条件下，下列关系成立

$$\frac{Q}{H} \propto D^{8/3} \tag{4-4}$$

从上述可得出一条关于叶轮操作的基本原则：在同等功率消耗下，一个旋转速度慢的大叶轮产生的体积流量大，但剪切力小，而一个旋转速度快的小叶轮产生的体积流量小，但剪切力大。换言之，对于产生高剪切力的搅拌器，希望其压头 H 大而体积流量 Q 小，否则要消耗大部分功率以推动液体循环而无助于提供剪切力。因此这类搅拌器的叶片面积要小，速度要高，而 Q/H 比值要小。反之，若希望有充分的混合但液体的剪切力不需要很高，则可增加搅拌器的直径并减低其速度，以便获得的 Q/H 比值大。液体的混合，固体在液体中的悬浮或溶解，以及液-液萃取等操作要求高体积流量甚于高度湍动；气-液反应和某些液-液接触的搅拌则要求高度湍动甚于高体积流量。

值得指出：以往对液体搅拌这一过程的研究不充分，以至于在化工工艺过程中出现很多搅拌器设计式样，其实并无必要。现已发现，除了极个别的情况以外，绝大多数普通液体搅

拌过程都完全可以用前述三种形式的搅拌器完成。问题在于了解有关的工艺过程对搅拌器中的液体流型、液体循环流量和剪切力大小这几方面的要求以及这三种搅拌器可采用的具体构型，从而确定出叶轮尺寸和转速大小的合理配合，以产生所要求的流量和剪切力，并估算出其功率消耗，而不在于另外设计式样新奇的设备。

第二节　搅拌功率

搅拌器的功率是为了达到规定的搅拌目的而需付出的代价，是衡量其性能好坏的根据之一。

液体受搅拌所需功率取决于所期望的液流速度及湍动的大小。具体地说，功率与叶轮形状、大小和转速，液体黏度和密度，搅拌槽的大小和内部构件（有无挡板或其他障碍物）以及叶轮在液体中的位置等有关。由于所涉及的变量多，进行实验时可借助于量纲分析，将功率消耗和其他参数联系起来。

一、功率关联式

经验表明，搅拌器在槽中搅拌液体的功率消耗取决于下列变量：叶轮直径 D 和转速 n，液体密度 ρ 和黏度 μ，重力加速度 g；以及槽径 T，槽中液体深度 H_L，挡板数目、大小和位置等几何尺寸。假定这些尺寸都和叶轮直径成一定的比例（例如符合对典型搅拌器构型的规定），并将这些比值定为形状因数，如 $S_1=T/D$、$S_2=w/D$、$S_3=r/D$ 等（见图 4-7）。考虑重力影响的原因是：除非完全消除了打漩现象，否则液面上会出现旋涡，有一些液体被升举到平均液面以上，而这种升举需克服重力。

暂不考虑形状因数，则功率 N 可表述为上述变量的函数

$$N=f(n,D,\rho,\mu,g) \tag{4-5a}$$

用第一章介绍过的量纲分析法，设

$$N=Kn^aD^b\rho^c\mu^dg^e \tag{4-5b}$$

式中，K 为无量纲常数。

以质量（M）、长度（L）、时间（T）为基本量纲，可将式(4-5b) 转换为下述量纲关系式

$$ML^2T^{-3}=(T^{-1})^a(L)^b(ML^{-3})^c(ML^{-1}T^{-1})^d(LT^{-2})^e$$

即

$$ML^2T^{-3}=M^{c+d}L^{b-3c-d+e}T^{-a-d-2e}$$

比较等号两侧各量纲的指数，得下列关系

$$\begin{cases}c+d=1\\ b-3c-d+e=2\\ -a-d-2e=-3\end{cases}$$

可解得

$$c=1-d,\ b=5-2d-e,\ a=3-d-2e$$

代入式(4-5b)，得

$$N=Kn^{3-d-2e}D^{5-2d-e}\rho^{1-d}\mu^dg^e$$

上式可改写成

$$\frac{N}{\rho n^3D^5}=K\left(\frac{D^2n\rho}{\mu}\right)^{-d}\left(\frac{n^2D}{g}\right)^{-e} \tag{4-5c}$$

令：$x=-d$，$y=-e$，则式(4-5c) 又可写成

$$\frac{N}{\rho n^3D^5}=K\left(\frac{D^2n\rho}{\mu}\right)^x\left(\frac{n^2D}{g}\right)^y \tag{4-5}$$

或 $$Po=KRe^{x}Fr^{y} \tag{4-6}$$

式中，$Po(=N/\rho n^3D^5)$ 为功率特征数；$Re(=D^2n\rho/\mu)$为搅拌雷诺数；$Fr(=n^2D/g)$为搅拌弗劳德数；常数 K 为代表系统几何构型的总形状因数。

若把各种形状因数 S_1，S_2，…，S_n 也考虑进去，式(4-6) 可写成

$$Po=K'Re^{x}Fr^{y}S_1^{f}S_2^{g}\cdots S_n^{z} \tag{4-6a}$$

如果这些形状因数保持不变（即对某种构型的搅拌系统，其各部分尺寸的比例固定），式(4-6a) 便简化为式(4-6)。以下解释所得三个搅拌特征数的含义。

搅拌雷诺数 $Re=D^2n\rho/\mu$。第一章第三节已说明雷诺数代表加速力 $A=\rho d^2u^2$ 与黏性力 $M=\mu du$ 之比。在搅拌系统中，加速力 A 是叶轮或桨叶推动液体运动的力，其中，代表性长度采用叶轮直径 D，代表性速度采用叶轮外端速度 $u_t=\pi Dn\propto Dn$；于是 $A\propto\rho D^2u_t^2\propto\rho D^2\times(Dn)^2=\rho D^4n^2$。黏性力 M 是液体内的剪切力，是阻碍液体运动的力，$M\propto\mu Du_t=\mu D^2n$。故有

$$Re\propto A/M\propto\rho D^4n^2/\mu D^2n=\rho D^2n/\mu$$

搅拌弗劳德数 $Fr=n^2D/g$ 代表加速力 A 与重力 $G=mg\propto\rho D^3g$ 之比

$$Fr\propto A/G\propto\rho D^4n^2/\rho D^3g=Dn^2/g$$

搅拌功率特征数 $Po=N/\rho n^3D^5$。由式(4-3) $N\propto\rho n^3D^5$ 可知，Po 即代表式中的比例常数。从另一角度看，功率 N 是推动液体的加速力与速度之积，

即 $$N\propto Fu_t\propto\rho D^2u_t^2u_t\propto\rho D^2(Dn)^3=\rho n^3D^5$$

与式(4-3) 结果相同。

前述的式(4-6) 又可写成

$$\phi=Po/Fr^{y}=KRe^{x} \tag{4-7}$$

式中，ϕ 为功率函数。

对于不打漩的系统，重力的影响甚微，可不考虑，弗劳德数的指数 y 可取为零，于是式(4-7) 又简化为

$$\phi=Po=KRe^{x} \tag{4-8}$$

二、功率曲线

将 ϕ 值对 Re 值在双对数坐标纸上标绘，可以得到所称的功率曲线。对于一个具体的几何构型，只有一条功率曲线，它与搅拌槽的大小无关。因此，大小不同的搅拌槽，只要几何构型相似（各部分的尺寸比例相同），就可以应用同一条功率曲线。

文献上已发表了许多不同的功率曲线，它们代表许多不同几何构型的搅拌器。利用这些曲线根据 Re 读出 ϕ 后，即可求出 Po 以及功率 N。

图 4-8 所示为前述有挡板典型搅拌器（见图 4-7）的功率曲线。由图 4-8 可知，在低雷诺数（$Re<10$）下，功率曲线是一段斜率等于 -1 的直线。在此区域（线段 AB）中，液体的黏性力控制着系统内的流动，而重力的影响可忽略，因此可不考虑弗劳德数。此层流区域内的直线 AB 可用下式表示

$$\phi=Po=\frac{N}{\rho n^3D^5}=71.0Re^{-1.0} \tag{4-9}$$

即 $$N=71.0(\rho n^3D^5)\left(\frac{D^2n\rho}{\mu}\right)^{-1.0}$$

所以对于有挡板的典型构型搅拌器，$Re<10$ 时

$$N=71.0\mu n^2D^3 \tag{4-10}$$

当雷诺数增加时，流动从层流过渡到湍流。对于典型构型，这种过渡缓慢。在 $Re\approx300$

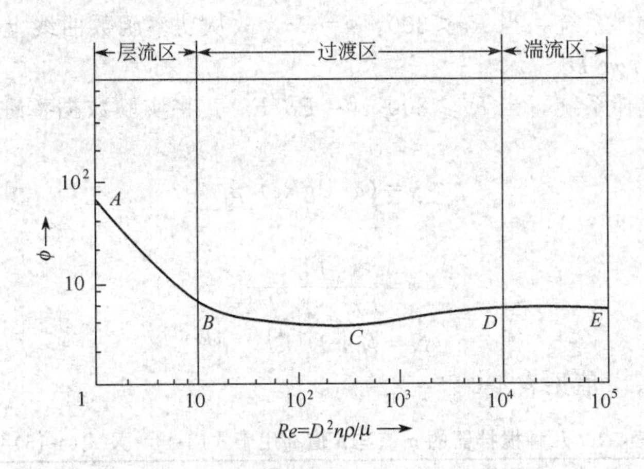

图 4-8 典型搅拌器构型的功率函数曲线（有挡板）

以前（曲线的 BC 段），功率和流动特征仍只取决于雷诺数。在 $Re\approx300$ 以后（曲线 CD 段），有足够的能量传给液体引起打漩现象，但由于挡板有效地加以抑制，故流动仍取决于雷诺数，直到 $Re=10000$ 为止。在此 Re 范围内的曲线 BCD，仍可用式(4-8) 来表示，但式中的 K 和 x 并不恒定，由 Re 求 ϕ 要直接根据图 4-8。由 ϕ 求 N 可用下列关系：$N=\phi\rho n^3D^5$。

当流动变为充分湍流时，即 $Re>10000$ 以后（线段 DE），功率函数曲线变成水平线，此时流动与雷诺数和弗劳德数都无关，由曲线的 DE 段可得

$$\phi=Po=6.1 \tag{4-11}$$

所以对于有挡板的典型构型搅拌器，$Re>10000$ 时

$$N=6.1\rho n^3D^5 \tag{4-12}$$

在无挡板的搅拌槽中，打漩现象随雷诺数的增大而逐渐显著，弗劳德数变得重要。图 4-9 所示为与典型构型相同唯独没有挡板的搅拌器的功率函数曲线。

由图 4-8 与图 4-9 的比较可知，对于有挡板和没有挡板的搅拌系统，功率曲线一直到 $Re\approx300$（各曲线的 ABC 段）时都一样，这表示打漩现象尚未明显。当打漩加剧，功率函数曲线陡然下降，图 4-9 中的功率函数曲线 CD 段有一个改变着的负的斜率，亦即式(4-7) 中的指数 x 为一变动着的负值。在充分发展的湍流情况下（$Re>10000$），功率函数曲线从斜率为负而趋于成为水平线（线段 DE），功率函数 ϕ 近于一个常数值。

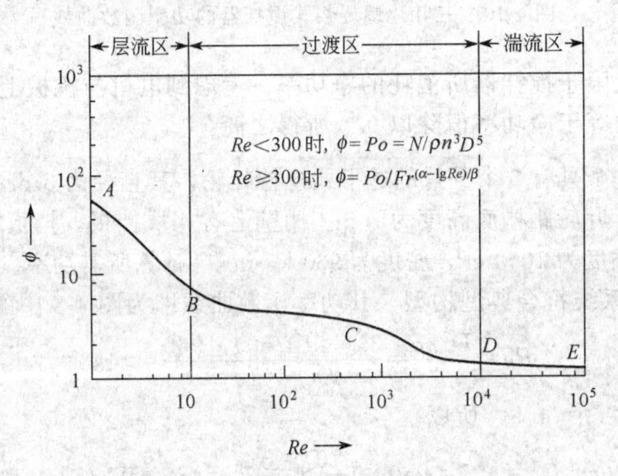

图 4-9 典型搅拌器构型的功率函数曲线（无挡板）

对于无挡板的搅拌系统，当 $Re<300$，$\phi=Po$，故从功率函数曲线上读出 ϕ 后，求 N 仍可用下列关系：$N=\phi\rho n^3D^5$。

对于无挡板的搅拌系统，当 $Re\geqslant300$，$\phi=Po/Fr^y$。将实验数据整理后可知 y 可用下式表示

$$y=(\alpha-\lg Re)/\beta \tag{4-13}$$

于是得

$$\phi=\frac{Po}{Fr^{(\alpha-\lg Re)/\beta}} \tag{4-14}$$

$$N=\phi\rho n^3D^5Fr^{(\alpha-\lg Re)/\beta} \tag{4-15}$$

几种搅拌器的 α、β 值见表 4-2。

表 4-2 几种搅拌器的 α 值与 β 值 [用于式(4-14) 及式(4-15)]

搅拌器形式	功率函数曲线	α	β	搅拌器形式	功率函数曲线	α	β
透平式，6 平片(典型构型)	图 4-9	1.0	40.0	螺旋桨式，$T/D=4.5$	图 4-10 中的曲线 C	0	18.0
螺旋桨式，$T/D=3.3$	图 4-10 中的曲线 B	1.7	18.0	螺旋桨式，$T/D=2.7$	图 4-10 中的曲线 D	2.3	18.0

各种不同构型的搅拌器，各有其不同的功率曲线。图 4-10 所示为螺旋桨式搅拌器的功率曲线。其他可参阅手册或有关搅拌器的专著。

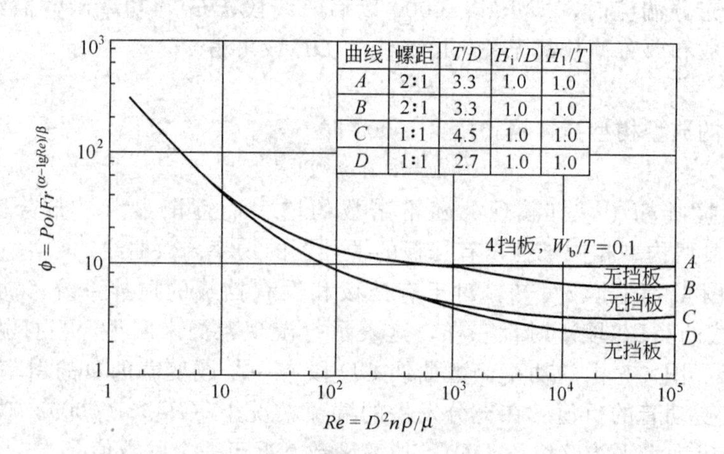

图 4-10 三叶片螺旋桨式搅拌器的功率函数曲线

上面的讨论，仅限于搅拌器所消耗的净功率。考虑到电机与机械上的各种损失，实际的功率应较此为大，约等于净功率值除以 0.8 所得之商。

【例 4-1】 有一个具有 6 个平片的透平式搅拌叶轮，其直径为 3 m，转速为 10 r·min^{-1}。搅拌槽直径为 9 m。叶轮距槽底高度为 3 m。槽壁上有 4 块挡板，挡板宽度为 0.9 m。液体深度为 9 m。液体黏度为 1000 cP，密度为 960 kg·m^{-3}。计算所需功率。

解 此搅拌器系统符合典型构型，其功率函数曲线即为图 4-8 中的曲线。先计算 Re

$$Re=\frac{D^2n\rho}{\mu}=\frac{3^2\times(10/60)\times960}{1000\times10^{-3}}=1440$$

从图 4-8 中读出 $Po=\phi=4.5$，所以

$$N=Po\rho n^3D^5=4.5\times960\times\left(\frac{10}{60}\right)^3\times3^5=4860\ \text{W}（或 4.86\ \text{kW}）$$

【例 4-2】 有一个具有 6 个平片的透平式搅拌叶轮，其直径为 50 cm，位于槽的中心，转速为 100 $r \cdot min^{-1}$。槽径为 1.5 m，槽是平底而无挡板。液体黏度为 200 cP，密度为 945 $kg \cdot m^{-3}$。槽中液体深度为 1.5 m，叶轮距槽底的高度为 50 cm。计算所需功率。

解 此搅拌系统符合典型构型，但没有挡板，其功率函数曲线如图 4-9 所示。

$$Re=\frac{D^2 n\rho}{\mu}=\frac{0.5^2\times(100/60)\times945}{200\times10^{-3}}\approx1970$$

由于 $Re>300$，而搅拌槽无挡板，故有打漩现象，因此要用式(4-15) 计算。先从图 4-9 上查得 $\phi=2$，再计算

$$Fr=\frac{n^2 D}{g}=\frac{(100/60)^2\times0.5}{9.81}=0.141$$

对于本题的搅拌器构型，式(4-15) 中的 $\alpha=1.0$，$\beta=40.0$。故有

$$\begin{aligned}N&=\phi\rho n^3 D^5 Fr^{(\alpha-\lg Re)/\beta}\\&=2\times945\times\left(\frac{100}{60}\right)^3\times0.5^5\times0.141^{(1-\lg1970)/40}\\&=2\times945\times1.667^3\times0.5^5\times0.141^{-0.0574}\\&=306\ \text{W}\ (\text{或 } 0.306\ \text{kW})\end{aligned}$$

选学内容

第三节 搅拌器放大

一、搅拌器放大的基础

设计一个设备若仅从理论出发，则很多具体情况与特殊条件都难以考虑，现有的经验公式或关系曲线亦不见得都能适用。针对某一实际目的而设计一搅拌系统，就会遇到这种困难。常用的解决办法是以小型设备进行试验，在试验中使表示工艺特征的参数达到生产的要求，然后将此小型设备放大到生产规模。这种放大，并非单纯地将设备的尺寸增加若干倍，还包括一系列操作条件的相应变化。例如搅拌器，除了直径等尺寸增大以外，至少还要确定出转速应如何改变。

放大问题在化工设计中常会遇到，搅拌器的放大是比较简单而又典型的一种。此处所述，仅为处理这种问题的途径与所根据的原则，目的是使读者得知有此种解决问题的方法，并对此获得一些初步概念。

放大时使用的一种重要工具是相似原则。在液体搅拌系统中，需要考虑试验系统（模型）与实际生产系统（原型）之间的三种相似：几何相似、运动相似、动力相似。

若两设备的大小不同，但其中一设备任何两部分的尺寸之比与另一设备相应两部分的尺寸之比相等，此两设备便达到**几何相似**，犹如两个三角形的对应边长之比相等即为相似。构型相同的设备都算是几何相似。如果两套设备不但几何形状相似，而且在各对应点上的速度之比也相等，它们便达到**运动相似**。除几何相似与运动相似以外，如果在各对应点上的力之比也相等，便说它们达到了**动力相似**。

对于两个搅拌系统，其几何形状可以使各个几何特征数之值 [如式(4-6a) 中的 $S_1=T/D$、$S_2=w/D$、…] 都相等，而达到完全的几何相似；但不同的动力相似，则通常是相互矛盾的。如为使两搅拌系统的剪切力相似，需使两系统的 $Re=D^2 n\rho/\mu$ 值相等；为使重力相似，需使 $Fr=n^2 D/g$ 值相等。当几何尺寸 D 放大后，若按 Re 值相等，需使转速保持 nD^2 不变；但按 Fr 值相等，则需保持 $n^2 D$ 不变；显然，两者不能同时成立，在放大中只能满足占控制地位的动力相似——其特征数的值相等。为了找出这一控制性特征数，可以通过逐级放大试验而得到：在几个（一般用三个）几何相似、大小不同的

模型试验装置中，改变转速，确定达到预定指标（搅拌要求）的转速，检验这一转速符合哪一特征数的值相等。

应当指出，由于搅拌槽中的流体流动甚为复杂，逐级放大试验的结果可能表明：所考虑的特征数的值都不保持恒定，而需针对某特定的工艺要求另外找寻在放大时保持不变的组合量。由于它们可能具有量纲（故并非特征数），而统称为**放大判据**。搅拌系统的放大判据，除上述 Re 及 Fr 以外还可考虑：叶轮（桨叶）外端速度 $u_t \propto nD$；单位体积流体的输入功率 N/V 等。现用以下例子，说明如何通过逐级放大来寻求放大判据。

二、搅拌器放大的实例

【例 4-3】 某合成洗涤剂生产过程中需用到的搅拌器，已在符合典型构型（有挡板）的模型试验中取得满意的结果；搅拌槽直径 $T=0.225$ m，而生产规模 $T'=2.7$ m。为进行逐级放大试验，分别又建造了两个较上一模型为大的典型构型搅拌槽，用同样的料液进行试验，其尺寸及达到同样工艺效果时的转速见表 4-3。求生产装置应设定的转速。

表 4-3 搅拌槽的尺寸及转速

搅拌槽号	槽径 T/m	叶轮直径 D/m	转速 n/r·min^{-1}
1	0.225	0.075	1275
2	0.45	0.15	632
3	0.90	0.30	320

解 为找出在逐级放大中保持数值恒定的放大判据，对已提出的 4 个判据分析如下。

① $Re=D^2 n\rho/\mu$，其值不变即 $D^2 n$ 不变；因对同一种料液 μ、ρ 一定。

② $Fr=Dn^2/g$，其值不变，即 Dn^2 不变；因 g 为常数。

③ $u_t=\pi Dn$，其值不变即 Dn 不变。

④ $N/V \propto \phi\rho n^3 D^5/D^3 \propto \phi D^2 n^3$，当 $Re>200\sim300$，对于 Re 值不是很大的变化范围，可认为 ϕ 为常数（见图 4-8），故 N/V 是否不变，可用 $D^2 n^3$ 代表。

对逐级放大装置的 $D^2 n$、Dn^2、Dn、$D^2 n^3$ 做计算，见表 4-4。

表 4-4 $D^2 n$、Dn^2、Dn、$D^2 n^3$ 的计算

搅拌槽号	$D^2 n$	Dn^2	Dn	$D^2 n^3$
1	7.2	12.2×10^4	95.6	11.66×10^6
2	14.2	5.99×10^4	94.8	5.68×10^6
3	28.8	3.07×10^4	96.0	2.95×10^6

由表 4-4 可知，保持基本不变的是 Dn，即叶轮的外端速度 u_t；对此，转速 n 与轮径 D 成反比。生产装置的叶轮直径 $D'=2.7/3=0.9$ m，为达到与模型试验同样搅拌效果的转速 n' 应为

$$n'=n\frac{D}{D'}=1275\times\frac{0.075}{0.9}=106\ \mathrm{r\cdot min^{-1}}$$

注意：本例中的放大判据不是特征数。但很多试验表明，放大判据以特征数居多。

习　题

4-1 搅拌器系统有一个带 6 个平片的透平式叶轮，位于搅拌槽中央，槽径为 1.8 m，推动器直径为 0.6 m，叶轮在槽底以上 0.6 m。槽中装有 50%烧碱溶液，液体深度为 1.8 m，液体温度为 65 ℃，在此温度下液体的黏度为 12 cP，密度为 1500 kg·m^{-3}。叶轮轮速为 90 r·min^{-1}，壁上没有挡板。求搅拌器所需功率。

4-2 若习题 4-1 中的搅拌槽壁上有 4 块垂直挡板，每块宽度为 18 cm，其他条件不变。求此时搅拌器所需功率。

4-3 若用习题 4-1 中的搅拌器系统来搅拌一种乳胶配合物，该液体的黏度为 120000 cP，相对密度为 1.12。求搅拌功率。本题安装挡板对搅拌功率有何影响？

符 号 说 明

符号	意义	单位
D	叶轮（搅拌桨）直径	m
H	压头	m
H_i	叶轮距槽底的高度	m
H_l	槽内液体深度	m
K，K'	常数	—
N	功率	W
n	转速	s^{-1}
Q	液体体积流率	$m^3 \cdot s^{-1}$
r	叶片长度	m
s	叶轮中心盘的直径	m
T	搅拌槽直径	m
u_t	叶轮外缘速度	$m \cdot s^{-1}$
V	搅拌槽中液体体积	m^3
W_b	挡板宽度	m
W	叶片宽度	m
α	指数［见式(4-13) 和式(4-14)］	—
β	指数［见式(4-13) 和式(4-14)］	—
μ	液体黏度	$Pa \cdot s$
ρ	液体密度	$kg \cdot m^{-3}$
σ	液体表面张力	$N \cdot m^{-1}$
ϕ	搅拌功率函数	—
Fr	搅拌弗劳德数 Dn^2/g	—
Po	搅拌功率特征数 $N/\rho n^3 D^5$	—
Re	搅拌雷诺数 $D^2 n\rho/\mu$	—

参考文献

1 王凯等．搅拌设备．北京：化学工业出版社，2003

2 陈志平等．搅拌与混合设备选用手册．北京：化学工业出版社，2004

3 吕维明等．液体搅拌技术．台北：高立图书有限公司，2008

第五章 传 热

第一节 概 述

一、传热在工业生产中的应用

工业生产中的化学反应过程，通常要求在一定的温度下进行，为此，必须适时地输入或输出热量。此外，在蒸发、蒸馏、干燥等单元操作中，也都需要按一定的速率输入或输出热量。在这种情况下，通常须尽量使其传热优良。还有另一种情况，如高温或低于室温下操作的设备或管道，则要求保温，以尽可能减少它们和外界的传热。至于热量的合理利用和废热的回收，对降低生产成本、保护生态环境等，都具有重要意义。这些都与热量传递（简称传热）相关。因而传热是最常见的工业过程之一。

二、传热的三种基本方式

热的传递是由于物体内部或物体之间的温度不同而引起。根据热力学第二定律，热量总是自动地从温度较高的物体传给温度较低的物体；只有在消耗机械功的条件下，才有可能由低温物体向高温物体传热。本章只讨论前一种情况。传热的基本方式有三种，已在物理学中论及；以下做简短回顾，然后讨论其在工业应用中的问题。

（一）热传导

热量从物体内温度较高的部分传递到温度较低的部分或者传递到与之接触的温度较低的另一物体的过程称为热传导，简称导热。这一过程中，物体各部分之间不发生宏观上的相对位移。

从微观角度来看，气体、液体、导电固体和非导电固体的导热机理各不相同。气体的导热是气体分子作不规则热运动时相互碰撞的结果。气体分子的动能与其温度有关：高温区的分子运动速度比低温区的大。能量水平较高的分子与能量水平较低的分子相互碰撞的结果，热量就由高温处传到低温处。对于固体，良好的导电体中有相当多的自由电子在晶格之间运动。正如这些自由电子能传导电能一样，它们也能将热能从高温处传递到低温处。而在非导电的固体中，导热是通过晶格结构的振动（即原子、分子在其平衡位置附近的振动）来实现的：物体中温度较高部分的分子因振动较激烈而将能量传给相邻的分子。一般通过晶格振动传递的能量要比依靠自由电子迁移传递的能量慢得多，这就是良好的导电体往往是良好的导热体的原因。至于液体的导热机理，有一种观点认为它定性地与气体类似，只是液体分子间的距离比较近，分子间的作用力对碰撞过程的影响比气体大得多，因而变得更加复杂。更多的研究者认为液体的导热机理类似于非导电体的固体，即主要依靠原子、分子在其平衡位置的振动，只是振动的平衡位置间歇地发生移动。

总的来说，关于导热过程的微观机理，目前仍不够清楚。本章中只讨论导热现象的宏观规律。

（二）对流

对流是指流体各部分质点发生相对位移而引起的热量传递过程，因而对流只能发生在流体中。在工业生产中经常遇到的是流体流过固体表面时，热能由流体传到固体壁面，或者由固体壁面传入周围流体，这一过程称为对流给热，简称**给热**。当用机械能使流体发生对流

(例如搅拌或泵送流体）而传热，称为强制对流给热。当流体内存在温度的不均匀分布而形成密度的差异，也会发生对流而传热，称为自然对流给热。在强制对流给热的同时，一般也伴随有自然对流给热，只是后者的传热速率往往要小得多。

（三）辐射

辐射是一种以电磁波传播能量的现象。当物体因热而发出辐射能的过程称为热辐射。物体在放热时，热能变为辐射能，以电磁波的形式发射而在空间传播，当遇到另一物体，则部分地或全部地被吸收，重新又转变为热能。因而辐射不仅是能量的转移，而且伴有能量形式的转化，这是热辐射区别于热传导和对流的特点之一。此外，辐射能可以在真空中传播，不需要任何物质作媒介。物体（固体、液体和某些气体）虽经常以辐射的方式传递热量，但是，通常只有在高温下辐射才成为主要的传热方式。

实际上，上述三种传热方式，很少单独存在，而往往是三者不同主次的组合。如生产中经常遇到热量从热流体通过间壁向冷流体传递的过程，它包括通过间壁的热传导和间壁两侧的给热。

三、传热速率与热阻

传热过程的首要问题是确定传热的速率。不论是哪种传热方式，传热速率都可以用以下两种方式表述。

(1) **热流量** 单位时间内通过全部传热面积传递的热量，以符号 Q（单位为 $J \cdot s^{-1}$，即 W）表示。传热面积与热流方向垂直，类似于与流体流动方向垂直的横截面积。

(2) **热通量**（或热流密度） 单位时间内通过单位传热面积传递的热量，以符号 q（单位为 $W \cdot m^{-2}$）表示。传热面上不同的局部面积其热通量可以不相同。

两种表述方式之间的关系为

$$q=\frac{dQ}{dA} \tag{5-1}$$

式中，A 为传热面积，m^2。

热流量 Q 和热通量 q 以后要经常用到，应注意其间的区别和关系。其中，q 基于微元面积 dA，用于局部地区；而 Q 是对整个传热面积 A 而言，当局部的 q 不相等时，Q 为关于 A 的平均值。

对于不同的传热方式，传热速率的表达式也不相同，但一般可以转化成电学中欧姆定律 $I=U/R$ 的形式

$$传热速率=\frac{传热温差}{热阻}$$

其中，传热温差为传热的推动力，与电压 U 对应；而热阻为传热的阻力，与电阻 R 相对应；传热速率则与电流 I 对应。正如欧姆定律在电学中得到广泛应用，在传热过程中引入热阻的概念，会对传热问题的求解带来很大的方便。

在传热过程中，通常传热温差较易决定，传热速率的问题主要是确定热阻。

第二节 热 传 导

一、傅里叶定律

（一）温度场和温度梯度

由于要有温差才会发生传热，故需知道物体内的温度分布才能计算其热传导速率。物体（或空间）各点温度在时空中的分布，称为**温度场**，可用通式表示如下。

$$t=f(x,y,z,\theta) \tag{5-2}$$

式中，t 为某点的温度；x，y，z 为这一点的坐标；θ 为时间。

温度随时间而改变的温度场称为**不稳定温度场**；若各点的温度均不随时间而改变，则称为**稳定温度场**，其一般数学式应在式(5-2) 中去掉 θ。

温度相同的点所组成的面称为等温面。因为空间任一点不能同时有两个不同的温度，所以温度不同的等温面彼此不会相交。

沿着等温面温度不发生变化，故也没有热量传递；而沿与等温面相交的任何方向移动，温度都有变化，因而也有从高温到低温的热量传递。温度随距离的变化率以沿等温面的法线方向为最大。两等温面的温度差 Δt 与其间的法向距离 Δn 之比称为**温度梯度**，某点的温度梯度为 Δn 趋近于零时的极限值，即

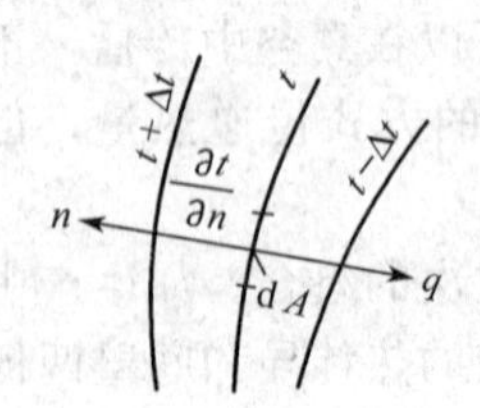

图 5-1 温度梯度与热流方向示意

$$\lim_{\Delta n\to 0}\frac{\Delta t}{\Delta n}=\frac{\partial t}{\partial n}$$

温度梯度是向量，其方向垂直于等温面，并以温度增加的方向为正（见图 5-1）。偏导数的意义是指只考虑法向上的温度差。

（二）傅里叶定律的表达式

导热的微观机理虽不够清楚，但其宏观规律可用傅里叶（Fourier）定理描述，即导热通量 q 与温度梯度$\partial t/\partial n$ 成正比

$$q=-\lambda\frac{\partial t}{\partial n} \tag{5-3}$$

式中，λ 为比例系数，称为热导率，$W\cdot m^{-1}\cdot K^{-1}$ 或 $W\cdot m^{-1}\cdot ℃^{-1}$。

而负号表示热流方向与温度梯度的方向相反；此外，热流方向与等温面垂直。

二、热导率

热导率（也称**导热系数**）表示物质的导热能力，是物质的物理性质之一，其值常与物质的组成、结构、密度、压力和温度等有关，可用实验方法求得。下面分别叙述固体、液体和气体的热导率。

（一）固体的热导率

金属是良好的导热体。纯金属的热导率一般随温度升高而略有减小。金属的纯度对热导率的影响很大，例如纯铜在 20 ℃下的热导率为 386 $W\cdot m^{-1}\cdot K^{-1}$，而若含有微量的砷，即急剧下降到一半以下。

非金属的建筑材料或绝缘材料的热导率与其组成、结构的致密程度以及温度等有关。通常 λ 值随密度的增大或温度的升高而增加。

大多数均一的固体，其热导率在一定温度范围内与温度约成直线关系，可用下式表示

$$\lambda=\lambda_0(1+\alpha t)$$

式中，λ，λ_0 为固体分别在温度 t、273 K（0 ℃）时的热导率，$W\cdot m^{-1}\cdot K^{-1}$ 或 $W\cdot m^{-1}\cdot ℃^{-1}$；$\alpha$ 为温度系数，对大多数金属材料为负值，而对大多数非金属材料则为正值，K^{-1}。

附录四列出了一些常见固体材料的平均热导率。

（二）液体的热导率

非金属液体以水的热导率最大。除水和甘油以外，绝大多数液体的热导率随温度的升高而略有减小。一般来说，纯液体的热导率比其溶液的热导率为大。

图 5-2 所示为几种常见液体的热导率及其与温度的关系。

（三）气体的热导率

气体的热导率很小，不利于导热而利于保温。如软木、玻璃棉等就是因其细小的空隙中有气体存在，其热导率很小。气体的热导率随温度升高而增大。除非气体的压力很高（大于 200 MPa）或很低（如小于 2.7 kPa），其热导率实际上与压力无关。

图 5-3 所示为几种气体的热导率及其与温度的关系。

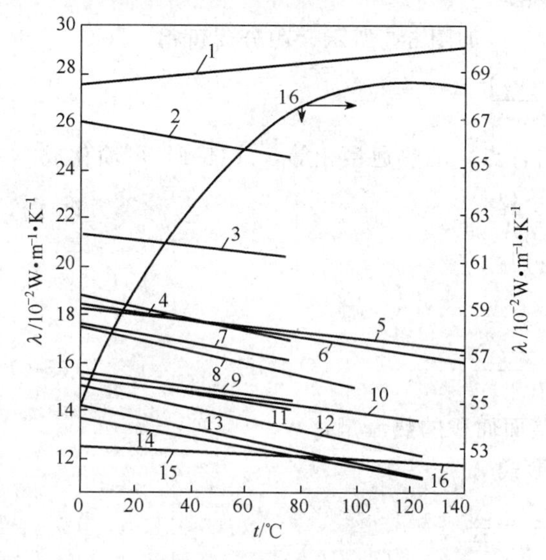

图 5-2 液体的热导率

1—无水甘油；2—蚁酸；3—甲醇；4—乙醇；5—蓖麻油；6—苯胺；7—乙酸；8—丙酮；9—丁醇；10—硝基苯；11—异丙苯；12—苯；13—甲苯；14—二甲苯；15—凡士林油；16—水（用右边的坐标）

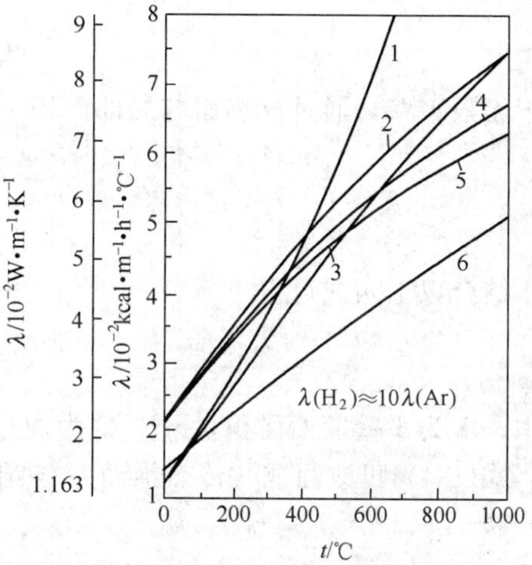

$\lambda/10^{-2}W \cdot m^{-1} \cdot K^{-1}$

$\lambda/10^{-2}kcal \cdot m^{-1} \cdot h^{-1} \cdot ℃^{-1}$

$\lambda(H_2) \approx 10\lambda(Ar)$

t/℃

图 5-3 气体的热导率

1—水蒸气；2—氧；3—二氧化碳；4—空气；5—氮；6—氩

不同物质的热导率的大致范围如图 5-4 所示。

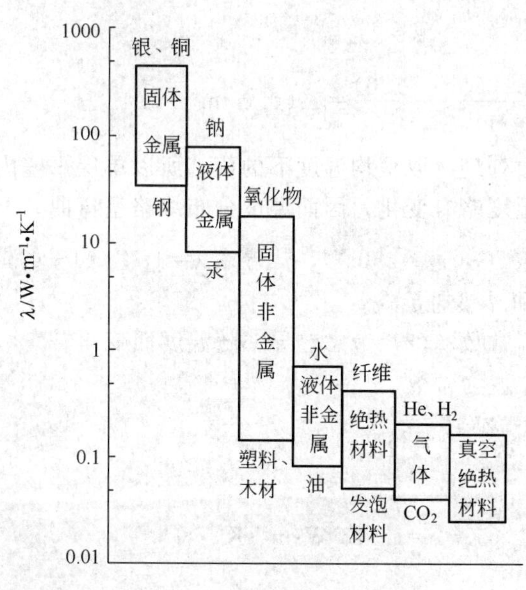

图 5-4 一些材料热导率的范围

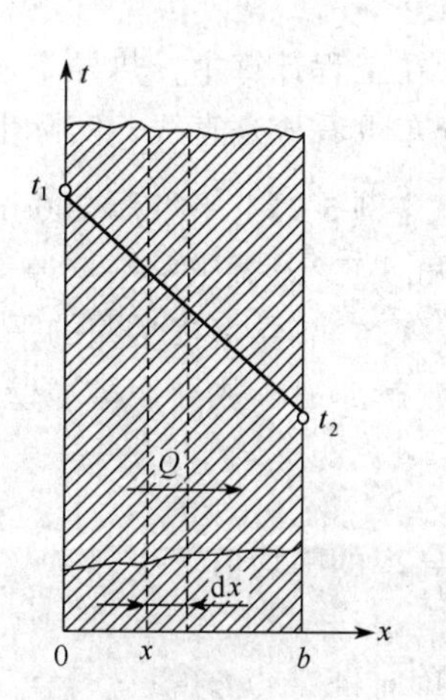

图 5-5 单层平壁的稳定热传导

三、平壁的稳定热传导

（一）单层平壁的稳定热传导

如图 5-5 所示，设有一长、宽与厚度相比可认为是无限大的平壁（称为无限平壁），则只沿厚度方向（图中 x 向）有热流，或说温度只沿垂直于壁面的 x 向变化，即导热是 x 向的一维问题；式(5-3) 中的$\frac{\partial t}{\partial n}$可简化成$\frac{dt}{dx}$而得

$$q=-\lambda \frac{dt}{dx}$$

若给定边界条件：$x=0$ 时，$t=t_1$；$x=b$ 时，$t=t_2$；如图 5-5 所示，积分后可得

$$q=\frac{\lambda(t_1-t_2)}{b}$$

对于无限平壁，通过导热面各局部面积（等温面各点）的热通量相等，式(5-1) 可简化成

$$q=\frac{dQ}{dA}=\frac{Q}{A} \tag{5-1a}$$

即

$$Q=Aq$$

结合以上两式可得

$$Q=\frac{\lambda A(t_1-t_2)}{b} \tag{5-4}$$

式中，A 为平壁壁面面积，m^2；Q 为通过全部壁面面积的热流量，W。

式(5-4) 可改写成“传热推动力/热阻”的形式

$$Q=\frac{t_1-t_2}{b/(\lambda A)}=\frac{\Delta t}{R} \tag{5-4a}$$

式中，R 为无限平壁的导热热阻，$R=b/(\lambda A)$。

对于工业平壁，常应用上述无限平壁的结果，而无需校正。

【例 5-1】 厚度为 230 mm 的砖壁，内壁温度为 600 ℃，外壁温度为 150 ℃。砖壁的热导率可取为 1.0 $W \cdot m^{-1} \cdot K^{-1}$（即 1.0 $W \cdot m^{-1} \cdot ℃^{-1}$），试求通过每平方米砖壁的导热量。

解 由式(5-4)

$$q=\frac{Q}{A}=\frac{\lambda(t_1-t_2)}{b}=\frac{1.0\times(600-150)}{0.23}=1960\ W \cdot m^{-2}$$

在工程计算中，热导率通常可作为常数处理，取平均温度下的值，所以单层平壁内的温度分布可看成是直线。实际上，热导率随温度略有变化，因而温度分布线略呈弯曲。

【例 5-2】 平壁厚 500 mm，若 $t_1=900$ ℃，$t_2=250$ ℃，热导率 $\lambda=1.0\times(1+0.001t)$ $W \cdot m^{-1} \cdot K^{-1}$，试求沿平壁厚度的温度分布和导热通量。

(1) 热导率按平壁的平均温度 t_m 取为常数；(2) 考虑热导率随温度而变化。

解 (1) 热导率按平壁的平均温度 t_m 取为常数

$$t_m=\frac{900+250}{2}=575\ ℃$$

热导率的平均值

$$\lambda_m=1.0\times(1+0.001\times575)=1.575\ W \cdot m^{-1} \cdot K^{-1}$$

导热通量

$$q=\frac{Q}{A}=\frac{\lambda_m(t_1-t_2)}{b}=\frac{1.575\times(900-250)}{0.5}=2048\ W \cdot m^{-2}$$

在稳定导热过程中，任一等温面上的 t 不随时间而变化，即输入各等温面的热量与输出的热量相等。若以 x 表示沿壁厚方向上的距离，在 x 处等温面上的温度为 t，则

$$q=\frac{t_1-t_2}{b/\lambda_m}=\frac{t_1-t}{x/\lambda_m}$$

因此平壁内的温度分布可用下式表示

$$t=900-\frac{qx}{\lambda_m}=900-\frac{2050x}{1.575}=900-1300x \tag{a}$$

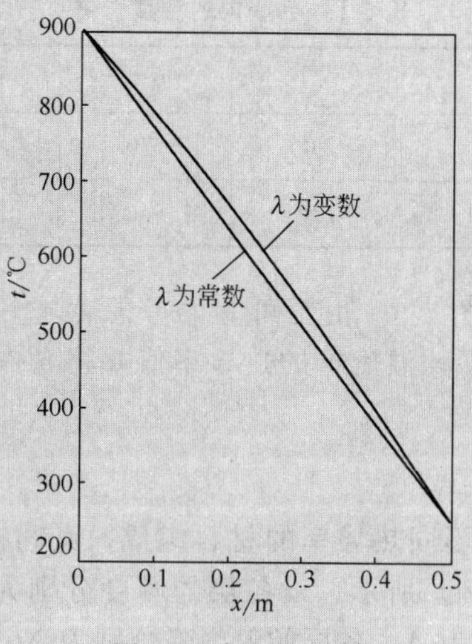

图 5-6 例 5-2 附图

当 $x=0$ 时，$t=t_1=900$ ℃；当 $x=0.5$m 时，$t=t_2=250$ ℃。在直角坐标上将此两点相连而得到的直线就是热导率为常数时的温度分布线。如图 5-6 所示。

(2) 如取热导率为温度的线性函数

$$q=-1.0(1+0.001t)\frac{dt}{dx}$$

分离变量并积分

$$q\int dx=\int-(1+0.001t)dt$$

$$qx=-\left(t+\frac{0.001}{2}t^2\right)+C \tag{b}$$

将边界条件代入上式

当 $x=0$，$t=t_1$，

有
$$0=-\left(t_1+\frac{0.001}{2}t_1^2\right)+C \tag{c}$$

当 $x=b$，$t=t_2$

得
$$qb=-\left(t_2+\frac{0.001}{2}t_2^2\right)+C \tag{d}$$

由式(d) 减式(c) 消去 C，可得 $q=\frac{1}{b}\left[1+0.001\left(\frac{t_1+t_2}{2}\right)\right](t_1-t_2)$

将 $t_1=900$ ℃，$t_2=250$ ℃代入上式得

$$q=\frac{1}{0.5}\times\left[1+0.001\times\left(\frac{900+250}{2}\right)\right]\times(900-250)=2048\ \mathrm{W\cdot m^{-2}}$$

与以上取平均温度下热导率的结果相同。将 q 值代入式(d)，得 $C=1305$，再由温度分布式(b) 得

$$\frac{0.001}{2}t^2+t-(1305-2048x)=0$$

$$t=-1000\pm\sqrt{3.61-4.1x}\times10^3$$

舍去负值，计算得平壁内的温度分布如表 5-1 所示。

表 5-1 平壁内的温度分布

距离 x/m	0	0.1	0.2	0.3	0.4	0.5
温度 t/℃	900	789	670	543	404	250
按温度直线分布式(a)	900	770	640	510	380	250

按此温度分布作出的曲线如图 5-6。由图可知，考虑 λ 随 t 的变化，温度分布曲线稍呈弯曲；但因 λ 的变化小，取平均温度下的热导率值并将它作为常数处理，在工程上是可行的。

（二）多层平壁的稳定热传导

若平壁由多层不同厚度、不同热导率的材料组成，其间接触良好，即接触热阻可以忽略，如图 5-7（以三层平壁为例）所示。设各层的厚度分别为 b_1、b_2 及 b_3，热导率分别为 λ_1、λ_2 及 λ_3，壁的导热面积皆为 A，各层的温度降分别为 $\Delta t_1(=t_1-t_2)$、$\Delta t_2(=t_2-t_3)$ 及 $\Delta t_3(=t_3-t_4)$。由于在稳定导热过程中，通过各层的热流量相等，故

$$Q=\lambda_1 A\frac{t_1-t_2}{b_1}=\frac{\Delta t_1}{b_1/\lambda_1 A}=\frac{\Delta t_1}{R_1}$$
$$=\lambda_2 A\frac{t_2-t_3}{b_2}=\frac{\Delta t_2}{b_2/\lambda_2 A}=\frac{\Delta t_2}{R_2}$$
$$=\lambda_3 A\frac{t_3-t_4}{b_3}=\frac{\Delta t_3}{b_3/\lambda_3 A}=\frac{\Delta t_3}{R_3} \quad (5\text{-}5)$$

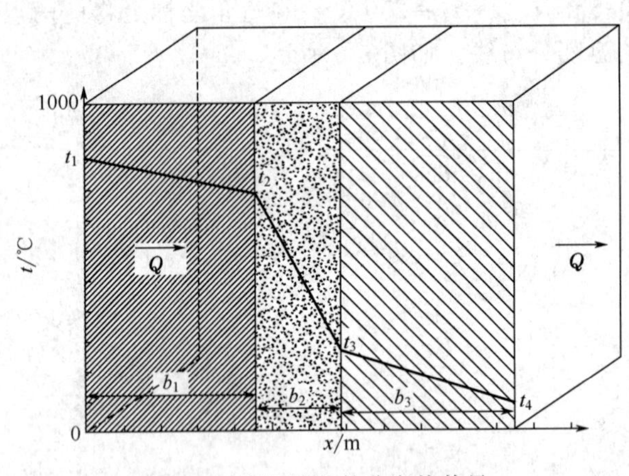

图 5-7 多层平壁的稳定热传导

应用合比定律可得

$$Q=\frac{\Delta t_1+\Delta t_2+\Delta t_3}{\dfrac{b_1}{\lambda_1 A}+\dfrac{b_2}{\lambda_2 A}+\dfrac{b_3}{\lambda_3 A}}=\frac{\Delta t_1+\Delta t_2+\Delta t_3}{R_1+R_2+R_3}=\frac{t_1-t_4}{\sum\limits_{i=1}^{3}R_i} \quad (5\text{-}6a)$$

推广到 n 层平壁

$$Q=\frac{t_1-t_{n+1}}{\sum\limits_{i=1}^{n}R_i}=\frac{\text{总导热温差}}{\text{总热阻}} \quad (5\text{-}6)$$

式(5-5) 及式(5-6) 表明，应用热阻的概念可以简化多层平壁导热的计算。注意以上因接触良好而忽略两层平壁之间的接触热阻，若不能忽略，则应在总热阻中加入。

式(5-5) 还表明，对于串联的多层热阻，各层温差 Δt_i 的大小与其热阻 R_i 成正比。这一概念在例 5-3 中要用到，今后也很有用。

【例 5-3】 有一炉壁，由三种材料组成：

耐火砖 $\lambda_1=1.4\ \text{W}\cdot\text{m}^{-1}\cdot\text{K}^{-1}$， $b_1=230\ \text{mm}$；

保温砖 $\lambda_2=0.15\ \text{W}\cdot\text{m}^{-1}\cdot\text{K}^{-1}$， $b_2=115\ \text{mm}$；

建筑砖 $\lambda_3=0.8\ \text{W}\cdot\text{m}^{-1}\cdot\text{K}^{-1}$， $b_3=230\ \text{mm}$。

今测得其内壁温度为 900 ℃，外壁温度为 80 ℃，求单位面积的热损失和各层接触面上的温度。

解 参看图 5-7，应用式(5-6)

$$Q=\frac{t_1-t_4}{\frac{b_1}{\lambda_1 A}+\frac{b_2}{\lambda_2 A}+\frac{b_3}{\lambda_3 A}}=\frac{900-80}{\frac{0.23}{1.4\times1}+\frac{0.115}{0.15\times1}+\frac{0.23}{0.8\times1}}=\frac{820}{0.164+0.767+0.288}=673\ \text{W}$$

由式(5-5) 得

$$\Delta t_1=QR_1=673\times0.164=110.4\ ℃$$

$$t_2=t_1-\Delta t_1=900-110.4=789.6\ ℃$$

$$\Delta t_2=QR_2=673\times0.767=516.2\ ℃$$

$$t_3=t_2-\Delta t_2=789.6-516.2=273.4\ ℃$$

$$\Delta t_3=t_3-t_4=273.4-80=193.4\ ℃$$

各层温度降和热阻的数值见表 5-2。

表 5-2 各层温度降和热阻

项 目	温度降/℃	热阻/℃·W^{-1}
耐火砖,厚 230mm	110.4	0.164
保温砖,厚 115mm	516.2	0.767
建筑砖,厚 230mm	193.4	0.288

四、圆筒壁的稳定热传导

在工业生产中，常常用到圆筒形的容器、设备和管道。通过圆筒壁的热传导，如图 5-8 所示。若圆筒的长度 l 远比半径 r 为大，可认为其内的传热是只沿径向的一维导热，于是式(5-3) 中的$\frac{\partial t}{\partial n}$简化成$\frac{\mathrm{d}t}{\mathrm{d}r}$，而有

$$q=-\lambda\frac{\mathrm{d}t}{\mathrm{d}r}$$

且传热面 A 上各点的热通量 q 相等，式(5-1a) $Q=Aq$ 仍然成立，得到

$$Q=-\lambda A\frac{\mathrm{d}t}{\mathrm{d}r} \tag{5-7a}$$

与平壁不同的是圆筒壁的内外半径不等，其导热面积 $A=2\pi rl$ 与半径 r 成正比。在稳定情况下，通过圆筒壁内、外壁面的热流量是相等的，即 Q 为常数；因而 q 与 A 成反比。将 $A=2\pi rl$ 代入式(5-7a)，分离变量，进行积分（积分限参看图 5-8）。

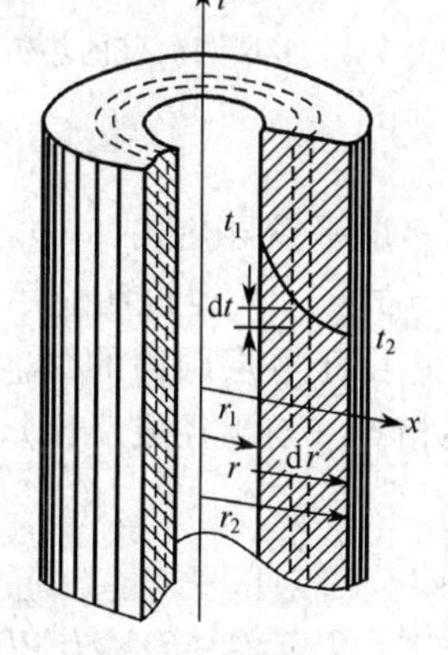

图 5-8 圆筒壁的热传导

$$Q\int_{r_1}^{r_2}\frac{\mathrm{d}r}{r}=-2\pi\lambda l\int_{t_1}^{t_2}\mathrm{d}t$$

$$Q\ln\frac{r_2}{r_1}=2\pi\lambda l(t_1-t_2)$$

故

$$Q=2\pi\lambda l\frac{t_1-t_2}{\ln\frac{r_2}{r_1}}=\frac{t_1-t_2}{\frac{\ln(r_2/r_1)}{2\pi\lambda l}}=\frac{t_1-t_2}{R} \tag{5-7}$$

式中，温差 (t_1-t_2) 为推动力；$R\left(=\dfrac{\ln(r_2/r_1)}{2\pi\lambda l}\right)$为热阻。

式(5-7)也可以改写成平壁导热式(5-4)的形式：

$$Q=\lambda\frac{2\pi l(r_2-r_1)(t_1-t_2)}{\ln(r_2/r_1)(r_2-r_1)}=\lambda A_m\frac{t_1-t_2}{b}=\frac{t_1-t_2}{b/\lambda A_m}=\frac{\Delta t}{R}\tag{5-7b}$$

式中，b 为圆筒壁的厚度，$b=r_2-r_1$；A_m 为平均面积，$A_m=2\pi lr_m$；$r_m\left(=\dfrac{r_2-r_1}{\ln(r_2/r_1)}\right)$为对数平均半径；当 $r_2/r_1<2$ 时，可以改用算术平均值，即取 $r_m=(r_1+r_2)/2$，而误差不大。

令 Δ_2、Δ_1 $(\Delta_2>\Delta_1)$ 代表任意两个数，现将不同 Δ_2/Δ_1 下，这两个数的算术平均值和对数平均值做对比，见表 5-3。

表 5-3　算术平均值与对数平均值

Δ_2/Δ_1	3	2	1.5	1.3	1.1
$\Delta_{m_{算术}}/\Delta_{m(对数)}$	1.10	1.04	1.013	1.005	约 1.0

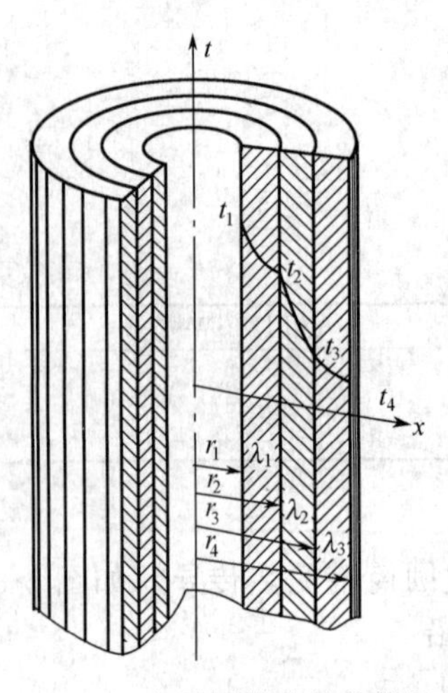

图 5-9　多层圆筒壁的热传导

由此可见，在 $\Delta_2/\Delta_1=2$ 时，算术平均值和对数平均值相差 4%。工程计算中常能容许，故当 $r_2/r_1<2$ 时，可用算术平均值代替对数平均值。

热阻可按 $R=b/\lambda A_m$ 来计算。

对于层与层间接触良好的多层圆筒壁，如图 5-9（以三层圆筒壁为例）所示，各层的热导率分别为 λ_1、λ_2 及 λ_3，厚度为 b_1、b_2 及 b_3。与多层平壁的稳定传导热计算式(5-6) 相类比，得

$$Q=\frac{\Delta t_1+\Delta t_2+\Delta t_3}{R_1+R_2+R_3}=\frac{t_1-t_4}{R_1+R_2+R_3}\tag{5-8a}$$

$$=\frac{t_1-t_4}{\dfrac{b_1}{\lambda_1 A_{m1}}+\dfrac{b_2}{\lambda_2 A_{m2}}+\dfrac{b_3}{\lambda_3 A_{m3}}}\tag{5-8b}$$

对于 n 层圆筒壁

$$Q=\frac{t_1-t_{n+1}}{\sum\limits_{i=1}^{n}\dfrac{b_i}{\lambda_i A_{mi}}}=\frac{t_1-t_{n+1}}{\sum\limits_{i=1}^{n}\dfrac{\ln(r_{i+1}/r_i)}{2\pi l\lambda_i}}\tag{5-8}$$

与多层平壁导热式(5-6) 的差别仅是各层热阻的平均导热面积 A_{mi} 不同，应对各层分别计算。式(5-8) 也说明应用热阻的概念能使计算简化。

由于各层圆筒的 A_{mi} 不同，故在稳定导热中各层的热流量 Q 虽相同，但热通量 q_i 则并不相等（与半径成反比），其相互关系为

$$Q=2\pi r_1 lq_1=2\pi r_2 lq_2=2\pi r_3 lq_3=2\pi r_4 lq_4$$

或

$$r_1q_1=r_2q_2=r_3q_3=r_4q_4$$

式中，q_1、q_2、q_3、q_4 分别为半径 r_1，r_2，r_3，r_4 处的热通量。

【例 5-4】 ϕ50 mm×5 mm 的不锈钢管，热导率 λ_1 为 16 $W\cdot m^{-1}\cdot K^{-1}$；外包厚 30 mm 的矿物棉，热导率 λ_2 为 0.2 $W\cdot m^{-1}\cdot K^{-1}$。若管内壁温度为 350 ℃，保温层外壁温度为 100 ℃，试计算每米管长的热损失。

解　不锈钢管内半径 $r_1=40/2=20$ mm，外半径 $r_2=50/2=25$ mm，$r_2/r_1<2$，可按算术平均求平均半径及每米管长的平均面积

$$A_{m1}=2\pi r_{m1}\times 1=\frac{2\pi\ (0.025+0.02)}{2}=0.141\ m^2$$

矿物棉层内半径 $r_2=25$ mm，外半径 $r_3=55$ mm，$r_3/r_2>2$，需按对数平均计算导热面积

$$r_{m2}=\frac{0.055-0.025}{\ln(0.055/0.025)}=0.038\ m$$

$$A_{m2}=2\pi r_{m2}\times 1=0.239\ m^2$$

每米管长的热损失为

$$Q_L=\frac{\Delta t}{\frac{b_1}{\lambda_1 A_{m1}}+\frac{b_2}{\lambda_2 A_{m2}}}=\frac{350-100}{\frac{0.005}{16\times 0.141}+\frac{0.03}{0.2\times 0.239}}=\frac{250}{0.0022+0.6276}=\frac{250}{0.6298}=397\ W$$

注意：钢管壁的热阻只占总热阻的 0.0022/0.6298=0.0035，而可忽略。

【例 5-5】 求例 5-4 的温度分布。

解　已给定的温度是管内壁 $t_1=350$ ℃，矿物棉层外壁 $t_3=100$ ℃。管外壁亦即矿物棉层内壁的温度 t_2 可由温差与热阻成正比的关系得出

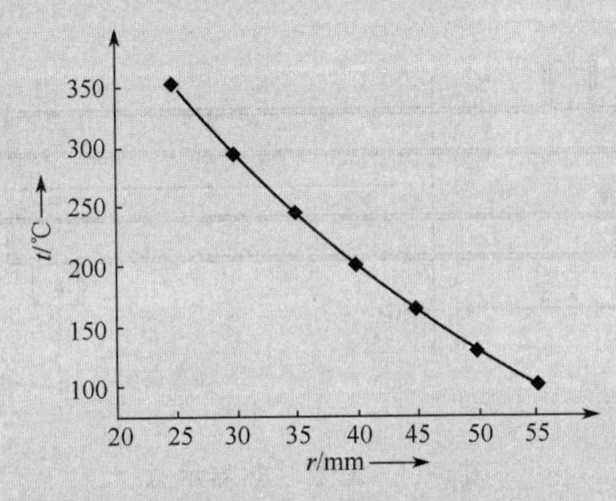

图 5-10　例 5-5 附图

$$\frac{t_1-t_2}{t_1-t_3}=\frac{管壁热阻}{总热阻}=0.0035$$

$$350-t_2=0.0035(350-100)=0.9\ ℃$$

$$t_2=349.1\ ℃$$

令矿物棉层内半径 r 处的温度为 t，为求 t 与 r 的关系可用式(5-7) 的第一个等式

$$Q=\frac{2\pi\lambda l(t_2-t)}{\ln(r/r_2)}$$

代入已知数值

$$397\ln(r/25)=2\pi\times 0.2\times 1\times(349.1-t)$$

所以

$$t=349.1-316\ln(r/25) \tag{a}$$

将计算结果列成表 5-4。

表 5-4　计算结果

r/mm	25	30	35	40	45	50	55
t/℃	349.1	291.5	242.8	200.6	163.4	130.1	100

再作成图，如图 5-10 所示。由式(a) 或图 5-10、表 5-4 可知，圆筒壁内的温度分布在取 λ 为常数时也并不是线性的。

第三节　两流体间的热量传递

一、两流体通过间壁传热的分析

前已提及，工业上处理的物料多为易于输送的流体。当流体被加热或冷却时，一般用另一种流体来供给或取走热量。这另一种流体称为**载热体**；其中用于加热的称为**加热剂**，常用的有水蒸气、烟道气等；用于移除热量的称为冷却剂，常用的有冷却水、空气。在大多数情况下不允许传热的两种流体相互混合，因而需要用间壁将它们隔开，这种传热设备称为**热交换器**（简称换热器）。图 5-11 所示为结构简单的一种——套管换热器，热、冷流体分别从小管（称为换热管）管壁的两侧流过，热流体将热量传给壁面，通过管壁，再从管壁的另一侧将热量传给冷流体。图中，热流体走管内，其温度沿壁面由 T_1 逐渐下降到 T_2；冷流体走管外，其温度由 t_1 逐渐上升到 t_2。热、冷流体沿壁面平行流动，方向彼此相反，称为**逆流**；若方向相同，则称为**并流**。

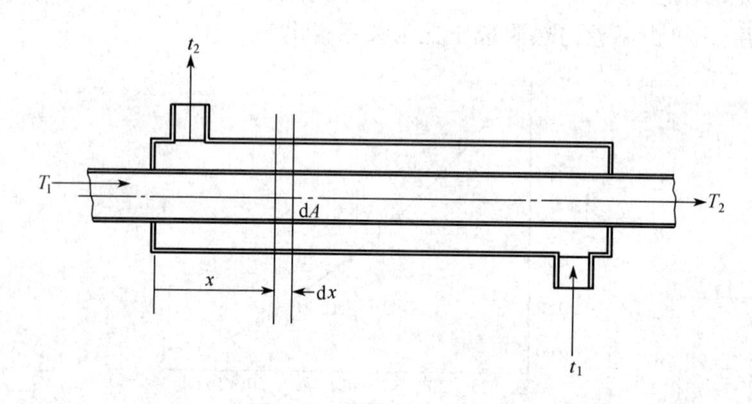

图 5-11　套管换热器示意

上述换热过程中，既要考虑通过固体间壁的导热，又要考虑间壁两侧与流体的给热，而且往往后者更重要。下面着重讨论这一问题。

通常，间壁两侧的流体都作湍流运动，湍流区中流体直接携带热量的对流传热，因流体质点的激烈脉动、混合而热阻很小；紧贴壁面处的层流底层（因为很薄，也形象地称为“膜”），则只能依靠热阻相对大得多的导热方式传热；故膜虽薄，却是给热的主要热阻所在。

上述传热过程可对局部壁面放大观察，如图 5-12 所示，相当于图 5-11 在离热流体进口距离为 x 的 $\mathrm{d}x$ 段、传热面积为 $\mathrm{d}A$ 处的放大。间壁两侧为热、冷两流体的层流底层（为示出它，其厚度放大了很多倍），两边再向外经过过渡层，达到两流体的湍流主体。左边的热流体，以 $\Delta T=T-T_\mathrm{w}$ 的温差为推动力，传热给壁面；再消耗温差 $\Delta t_\mathrm{w}=T_\mathrm{w}-t_\mathrm{w}$，以导热方式通过间壁；然后又以给热方式传给冷流体，其温差为 $\Delta t=t_\mathrm{w}-t$。图中示出，在两侧的给热中，由于膜内是主要热阻所在，故占给热温差（$T-T_\mathrm{w}$）或（$t_\mathrm{w}-t$）的主要部分。从温度分布情况可以了解各串联热阻的相对大小［见式(5-5)］。

图 5-12 中还示出，热、冷两流体的膜厚分别为 δ_1、δ_2。若将过渡层及湍流主体的热阻也折算成某一膜厚，则热、冷流体的给热热阻所相当的总膜厚在图中示出为 δ'_1 及 δ'_2，称为当量膜厚。于是，可将复杂的给热现象转化成通过当量膜厚的导热问题；这样虽然在概念上可使给热问题得到简化，但由于当量膜厚是虚拟的，并不能直接测定，给热速率的问题还需另寻其他途径解决（见本章第四节）。

给热速率与许多因素有关。如影响膜厚的有流体的速度、黏度、密度及壁面的几何特性（以上可组合成雷诺数）；影响膜内传热性能的有热导率等热物性参数。通常是应用**牛顿冷却定律**：热通量 q 与壁面-流体间的温差（$t_w - t$）成正比，而得到较简单的形式

$$q=\alpha(t_w-t) \tag{5-9}$$

此式相当于图 5-12 右边壁面被冷却的情况；式中比例系数 α 称为**给热系数**，单位为 $W \cdot m^{-2} \cdot K^{-1}$ 或 $W \cdot m^{-2} \cdot ℃^{-1}$。式(5-9) 也可用于流体对壁面加热，即相当于图 5-12 间壁左边的给热情况

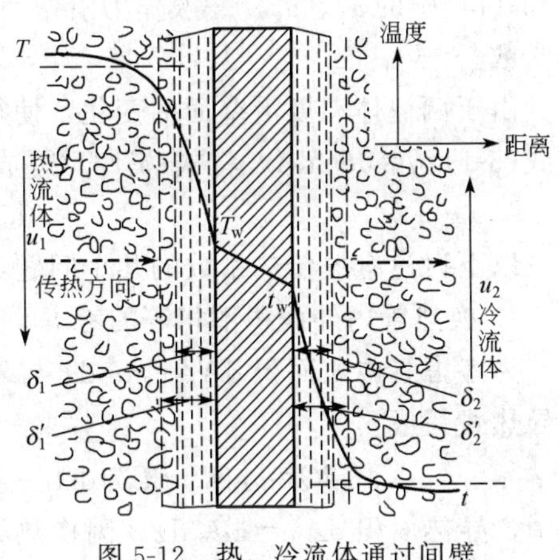

图 5-12 热、冷流体通过间壁传热过程示意

$$q=\alpha_1(T-T_w) \tag{5-9a}$$

而对间壁右边壁面对流体的给热写成

$$q=\alpha_2(t_w-t) \tag{5-9b}$$

给热时，无相变流体的温度会变化，物性随之变化，故 α 也沿传热壁面而变，即 α 是一种局部性质的系数。但是，在应用时以对全部传热面积 A 平均的给热系数为便。由于一般情况下物性的变化不是很大，在某一平均温度下取值，对工程计算是可行的；这一平均温度称为**定性温度**。以后所称的给热系数，若不另做说明，都是指这种对整个传热面的平均值。

热、冷流体的温度沿传热壁面而变还使得给热温差（$T-T_w$）及（t_w-t）发生变化，故即使将给热系数作为常数，给热通量 q 仍将随壁面位置（图 5-11 中的 x）变化而属局部性质。因此，热流量与热通量的关系需按微分式(5-1) 列出

即
$$dQ=q dA$$

二、传热速率和传热系数

热、冷两流体通过间壁的传热速率，可用以前处理串联热阻的方法，得出较简单的表达形式。在稳定情况下，两侧给热及间壁导热的三个热流量相等。对于平壁（壁厚与直径之比很小的管壁亦可近似适用），三个传热面积相等，都用 A 代表。于是三个热通量 $q=dQ/dA$ 也相等，而有

$$q=\alpha_1(T-T_w)=\frac{\lambda(T_w-t_w)}{b}=\alpha_2(t_w-t)$$

写成串联热阻的形式

$$q=\frac{T-T_w}{1/\alpha_1}=\frac{T_w-t_w}{b/\lambda}=\frac{t_w-t}{1/\alpha_2}=\frac{T-t}{1/\alpha_1+b/\lambda+1/\alpha_2} \tag{5-10}$$

式(5-10) 最右边的分子为传热的总温差 $\Delta t=T-t$；分母为总热阻 $R_t=1/\alpha_1+b/\lambda+1/\alpha_2$，它由三个分热阻，即间壁两边的给热热阻 $1/\alpha_1$、$1/\alpha_2$ 和间壁本身的导热热阻 b/λ，加合而成。

令 $K=\frac{1}{R_t}=\frac{1}{1/\alpha_1+b/\lambda+1/\alpha_2}$，即 $$\frac{1}{K}=\frac{1}{\alpha_1}+\frac{b}{\lambda}+\frac{1}{\alpha_2} \tag{5-11}$$

可得 $$q=K(T-t) \tag{5-12}$$

K 称为**传热系数**，单位为 $W \cdot m^{-2} \cdot K^{-1}$，与给热系数的单位相同。但给热系数仅考虑间壁一侧的传热，而传热系数则考虑了从热流体通过间壁到冷流体的整个传热过程。前已提及，

式(5-11)中的 α_1、α_2，一般作为沿壁面的平均值，故 K 也通常认为是不随壁面位置而变化的常数。

由于两流体温度沿壁面的变化，使得总温差 $\Delta t = T - t$ 也发生变化；故对于热流量，应按式(5-1) $q = \mathrm{d}Q/\mathrm{d}A$，将式(5-12)写成微分式

$$\mathrm{d}Q = K(T-t)\mathrm{d}A \tag{5-13}$$

以下讨论有关传热系数的几个问题。

1. 换热管内外面积不相等的考虑

为考虑管内表面积 $\mathrm{d}A_1 = \pi d_1 \mathrm{d}x$ 与外表面积 $\mathrm{d}A_2 = \pi d_2 \mathrm{d}x$ 的差别，可将两侧给热式及间壁导热式写成

$$\mathrm{d}Q = \alpha_1 (T - T_{\mathrm{w}})\mathrm{d}A_1 = (\lambda/b)(T_{\mathrm{w}} - t_{\mathrm{w}})\mathrm{d}A_{\mathrm{w}} = \alpha_2 (t_{\mathrm{w}} - t)\mathrm{d}A_2 \tag{5-14}$$

其中，导热面积 $\mathrm{d}A_{\mathrm{w}} = \pi d_{\mathrm{m}} \mathrm{d}x$，因换热管内、外直径 d_1、d_2 相差不多，平均直径 d_{m} 可用其算术平均值。

考虑到三个传热面的面积不同，其热通量也不相同。基于管内表面积的热通量方程可对式(5-14)各项除以 $\mathrm{d}A_1$，得到

$$\frac{\mathrm{d}Q}{\mathrm{d}A_1} = \alpha_1 (T - T_{\mathrm{w}}) = \left(\frac{\lambda}{b}\right)(T_{\mathrm{w}} - t_{\mathrm{w}})\frac{\mathrm{d}A_{\mathrm{w}}}{\mathrm{d}A_1} = \alpha_2 (t_{\mathrm{w}} - t)\frac{\mathrm{d}A_2}{\mathrm{d}A_1}$$

即

$$q_1 = \alpha_1 (T - T_{\mathrm{w}}) = \left(\frac{\lambda}{b}\right)(T_{\mathrm{w}} - t_{\mathrm{w}})\frac{d_{\mathrm{m}}}{d_1} = \alpha_2 (t_{\mathrm{w}} - t)\frac{d_2}{d_1} \tag{5-15}$$

写成串联热阻的形式

$$q_1 = \frac{T - T_{\mathrm{w}}}{\dfrac{1}{\alpha_1}} = \frac{T_{\mathrm{w}} - t_{\mathrm{w}}}{\left(\dfrac{b}{\lambda}\right)\left(\dfrac{d_1}{d_{\mathrm{m}}}\right)} = \frac{t_{\mathrm{w}} - t}{\dfrac{1}{\alpha_2}\left(\dfrac{d_1}{d_2}\right)} = \frac{T - t}{\dfrac{1}{\alpha_1} + \dfrac{b}{\lambda}\left(\dfrac{d_1}{d_{\mathrm{m}}}\right) + \dfrac{1}{\alpha_2}\left(\dfrac{d_1}{d_2}\right)} \tag{5-16}$$

令基于管内表面积的传热系数为

$$K_1 = 1\Big/\left(\frac{1}{\alpha_1} + \frac{b}{\lambda}\frac{d_1}{d_{\mathrm{m}}} + \frac{1}{\alpha_2}\frac{d_1}{d_2}\right) \tag{5-11a}$$

则有

$$q_1 = K_1 (T - t) \tag{5-12a}$$

同理，基于管外表面积的传热系数为

$$K_2 = 1\Big/\left(\frac{1}{\alpha_1}\frac{d_2}{d_1} + \frac{b}{\lambda}\frac{d_2}{d_{\mathrm{m}}} + \frac{1}{\alpha_2}\right) \tag{5-11b}$$

基于管外表面积的热通量为

$$q_2 = K_2 (T - t) \tag{5-12b}$$

换热管内外的传热系数、热通量有以下关系

$$\frac{K_2}{K_1} = \frac{q_2}{q_1} = \frac{\mathrm{d}A_1}{\mathrm{d}A_2} = \frac{d_1}{d_2} \tag{5-17}$$

在传热计算中，基于管的内表面或外表面，所得结果相同；但应注意换热器制造厂习惯以管外表面积作为公称面积的依据，故传热面积计算的最终结果通常用管外面积 A_2 表示。

2. 污垢热阻

换热器在使用中，传热速率 Q 会逐渐下降，这是由于传热表面有污垢积累的缘故。因此，计算 K 值时，污垢热阻一般不可忽视。污垢层的厚度随使用时间增厚，其热导率也不易确定，通常是根据经验估定污垢热阻，作为计算的依据。如管壁内侧和外侧的污

垢热阻分别用 R_{s1} 和 R_{s2} 表示，由于污垢层一般很薄，因而以外表面积为基准时，总热阻为

$$\frac{1}{K_2}=\frac{1}{\alpha_1}\frac{d_2}{d_1}+R_{s1}\frac{d_2}{d_1}+\frac{b}{\lambda}\frac{d_2}{d_m}+R_{s2}+\frac{1}{\alpha_2} \tag{5-11c}$$

常见流体在传热表面形成的污垢热阻，其大致数值范围见表 5-5。

表 5-5 污垢热阻的大致数值范围

流 体	污垢热阻/$m^2 \cdot K \cdot kW^{-1}$	流 体	污垢热阻/$m^2 \cdot K \cdot kW^{-1}$
水(u<1 m/s,t<50 ℃)		劣质、不含油	0.09
蒸馏水	0.09	往复机排出	0.18
海水	0.09	液体	
洁净的河水	0.21	处理过的盐水	0.26
未处理的冷水塔用水	0.58	有机物	0.18
经处理的冷水塔用水	0.26	燃料油	1.06
经处理的锅炉用水	0.26	焦油	1.76
硬水、井水	0.58	气体	
水蒸气		空气	0.26～0.53
优质、不含油	0.052	溶剂蒸气	0.14

若流体容易结垢，换热器使用一定时间后，污垢热阻往往会增加到使传热速率严重下降。所以换热器要根据具体工作条件，定期清洗。

3. 控制性分热阻

若设法增大传热系数 K，可以使传热强化，即在相同的温度条件下，用同样大的传热面积可以传递更多的热量；或对同样的传热任务可以用较小的传热面积完成，以降低成本。

为增大 K，原则上减小式(5-11c) 右边任一个分热阻都有效；但当分热阻的相互差别很大时，总热阻 $1/K$ 主要由其中最大的热阻所左右。通常，金属间壁的热阻很小而可忽略。换热器经较长期使用后，往往污垢热阻占主要部分而需进行清洗。有时，某一侧的给热热阻会占到控制地位，如在式(5-11c) 的右边，与 $1/\alpha_2$ 相比其他项都可忽略，则有 $K_2 \approx \alpha_2$。总之，当串联热阻中存在某控制性的分热阻时，为强化传热应集中力量去削减它。同理，传热系数计算的准确性，也主要取决于这个控制性分热阻。

4. 传热系数数值的大致范围

换热器计算中，往往要预先估计传热系数 K 的值。对于工业上最常见的列管式换热器(见图 5-15)，K 值的大致范围见表 5-6。由表可知，K 值的范围很大。对不同类型流体间传热时的 K 值，应有一数量级的概念。

表 5-6 列管换热器中 K 值的大致范围

进行换热的流体	传热系数 $K/W \cdot m^{-2} \cdot K^{-1}$	进行换热的流体	传热系数 $K/W \cdot m^{-2} \cdot K^{-1}$
由气体到气体	12～35	水蒸气冷凝到水	300～5000
由气体到水	12～60	水蒸气冷凝到油(有机液体)	60～350
由煤油到水	350 左右	水蒸气冷凝到油沸腾	300～900
由水到水	800～1800	由有机溶剂到轻油	120～400

【例 5-6】 有一列管换热器，由 $\phi 25\ \text{mm} \times 2.5\ \text{mm}$ 的钢管组成。CO_2 在管内流过，冷却水在管外流过。已知管内的 $\alpha_1 = 50\ \text{W} \cdot \text{m}^{-2} \cdot \text{K}^{-1}$，管外的 $\alpha_2 = 2500\ \text{W} \cdot \text{m}^{-2} \cdot \text{K}^{-1}$。(1) 求传热系数；(2) 若设法使 α_1 增大 1 倍，其他条件与前相同，求传热系数增大的百分率；(3) 若使 α_2 增大 1 倍，其他条件不变，求传热系数增大的百分率；(4) 若计算传热系数时，不对内、外表面的差异做校正 [采用式(5-11)]，误差有多大？

解 (1) 求以外表面积为基准时的传热系数　根据附录四，取钢的热导率 $\lambda = 45\ \text{W} \cdot \text{m}^{-1} \cdot \text{K}^{-1}$；从表 5-5 中查 CO_2 侧污垢热阻取 $R_{s1} = 0.5 \times 10^{-3}\ \text{m}^2 \cdot \text{K} \cdot \text{W}^{-1}$，冷却水侧污垢热阻按井水取 $R_{s2} = 0.58 \times 10^{-3}\ \text{m}^2 \cdot \text{K} \cdot \text{W}^{-1}$，应用式(5-11c) 有

$$\begin{aligned}\frac{1}{K_2} &= \frac{1}{\alpha_1}\frac{d_2}{d_1} + R_{s1}\frac{d_2}{d_1} + \frac{b}{\lambda}\frac{d_2}{d_m} + R_{s2} + \frac{1}{\alpha_2} \\ &= \frac{25}{50 \times 20} + \frac{0.5 \times 10^{-3} \times 25}{20} + \frac{0.0025 \times 25}{45 \times 22.5} + 0.58 \times 10^{-3} + \frac{1}{2500} \\ &= 0.025 + 0.000625 + 0.000062 + 0.00058 + 0.0004 \\ &= 0.02667\ \text{m}^2 \cdot \text{K} \cdot \text{W}^{-1}\end{aligned}$$

$$K_2 = 37.5\ \text{W} \cdot \text{m}^{-2} \cdot \text{K}^{-1}$$

钢管壁的热阻占总热阻的比例为 0.000062/0.02667＝0.0023，可见工程计算中完全可以忽略。

(2) α_1 增大 1 倍，即 $\alpha_1 = 100\ \text{W} \cdot \text{m}^{-2} \cdot \text{K}^{-1}$ 时的传热系数 K'，式(5-11c) 右边只有第 1 项减为一半

$$\frac{1}{K'} = 0.0125 + 0.000625 + 0.000062 + 0.00058 + 0.0004 = 0.01417\ \text{m}^2 \cdot \text{K} \cdot \text{W}^{-1}$$

$$K' = 70.6\ \text{W} \cdot \text{m}^{-2} \cdot \text{K}^{-1}$$

K 值增加的百分率$= \dfrac{K' - K_2}{K_2} \times 100\% = \dfrac{70.6 - 37.5}{37.5} \times 100\% = 88.3\%$（明显增大）。

(3) α_2 增大 1 倍，即 $\alpha_2 = 5000\ \text{W} \cdot \text{m}^{-2} \cdot \text{K}^{-1}$ 时的传热系数 K''

$$\frac{1}{K''} = 0.025 + 0.000625 + 0.000062 + 0.00058 + 0.0002 = 0.0265\ \text{m}^2 \cdot \text{K} \cdot \text{W}^{-1}$$

$$K'' = 37.7\ \text{W} \cdot \text{m}^{-2} \cdot \text{K}^{-1}$$

K 值增加的百分率$= \dfrac{K'' - K}{K} \times 100\% = \dfrac{37.7 - 37.5}{37.5} \times 100\% = 0.53\%$（几乎没有增大）。

(4) 文中述及，当几个分热阻差别大时，总热阻与控制热阻相近。本例有控制热阻 $1/\alpha_1$，而 $K_1 \approx \alpha_1$。但现在 α_1 系对管内，故先求得对管内表面的 K_1 后，需再通过式(5-17) 换算为对管外表面积的 K_2，才能进行比较。

式(5-11) 加上污垢热阻后应为

$$\frac{1}{K_1} = \frac{1}{\alpha_1} + R_{s1} + \frac{b}{\lambda} + R_{s2} + \frac{1}{\alpha_2}$$

代入已知数据

$$\frac{1}{K_1} = 0.02 + 0.0005 + 0.000056 + 0.00058 + 0.0004 = 0.02154$$

所以

$$K_1 = 46.4\ \text{W} \cdot \text{m}^{-2} \cdot \text{K}^{-1}$$

应用式(5-17) 换算到对管外表面积的传热系数 K_2'

$$K_2'=46.4\times\frac{d_1}{d_2}=46.4\times\frac{20}{25}=37.1\ \mathrm{W\cdot m^{-2}\cdot K^{-1}}$$

与本例 (1) 中求出的 $K_2=37.5\ \mathrm{W\cdot m^{-2}\cdot K^{-1}}$ 相比，相差甚小，即可以用此方法简化近似。

从以上可以清楚地看到，要提高 K 值，就要设法减小占控制地位的分热阻。

三、传热温差和热量衡算

讨论传热速率的主要目的之一，是从传热任务确定所需的传热面积，或核算已有换热器的传热面积能否满足传热需要。为此，需对传热速率的微分式(5-13)：$\mathrm{d}Q=K(T-t)\mathrm{d}A$ 进行积分。

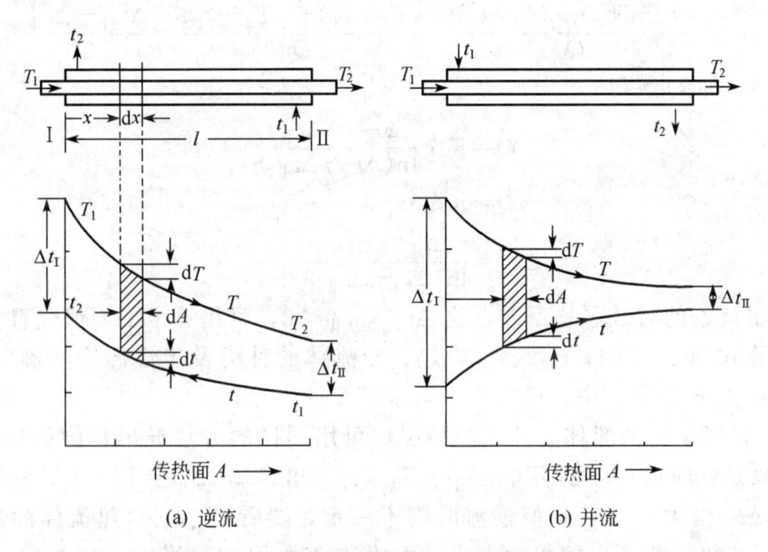

图 5-13 两侧流体均无相变时的温度变化

考察图 5-13(a)（相当于图 5-11 补上温度变化），热、冷两流体为逆流，其温度 T、t 随距离 x 或传热面积 A 的增大而降低，通过微元面积 $\mathrm{d}A$ 传热后，两流体的微分温度变化 $\mathrm{d}T$、$\mathrm{d}t$ 都为负值。当热损失可以忽略，热流体传出的热流量与冷流体获得的热流量相等

$$\mathrm{d}Q=-m_{s1}c_{p1}\mathrm{d}T=-m_{s2}c_{p2}\mathrm{d}t \tag{5-18}$$

式中，c_{p1}、c_{p2} 为热、冷流体的定压比热容，$\mathrm{kJ\cdot kg^{-1}\cdot K^{-1}}$，可取定性温度下的数值作为常数；

m_{s1}、m_{s2} 为热、冷流体的质量流量，$\mathrm{kg\cdot s^{-1}}$，稳定情况下为常数。

取负号是因为 $\mathrm{d}T$、$\mathrm{d}t$ 皆为负值。应用合比定律，可以从式(5-18) 得到 $(T-t)$ 的微分式

$$\mathrm{d}Q=-\frac{\mathrm{d}T}{1/(m_{s1}c_{p1})}=-\frac{\mathrm{d}t}{1/(m_{s2}c_{p2})}=-\frac{\mathrm{d}T-\mathrm{d}t}{1/(m_{s1}c_{p1})-1/(m_{s2}c_{p2})} \tag{5-18a}$$

令

$$m=\frac{1}{m_{s1}c_{p1}}-\frac{1}{m_{s2}c_{p2}} \tag{5-19}$$

如前述，m 为常数；又 $(\mathrm{d}T-\mathrm{d}t)=\mathrm{d}(T-t)$，于是 $\mathrm{d}Q=-\mathrm{d}(T-t)/m$，代入传热速率式(5-13)，得到

$$K(T-t)\mathrm{d}A=-\frac{\mathrm{d}(T-t)}{m} \tag{5-20}$$

或 $K\Delta t\mathrm{d}A=-\mathrm{d}(\Delta t)/m$ ［将总温差 $(T-t)$ 写成 Δt］

分离变量，在 $A=0$（$x=0$ 的热流体进口处的截面 I，$\Delta t=\Delta t_{\mathrm{I}}=T_1-t_2$）至 $A=A$（x 为换

热管有效长度 l 的热流体出口处的截面Ⅱ，$\Delta t=\Delta t_{Ⅱ}=T_2-t_1$）间积分，得

$$mK\int_0^A \mathrm{d}A=\int_{\Delta t_Ⅰ}^{\Delta t_Ⅱ}-\frac{\mathrm{d}(\Delta t)}{\Delta t}$$

$$mKA=\ln\frac{\Delta t_Ⅰ}{\Delta t_Ⅱ} \tag{5-21}$$

原引入式中的参数 m，可通过对全部换热面的热量衡算而消去

$$Q=m_{s1}c_{p1}(T_1-T_2)=m_{s2}c_{p2}(t_2-t_1) \tag{5-22}$$

故

$$m_{s1}c_{p1}=\frac{Q}{T_1-T_2},\qquad m_{s2}c_{p2}=\frac{Q}{t_2-t_1} \tag{5-22a}$$

代入式(5-19) 中

$$m=\frac{(T_1-T_2)-(t_2-t_1)}{Q}=\frac{(T_1-t_2)-(T_2-t_1)}{Q}=\frac{\Delta t_Ⅰ-\Delta t_Ⅱ}{Q} \tag{5-19a}$$

再代入式(5-21)，对 Q 解得

$$Q=KA\frac{\Delta t_Ⅰ-\Delta t_Ⅱ}{\ln(\Delta t_Ⅰ/\Delta t_Ⅱ)} \tag{5-23a}$$

即

$$Q=KA\Delta t_m \tag{5-23}$$

其中

$$\Delta t_m=\frac{\Delta t_Ⅰ-\Delta t_Ⅱ}{\ln(\Delta t_Ⅰ/\Delta t_Ⅱ)} \tag{5-24}$$

为换热器进、出口处的对数平均温差，当 $\Delta t_Ⅰ/\Delta t_Ⅱ<2$，可用算术平均值代替。

总热量衡算式(5-22) 中，c_{p1}、c_{p2} 为热、冷流体的种类及定性温度所确定；m_{s1}、m_{s2}、T_1、T_2、t_1、t_2 共 6 个参数中，已知 5 个可求其余的 1 个。

图 5-13 (b) 所示为两流体为并流的情况，可用同样的方法导出相同的结果：式(5-23) 及式(5-24)；只是此时进口端的温差 $\Delta t_Ⅰ=T_1-t_1$，出口端 $\Delta t_Ⅱ=T_2-t_2$，如图所示。应当指出，并流时 $\Delta t_Ⅰ$ 恒大于 $\Delta t_Ⅱ$；但逆流时则不一定，要看 $m_{s1}c_{p1}$（热流体的**热容流量**）与 $m_{s2}c_{p2}$（冷流体的热容流量）的相对大小；由式(5-22) 可知，当 $m_{s1}c_{p1}<m_{s2}c_{p2}$，有 $\Delta t_Ⅰ>\Delta t_Ⅱ$；当 $m_{s1}c_{p1}>m_{s2}c_{p2}$，则 $\Delta t_Ⅰ<\Delta t_Ⅱ$。为计算方便。求逆流时的对数平均温差，可取两端温度较大的一个作为式(5-24) 中的 $\Delta t_Ⅰ$，以使分子分母都是正值。

在热、冷流体进出口温度相同的条件下，逆流时的对数平均温差恒大于并流时的，故从传热推动力 Δt_m 的角度看，逆流总是优于并流（见例 5-7)。

当两流体之一以相变传热，其温度变化情况如图 5-14 所示，则相变流体的温度不沿传热面变化，上述式(5-23)、式(5-24) 仍适用，只是逆流或并流对 Δt_m 已无影响。

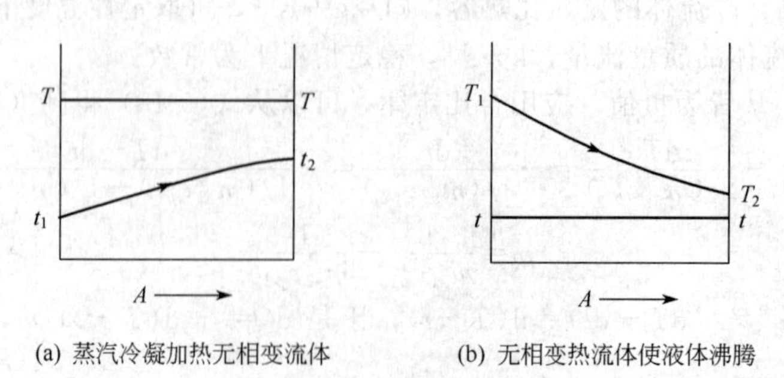

(a) 蒸汽冷凝加热无相变流体　　(b) 无相变热流体使液体沸腾

图 5-14　一侧流体相变时的温度变化

除逆流和并流以外，换热器中两流体还有其他较复杂的流动方式，其平均温差总是介于逆流与并流之间。详情将在下面“四、复杂流向时的平均温差”中介绍。

【例 5-7】 在一列管式换热器中用机油和原油换热。机油在管内流动，进口温度为 245 ℃，出口温度下降到 175 ℃；原油在管外流动，温度由 120 ℃升到 160 ℃。(1) 试分别计算并流和逆流时的平均温差；(2) 若已知机油质量流量 $m_{s1}=0.5\ \mathrm{kg\cdot s^{-1}}$、定压比热容 $c_{p1}=3\ \mathrm{kJ\cdot kg^{-1}\cdot K^{-1}}$，并流和逆流时的 K 均为 $100\ \mathrm{W\cdot m^{-2}\cdot K^{-1}}$，分别求所需的传热面积。

解 (1) 分别求 $(\Delta t_m)_{逆}$ 和 $(\Delta t_m)_{并}$，见表 5-7。

表 5-7 $(\Delta t_m)_{逆}$ 和 $(\Delta t_m)_{并}$

项 目	逆 流	并 流
T	245→175	245→175
t	160←120	120→160
Δt	85 55	125 15
Δt_m	$\dfrac{85-55}{\ln(85/55)}=\dfrac{30}{0.435}=68.9$	$\dfrac{125-15}{\ln(125/15)}=\dfrac{110}{2.12}=51.9$

(2) $Q=m_{s1}c_{p1}(T_1-T_2)=0.5\times3\times(245-175)=105\ \mathrm{kJ\cdot s^{-1}}$

$$A_{逆}=\frac{Q}{K(\Delta t_m)_{逆}}=\frac{105\times1000}{100\times68.9}=15.2\ \mathrm{m^2}$$

$$A_{并}=\frac{Q}{K(\Delta t_m)_{并}}=\frac{105\times1000}{100\times51.9}=20.2\ \mathrm{m^2}$$

由本例可见，当两流体的进、出口温度都已确定时，逆流的平均温差比并流的大，因此传递相同热流量时，逆流所需的传热面积比并流小。逆流的另一优点是可以节省冷却剂或加热剂的用量。因为并流时，t_2 总是低于 T_2，而逆流时，t_2 却可以高于 T_2，所以逆流冷却时，冷却剂的温升 (t_2-t_1) 可比并流时大些，对于相同的热流量，冷却剂用量就可以少些。同理逆流加热时，加热剂本身温降 (T_1-T_2) 可比并流时大些，也就是说，加热剂的用量可以少些。但应当注意的是，上述两个优点不一定同时具备：若是利用逆流取代并流而节省了冷却剂或加热剂，则其平均传热温差就未必仍比并流时大。

【例 5-8】 某工厂用 300 kPa（绝）的饱和水蒸气，将环丁砜水溶液由 105 ℃加热至 115 ℃后，送再生塔再生；已知其流量为 $200\ \mathrm{m^3\cdot h^{-1}}$、密度为 $1080\ \mathrm{kg\cdot m^{-3}}$、比热容为 $2.93\ \mathrm{kJ\cdot kg^{-1}\cdot K^{-1}}$，试求蒸汽用量。又若换热器的管外表面积为 $110\ \mathrm{m^2}$，求传热系数；计算温差时水溶液的温度可近似取为其算术平均值。

解 使冷流体由 105 ℃加热至 115 ℃所需的热流量为

$$Q=m_{s2}c_{p2}(t_2-t_1)=\frac{200}{3600}\times1080\times2.93\times(115-105)\approx1760\ \mathrm{kW}$$

加热蒸汽放出的热流量与之相等

$$Q=m_{s1}r=1760\ \mathrm{kJ\cdot s^{-1}}$$

压力为 300 kPa（绝压）的饱和蒸汽，其对应的温度为 133.6 ℃、汽化潜热为 2164 $\mathrm{kJ\cdot kg^{-1}}$[1]，故 $m_1=\dfrac{1760}{2164}=0.813\ \mathrm{kg\cdot s^{-1}}$。

[1] 由饱和水蒸气的压力求其对应的温度及潜热，可查本书附录九；或根据本章附录关联式(5-113) 至式(5-118)，利用程序计算工具计算；通常以后者为便。两者的数值可能稍有差异，但不影响所得的最终结果。

应用式(5-23) 求传热系数，其中平均温差为

$$\Delta t_m = 133.6 - \frac{105+115}{2} = 23.6\ ℃$$

以上算法相当于用算术平均温差

$$\Delta t_m = \frac{\Delta t_{\mathrm{I}} + \Delta t_{\mathrm{II}}}{2} = \frac{(133.6-105)+(133.6-115)}{2} = \frac{28.6+18.6}{2} = 23.6\ ℃$$

故
$$K = \frac{Q}{A\Delta t_m} = \frac{1760\times10^3}{110\times23.6} = 678\ \mathrm{W\cdot m^{-2}\cdot K^{-1}}$$

【例 5-9】 有一列管式换热器（见图 5-15），其传热面积 $A=100\ \mathrm{m^2}$，用作锅炉给水和原油之间的换热。已知水的质量流量为 $550\ \mathrm{kg\cdot min^{-1}}$，进口温度为 35 ℃，出口温度为 75 ℃，油的温度要求由 150 ℃降到 65 ℃，由计算得出水与油之间的传热系数 $K=250\ \mathrm{W\cdot m^{-2}\cdot K^{-1}}$，问如果采用逆流操作，此换热器是否合用？

解 所要求的传热速率 Q' 可由热量衡算求得

$$Q' = m_{s2}c_{p2}(t_2-t_1) = (550/60)\times4.187\times(75-35) = 1535\ \mathrm{kW}$$

校核换热器是否合用，取决于冷、热流体间由传热速率方程求得的 $Q=KA\Delta t_m$ 是否大于所要求的传热速率 Q'。若 $Q>Q'$ 则该换热器合用。或由 $Q'=KA'\Delta t_m$ 得出要求的传热面积 A'，若 $A'<A$，则该换热器适用。

已知 $K=250\ \mathrm{W\cdot m^{-2}\cdot K^{-1}}$，现有的传热面积 $A=100\ \mathrm{m^2}$

$$\Delta t_m = \frac{(150-75)-(65-35)}{\ln\dfrac{150-75}{65-35}} = \frac{45}{\ln\dfrac{75}{30}} = 49.1\ ℃$$

$$Q = KA\Delta t_m = 250\times100\times49.1 \approx 1230000\ \mathrm{W}(\text{或 } 1230\ \mathrm{kW})$$

$Q<Q'$，故该换热器不适用。要求的传热面积 $A'=\dfrac{Q'}{K\Delta t_m}=\dfrac{1535000}{250\times49.1}=125\ \mathrm{m^2}$ （$>A'$），也可说明该换热器不适用。

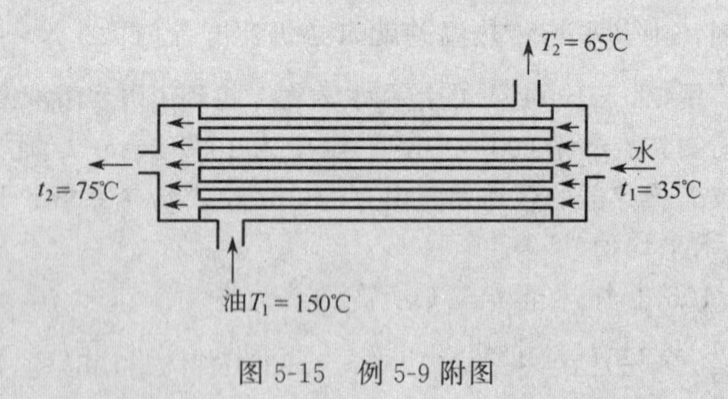

图 5-15 例 5-9 附图

四、复杂流向时的平均温差

以上表明，就传热平均温差来说，逆流比并流优越。除非冷流体被加热的温度不得超过某一规定温度、或热流体被冷却的温度不得低于某一规定温度，因而采用并流较易控制，或有其他特殊要求外，一般应尽可能采用逆流操作。但在换热器的设计中，除温差的大小以外，还要考虑到影响传热系数的多种因素以及换热器结构等方面的问题。所以实际上单纯的逆流或并流并不多见，而是采用比较复杂的流向。

当管内流体的流速过低，使得传热速率过小时，为了提高管内流速，可在换热器顶盖内装置隔板，将全部换热管分隔成若干组，流体每次只流过一组管，然后折回进入另一组管，如此

依次往返流过各组管，最后由出口处流出。这种换热器称为多管程列管式换热器（流过一组管称为一程，图 5-16 所示为 2 管程换热器）。采用多管程，虽然能提高管内流体的流速而增大其给热系数，但同时也使其阻力损失增大，且平均温差会降低（达不到完全逆流）。此外，隔板也要占去部分布管面积而使传热面积减小。因此，程数不宜过多，一般以 2 程、4 程、6 程为常见。

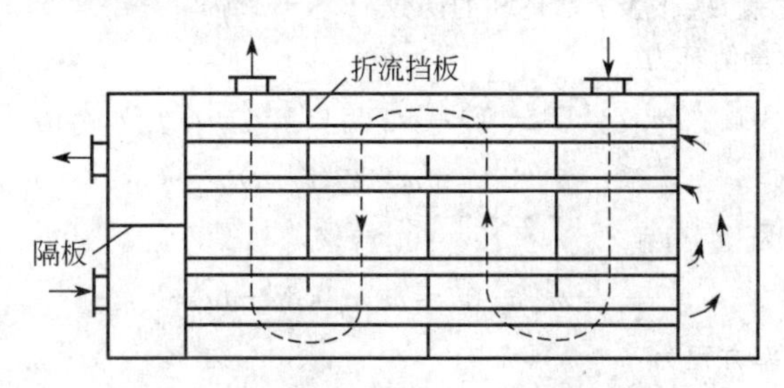

图 5-16 有隔板和折流挡板的列管换热器示意

参与热交换的另一种流体则由壳体的接管进入，在壳体与管束间的空隙处流过（称为壳程），由另一接管流出。同样，为了提高壳程流体的给热系数而提高其流速，往往在壳体内安装一定数目与管束垂直的折流挡板（见图 5-16）。这样既可提高壳程流体流速，同时也迫使流体多次横向流过管束，增大湍动程度。这时两流体间的流动是比较复杂的多程流动或是流向交错的流动。

图 5-17(a) 所示为参与换热的两流体在传热面两边的流动方向相互垂直，称为错流。图 5-17(b) 所示为其中一边流体反复地做折流，代表多管程内的流动；而另一边的流体只沿一个平行的方向流动，使两边流体间交替出现并流与逆流。这种情况称为简单折流。

图 5-18 所示为简单折流中热流体做单程流动、冷流体做双程流动的组合（简称 1-2 折流），和流体温度沿流动路程而变化的情况。两流体可以是先逆流后并流，如图 5-18(a) 所示；也可以是先并流后逆流，如图 5-18(b) 所示。

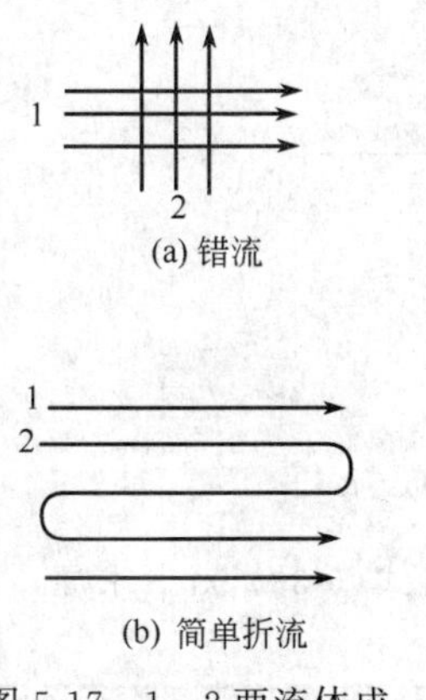

图 5-17 1、2 两流体成错流和折流的示意

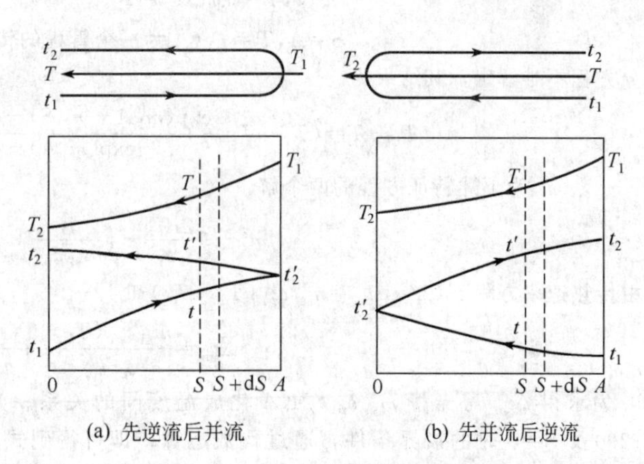

图 5-18 1-2 折流时的温度变化

可以想象，在上述复杂流程中，平均温差 Δt_m 的计算远比单纯并流或逆流时复杂。例如 1-2 折流时理论导出的平均温差计算式如下

$$\Delta t_m=\frac{\sqrt{(T_1-T_2)^2+(t_2-t_1)^2}}{\ln\dfrac{(T_1-t_2)+(T_2-t_1)+\sqrt{(T_1-T_2)^2+(t_2-t_1)^2}}{(T_1-t_2)+(T_2-t_1)-\sqrt{(T_1-T_2)^2+(t_2-t_1)^2}}} \tag{5-25}$$

此式对图 5-18 中的两种 1-2 折流情况皆可适用。

选学内容

现以图 5-18(a) 所示的 1-2 换热器为例，说明理论推导 Δt_m 计算式的思路。图中垂线 $Tt'tS$ 代表传热面积为 S 时的情况，流体温度 T、t' 及 t 都是 S 的函数。

对图中 TS 线右侧的热量衡算为

$$m_{s1}c_{p1}(T_1-T)=m_{s2}c_{p2}(t'-t_2'+t_2'-t)$$
$$=m_{s2}c_{p2}(t'-t)$$

对微元面积 dS 的热量衡算为

$$-m_{s1}c_{p1}\mathrm{d}T=m_{s2}c_{p2}(\mathrm{d}t'-\mathrm{d}t) \tag{5-26}$$

第一管程在 dS 段的传热速率方程为

$$m_{s2}c_{p2}\mathrm{d}t=K(T-t)\mathrm{d}S \tag{5-27}$$

第二管程在 dS 段的传热速率方程为:

$$-m_{s2}c_{p2}\mathrm{d}t'=K(T-t')\mathrm{d}S \tag{5-28}$$

将式(5-27)、式(5-28) 代入式(5-26)，得

$$\frac{m_{s1}c_{p1}}{K}\frac{\mathrm{d}T}{\mathrm{d}S}=2T-t-t' \tag{5-29}$$

为消去式(5-29) 右侧的 t' 与 t，先将该式对 S 微分

$$\frac{m_{s1}c_{p1}}{K}\frac{\mathrm{d}^2T}{\mathrm{d}S^2}=2\frac{\mathrm{d}T}{\mathrm{d}S}-\frac{\mathrm{d}t}{\mathrm{d}S}-\frac{\mathrm{d}t'}{\mathrm{d}S} \tag{5-30}$$

然后借助式(5-27)、式(5-28) 及式(5-26)，将式(5-30) 改换成下列形式

$$\frac{\mathrm{d}^2T}{\mathrm{d}S^2}-\frac{2K}{m_{s1}c_{p1}}\frac{\mathrm{d}T}{\mathrm{d}S}+\left(\frac{K}{m_{s2}c_{p2}}\right)^2(T_1-T)=0 \tag{5-31}$$

此式是一个二阶线性常微分方程，代表热流体温度沿流程的变化。其边界条件为

$$\left.\begin{array}{l}S=0,T=T_2(\text{及 }t=t_1、t'=t_2);\\ S=A,T=T_1(A\text{ 为一个管程的传热面积})\end{array}\right\} \tag{5-32}$$

此微分方程不难解出，其结果为

$$T_1-T=(T_1-T_2)\frac{\exp(m_1A+m_2S)-\exp(m_2A+m_1S)}{\exp(m_1A)-\exp(m_2A)} \tag{5-33}$$

式中，m_1、m_2 为下述特征方程的两个解

$$m^2-\frac{2K}{m_{s1}c_{p1}}-\left(\frac{K}{m_{s2}c_{p2}}\right)^2=0$$

由传热速率方程 $K(2A)\Delta t_m=m_{s1}c_{p1}(T_1-T_2)$知

$$\Delta t_m=\frac{m_{s1}c_{p1}(T_1-T_2)}{2KA} \tag{5-34}$$

可见，为求得 Δt_m 需先将 $m_{s1}c_{p1}/2KA$ 化成温度间的关系。为此，先将式(5-33) 对 S 求导，再应用式(5-29)及 $S=0$ 时的边界条件，通过代数运算，即可得到式(5-25)。

对于常用的复杂折流或错流的换热器，也可用理论推导求得其平均温度差的计算式，形式将更为复杂。

通常采用一种比较简便的计算办法，即先求两边流体假定为逆流情况的对数平均温差 $\Delta t_{m,逆}$，再根据实际流动情况乘以温差校正系数 ψ 而得到实际平均温差 Δt_m。

$$\Delta t_m=\psi\Delta t_{m,逆} \tag{5-35}$$

校正系数 ψ 则表达成以下 P、R 两参数的函数，可查图而得到 $\psi=\psi(P,R)$。

$$P=\frac{t_2-t_1}{T_1-t_1}=\frac{\text{冷流体的温升}}{\text{两流体的最初温差}}$$

$$R=\frac{T_1-T_2}{t_2-t_1}=\frac{\text{热流体的温降}}{\text{冷流体的温升}}$$

ψ 与 P、R 的具体关系可对不同情况由理论导出，现以 1-2 折流为例。

$$\psi=\frac{\Delta t_{\mathrm{m}}}{\Delta t_{\mathrm{m,逆}}} \tag{5-35a}$$

其中
$$\Delta t_{\mathrm{m,逆}}=\frac{(T_1-t_2)-(T_2-t_1)}{\ln[(T_1-t_2)/(T_2-t_1)]}=\frac{(R-1)(t_2-t_1)}{\ln[(1-P)/(1-PR)]} \tag{5-36}$$

而式(5-25) 用 P、R 表示时，为

$$\Delta t_{\mathrm{m}}=\frac{\sqrt{R^2+1}(t_2-t_1)}{\ln\left[\dfrac{2-P(1+R-\sqrt{R^2+1})}{2-P(1+R+\sqrt{R^2+1})}\right]} \tag{5-25a}$$

将式(5-25a) 及式(5-36) 代入式(5-35a)，得

$$\psi=\frac{\sqrt{R^2+1}}{R-1}\ln\frac{1-P}{1-PR}\Bigg/\ln\left[\frac{2-P(1+R-\sqrt{R^2+1})}{2-P(1+R+\sqrt{R^2+1})}\right] \tag{5-37}$$

此一较复杂的 $\psi=\psi(P,R)$ 函数关系，可在计算后绘成图 5-19(a)，以便于查用。

对于单壳程、管程为 4、6、8 等偶数时的复杂折流换热器，可近似作为 1-2 换热器处理，即亦可应用图 5-19(a)。图 5-19(b) 所示为 2 壳程，管程为 4，8，…时的 $\psi=\psi(P,R)$ 关系；图 5-19(c) 所示为 1-3 折流，代表 1 壳程 3（奇数）管程的情况；图 5-19(d) 所示为错流时的情况。

由图可知 $\psi\leqslant 1$，即 $\Delta t_{\mathrm{m}}\leqslant\Delta t_{\mathrm{m,逆}}$，这是由于复杂流动中同时存在逆流和并流。在设计时应注意使 $\psi\geqslant 0.9$，至少不应低于 0.8；否则经济上不合理，而且若操作温度稍有变动（P 稍增大），将会使 ψ 值急剧下降，即缺乏必要的操作稳定性。增大 ψ 的一个方法是改用多壳程，即将几台换热器串联使用 [对比图 5-19(a) 与 (b)]。

【例 5-10】 在一 1-2 换热器中，用水冷却异丙苯溶液。冷却水走管程，温度由 20 ℃升至 40 ℃，异丙苯溶液由 65 ℃冷至 50 ℃。求平均温差。

解 $T_1=65$ ℃，$T_2=50$ ℃；$t_1=20$ ℃，$t_2=40$ ℃

对于逆流
$$\Delta t_{\mathrm{I}}=T_2-t_1=50-20=30\ ℃$$

$$\Delta t_{\mathrm{II}}=T_1-t_2=65-40=25\ ℃$$

$$\Delta t_{\mathrm{m,逆}}=\frac{30+25}{2}=27.5\ ℃$$

$$R=\frac{T_1-T_2}{t_2-t_1}=\frac{65-50}{40-20}=0.75$$

$$P=\frac{t_2-t_1}{T_1-t_1}=\frac{40-20}{65-20}=0.44$$

查图 5-19 (a)，得 $\psi=0.93$，故有

$$\Delta t_{\mathrm{m}}=\psi\Delta t_{\mathrm{m,逆}}=0.93\times 27.5=25.6\ ℃$$

五、传热效率-传热单元数法

以上传热计算的基础是下述两关系，共三个方程。即

热量衡算方程

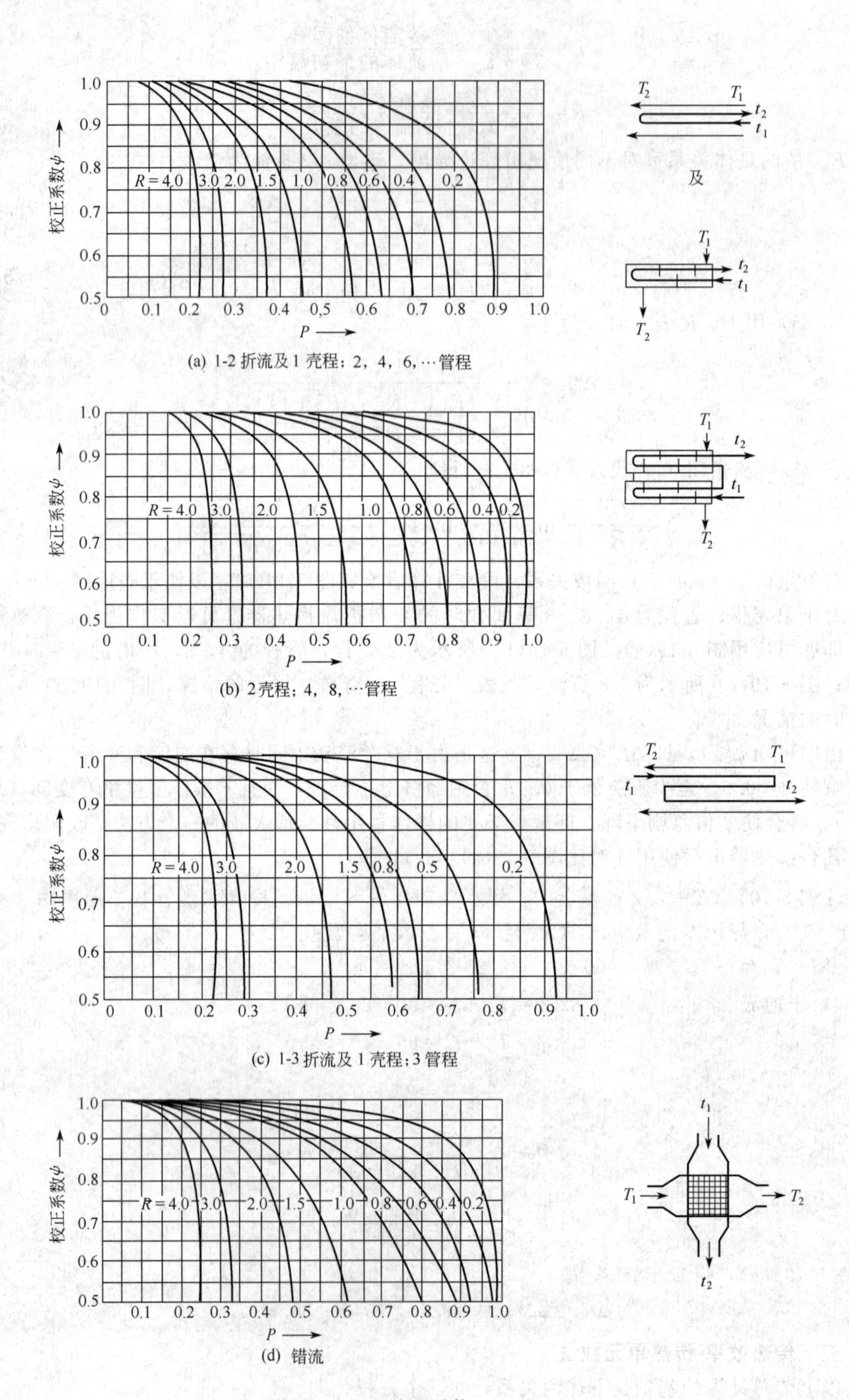

图 5-19　温差校正系数 $\psi=\psi(P, R)$

$$Q=m_{s1}c_{p1}(T_1-T_2)=m_{s2}c_{p2}(t_2-t_1) \tag{5-22}$$

传热速率方程

$$Q=KA\Delta t_m \tag{5-23}$$

三个方程中除定压比热容 c_{p1}、c_{p2} 随温度的变化小，可由手册查出作为已知量外，还有 9 个变量：m_{s1}、m_{s2}、T_1、T_2、t_1、t_2、K、A 和 Q。其中需给出 6 个，才能进行计算。若给定量中包括流体在进、出口的 4 个温度，就可以直接应用式(5-22) 两个方程。如例 5-7 中因 T_1、T_2、t_1、t_2、K、m_{s1} 已知，Δt_m 易于算出，Q、m_{s2}、A 随之而定。这类问题通常在设计时出现，而称为设计型问题。

传热计算的另一类问题是给定 m_{s1}、m_{s2}、K、A 和两个温度如 T_1、t_1，求解其他两个温度 T_2、t_2 及 Q。这类问题通常在改变操作条件或核算时出现，而称为操作型问题。在求解时，由于冷、热流体各有一个温度未知，加之 Q 也是未知量，故无法由热量衡算式(5-22) 解出两个未知温度；同时两个未知温度还出现在式(5-23) 的对数项中，故对式(5-23) 及式(5-22) 联立求解时需采用试差算法。对此，较方便的是采用另一种方法，即传热效率-传热单元数法，简称 ε-NTU 法。而前述三方程联立求解的方法称为对数平均温度差法，简称 LMTD 法。它不便于求解操作型问题。

（一）传热效率

换热器传热效率 ε 的定义为实际传热速率 Q 和理论上可能的最大传热速率 Q_{max} 之比

$$\varepsilon=\frac{Q}{Q_{max}} \tag{5-38}$$

首先讨论一下 Q_{max} 的确定。不论在哪一种形式的换热器中，根据热力学第二定律，热流体至多能从进口温度 T_1 被冷却到冷流体的进口温度 t_1，而冷流体的出口温度 t_2 不可能超过 T_1，即在换热器中两种流体可能达到的最大温差均为 (T_1-t_1)，因而

$$Q_{max}=(m_s c_p)_{min}(T_1-t_1) \tag{5-39}$$

式(5-39) 中的 $m_s c_p$ 应是两流体中热容流量数值较小的一个，这是由于：从热量衡算式(5-22) 得知，热流体放出的热量等于冷流体得到的热量；若计算 Q_{max} 时以 $m_s c_p$ 较大的流体为准，则另一流体的温差必然大于最大值的 (T_1-t_1)，而这在热力学上是不可能的。若热流体的 $m_s c_p$ 较小，则令 $m_{s1}c_{p1}=(m_s c_p)_{min}$，于是

$$\varepsilon=\frac{Q}{Q_{max}}=\frac{m_{s1}c_{p1}(T_1-T_2)}{m_{s1}c_{p1}(T_1-t_1)}=\frac{T_1-T_2}{T_1-t_1}$$

这时 $m_{s2}c_{p2}$ 用 $(m_s c_p)_{max}$ 表示，反之，冷流体的热容流量 $m_s c_p$ 较小时，则 $(m_s c_p)_{min}=m_{s2}c_{p2}$，此时 $m_{s1}c_{p1}$ 用 $(m_s c_p)_{max}$ 表示，则有

$$\varepsilon=\frac{Q}{Q_{max}}=\frac{m_{s2}c_{p2}(t_2-t_1)}{m_{s2}c_{p2}(T_1-t_1)}=\frac{t_2-t_1}{T_1-t_1}$$

若能知传热效率 ε，则由 $Q=\varepsilon Q_{max}=\varepsilon(m_s c_p)_{min}(T_1-t_1)$ 求得 Q 后，便很容易从热量衡算求得两个出口温度 T_2 和 t_2。这样，问题就集中到如何求出传热效率 ε，为此先引入传热单元数的概念。

（二）传热单元数

在换热器中，对微元传热面 dA 的热量衡算和传热速率方程为

$$\begin{aligned} dQ&=m_{s1}c_{p1}dT=m_{s2}c_{p2}dt \\ &=K(T-t)dA \end{aligned}$$

对于热流体，上式可改写为

$$\frac{dT}{T-t}=\frac{KdA}{m_{s1}c_{p1}}$$

其积分式称为对热流体而言的传热单元数，用 NTU_1 表示

$$NTU_1 = \int_{T_1}^{T_2} \frac{\mathrm{d}T}{T-t} = \int_0^A \frac{K\mathrm{d}A}{m_{s1}c_{p1}}$$

当 K 为常数及推动力（$T-t$）用平均推动力 Δt_m 表示时，则积分式简化为

$$NTU_1 = \frac{T_1-T_2}{\Delta t_m} = \frac{KA}{m_{s1}c_{p1}} \tag{5-40}$$

传热单元数的概念是由努塞尔首先提出的。其中，（T_1-T_2）为热流体温度的变化，Δt_m 为热、冷流体间的平均温度差。故对热流体的传热单元数可看成是热流体温度的变化相当于平均温度差的多少倍。

对式(5-40) 的第二个等式，可改写为：

$$A = NTU_1(m_{s1}c_{p1}/K) \tag{5-40a}$$

可知式中的 $m_{s1}c_{p1}/K$ 为一个传热单元（$NTU_1=1$）的传热面积，称为**传热单元面积**；而整个换热器的传热面积 A，为此单元面积与传热单元数之积。

同理，对于冷流体

$$NTU_2 = \int_{t_1}^{t_2} \frac{\mathrm{d}t}{T-t} = \int_0^A \frac{K\mathrm{d}A}{m_{s2}c_{p2}} = \frac{t_2-t_1}{\Delta t_m} = \frac{KA}{m_{s2}c_{p2}} \tag{5-41}$$

（三）传热效率 ε 和传热单元数 NTU 的关系

对于一定型式的换热器，传热效率和传热单元数的关系可以根据热量衡算和速率方程式导出。现以逆流换热器为例，应用式(5-19) 将式(5-21) 改写为

$$\ln\frac{T_1-t_2}{T_2-t_1} = KA\left(\frac{1}{m_{s1}c_{p1}} - \frac{1}{m_{s2}c_{p2}}\right) \tag{5-21a}$$

设热流体的热容流量较小，即 $(m_s c_p)_{\min} = m_{s1}c_{p1}$，将上式写成

$$\ln\frac{T_1-t_2}{T_2-t_1} = \frac{KA}{m_{s1}c_{p1}}\left(1-\frac{m_{s1}c_{p1}}{m_{s2}c_{p2}}\right)$$

将式(5-40) 代入，并令 $m_{s1}c_{p1}/m_{s2}c_{p2} = C_{R1}$（$C_{R1} \leqslant 1$），得

$$\ln\frac{T_1-t_2}{T_2-t_1} = NTU_1(1-C_{R1}) \tag{5-21b}$$

为了找出 ε 与 NTU_1 的关系，进行下列转换

$$T_2-t_1 = T_1-t_1-T_1+T_2 = (T_1-t_1) - \frac{T_1-T_2}{T_1-t_1}(T_1-t_1) = (1-\varepsilon)(T_1-t_1)$$

$$T_1-t_2 = T_1-t_1+t_1-t_2 = (T_1-t_1) - \frac{t_2-t_1}{T_1-T_2} \times \frac{T_1-T_2}{T_1-t_1}(T_1-t_1)$$

$$= \left(1-\frac{m_{s1}c_{p1}}{m_{s2}c_{p2}}\varepsilon\right)(T_1-t_1) = (1-C_{R1}\varepsilon)(T_1-t_1)$$

将上述转换关系代入式(5-21b)，并解出 ε，得

$$\varepsilon = \frac{1-\exp[NTU_1(1-C_{R1})]}{C_{R1}-\exp[NTU_1(1-C_{R1})]} \tag{5-42}$$

若冷流体的热容流量较小，则将式(5-21a) 写成

$$\ln\frac{T_1-t_2}{T_2-t_1} = \frac{KA}{m_{s2}c_{p2}}\left(\frac{m_{s2}c_{p2}}{m_{s1}c_{p1}}-1\right) \tag{5-21c}$$

将式(5-41) 代入，并令 $m_{s2}c_{p2}/m_{s1}c_{p1} = C_{R2}$（$=1/C_{R1}$，$C_{R2} \leqslant 1$），同样可解得

$$\varepsilon = \frac{1-\exp[NTU_2(1-C_{R2})]}{C_{R2}-\exp[NTU_2(1-C_{R2})]} \tag{5-43}$$

式(5-43) 与式(5-42) 的结构相同，可写成统一的形式

$$\varepsilon=\frac{1-\exp[NTU(1-C_R)]}{C_R-\exp[NTU(1-C_R)]} \tag{5-44}$$

式中，C_R 为热容流量比，$C_R=(m_s c_p)_{min}/(m_s c_p)_{max}$。

不同情况下 ε 与 NTU、C_R 的关系已作出计算，并绘制成图，供计算时选用。图5-20～图 5-22 分别表示并流、逆流、1-2 折流时的 $\varepsilon=\varepsilon(NTU,C_R)$ 关系。在操作型问题中已知 NTU 及 C_R，可从图中查得 ε，从而可不经试算即可求出其他两个未知温度（见例 5-11）。但对设计型问题则与 LMTD 法相比并无优越之处，且后者通过 ψ 的大小可以看出所选流动形式与逆流间的差距，看是否应修改设计，而用 ε-NTU 法则不能做到这一点。

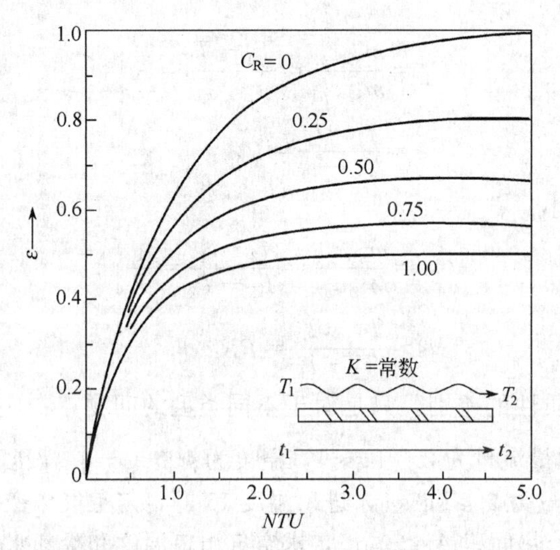

图 5-20 单程并流换热器中 ε 与 NTU 和 C_R 之间的关系

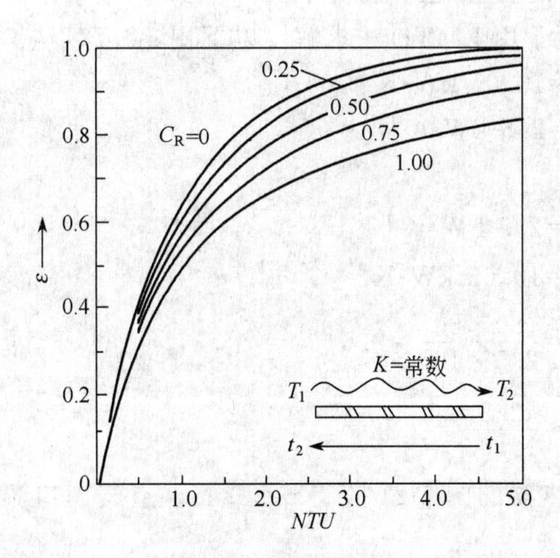

图 5-21 单程逆流换热器中 ε 与 NTU 和 C_R 之间的关系

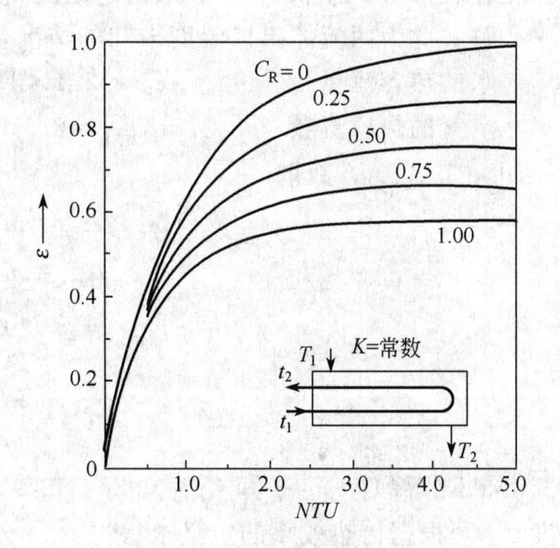

图 5-22 1-2 折流换热器中 ε 与 NTU 和 C_R 之间的关系

当 $m_{s1}c_{p1}<m_{s2}c_{p2}$，有 $C_R=C_{R1}$，$NTU=NTU_1$，$\varepsilon=(T_1-T_2)/(T_1-t_1)$；而若 $m_{s1}c_{p1}>m_{s2}c_{p2}$，则 $C_R=C_{R2}$，$NTU=NTU_2$，$\varepsilon=(t_2-t_1)/(T_1-t_1)$。

同理，对并流换热器可导得 ε 与 NTU 的关系为

$$\varepsilon=\frac{1-\exp[-NTU(1+C_R)]}{1+C_R} \tag{5-45}$$

对于一组串联的换热器，其传热单元数为各换热器之和

$$NTU=\frac{K_1A_1+K_2A_2+K_3A_3+\cdots}{(m_s c_p)_{\min}}$$

易于得到其传热效率，从而得到总的温升及温降；比 LMTD 法要试算各换热器间的中间温度要方便很多。

从以上 ε-NTU 法的导出过程，可知其与 LMTD 法都是基于同一个来源，只是前者整理成 ε、NTU 及 C_R 之间的关系，而后者整理成为 ψ、P 及 R 之间的关系。实际上，C_R 与 R、ε 与 P 还具有以下的对应关系。

当冷流体的热容流量较小，有

$$\left.\begin{aligned} C_R=\frac{m_{s2}c_{p2}}{m_{s1}c_{p1}}=\frac{T_1-T_2}{t_2-t_1}=R \\ \varepsilon=\frac{t_2-t_1}{T_1-t_1}=P \end{aligned}\right\} \tag{5-46}$$

当热流体的热容流量较小，有

$$\left.\begin{aligned} C_R=\frac{m_{s1}c_{p1}}{m_{s2}c_{p2}}=\frac{t_2-t_1}{T_1-T_2}=\frac{1}{R} \\ \varepsilon=\frac{T_1-T_2}{T_1-t_1}=PR \end{aligned}\right\} \tag{5-46a}$$

比较可知两法并没有实质性的差别，只是对于不同类型的问题，在应用上各有其方便之处。

【例 5-11】 空气质量流量为 2.5 kg·s^{-1}，温度为 100 ℃，在常压下通过单程换热器进行冷却。冷却水的质量流量为 2.4 kg·s^{-1}，进口温度 15 ℃，与空气作逆流流动。已知传热系数 K=80 W·m^{-2}·K^{-1}，又传热面积 A=20 m^2，求空气出口温度和冷却水出口温度。空气的定压比热容取为 1.0 kJ·kg^{-1}·K^{-1}，水的定压比热容取 4.187 kJ·kg^{-1}·K^{-1}。

解 此为两流体出口温度未知的情况，不便于用 LMTD 法求解，以下用 ε-NTU 法。

水的热容流量 $m_{s2}c_{p2}=2.4\times4.187=10.05\ \text{kW·K}^{-1}$

空气的热容流量 $m_{s1}c_{p1}=2.5\times1.0=2.5\ \text{kW·K}^{-1}$

$m_{s1}c_{p1}<m_{s2}c_{p2}$，故取

$$(m_s c_p)_{\min}=m_{s1}c_{p1}=2.5\ \text{kW·K}^{-1}$$

$$(m_s c_p)_{\max}=m_{s2}c_{p2}=10.05\ \text{kW·K}^{-1}$$

$$NTU=\frac{KA}{m_{s1}c_{p1}}=\frac{80\times20}{2.5\times10^3}=0.64$$

$$C_R=\frac{m_{s1}c_{p1}}{m_{s2}c_{p2}}=\frac{2.5}{10.05}=0.25$$

根据 NTU=0.64 和 C_R=0.25，由逆流换热器的图 5-21 查得 ε=0.48。空气出口温度 T_2 可根据传热效率的定义求得

$$\varepsilon=\frac{T_1-T_2}{T_1-t_1}=\frac{100-T_2}{100-15}=0.48$$

$$T_2=100-85\times0.48=59.2\ ℃$$

冷却水出口温度 t_2 可由热量衡算求得

$$Q=2.4\times4.187(t_2-15)=2.5\times1.0\times(100-59.2)=102\ \text{kW}$$

$$t_2=\frac{102}{2.4\times4.187}+15=25.2\ ℃$$

【例 5-12】 质量流量、温度等数据同例 5-11，又假定 K 值也不变，若换热器改为并流操作，求所需传热面积。

解 由于质量流量和进、出口温度与例 5-11 同，故 $C_R=0.25$、$\varepsilon=0.48$ 不变，查并流的图 5-20 得 $NTU=0.75$，故有：

$$A=\frac{NTU\times m_{s1}c_{p1}}{K}=\frac{0.75\times 2.5\times 1.0\times 10^3}{80}=23.4\ \mathrm{m^2}$$

由此可见，在流体进、出口温度相同时，并流所需的传热面积比逆流时大，这再次说明前面并流与逆流对比的结论。比较图 5-20 和图 5-21 也可以看出，在传热单元数相同时，逆流换热器的传热效率总是大于并流的。又由图可知，传热效率随传热单元数的增加而增加，但最后趋于一定值，即 NTU 增大到某一值后，ε 几乎不再增大。在设计时应选定经济上合理的 NTU 值。

六、壁温的计算

在后面讲到的热损失计算以及某些给热系数的计算中，都需要知道壁温。此外，选择换热器的类型和换热管材料时，也需知道壁温。

对于稳定传热过程

$$Q=\alpha_h A_h(T-T_w)=\frac{\lambda}{b}A_m(T_w-t_w)$$
$$=\alpha_c A_c(t_w-t)=KA\Delta t_m$$

式中，A_h、A_c、A_m 分别代表热流体侧传热面积、冷流体侧传热面积和平均传热面积；T_h，t_w 分别代表热流体侧和冷流体侧的壁温；α_h，α_c 分别代表热流体侧和冷流体侧的给热系数。

整理上式可得

$$T_w=T-\frac{Q}{\alpha_h A_h} \tag{5-47}$$

$$t_w=T_w-\frac{bQ}{\lambda A_m} \tag{5-48}$$

或

$$t_w=t+\frac{Q}{\alpha_c A_c} \tag{5-47a}$$

【例 5-13】 有一废热锅炉，由 ϕ25 mm×2.5 mm 锅炉钢管组成。管外为沸腾的水，压力为 2.57 MPa。管内走合成转化气，温度由 575 ℃下降到 472 ℃。已知转化气一侧 $\alpha_1=300\ \mathrm{W\cdot m^{-2}\cdot K^{-1}}$，水侧 $\alpha_2=10000\ \mathrm{W\cdot m^{-2}\cdot K^{-1}}$。若忽略污垢热阻，试求平均壁温 T_w 及 t_w。

解 (1) 传热系数 以管外表面 A_2（冷流体侧）为基准

$$\frac{1}{K_2}=\frac{1}{\alpha_2}+\frac{b}{\lambda}\frac{d_2}{d_m}+\frac{1}{\alpha_1}\frac{d_2}{d_1}$$
$$=\frac{1}{10000}+\frac{0.0025}{45}\times\frac{25}{22.5}+\frac{1}{300}\times\frac{25}{20}$$
$$=0.0001+0.000062+0.004167$$
$$=0.00433$$
$$K_2=231\ \mathrm{W\cdot m^{-2}\cdot K^{-1}}$$

(2) 平均温度差 水在 2.57 MPa 即绝压 2.67 MPa 下的饱和温度为 227.3 ℃，有

$$\Delta t_m=\frac{(575-227.3)+(472-227.3)}{2}=\frac{347.7+244.7}{2}=296.2$$

(3) 传热量

$$Q=K_2A_2\Delta t_2=231\times296.2A_2=68420A_2$$

(4) 管内壁温度 T_w 及管外壁温度 t_w

$T_w=T-Q/\alpha_1A_1$，T 为热流体温度，取进、出口温度的平均值，即 $T=(575+472)/2=523.5$ ℃，代入式中得

$$T_w=523.5\ ℃-\frac{68420A_2}{300A_1}=238.4\ ℃$$

管外壁温度

$$t_w=T_w-\frac{bQ}{\lambda A_m}=238.4-\frac{0.0025}{45}\times\frac{68420A_2}{A_m}$$

$$=238.4-\frac{0.0025}{45}\times\frac{68420\times25}{22.5}=234.2℃$$

由此可见，由于水沸腾一侧的给热系数比另一侧的大得多，故内壁温度接近于水的温度（227.3 ℃）。同时，由于管壁的热阻也很小，故管外壁温度与内壁温度相差不大，而远低于转化气的平均温度（523.5 ℃）。

第四节　给热系数

以上介绍了传热速率方程［式(5-23)：$Q=KA\Delta t_m$］，在不同情况下平均温差 Δt_m 的求取，以及在热、冷流体的 4 个终端温度 T_1、T_2、t_1、t_2 中有两个为未知时，避免试差的解法。其中传热系数 K 按式(5-11)：$K=\left(\frac{1}{\alpha_1}+\frac{b}{\lambda}+\frac{1}{\alpha_2}\right)^{-1}$ 及其修正式［式(5-11a)～式(5-11c)］计算。本节讨论这些公式中给热系数 α_1、α_2 的求取。

一、给热系数的影响因素和数值范围

影响给热的因素很多，总体而言，这些影响因素可以分为以下几方面。

(1) 引起对流的原因　可分为强制对流和自然对流两大类。流体因用泵、风机输送或受搅拌等外力作用产生流动时，称为**强制对流**。由于流体内部存在温差，使各部分流体的密度发生差异而引起的流动，称为**自然对流**，所导致的传热称为**自然对流给热**。这两类对流给热的流动成因不同，所遵从的规律也不同。通常强制对流的湍动较为强烈，故其给热系数也较大。有时两种对流都需要考虑，这种情况则称为混合对流给热。

(2) 流体的流动形态　图 5-12 描述的是湍流情况。对于层流，传热需依靠热阻大的导热；只有自然对流会附加一些传热方向上（垂直于壁面）的质点运动而增大传热速率。总的来说，层流时的给热系数明显比湍流时小。

(3) 流体的物理性质　前已提及，雷诺数 Re 的大小影响膜厚，而 Re 中含有流体的黏度、密度。还有热导率则直接影响膜的传热性能。对于自然对流给热，体膨胀系数的大小会影响对流的强弱。另有其他一些物性将在涉及时提到。

(4) 传热面的几何因素　传热表面的形状、大小、流体与传热面作相对运动的方向以及传热面的表面状况也是影响给热的重要因素。还可将流体的流动分为内部流动（如圆管内、套管环隙中的强制对流）和外部流动（如圆管外或管束间的强制对流）两类。

(5) 流体有无相态变化　前述的情况都是流体作单相流动，依靠流体的显热变化实现给热；而在有相变的对流传热过程中（现指沸腾或冷凝），流体的流动状况有了新的特点，其

传热机理也不相同；还有相变潜热起重要作用。

表 5-8 给出了几种常见情况下给热系数的大致范围。由表可知，不同情况下的给热系数相差甚远；气体与水的差别，主要由于气体的热导率比水要小得多。意识中有个数量概念很有益处。

表 5-8 给热系数的大致范围

给热情况	给热系数/$W \cdot m^{-2} \cdot K^{-1}$	给热情况	给热系数/$W \cdot m^{-2} \cdot K^{-1}$
空气自然对流	5～25	油类的强制对流	50～1500
气体强制对流	20～100	水蒸气的冷凝	5000～15000
水的自然对流	200～1000	有机蒸气的冷凝	500～2000
水的强制对流	1000～15000	水的沸腾	2500～25000

二、给热系数与量纲分析

（一）获得给热系数的方法

研究给热的主要目的是要揭示其主要影响因素及其内在联系，并得出给热系数 α 的具体计算式。给热现象相当复杂，影响 α 的因素很多，牛顿冷却公式只能看作是 α 的一个定义式，它并没有涉及有关因素与 α 的内在联系。目前，获得 α 表达式的方法可分为以下两种主要途径。

（1）数理演绎法　指对某一类给热问题，根据流体流动及热量传递的一般规律，在一定简化条件下建立起偏微分方程及其定解条件；求得分析解后，得出其温度场和壁面热通量，然后获得给热系数。这种方法能较深刻地揭示有关物理量对给热速率的影响程度，是研究给热问题的基础理论方法。然而，由于数学上的困难，目前只能得到个别简单给热问题的理论分析解。这方面的内容较为深入，在传热学或化工传递过程的专著中有论述。

若上述数学描述不能得到分析解，可对其离散化，用数值法求解而得到给热系数。二十余年来，这种方法得到了迅速发展。很多工程问题需借助这种方法才能进行分析，如气化炉内的燃烧等复杂的给热问题。

（2）实验归纳法　对不同的给热问题进行实验，将实验数据归纳成给热计算式（常称为关联式或经验式），仍然是目前工程计算的主要依据。为减少实验工作量，提高实验结果的通用性，应当在量纲分析的指导下进行；即对某一类给热问题，将影响给热系数的因素用量纲分析法得出几个无量纲的特征数，以减少变量数目，再用实验确定这些特征数之间的具体关系。这种方法在求取管内湍流的摩擦损失中已经用过。以下再对没有相变的给热问题，介绍其量纲分析。

（二）强制湍流时的特征数方程

根据前述影响给热因素的分析，得知此情况下的给热系数 α 主要取决于传热设备的定型尺寸 l、流体的流速 u、黏度 μ、热导率 λ、定压比热容 c_p、密度 ρ。这 7 个物理量可用普遍函数式表示为

$$f(l,u,\mu,\lambda,c_p,\rho,\alpha)=0 \tag{5-49}$$

这 7 个物理量涉及四个基本量纲，即长度 L、质量 M、时间 T 和温度 Θ。按照 π 定理，无量纲特征数的数目等于变量数 n 与基本量纲数 m 之差，即为 $n-m=7-4=3$ 个。令这三个无量纲特征数为 π_1、π_2、π_3，则式(5-49) 可转换成

$$\phi(\pi_1,\pi_2,\pi_3)=0 \tag{5-50}$$

π_1、π_2、π_3 可采用第一章所述的量纲分析法得出，现分别解释如下。

（1）努塞尔（Nusselt）数　$\pi_1=Nu=\alpha l/\lambda$。其中含待求的 α，是特征数方程中的待定

数。其意义为：将 Nu 改写成 $Nu=\alpha\Delta t/(\lambda\Delta t/l)$ [Δt 为给热温差]，可知 Nu 代表给热速率与流体层厚度为 l 的导热速率之比；又若应用当量膜厚 δ' 的概念（见图 5-12），有 $\alpha=\lambda/\delta'$，于是 $Nu=(\lambda/\delta')l/\lambda=l/\delta'$，即设备定型尺寸 l 与当量膜厚 δ' 之比。

（2）雷诺数　$\pi_2=Re=lu\rho/\mu$。已在第一章第三节中阐明是惯性力与黏性力之比。

（3）普朗特（Prandtl）数　$\pi_3=Pr=c_p\mu/\lambda$。代表流体物性对给热过程的影响。

选学内容

（三）量纲分析 π 定理的证明

这里对第一章求特征数的 π 定理作出普遍性的证明，并导出求无量纲参数（无量纲数群）的新方法，在变量数目较多时，应用此法较为方便。

1. π 定理的证明与无量纲数群的导出

将描述某物理现象的普遍函数式(指物理量间的关系式）写成

$$f(a_1,a_2,\cdots,a_k,b_{k+1},\cdots,b_n)=0 \tag{5-51}$$

式中，包含 n 个有量纲的量，选定 k 个量（a_1，…，a_k）作为独立变量，其中应包括该现象所涉及的全部基本量纲，故 k 一般即为基本量纲数；其余（$n-k$）个则称为“依赖量”，其量纲可由独立变量量纲的幂次组合得到。例如等加速度运动物体所走距离的算式

$$l=u\theta+(1/2)a\theta^2$$

共有四个变量 l、u、θ、a，其量纲分别为：$[l]=\mathrm{L}$、$[u]=\mathrm{LT^{-1}}$、$[\theta]=\mathrm{T}$、$[a]=\mathrm{LT^{-2}}$。本例 $k=2$（长度 L 及时间 T），可以任选两个量作为独立变量 a_1、a_2，其余两量 b_3、b_4 的量纲可由 a_1、a_2 导得。例如选 $a_1=l$、$a_2=u$，则 $[b_3]=[\theta]=[l/u]=\mathrm{T}$、$[b_4]=[a]=[u^2/l]=\mathrm{LT^{-2}}$。

白金汉的 π 定理表明：可将任一物理方程转换成无量纲的方程；无量纲数群为物理量数 n 减基本量纲数 k 之差。即式(5-51) 可转变成

$$F(\pi_1,\pi_2,\cdots,\pi_{n-k})=0 \tag{5-52}$$

为证明 π 定理，除上述量纲一致的原则以外，还需应用以下关于量纲和单位的三条公理。

① 物理量 A 的大小等于其度量单位 $\{A\}$ 与一数值 a 之积。例如某一长度 $A=3.2$ m，意为 A 是其度量单位 m 的 3.2 倍，这里 $a=3.2$，$\{A\}=\mathrm{m}$，$A=a\{A\}$。

② 物理量 A 与度量单位 $\{A\}$ 的大小无关。例如对于某一长度，以米为度量单位可知为 3.2 m，如以厘米为度量单位，则应为 320 cm，虽然用不同的单位所得数值不同，但长度并未改变，即与度量单位的大小无关。

③ 物理方程的函数形式与所采用的度量单位无关。即无论是用 SI 制、c. g. s 制、英美制或其他单位制，函数形式不变。以前各物理方程适用于不同的单位制中，这一公理也都得到体现。

若式(5-51) 中 n 个量的数值是用 k 个独立变量的度量单位（简称独立单位）$\{A_1\},\{A_2\},\cdots,\{A_k\}$ 得出，现将各独立单位分别缩小为原来的 $1/c_1,1/c_2,\cdots,1/c_k$，即改成 $\{A_1/c_1\},\cdots,\{A_k/c_k\}$，使式(5-51) 转换为

$$f(a_1',a_2',\cdots,a_k',b_{k+1}',\cdots,b_n')=0 \tag{5-51a}$$

式中　a_1'，…，a_k'，b_{k+1}'，…，b_n'——改用新度量单位后各物理量的值。

由公理 1 及公理 2，物理量 $A_1=a_1\{A_1\}=a_1'\{A_1/c_1\}$ 可知

$$a_1'=a_1c_1$$

推广为

$$a_i'=a_ic_i \quad (i=1,2,\cdots,k) \tag{5-53}$$

以下求依赖量 B_{k+1}，…，B_n 的新值 b_{k+1}'，…，b_n'。按照公理 1

$$B_j=b_j\{B_j\} \qquad (j=k+1,\cdots,n) \tag{5-54}$$

而度量单位 $\{B_j\}$ 可用独立单位的幂次组合表示如下。

$$\{B_j\}=\{A_1\}^{\alpha_{1,j}}\{A_2\}^{\alpha_{2,j}},\cdots,\{A_k\}^{\alpha_{k,j}}=\prod_{i=1}^{k}\{A_i\}^{\alpha_{i,j}}$$

代入到式(5-54) 得

$$B_j=b_j\prod_{i=1}^{k}\{A_i\}^{\alpha_{i,j}} \tag{5-54a}$$

按照公理 2

$$B_j = b'_j \prod_{i=1}^{k} \left\{ \frac{A_i}{c_i} \right\}^{\alpha_{i,j}} \tag{5-55}$$

式中，$\alpha_{i,j}$ 为待定指数，$i=1$，…，k；$j=k+1$，…，n。

由式(5-54a)、式(5-55) 得

$$b'_j = b_j \prod_{i=1}^{k} c_i^{\alpha_{i,j}}$$

将此式及式(5-53) 代入式(5-51a)

$$f\left(a_1 c_1, \cdots, a_k c_k, b_{k+1} \prod_{i=1}^{k} c_i^{\alpha_{i,k+1}}, \cdots, b_n \prod_{i=1}^{k} c_i^{\alpha_{i,n}}\right) = 0 \tag{5-56}$$

按照公理 3，其中，$c_1, \cdots, c_k$ 可以任意选择而不改变函数的形式，现按如下取值。

$$c_1 = 1/a_1, c_2 = 1/a_2, \cdots, c_k = 1/a_k$$

则

$$c_i^{\alpha_{i,j}} = 1/a_i^{\alpha_{i,j}}$$

代入式(5-56)，得

$$f\left(1, \cdots, 1, b_{k+1} \Big/ \prod_{i=1}^{k} a_i^{\alpha_{i,k+1}}, \cdots, b_n \Big/ \prod_{i=1}^{k} a_i^{\alpha_{i,n}}\right) = 0 \tag{5-57}$$

令 $\pi_1 = b_{k+1} \Big/ \prod_{i=1}^{k} a_i^{\alpha_{i,k+1}}, \cdots, \pi_{n-k} = b_n \Big/ \prod_{i=1}^{k} a_i^{\alpha_{i,n}}$

于是

$$f(1, \cdots, 1, \pi_1, \cdots, \pi_{n-k}) = 0 \tag{5-57a}$$

式中，前 k 个量都已转换为 1，无量纲。按量纲一致的原则，$\pi_1 \sim \pi_{n-k}$ 共（$n-k$）个数群也应是无量纲的，即为无量纲数群。式(5-57a) 可简化成式(5-52)，这样就证明了 π 定理。至于如何求得各无量纲数群或特征数，可根据上述原则简化手续，具体见下述实例。

2. 强制对流（无相变）时特征数的导出

前已得知此时的普遍函数式为

$$f(l, u, \mu, \lambda, c_p, \rho, \alpha) = 0 \tag{5-49}$$

7 个变量的量纲分别由基本量纲 L、T、M、Θ 如下组成：

$$[l] = \mathrm{L}, [u] = \mathrm{LT^{-1}}, [\mu] = \mathrm{ML^{-1}T^{-1}}, [\lambda] = \mathrm{MLT^{-3}\Theta^{-1}},$$
$$[c_p] = \mathrm{L^2T^{-2}\Theta^{-1}}, [\rho] = \mathrm{ML^{-3}}, [\alpha] = \mathrm{MT^{-3}\Theta^{-1}}$$

本现象可选择 l、u、μ、λ 作为独立变量，它们包括了以上四个基本量纲，若选择 l、u、μ、ρ 就不当，因其中未包括基本量纲 Θ。

对式(5-49) 中的物理量选用 SI 单位，即长度 m、时间 s、质量 kg 及温度 K。为使式(5-49) 转换为无量纲形式而采取新的度量单位 m/c_1、s/c_2、kg/c_3、K/c_4，将式(5-49) 转换为式(5-56) 的形式

$$f(lc_1, uc_1c_2^{-1}, \mu c_3 c_1^{-1} c_2^{-1}, \lambda c_3 c_1 c_2^{-3} c_4^{-1}, c_p c_1^2 c_2^{-2} c_4^{-1}, \rho c_3 c_1^{-3}, \alpha c_3 c_4^{-1} c_2^{-3}) = 0 \tag{5-56a}$$

为将此式转换成式(5-57) 的无量纲形式，对 c_1、c_2、c_3、c_4 如下取值

$$lc_1 = 1, \quad c_1 = 1/l$$
$$uc_1c_2^{-1} = 1, \quad c_2 = uc_1 = u/l$$
$$\mu c_3 c_1^{-1} c_2^{-1} = 1, \quad c_3 = c_1 c_2/\mu = u/\mu l^2$$
$$\lambda c_3 c_1 c_2^{-3} c_4^{-1} = 1, \quad c_4 = \lambda c_3 c_1 c_2^{-3} = \lambda/\mu u^2$$

代入式(5-56a) 中，即得到无量纲函数式

$$f(1, 1, 1, 1, \pi_1, \pi_2, \pi_3) = 0$$

或

$$\phi(\pi_1, \pi_2, \pi_3) = 0 \tag{5-58}$$

式中

$$\pi_1 = \alpha c_3 c_4^{-1} c_2^{-3} = \alpha(u/\mu l^2)(\mu u^2/\lambda)(l/u)^3 = \alpha l/\mu$$
$$\pi_2 = \rho c_3 c_1^{-3} = \rho(u/\mu l^2) l^3 = lu\rho/\mu$$
$$\pi_3 = c_p c_1^2 c_2^{-2} c_4^{-1} = c_p l^{-2}(l^2/u^2)(\mu u^2/\lambda) = c_p\mu/\lambda$$

以上得出的无量纲数群 $\alpha l/\lambda$ 称为努塞尔数，用 Nu 表示；$lu\rho/\mu$ 即为雷诺数，用 Re 表示；$c_p\mu/\lambda$ 称为普朗特数，用 Pr 表示。

（四）自然对流时的特征数方程

前面介绍自然对流给热时，曾指出它是由于流体内部存在温差，使得各部分流体密度不同而引起的流动；故速度 u 不是自变量。引起流动的推动力用单位体积流体的升浮力 $(\rho_1-\rho)g=\rho g\beta\Delta t$ 表示，其量纲为 $ML^{-2}T^{-2}$。因此自然对流给热可用下列函数关系式表示

$$f(\alpha,l,\rho,\mu,c_p,\lambda,\rho g\beta\Delta t)=0 \tag{5-59}$$

式中包含 7 个物理量，4 个基本量纲，按照 π 定理，无量纲数群的数目应为 $n-m=7-4=3$ 个。可用下述特征数的关系式来描述该物理现象

$$\psi(\pi_1,\pi_2,\pi_3)=0 \tag{5-59a}$$

采用量纲分析方法导出 π_1，π_2，π_3。得

$$\pi_1=\frac{\alpha l}{\lambda}=Nu$$

$$\pi_2=l^3\rho^2 g\beta\Delta t/\mu^2=Gr$$

Gr 为格拉晓夫（Glashof）数，代表升浮力的影响，相当于强制湍流的雷诺数

$$\pi_3=\frac{c_p\mu}{\lambda}=Pr$$

于是描述自然对流给热的特征数普遍式为

$$Nu=f(Pr,Gr) \tag{5-60}$$

式(5-58) 及式(5-60) 中共含有 4 个特征数，见表 5-9。

表 5-9 特征数的符号和意义

特征数名称	符　号	涵　义
努塞尔数	$Nu=\frac{\alpha l}{\lambda}$	待定特征数，包含待定的给热系数
雷诺数	$Re=\frac{lu\rho}{\mu}$	反映流体的流动形态和湍动程度
普朗特数	$Pr=\frac{c_p\mu}{\lambda}$	反映与传热有关的流体物性
格拉晓夫数	$Gr=\frac{l^3\rho^2\beta g\Delta t}{\mu^2}$	反映由于温差而引起的自然对流的强度

式(5-58) 及式(5-60) 表明，对于一定的传热面和流动情况，当 Re 和 Pr 确定后，强制对流时的 Nu 就被决定；当 Pr 和 Gr 确定后，自然对流时的 Nu 也就被决定。对不同情况下的给热，其具体关系则需通过实验建立。在实验关联及其应用时应当注意以下几点。

（1）定型尺寸　Nu、Re 中的 l 应如何选定。

（2）定性温度　各特征数中的物理性质应按什么温度确定。

（3）适用范围　例如强制对流时，Re 和 Pr 各在什么范围内适用。

以下加上有相变的给热，共分四种情况来讨论给热系数的关联式，即

① 强制对流时的给热系数；

② 自然对流时的给热系数；

③ 蒸气冷凝时的给热系数；

④ 液体沸腾时的给热系数。

三、流体作强制对流时的给热系数

（一）流体在管内作强制对流

1. 流体在圆形直管内作强制湍流

上面已说明，此时给热系数的特征数关联式为 $Nu=f(Pr,Re)$。在一定范围内，这类关

系式可以简化为用幂函数表示

$$Nu=CRe^{m}Pr^{n} \tag{5-61}$$

系数 C 与指数 m 和 n 由实验加以确定。其步骤是：先固定一个独立变量，求出 Nu 和另一个独立变量之间的关系。例如舍伍德等❶用不同的流体，在 $Re=10^4$ 时作管内流动的给热实验而得出图 5-23。图中 Nu 和 Pr 是在双对数坐标上标绘的。不同 Pr 的流体的实验点，都落在一条直线的附近，说明 Nu 与 Pr 之间的关系，在双对数坐标上可以用直线方程来表示，即

$$\lg Nu=n\lg Pr+\lg C' \tag{5-62}$$

或

$$Nu=C'Pr^{n} \tag{5-62a}$$

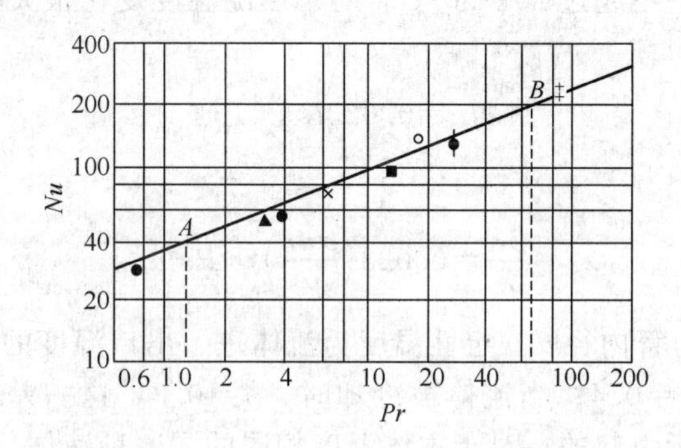

图 5-23 $Re=10^4$ 时不同 Pr 的流体的实验结果

● 空气；▲ 水；○ 丙酮；× 苯；■ 煤油；⍿ 正丁醇；‡ 石油

与式(5-61) 比较，应得 $C'=CRe^{m}$，而指数 n 即为图 5-23 所示直线的斜率。按图中的 A、B 两点，可得

$$n=\frac{\lg200-\lg40}{\lg62-\lg1.15}\approx0.4$$

再以 $\lg(Nu/Pr^{0.4})$ 为纵坐标，Re 为横坐标，用不同 Pr 的流体在不同 Re 下的实验数据，得到如图 5-24 所示的结果，并可用下列方程式表示

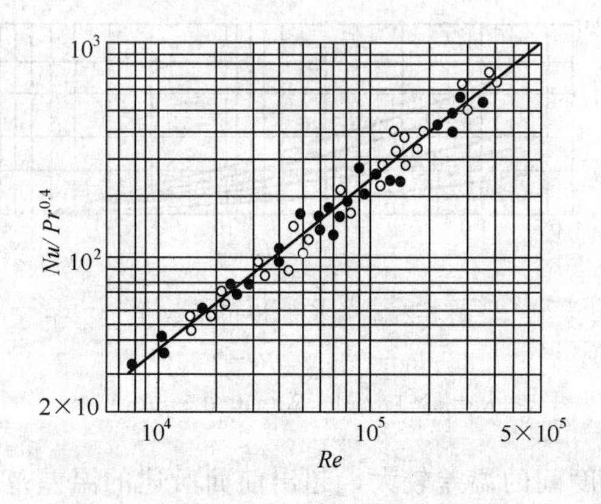

图 5-24 管内强制湍流传热的实验结果

❶ 参阅 Sherwood：IEC，24.736-745，1932。图 5-23 是经简化的示意图。文献作者采用丙酮、苯、正丁醇、水和煤油进行实验。原文中未考虑加热和冷却的差异。

$$\lg \frac{Nu}{Pr^{0.4}} = m\lg Re + \lg C$$

式中，m 为图 5-24 所示直线的斜率；$\lg C$ 为直线在纵坐标上的截距。

这样，n、m 和 C 都可由实验数据求得。此外，为从实验数据得出特征数方程中待定的指数和系数，也可以应用最小二乘法，它还能避免上述作图法可能引入的人为误差而提高准确度。

以下介绍此情况下应用最广泛的经验式。

当$Re > 10000$，$Pr = 0.6 \sim 160$，管长和管径之比$l/d > 50$ 时，对管壁温度和流体平均温度相差不大的情况（所谓温差不大，其数值概念取决于流体黏度随温度变化的大小而定：对水而言，一般与壁面温差不超过 20～30 ℃，对黏度随温度变化很大的油类则不超过 10 ℃），可采用下式计算

$$Nu = 0.023Re^{0.8}Pr^{n} \tag{5-63}$$

即

$$\frac{\alpha d}{\lambda} = 0.023\left(\frac{du\rho}{\mu}\right)^{0.8}Pr^{n} \tag{5-63a}$$

其中，定型尺寸 l 规定为管内径 d。定性温度为流体进、出口温度的算术平均值。

当液体被加热时，$n=0.4$；当流体被冷却时，$n=0.3$。这一差别主要是由温度对层流底层中液体黏度的影响所引起的。对于主体温度相同的同一种液体，被加热时，它在邻近管壁处的温度较高，黏度较小，因而层流底层较薄而给热系数 α 较大；相反，当液体被冷却时，它在壁面附近的温度较低，黏度较大，层流底层较厚，使 α 较小。至于气体，Pr 中的黏度和热导率皆随温度升高而增加，结果气体的 Pr 基本上不随温度而变化；n 取为 0.4。对于空气或其他对称双原子气体，$Pr \approx 0.7$。式(5-63) 可简化为

$$Nu = 0.02Re^{0.8} \tag{5-63b}$$

对于短管，由于管入口处的扰动较大，α 也较大；当 $l/d < 50$ 时，需要考虑短管效应：对式(5-63) 算出的 α 乘以大于 1 的校正系数 f_1；f_1 取决于 l/d 及 Re，如图 5-25 所示。

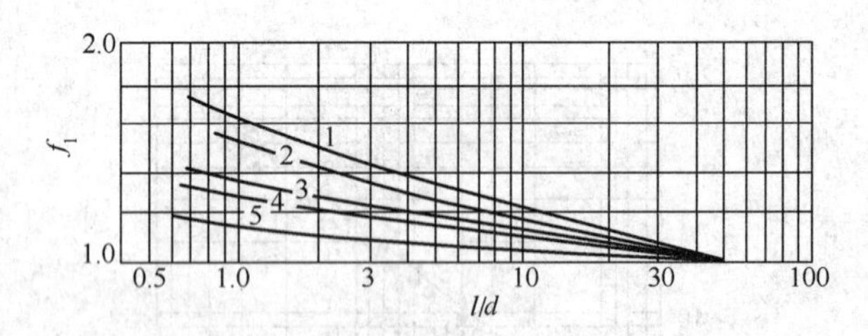

图 5-25 管长的校正系数 f_1

1—$Re=10^4$；2—$Re=2\times10^4$；3—$Re=5\times10^4$；4—$Re=10^5$；5—$Re=10^6$

当壁温与流体主体温度间的温差较大，超出前面所述的温差范围时，近管壁与管中心的液体黏度相差亦大，加热和冷却时的区别更大，这时给热的关联式中，须加入一个包括壁温下的黏度的校正项，按下式计算可得到较为满意的结果。

$$Nu = 0.027Re^{0.8}Pr^{0.33}\left(\frac{\mu}{\mu_{w}}\right)^{0.14} \tag{5-64}$$

式中，除 μ_w 取壁温下液体的黏度，其他物理性质均按液体进、出口算术平均温度取

值。由于求壁温会使计算复杂化，对工程问题可作以下简化：$(\mu/\mu_w)^{0.14}$在液体加热时取为1.05，冷却时取为0.95。

【例5-14】 101.3 kPa（绝）下，空气在内径25 mm的管中流动，温度由180 ℃升高到220 ℃，平均流速为15 m·s^{-1}，试求空气与管内壁之间的给热系数。

解　在$(180+220)/2=200$ ℃及101.3 kPa下，空气的物性由附录六查得：$\lambda=0.0393$ W·m^{-1}·K^{-1}，$\mu=2.60\times10^{-5}$ Pa·s，$\rho=0.746$ kg·m^{-3}，$Pr=0.680$

而
$$Re=\frac{du\rho}{\mu}=\frac{0.025\times15\times0.746}{2.60\times10^{-5}}=10760$$

$Re>10000$，应用式(5-63)，得

$$Nu=0.023Re^{0.8}Pr^{0.4}=0.023\times10760^{0.8}\times0.680^{0.4}$$
$$=0.023\times1680\times0.857=33.1$$
$$\alpha=\frac{\lambda Nu}{d}=\frac{0.0393\times33.1}{0.025}=52\ \text{W}\cdot\text{m}^{-2}\cdot\text{K}^{-1}$$

对空气，还可用较简单的式(5-63b)，得

$$Nu=0.020Re^{0.8}=0.020\times1680=33.6$$

结果相近。

2. 流体在圆形直管中作强制层流

流体在圆形直管中做层流流动时，假定传热不影响速度分布，则热量传递完全依靠导热的方式进行。实际情况比较复杂，因为流体内部既有温差存在，必然附加有自然对流给热。只有在管径小和温差不大的情况下，即$Gr<25000$时，自然对流的影响才可以忽略；对于这种情况，文献推荐求α的特征数关联式为

$$Nu=1.86\left(RePr\frac{d}{l}\right)^{1/3}\left(\frac{\mu}{\mu_w}\right)^{0.14} \tag{5-65}$$

式(5-65)适用范围：$Re<2300$，$6700>Pr>0.6$，$RePr(d/l)>10$。当$Gr>25000$时，忽略自然对流给热的影响，往往会造成很大的误差。此时式(5-65)右端应乘以一校正因子f_1

$$f_1=0.8(1+0.015Gr^{1/3}) \tag{5-66}$$

式中，除μ_w是按壁温取值外，定性温度为流体进、出口的算术平均值。定型尺寸取为管内径。在换热器设计中，应尽量避免在层流条件下进行传热，因为此时的给热系数很小。

3. 圆形直管中的过渡流区

当$Re=2000\sim10000$时，还没有可靠的计算公式可用。作为粗略估计，可用$Re>10^4$的式(5-63)算出α值，然后乘以校正系数f_2

$$f_2=1-\frac{6\times10^5}{Re^{1.8}} \tag{5-67}$$

4. 弯曲管道内的给热系数

流体在弯管内流动时，会因离心力造成二次环流，使扰动加剧。其结果是使给热系数增大，实验表明弯管中的α'约为直管中的$(1+1.77d/R)$倍，即

$$\alpha'=\left(1+\frac{1.77d}{R}\right)\alpha \tag{5-68}$$

式中，α'为弯管中的给热系数，W·m^{-2}·K^{-1}；α为直管中的给热系数，W·m^{-2}·K^{-1}；d为管内径，m；R为弯管轴的曲率半径，m。

5. 非圆形直管中的给热系数

此时，仍可采用上述式(5-63)～式(5-67)作近似计算，只是要将式中的管内径改为当

量直径 d_e

$$d_e=\frac{4\times(\text{管道截面积})}{\text{润湿周边}} \tag{5-69}$$

对于套管环隙中的给热，有专用的关联式。例如在 $Re=12000\sim220000$，$d_2/d_1=1.65\sim17$ 范围内，用水和空气等进行实验，所得关联式为

$$\frac{\alpha d_e}{\lambda}=0.02\left(\frac{d_2}{d_1}\right)^{0.53}Re^{0.8}Pr^{1/3} \tag{5-70}$$

其他流体在环隙中做强制湍流时亦可应用此式。

【例 5-15】 润滑油在内径 $d=12$ mm 的换热管内，由 95 ℃冷却到 65 ℃；壁温 $t_w=20$ ℃。在本题涉及的温度下，油的物性可取：$c_p=2.13\ \text{kJ·kg}^{-1}\text{·℃}^{-1}$，$\lambda=0.138\ \text{W·m}^{-1}\text{·℃}^{-1}$；体膨胀系数 $\beta=69\times10^{-5}\ ℃^{-1}$，在 0 ℃时的密度 $\rho_0=899\ \text{kg·m}^{-3}$；黏度 μ(cP)与温度 T(K)的关联可用 $\mu=4.75\times10^{-6}\exp(5550/T)$ 表示；管内流速 $u=0.32\ \text{m·s}^{-1}$。求给热系数及所需换热管的长度。

解 首先用管内的 Re 判断流型，以便选用适合的公式。定性温度 $t=(95+65)/2=80$ ℃，此温度下的物性如下计算。

润滑油的比体积 $\frac{1}{\rho}=\frac{1}{\rho_0}(1+\beta\Delta t_0)(\text{m}^3\text{·kg}^{-1})$，故

$$\rho=\frac{\rho_0}{1+\beta\Delta t_0}=\frac{899}{1+69\times10^{-5}\times(80-0)}=852\ \text{kg·m}^{-3}$$

黏度
$$\mu=4.75\times10^{-6}\exp\left(\frac{5550}{273+80}\right)=32.0\ \text{cP 或 mPa·s}$$

于是
$$Re=\frac{du\rho}{\mu}=\frac{12\times10^{-3}\times0.32\times852}{32\times10^{-3}}=102.2$$

由 Re 可知为层流，选用式(5-65)：$Nu=1.86\left(RePr\frac{d}{l}\right)^{1/3}\left(\frac{\mu}{\mu_w}\right)^{0.14}$

式中
$$Pr=\frac{c_p\mu}{\lambda}=\frac{2.13\times10^3\times32\times10^{-3}}{0.138}=494$$

$$\mu_w=4.75\times10^{-6}\exp\left(\frac{5550}{273+20}\right)=800\ \text{mPa·s}$$

而管长 l 尚为未知，需利用给热速率方程去求取。

将已知值代入式(5-65)

$$\begin{aligned}Nu&=1.86\times(102.2\times800\times0.012/l)^{1/3}(32/800)^{0.14}\\&=1.86\times(8.46l^{-1/3})\times0.637=10.03l^{-1/3}\end{aligned}$$

$$\alpha=\left(\frac{\lambda}{d}\right)Nu=\frac{0.138}{0.012}\times10.03l^{-1/3}=115.3l^{-1/3}$$

层流的 α 还要检验 Gr 值，以决定是否需对自然对流做校正

$$Gr=\frac{gd^3\rho^2\beta\Delta t}{\mu^2}=\frac{9.81\times0.012^3\times852^2\times69\times10^{-5}\times60}{(32\times10^{-3})^2}=498$$

现 Gr 远小于 25000，不需校正。对于水平放置、直径不大的管，其内流体的自然对流受到较大的限制，对给热的影响一般不需考虑。

在给热速率方程 (5-9a)：$q=\alpha(t-t_w)$中，由于 α 及 $(t-t_w)$ 都是对整个换热面的平均值［现$(t_1-t_w)/(t_2-t_w)=75/45<2$，算术平均温差$(t_1-t_w+t_2-t_w)/2=(t_1+t_2)/2-t_w=t-t_w$］，故热通量式(5-9a) 可写成热流量的形式

$$Q=\alpha A(t-t_w) \quad (a)$$

式中 $A=\pi dl=\pi\times0.012l$

$$Q=m_{s1}c_p(t_1-t_2) \quad (b)$$

而 $m_{s1}=\frac{\pi}{4}d^2u\rho=\frac{\pi}{4}\times0.012^2\times0.32\times852=0.0308\ \text{kg}\cdot\text{s}^{-1}$

按式(b) $Q=0.0308\times2.13\times(95-65)=1.97\ \text{kJ}\cdot\text{s}^{-1}$ 或 1970 W

代入速率方程［式(a)］

$$1970=(115.3l^{-1/3})(\pi\times0.012l)\times60=261l^{2/3}$$

解得 $l=\left(\frac{1970}{261}\right)^{3/2}=20.7\ \text{m}$

于是 $\alpha=115.3\times20.7^{-1/3}=42.0\ \text{W}\cdot\text{m}^{-2}\cdot℃^{-1}$

本题由于润滑油的黏度大，流动为层流且给热系数小，需要相当长的换热管才能达到冷却目的（其实冷却的要求并不高）。对此，可选 4 管程、管长 6 m 的换热器（相当于总管长为 4×6=24 m）；换热面还留有一定余地。

【例 5-16】 某厂用冷却水冷却从反应器出来的有机液。按反应器目前的产量，要求从有机液中取走 $4\times10^5\ \text{kJ}\cdot\text{h}^{-1}$ 的热量。在仓库找到两个相同的单程换热器，其内径 $D=270$ mm，内装 48 根 $\phi25$ mm×2.5 mm、长为 3 m 的钢管。壳程未加挡板，管间流体的给热系数可按当量直径计算。操作条件及物性见表 5-10。

表 5-10 操作条件及物性数据

液 体	温度/℃		质量流量/$\text{kg}\cdot\text{h}^{-1}$	定压比热容/$\text{kJ}\cdot\text{kg}^{-1}\cdot\text{K}^{-1}$	密度/$\text{kg}\cdot\text{m}^{-3}$	热导率/$\text{W}\cdot\text{m}^{-1}\cdot\text{K}^{-1}$	黏度/Pa·s
	入口	出口					
有机液	63	T_2	30000	2.261	950	0.172	1×10^{-3}
水	28	t_2	20000	4.187	1000	0.621	0.742×10^{-3}

试通过计算回答问题：(1) 这两个换热器能否移走 $4\times10^5\ \text{kJ}\cdot\text{h}^{-1}$ 以上的热量？(2) 应当并联还是串联（相对于有机液）使用？

解 (1) 先考虑串联使用。为便于清洗，且有机液的热导率较小而走管内。

① 求有机液一侧的 α_1。管内径 $d_1=0.02$ m，

总截面积 $S_1=\frac{\pi}{4}d_1^2n=\frac{\pi}{4}\times0.02^2\times48=0.0151\ \text{m}^2$

管内流速 $u=\frac{30000}{3600\times950\times0.0151}=0.581\ \text{m}\cdot\text{s}^{-1}$

$$Re=\frac{d_1u\rho}{\mu}=\frac{0.02\times0.581\times950}{1\times10^{-3}}\approx11040$$

$$Pr=\frac{c_p\mu}{\lambda}=\frac{2.26\times10^3\times1\times10^{-3}}{0.172}\approx13.15$$

$$\alpha_1=0.023\frac{\lambda}{d_1}Re^{0.8}Pr^{0.3}=0.023\times\frac{0.172}{0.02}\times1715\times2.17=736\ \text{W}\cdot\text{m}^{-2}\cdot\text{K}^{-1}$$

② 求管外水侧的 α_2。管外径 $d_2=0.025$ m，

管间截面 $S_2=\frac{\pi}{4}(D^2-d_2^2n)=0.0337\ \text{m}^2$

管外流速 $u=\frac{20000}{3600\times1000\times0.0337}=0.165\ \mathrm{m\cdot s^{-1}}$

$$d_e=\frac{4S_2}{\pi D+\pi d_2 n}=\frac{4\times0.0337}{\pi(0.27+0.025\times48)}=0.0292\ \mathrm{m}$$

$$Re=\frac{d_e u\rho}{\mu}=\frac{0.0292\times0.165\times1000}{0.742\times10^{-3}}\approx6490\ （过渡流区）$$

$$Pr=\frac{c_p\mu}{\lambda}=\frac{4.187\times10^3\times0.742\times10^{-3}}{0.621}=5.0$$

先求 $Re>10^4$ 时 $\alpha_2'=0.023(\lambda/d_e)Re^{0.8}Pr^{0.4}$

$$=0.023\times(0.621/0.0292)\times1120\times1.904\approx1050\ \mathrm{W\cdot m^{-2}\cdot K^{-1}}$$

校正到过渡流区 $\alpha_2=\alpha_2'\left(1-\frac{6\times10^5}{Re^{1.8}}\right)=1050\times(1-0.0824)=963\ \mathrm{W\cdot m^{-2}\cdot K^{-1}}$

查表5-5，取有机液侧污垢热阻 $R_{d1}=0.176\times10^{-3}\ \mathrm{m^2\cdot K\cdot W^{-1}}$，水侧污垢热阻 $R_{d2}=0.58\times10^{-3}\ \mathrm{m^2\cdot K\cdot W^{-1}}$，忽略钢管壁热阻，有

$$\frac{1}{K}=\frac{1}{\alpha_1}\frac{d_2}{d_1}+R_{d1}\frac{d_2}{d_1}+R_{d2}+\frac{1}{\alpha_2}$$

$$=\frac{1}{736}\times\frac{0.025}{0.02}+0.176\times10^{-3}\times\frac{0.025}{0.02}+0.58\times10^{-3}+\frac{1}{963}$$

$$=0.00170+0.00022+0.00058+0.00104=0.00354$$

解得 $K=282\ \mathrm{W\cdot m^{-2}\cdot K^{-1}}$

每台换热器的面积 $A=\pi d_2 nl=11.3\ \mathrm{m^2}$，串联时 $A=2\times11.3=22.6\ \mathrm{m^2}$

由于只知道热、冷流体的进口温度，采用ε-NTU法求出口温度较为方便。现 $m_{s1}c_{p1}=(30000/3600)\times2.261=18.84\ \mathrm{kJ\cdot s^{-1}\cdot K^{-1}}$；$m_{s2}c_{p2}=(20000/3600)\times4.187=23.26\ \mathrm{kJ\cdot s^{-1}\cdot K^{-1}}$，应以热流体为准进行计算

$$NTU=\frac{KA}{m_{s1}c_{p1}}=\frac{282\times22.6}{18.84\times10^3}=0.338$$

$$C_R=\frac{m_{s1}c_{p1}}{m_{s2}c_{p2}}=0.810$$

查逆流换热器的图5-21，因 NTU 太小而难准确。改按式(5-44) 计算

$$\varepsilon=\frac{1-\exp[NTU(1-C_R)]}{C_R-\exp[NTU(1-C_R)]}=\frac{1-\exp(0.338\times0.19)}{0.81-\exp(0.338\times0.19)}=\frac{1-1.066}{0.81-1.066}=0.258$$

从 $\varepsilon=\frac{T_1-T_2}{T_1-t_1}$，得 $T_1-T_2=0.258\times(63-28)=9.03\ ℃$

热流量 $Q=m_{s1}c_{p1}(T_1-T_2)=18.84\times9.03=170\ \mathrm{kJ\cdot s^{-1}}$

或 $Q=170\times3600=6.12\times10^5\ \mathrm{kJ\cdot h^{-1}}>4\times10^5\ \mathrm{kJ\cdot h^{-1}}$

故两个换热器串联时能符合要求。

(2) 如图5-26所示，热流体为并联操作时，设两换热器的阻力系数相同，则流过每一换热器的流量皆为15000 kg/h，而 $u=0.581/2=0.291\ \mathrm{m\cdot s^{-1}}$；$Re=5520$，需对式(5-63) 算出的 α 乘上校正系数 f_2

$$f_2=\left(1-\frac{6\times10^5}{5520^{1.8}}\right)=0.89$$

故 $$\alpha_1=0.023(\lambda/d)Re^{0.8}Pr^{0.3}f_2$$
$$=0.023\times(0.172/0.02)\times985\times2.17\times0.89$$
$$=376\ \mathrm{W\cdot m^{-2}\cdot K^{-1}}$$

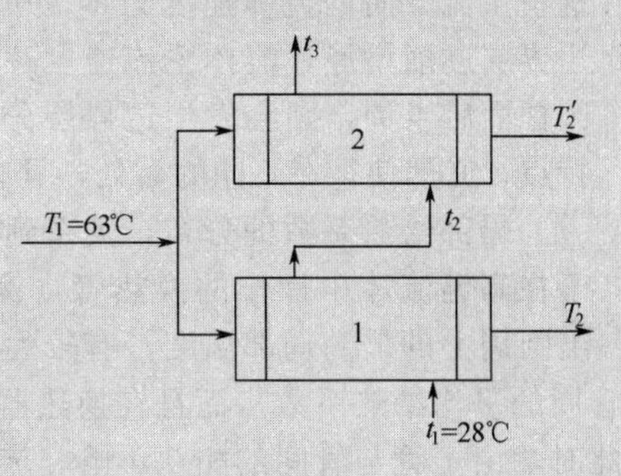

图 5-26 例 5-16 附图

如图 5-26 所示，冷流体仍为串联而流量不变，设物性常数等亦不变，则 α_2 不变，有

$$\frac{1}{K}=\frac{1}{\alpha_1}\frac{d_2}{d_1}+R_{s1}\frac{d_2}{d_1}+R_{s2}+\frac{1}{\alpha_2}$$
$$=\frac{1}{376}\times\frac{0.025}{0.02}+0.00022+0.00058+0.00104$$
$$=0.00516$$

解得 $$K=194\ \mathrm{W\cdot m^{-2}\cdot K^{-1}}$$

图 5-26 还示出，由于冷流体仍为串联，需求出它在两换热器之间的温度 t_2。又热流体并联时的热容流量 $m_{s1}c_{p1}$ 比串联时更小，故在应用 ε-NTU 法时仍应以热流体为准。

第一换热器 $$NTU_1=\frac{194\times11.3}{(15000/3600)\times2.261\times10^3}=0.233$$

$$C_R=\frac{m_{s1}c_{p1}}{m_{s2}c_{p2}}=\frac{18.84/2}{23.26}=0.405$$

$$\varepsilon=\frac{1-\exp[0.233\times(1-0.405)]}{0.405-\exp[0.233\times0.595]}=\frac{1-1.149}{0.405-1.149}=0.200$$

$$T_1-T_2=\varepsilon(T_1-t_1)=0.200\times35=7.0\ ℃$$

$$Q_1=m_{s1}c_{p1}(T_1-T_2)=(18.84/2)\times7=65.9\ \mathrm{kJ\cdot s^{-1}}$$

$$t_2=t_1+\left(\frac{m_{s1}c_{p1}}{m_{s2}c_{p2}}\right)(T_1-T_2)=28+0.405\times7=30.8\ ℃$$

第二换热器 已设物性等不变，即与第一换热器的 NTU 及 ε 都相同，只是水的入口温度提高为 $t_2=30.8$ ℃，有

$$\varepsilon=\frac{T_1-T_2'}{T_1-t_2}$$

$$T_1-T_2'=\varepsilon(T_1-t_2)=0.200\times(63-30.8)=6.44$$

$$Q_2=m_{s1}c_{p1}(T_1-T_2')=\left(\frac{18.84}{2}\right)\times6.44=60.7\mathrm{kJ\cdot s^{-1}}$$

总热流量 $$Q=Q_1+Q_2=65.9+60.7=126.6\ \mathrm{kJ\cdot s^{-1}}$$

或 $$Q=126.6\times3600=4.56\times10^5\ \mathrm{kJ\cdot h^{-1}}\ (>4\times10^5\ \mathrm{kJ\cdot h^{-1}})$$

可知热流体并联时也能满足需要。但串联比并联的效果要好，只是阻力损失也较大。

（二）流体在管外强制对流

流体在单根圆管外以垂直于该管的方向流过时，其前半周和后半周的情况并不相同，如图 5-27 所示。正对流体流动方向的 A 点（$\varphi=0$ 处）称为驻点，这里主流方向的流体速度为零，压力最大。随着 φ 增大，层流边界层逐渐增厚，流体主流速度逐渐增大，压力逐渐下降；到圆柱面后半周，则会发生边界层分离，形成旋涡。这种流动的特点，必然使得在不同的 φ 处，具有不同的局部给热系数 α_φ。

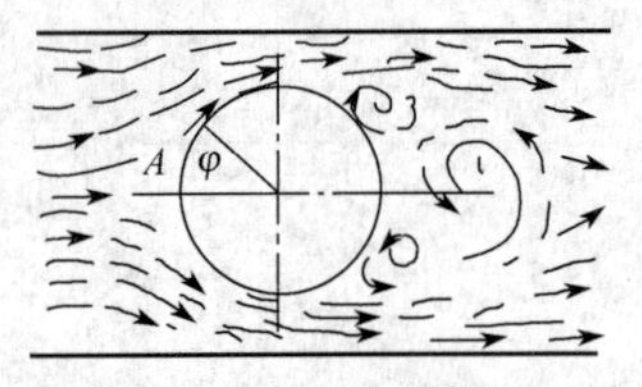

图 5-27　流体垂直于单根圆管作管外流动的情况

局部给热系数的分布，关系到管壁圆周上的温度分布。对于在高温流体中操作的换热管（例如锅炉的高温过热器），找出圆周上的最高局部温度，有较大的实际意义。但在一般换热器计算中，需要的是沿整个管周的平均给热系数。而且在换热器计算中，大量遇到的又是流体横向流过管束的换热器。此时，由于管与管间的相互影响，流动与给热要比流体垂直流过单根管外时复杂。管束的排列分直列和错列两种，如图 5-28 所示。

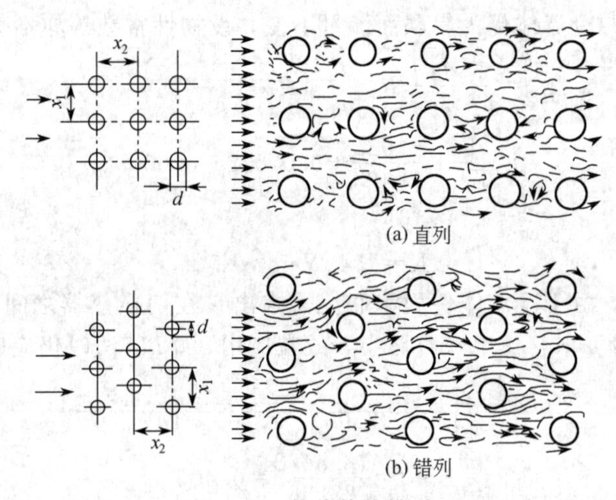

图 5-28　换热管的排列

流体在管束外横向流过时的给热系数可用下式计算

$$Nu=C_1C_2Re^nPr^{0.4} \tag{5-71}$$

C_1、C_2 和 n 的值见表 5-11。

表 5-11　流体垂直于管束时的 C_1、C_2 和 n 值

排　数	直　列		错　列		C_1
	n	C_2	n	C_2	
1	0.6	0.171	0.6	0.171	$x_1/d=1.2\sim3$ 时
2	0.65	0.151	0.6	0.228	$C_1=1+0.1x_1/d$
3	0.65	0.151	0.6	0.290	$x_1/d>3$ 时
4	0.65	0.151	0.6	0.290	$C_1=1.3$

对于第 1 排管子，不论直列或错列，C_2 值相同。由图 5-28 可知，从第 2 排开始，因为流体在错列的管束间通过时，受到阻拦，使湍动增强，故 C_2 较大，即错列时的给热系数比直列时要大一些。从第 3 排以后，直列或错列的 C_2 值亦即给热系数基本上不再改变。

式(5-71) 适用于 $Re=5000\sim70000$ 和 $x_1/d=1.2\sim5$，$x_2/d=1.2\sim5$ 的范围。式中的物理常数取流体平均温度下的数值，定型尺寸取管外径，流速取各排最窄通道外的流速。

由于各排的给热系数不同，可按下式求整个传热面积的平均 α 值

$$\alpha=\frac{\alpha_1 A_1+\alpha_2 A_2+\alpha_3 A_3+\cdots}{A_1+A_2+A_3+\cdots}$$

式中 α_1，α_2，α_3 分别为第 1 排、第 2 排、第 3 排、……的给热系数；A_1，A_2，A_3 分别为第 1 排、第 2 排、第 3 排、……的传热面积。

对于常用的列管式换热器，由于壳体是一个圆筒，故各排的管数不同，而且大多都装有折流挡板（见图 5-29），流体虽然大部分是横向流过管束，但在绕过折流挡板时，则变更了流向，不是垂直于管束，而是顺着管外的方向流动。由于流向和流速的不断变化，$Re>100$ 时即达到湍流。这时管外给热系数的计算，要根据具体结构选用适宜的计算式。当管外装有割去 25%（直径）的圆缺形折流挡板时（参看图 5-32），可以由图 5-30 求给热系数。当 $Re=2\times(10^3\sim10^6)$ 之间时，亦可用下式计算

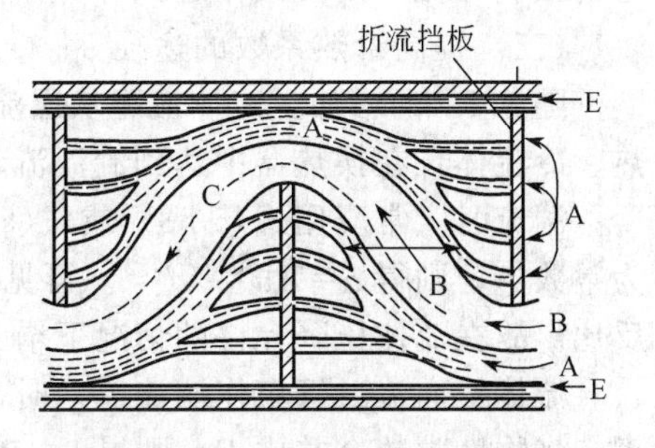

图 5-29 换热器壳程的流动情况
B-B-C—壳程流体通过圆缺形挡板缺口的路径；A—少量流体通过管与挡板圆孔间环隙的路径；E—少量流体通过壳内壁与挡板间间隙的路径

$$Nu=0.36Re^{0.55}Pr^{1/3}\left(\frac{\mu}{\mu_w}\right)^{0.14} \tag{5-72}$$

或

$$\frac{\alpha d_e}{\lambda}=0.36\left(\frac{d_e u\rho}{\mu}\right)^{0.55}\left(\frac{c_p\mu}{\lambda}\right)^{1/3}\left(\frac{\mu}{\mu_w}\right)^{0.14} \tag{5-72a}$$

在图 5-30 和式(5-72) 中，定性温度取流体温度的平均值，μ_w 是指壁温下的流体黏度；$(\mu/\mu_w)^{0.14}$ 可以简化，见管内湍流式(5-64) 的说明。

轴向的当量直径 d_e 要根据管的排列情况决定。如图 5-31 所示，管成正方形排列时

$$d_e=\frac{4(t^2-\pi d_o^2/4)}{\pi d_o}=\frac{4t^2}{\pi d_o}-d_o \tag{5-73}$$

成正三角形排列时

$$d_e=\frac{4}{\pi d_o}\left(\frac{\sqrt{3}}{2}t^2-\frac{\pi}{4}d_o^2\right) \tag{5-73a}$$

式中，t 为相邻两管中心距；d_o 为管外径。

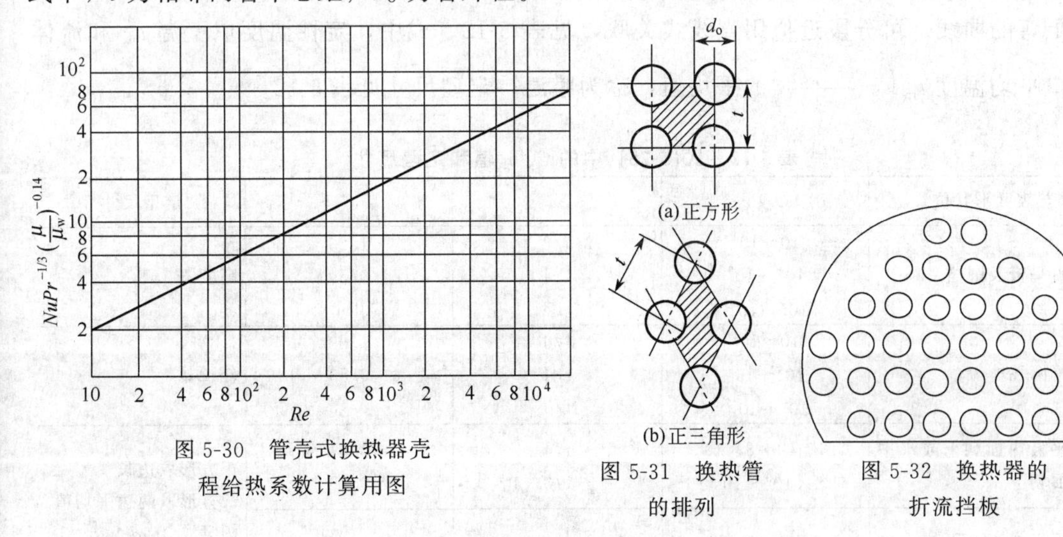

图 5-30 管壳式换热器壳程给热系数计算用图

图 5-31 换热管的排列

图 5-32 换热器的折流挡板

管外的流速可以根据流体流过的最大截面积 S_o 计算

$$S_o=h(D-n_c d_o) \tag{5-74}$$

式中，h 为两块折流挡板之间的距离；D 为换热器壳径；n_c 为管束中心线上的管数（管数最多）。

常用折流挡板的形式如图 5-32 所示，称为圆缺形（或弓形）折流挡板。割去部分的宽度约占直径的 25%。显然，在管间安装折流挡板，可以加大流速，并使流动方向不断变更，从而可使给热系数增大；但同时也增加了流体流动的阻力。

如果列管换热器的管间没有折流挡板，管外的流体将平行于管束而流动，此时的 α 可用管内强制对流时的公式作近似计算，但需将管内径改为管间当量直径。

（三）提高给热系数的途径

随着 Re 的增加，流体流型从层流转变为湍流时，给热系数 α 显著增大，所以应力求使热、冷流体皆在换热器中达到湍流流动。

湍流时，常应用式(5-63) 或式(5-63b) 求圆形直管内的 α，若将式中所有物性参数合并为常数 A，则得 $\alpha=Au^{0.8}/d^{0.2}$。可见，α 与流速的 0.8 次方成正比，而与管径的 0.2 次方成反比。故在流体压降允许的情况下增大流速比减小管径对提高给热系数的效果来得显著。

流体横向流过管束作湍流流动时，在管外加折流挡板的情况下，应用式(5-72) 求 α。同理，将物性常数合并成 B，则得 $\alpha=Bu^{0.55}/d_e^{0.45}$。可见，管外加有折流挡板时，给热系数与流速的 0.55 次方成正比，而与当量直径的 0.45 次方成反比。因此设置折流挡板，提高流速和缩小管子的当量直径，对加大管外给热系数均有较显著的作用。

总之，不论管内或管外，提高流速都能增大给热系数，但随着流速的增加，阻力损失也要大致按流速的平方迅速增加，因此设计换热器时，应当根据具体情况选择优化的流速。

除加大流速外，在管内装置添加物如麻花铁，选用波纹管等，均能增加流体的湍流程度，从而增大给热系数，但阻力损失或能量消耗也随之增加。

四、流体作自然对流时的给热系数

大空间（指边界层不受干扰）中流体作自然对流时，给热的特征数普遍关联式为式(5-60)：$Nu=f(Gr,Pr)$；在一定范围内可用以下的幂函数表示

$$Nu=C(GrPr)^n \tag{5-75}$$

或

$$\alpha=C\frac{\lambda}{l}\left(\frac{\rho^2 g\beta\Delta t l^3}{\mu^2}\times\frac{c_p\mu}{\lambda}\right)^n \tag{5-75a}$$

不同几何状况下所得的实验数据都表明：Nu 对 $GrPr$ 在双对数坐标上标绘，都是一条稍向上弯的曲线。可分段近似用直线式关联，见表 5-12。式中，定性温度取壁温 t_w 和流体进出口平均温度 $t_m\left(=\frac{t_1+t_2}{2}\right)$的平均值，称为**膜温**，定型尺寸见表 5-12。

表 5-12 式(5-75) 中的 C、n 值和定型尺寸

加热表面形状位置	$GrPr$	n	C	定型尺寸
垂直平板及圆柱	$10\sim10^4$	1/6	1.23	高度 H
	$10^4\sim10^9$	1/4	0.59	
	$10^9\sim10^{13}$	1/3	0.1	
水平圆柱体	$10\sim10^3$	1/6	1.02	外径 d_o
	$10^4\sim10^9$	1/4	0.53	
	$10^9\sim10^{12}$	1/3	0.13	
水平板热面朝上或水平板冷面朝下	$2\times10^4\sim8\times10^6$	1/4	0.54	正方形取边长 长方形取两边平均值 圆盘取 $0.9d$ 狭长条取短边
	$8\times10^6\sim10^{11}$	1/3	0.15	
水平板热面朝下或水平板冷面朝上	$10^5\sim10^{11}$	1/5	0.58	

【例 5-17】 有一垂直蒸气管，外径 100 mm，长 3.5 m，管外壁温度为 110 ℃。若周围空气温度为 30 ℃，试计算单位时间内由于自然对流而散失于周围空气中的热流量。

解 定性温度 (110+30)/2=70 ℃。在此温度下，空气的 $\beta=1/(273+70)=2.92\times10^{-3}$ K^{-1}；其他物理性质由附录六查得：$\rho=1.029\ kg\cdot m^{-3}$，$\lambda=2.966\times10^{-2}\ W\cdot m^{-1}\cdot ℃^{-1}$，$\mu=2.06\times10^{-5}\ Pa\cdot s$，$Pr=0.694$。

而
$$Gr=\frac{gH^3\rho^2\beta\Delta t}{\mu^2}=\frac{9.81\times3.5^3\times1.029^2\times2.92\times10^{-3}\times(110-30)}{(2.06\times10^{-5})^2}=2.45\times10^{11}$$

$$GrPr=2.45\times10^{11}\times0.694=1.70\times10^{11}$$

根据表 5-12，查 $C=0.1$，$n=1/3$，得

$$Nu=0.1(GrPr)^{1/3}=0.1\times(1.70\times10^{11})^{1/3}=554$$

$$\alpha=Nu\frac{\lambda}{H}=554\times\frac{2.966\times10^{-2}}{3.5}=4.70\ W\cdot m^{-2}\cdot ℃^{-1}$$

这是一个很小的给热系数值（较表 5-8 范围的低限还稍小）。

给热热流量为　$Q=\alpha A\Delta t=4.7\times(\pi\times0.1\times3.5)\times(110-30)=413\ W$

五、蒸气冷凝时的给热系数

当纯的饱和蒸气与低于饱和温度的壁面相接触时，蒸气将放出潜热并冷凝成液体。若冷凝液能润湿壁面，并形成一层完整的液膜向下流动，称为**膜状冷凝**；若冷凝壁面上存在一层油类物质，或者蒸气中混有油类或脂类物质，冷凝液不能润湿壁面，结成滴状小液珠，逐渐长大，最终从壁面落下，重又露出冷凝面，则称为**滴状冷凝**。由于膜状冷凝时，壁面上始终覆盖着一层液膜，形成壁面和冷凝蒸气之间的主要传热阻力，故滴状冷凝时的给热系数，比膜状冷凝时要大几倍到十几倍。两种方式的冷凝通常会同时存在，但在工业生产中，大多数情况下以膜状冷凝为主，下面仅讨论膜状冷凝情况。

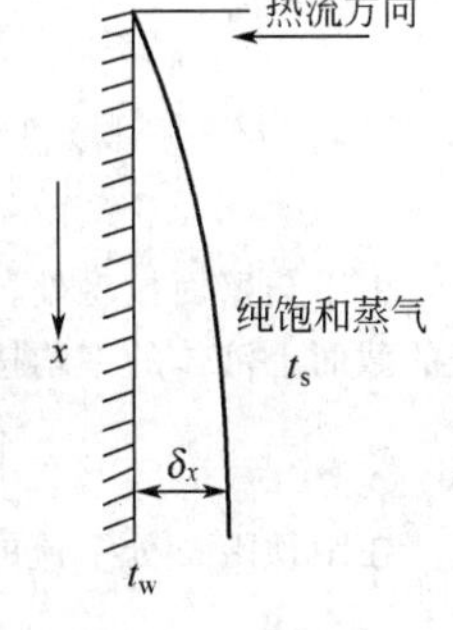

图 5-33　膜状冷凝

如图 5-33 所示，冷凝液在重力作用下沿壁面向下流动，同时由于蒸气的冷凝，新的冷凝液不断加入，故使液膜厚度从上至下不断增加。蒸气所放出的潜热，必须通过冷凝液膜传到壁面，若液膜沿壁面作层流流动，热量以导热的方式通过液膜，则根据傅里叶定律

$$dQ=\frac{\lambda}{\delta_x}(dA)\Delta t$$

式中，Δt 为冷凝给热温差，即跨过冷凝液膜两侧的温差；δ_x 为距壁顶端距离为 x 处的液膜厚度。

同时，此项热量也可用给热方程式表示：$dQ=\alpha_x(dA)\Delta t$。

将上两式比较，得

$$\alpha_x=\lambda/\delta_x$$

式中，α_x 为距壁顶端距离 x 处的局部给热系数。当 x 增大，因 δ_x 随之增厚，故 α_x 减小。

平均给热系数
$$\alpha=\frac{1}{H}\int_0^H\alpha_x dx=\frac{\lambda}{H}\int_0^H\frac{dx}{\delta_x}\tag{5-76}$$

显然，α_x 的大小取决于冷凝液膜的厚度和热导率，只要求出 δ_x 与 x 的关系，即可由式(5-76) 得出平均的给热系数。

选学内容

（一）蒸气冷凝时给热系数的理论推导

图 5-34 所示为冷凝液膜沿垂直壁面向下作层流流动的情况。设冷凝过程中，冷凝液的密度、热导率和黏度可作为常数处理。在冷凝液膜内取一微元，分析其在某瞬间的受力和运动情况。如图 5-34 所示，微元边长在 x、y 轴方向分别取 $\mathrm{d}x$、(δ_x-y)，在 z 轴方向取 l 为单位长度。又假定蒸气对液膜的摩擦力可以忽略，在稳定情况下，微元所受向下的重力和壁面的阻力达到平衡，即

$$\mathrm{d}x(\delta_x-y)\times l\times\rho g=\mu(\mathrm{d}x\times l)\frac{\mathrm{d}u_y}{\mathrm{d}y}$$

或

$$\mathrm{d}u_y=\frac{\rho g}{\mu}(\delta_x-y)\mathrm{d}y$$

积分得

$$u_y=\frac{\rho g}{\mu}\left(\delta_x y-\frac{1}{2}y^2\right)+C$$

式中，u_y 为离壁面 y、距顶端 x 处下流液体的速度。

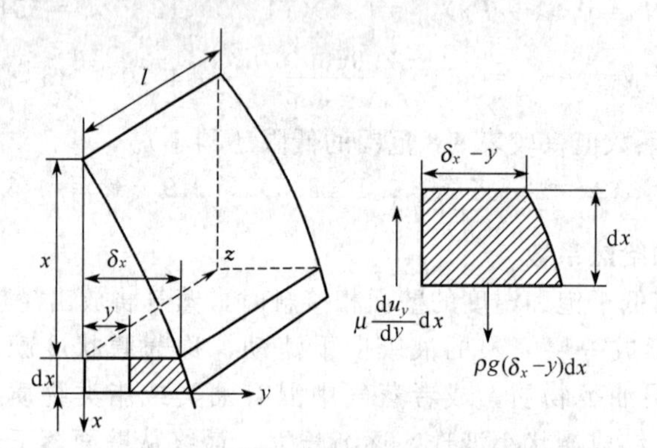

图 5-34　蒸气在垂直壁面上的冷凝

由于与壁面接触处，液体流速为零，即当 $y=0$ 处，$u_y=0$，故常数项 $C=0$。距顶端 x、在与壁面呈垂直的截面上液体的平均速度 u 为

$$u=\int_0^{\delta_x}\frac{u_y\mathrm{d}y}{\delta_x}=\frac{1}{\delta_x}\int_0^{\delta_x}\frac{\rho g}{\mu}\left(\delta_x y-\frac{1}{2}y^2\right)\mathrm{d}y=\frac{\rho g}{\delta_x\mu}\left(\frac{\delta_x^3}{2}-\frac{\delta_x^3}{6}\right)=\frac{\rho g\delta_x^2}{3\mu}$$

在距顶端 x 处下流的质量流量为

$$m_s=\rho\delta_x\times l\times u=\frac{\rho^2 g\delta_x^3}{3\mu}$$

由于蒸气在垂直壁面上冷凝的结果，从距顶端 x 到 $(x+\mathrm{d}x)$ 处，液膜厚度由 δ_x 增加到 $(\delta_x+\mathrm{d}\delta_x)$，液体质量流量的增量为

$$\frac{\mathrm{d}m_s}{\mathrm{d}x}\mathrm{d}x=\frac{\mathrm{d}}{\mathrm{d}\delta_x}\left(\frac{\rho^2 g\delta_x^3}{3\mu}\right)\frac{\mathrm{d}\delta_x}{\mathrm{d}x}\mathrm{d}x=\frac{\rho^2 g\delta_x^2\mathrm{d}\delta_x}{\mu}$$

蒸气冷凝时放出的热量，必等于以导热方式通过冷凝液膜的热量。若蒸气的冷凝潜热用 r 表示，并假定液膜和壁面接触处的温度等于壁温 t_w，而液膜和蒸气接触处的温度等于蒸气饱和温度 t_s，则跨过液层的温差 $\Delta t=t_s-t_w$。如假定此温差为一定值，则

$$r\frac{\mathrm{d}m_s}{\mathrm{d}x}\mathrm{d}x=\frac{r\rho^2 g\delta_x^2\mathrm{d}\delta_x}{\mu}=\lambda\mathrm{d}x\times l\times\frac{\Delta t}{\delta_x}$$

将上式在 $x=0$ 至 $x=x$ 间积分可求得距顶端 x 处的冷凝液膜厚度为

$$\delta_x=\left(\frac{4\mu\lambda x\Delta t}{r\rho^2 g}\right)^{1/4}\tag{5-77}$$

因此，距顶端 x 处的局部给热系数为

$$\alpha_x=\frac{\lambda}{\delta_x}=\left(\frac{r\rho^2 g\lambda^3}{4\mu x\Delta t}\right)^{1/4}\tag{5-78}$$

若垂直壁面的总高度为 H，则平均给热系数为

$$\alpha=\frac{1}{H}\int_0^H\alpha_x\mathrm{d}x=\frac{1}{H}\left(\frac{r\rho^2 g\lambda^3}{4\mu\Delta t}\right)^{1/4}\int_0^H\frac{\mathrm{d}x}{x^{1/4}}=\frac{4}{3}\left(\frac{r\rho^2 g\lambda^3}{4\mu H\Delta t}\right)^{1/4}=0.943\left(\frac{r\rho^2 g\lambda^3}{\mu H\Delta t}\right)^{1/4}\tag{5-79}$$

其中，蒸气的冷凝潜热 r 按饱和温度 t_s 取值；其余物性均按液膜平均温度 $t_m=(t_w+t_s)/2$ 取值。

对于与水平面成夹角 ϕ 的斜壁，如图 5-35 所示，同理可得类似式(5-79) 的方程为

$$\alpha=0.943\times\left(\frac{r\rho^2 g\lambda^3\sin\phi}{\mu H\Delta t}\right)^{1/4} \tag{5-79a}$$

图 5-36 所示为蒸气在单根水平管外冷凝时液膜的流动情况。通常管径比较小，可认为液膜内的流体为层流流动。与直立壁面不同的是液膜沿管外壁流动时，重力作用的方向和液膜流动的方向不一致，而且 $g\sin\varphi$ 沿圆周连续变化。

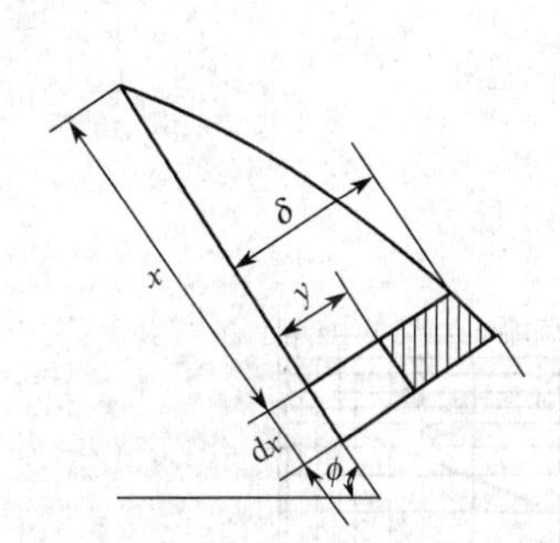

图 5-35 蒸气在斜壁上冷凝

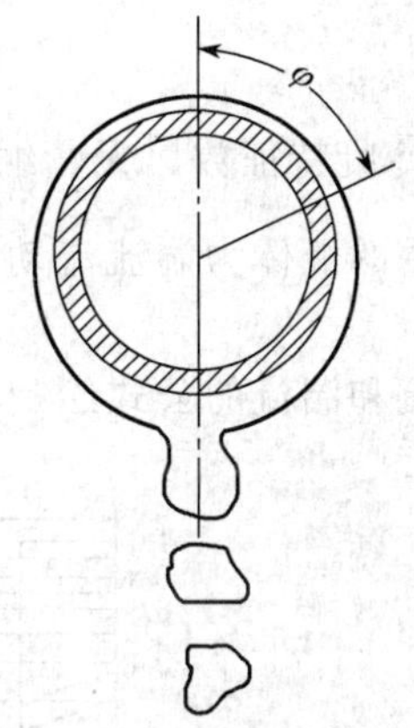

图 5-36 水平管外的膜状冷凝

努塞尔曾用积分法求得水平管外蒸气冷凝时的给热系数：

$$\alpha=0.725\times\left(\frac{r\rho^2 g\lambda^3}{\mu d_o\Delta t}\right)^{1/4} \tag{5-80}$$

式中，定型尺寸为管外径 d_o。

（二）实验结果

对于水平单管，实验数据和上述理论公式所求得的结果符合得很好，即 $\alpha=0.725\times\left(\frac{r\rho^2 g\lambda^3}{\mu d_o\Delta t}\right)^{1/4}$。至于垂直管和垂直板，即使冷凝液沿壁面为层流流动，由于推导过程中所作的假定不能完全保证，例如液膜流速较大时液膜表面将出现波纹，故大多数实验值比由理论公式所求得的结果大 20%左右。修正后的计算公式为

$$\alpha=1.13\left(\frac{r\rho^2 g\lambda^3}{\mu H\Delta t}\right)^{1/4} \tag{5-79b}$$

式(5-79b) 是在层流条件下得出的。若壁面较长，热通量较大时，在离壁顶端一定距离处，由于冷凝液积累的结果，流动将转变为湍流，如图 5-37 所示。与强制对流一样，可用 Re 作为确定层流和湍流的准则。若冷凝液流过的截面用 S 表示，润湿周边用 b 表示，质量流量用 m_s 表示，并将单位长度润湿周边上冷凝液的质量流量称为冷凝负荷，用 M 表示 ($M=m_s/b$)，则

$$Re=\frac{d_e u\rho}{\mu}=\frac{(4\ S/b)(m_s/S)}{\mu}$$

$$=\frac{4\ m_s/b}{\mu}=\frac{4M}{\mu}$$

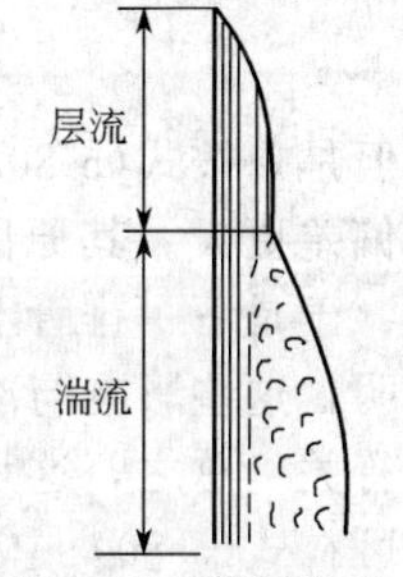

图 5-37 蒸气在垂直壁面上冷凝

当 $Re<1800$ 时膜内流体做层流流动；$Re>1800$ 时则为湍流流动。

由于 Re 对确定流体在冷凝液膜中的流动状态有重要作用，故蒸气冷凝时的给热系数常

直接整理成 Re 的函数。

对于垂直管、板，在层流（Re <1800）时，$\Delta t=\dfrac{Q}{\alpha A}=\dfrac{m_s r}{\alpha bH}=\dfrac{Mr}{\alpha H}$，代入式(5-79b) 得到

$$\alpha=1.13\left(\frac{\rho^2 g\lambda^3}{\mu}\frac{\alpha}{M}\right)^{1/4}=1.13\left(\frac{\rho^2 g\lambda^3}{\mu^2}\frac{4\mu}{4M}\alpha\right)^{1/4}$$

整理后得

$$\alpha\left(\frac{\mu^2}{\rho^2 g\lambda^3}\right)^{1/3}=1.87Re^{-1/3} \tag{5-81}$$

或

$$\alpha^*=1.87Re^{-1/3} \tag{5-81a}$$

式中，α^* 为冷凝特征数，无量纲，$\alpha^*=\alpha\left(\dfrac{\mu^2}{\rho^2 g\lambda^3}\right)^{1/3}$。

当液膜中的液体为湍流流动（Re>1800）时

$$\alpha^*=0.0077Re^{0.4} \tag{5-82}$$

可将层流和湍流的公式绘制在同一张图中，如图 5-38 所示。

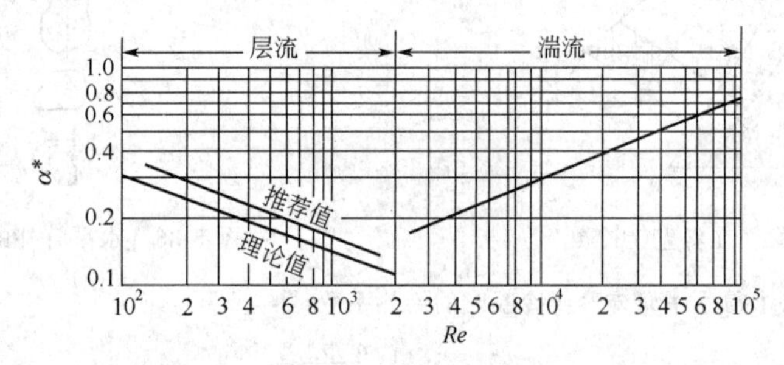

图 5-38　冷凝液膜中 Re 对 α^* 的影响

同理，对于水平管，将式(5-80) 整理后得到特征数关联式

$$\alpha^*=\alpha\left(\frac{\mu^2}{\rho^2 g\lambda^3}\right)^{1/3}=1.51\left(\frac{4M'}{\mu}\right)^{-1/3} \tag{5-83}$$

$$M'=m_s/l$$

式中，l 为管长，m；M' 为单位水平管长的冷凝液质量流量，$kg\cdot s^{-1}\cdot m^{-1}$。

工业中的许多冷凝器都由水平管束组成，蒸气在水平管束外冷凝时有以下特点：就上面第一排管而言，它的冷凝情况与水平放置的单根圆管的冷凝情况相同；对于下面其他各排管，其冷凝液的流动情况还要受到在它上面各排管所流下的冷凝液的影响。

对于在垂直方向上由 n 根管子组成的管束，在各管上跨过液层的温差 $\Delta t=t_s-t_w$ 相同的条件下，努塞尔假定上排管流下的冷凝液是平稳地流到下排管而使液膜增厚；如图 5-39(a) 所示，则只需将定型尺寸由 d_0 改成 nd_0 而得出管束的平均给热系数

$$\alpha=0.725\left(\frac{r\rho^2 g\lambda^3}{\mu nd_o\Delta t}\right)^{1/4} \tag{5-80a}$$

但是，按式(5-80a) 计算所得的平均 α 较实验结果偏低，尤其是在垂直方向上管数 n 较多时偏差更大。其原因是：凝液在下落时实际上会产生一定的撞击和飞溅，如图 5-39(b) 所示，于是下一排管上的冷凝液膜并不像上述的那样厚，同时附加的扰动还会加快传热。研究表明，这些影响与冷凝液负荷 M、冷凝液的物性（主要是黏度和密度等）以及管间距等因素有关。总之，这是一个很复杂的问题，目前还没有总结出普遍适用的规律。在缺乏数据时，可在式(5-80) 中用 $n^{2/3}d_0$ 代替 d_0。

若为过热蒸气的冷凝，在壁面温度低于饱和温度的情况下，仍可应用以上公式求 α，式中的 Δt 仍为饱和温度与壁温的温差，只是冷凝潜热一项应改为过热蒸气冷凝成饱和液体时放出的热量（比饱和蒸气稍大）。

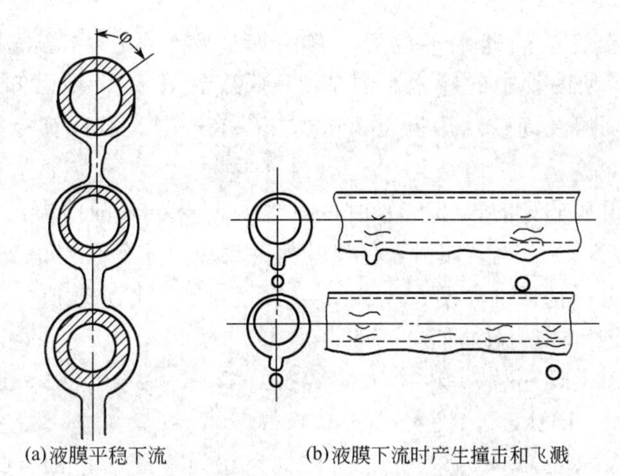

图 5-39　管束中液膜下流情况

以上公式是按纯净的饱和蒸气在清洁的表面上冷凝时建立的。若蒸气中含有空气或其他不凝性气体，壁面附近将形成一层气膜，此时，可凝性蒸气必须以扩散的方式穿过气膜，到达液膜表面才能冷凝，这就相当于增加了一项大的热阻，使冷凝给热系数急剧下降，因此，在冷凝过程中及时排除不凝性气体甚为重要。

【例 5-18】 101.3 kPa（绝）下的水蒸气在单根管外冷凝（管内通空气作为冷却剂）。管径 100 mm，管长 1.5 m，管壁温度为 98 ℃。试计算（1）若管垂直放置，水蒸气冷凝时的给热系数；（2）若管水平放置，重新计算冷凝给热系数。

解　冷凝液膜平均温度 (100＋98)/2＝99 ℃下，水的物性常数查附录五，内插得 $\rho=959\ \mathrm{kg\cdot m^{-3}}$；$\mu=0.286\ \mathrm{mPa\cdot s}$；$\lambda=0.683\ \mathrm{W\cdot m^{-1}\cdot K^{-1}}$；101.3 kPa(绝)下的水蒸气，$t_s=100$ ℃，$r=2257\ \mathrm{kJ\cdot kg^{-1}}$。

(1) 管垂直放置时　先假定液膜中的液体为层流流动，由式(5-79b) 求平均给热系数，然后再校验 Re 是否在层流范围内。按垂直面的式(5-79b) 得

$$\alpha=1.13\left(\frac{r\rho^2 g\lambda^3}{\mu H\Delta t}\right)^{1/4}=1.13\times\left[\frac{2258\times10^3\times959^2\times9.81\times0.683^3}{0.286\times10^{-3}\times1.5\times(100-98)}\right]^{1/4}$$

$$=1.13\times(7.56\times10^{15})^{1/4}=10540\ \mathrm{W\cdot m^{-2}\cdot K^{-1}}$$

校验 Re 数

$$Re=\left(\frac{4S}{\pi d_o}\right)\left(\frac{m_s}{S}\right)\Big/\mu=\frac{4Q}{\pi d_o r\mu}$$

式中

$$Q=\alpha A\Delta t=10540\pi\times0.1\times1.5\times(100-98)\approx9930\ \mathrm{W}$$

因而

$$Re=\frac{4\times9930}{\pi\times0.1\times2258\times10^3\times0.256\times10^{-3}}$$

$$=219\ (<1800)$$

故假定为层流是正确的。

(2) 管水平放置时　由式(5-80) 和式(5-79b)，可得长为 1.5 m、外径为 0.1 m 的单管水平放置和垂直放置时的给热系数 α' 与 α 的比值为

$$\frac{\alpha'}{\alpha}=\frac{0.725}{1.13}\left(\frac{H}{d_o}\right)^{1/4}=0.642\times\left(\frac{1.5}{0.1}\right)^{1/4}=1.263$$

故单根管水平放置时的给热系数为

$$\alpha'=1.263\times10540=13310\ \mathrm{W\cdot m^{-2}\cdot K^{-1}}$$

【例 5-19】 一套管换热器水平放置，其内管是 $\phi 22\ mm \times 1\ mm$ 的铜管，管间通入 110 ℃饱和水蒸气，使内管中的冷水水温从 25 ℃升至 45 ℃，现已知水侧的给热系数为 $4800\ W \cdot m^{-2} \cdot K^{-1}$，垢层及间壁总热阻为 $0.0007\ m^2 \cdot K \cdot W^{-1}$，试计算冷凝给热系数 α_1 和传热系数 K。

解 本题在应用水平管的式(5-80) 时，因壁温 t_w 未知，故冷凝给热温差 $\Delta t_1 = t_s - t_w$ 未知，膜温 $t_f = (t_s + t_w)/2$ 也未知，需另找其他关系联立求解。考虑到物性常数随温度的变化不大，可按 t_f 比 t_s 稍低（如设 $t_f = t_s - 3 = 110 - 3 = 107$ ℃）取值，以后再核对。

按 $t_f = 107$ ℃查附录五（内插），可得

$$\rho = 953\ kg \cdot m^{-3}, \quad \lambda = 0.684\ W \cdot m^{-2} \cdot ℃^{-1}, \quad \mu = 0.266\ mPa \cdot s$$

且 110 ℃下，$r = 2230\ kJ \cdot kg^{-1}$，代入式(5-80) 得

$$\alpha_1 = 0.725\left(\frac{r\rho^2 g\lambda^3}{\mu d_o \Delta t}\right)^{1/4} = 0.725 \times \left(\frac{2230 \times 10^3 \times 953^2 \times 9.81 \times 0.684^3}{0.266 \times 10^{-3} \times 0.022\Delta t_1}\right)^{1/4}$$

$$= 0.725 \times (1.087 \times 10^{18})^{1/4} \Delta t_1^{-1/4} \tag{a}$$

含 α_1 及 Δt_1 的另一关系是基于管外壁面积的冷凝给热速率方程

$$q_1 = \alpha_1 \Delta t_1 \tag{b}$$

对式中的 q_1 可列出基于管外壁的传热速率方程

$$q_1 = K_1 \Delta t_m \tag{c}$$

关于 Δt_m，因换热管两端总温差之比

$$\frac{t_s - t_1}{t_s - t_2} = \frac{110 - 25}{110 - 45} = \frac{85}{65} \quad (<2)$$

可取

$$\Delta t_m = \frac{85 + 65}{2} = 75\ ℃$$

再考察 K_1

$$\frac{1}{K_1} = \frac{1}{\alpha_1} + \sum \frac{b}{\lambda} + \frac{d_1}{\alpha_2 d_2} \tag{d}$$

式中 α_1 虽未知，但水蒸气的冷凝给热系数通常甚大（10000 以上），其热阻占总热阻的比例较小，故误差对 K_1 的影响不大。现暂根据上一例题设 $\alpha_1 = 13000\ W \cdot m^{-2} \cdot ℃^{-1}$，得

$$\frac{1}{K_1} = \frac{1}{13000} + 0.0007 + \frac{22}{4800 \times 20} = (0.77 + 7 + 2.29) \times 10^{-4}$$

$$= 10.06 \times 10^{-4}\ m^2 \cdot ℃ \cdot W^{-1}$$

$$K_1 = 994\ W \cdot m^{-2} \cdot ℃^{-1}$$

以上对总热阻 $1/K_1$ 的计算中，可知 $1/\alpha_1$ 占 $1/K_1$ 的比例不到 1/10。将 Δt_m 及 K_1 代入式(c)，得

$$q_1 = 994 \times 75 \approx 74600\ W$$

将所得 q_1 值代入式(b)，得

$$\alpha_1 \Delta t_1 = 74600\ W \tag{e}$$

为从式(a) 中消去 Δt_1，将式(e) 两边开 4 次方再去除式(a)，得

$$\alpha_1^{3/4} = 0.725 \times \left(\frac{1.087 \times 10^{18}}{74600}\right)^{1/4} = 1417$$

故

$$\alpha_1 = 1417^{4/3} = 15910\ W \cdot m^{-2} \cdot ℃^{-1} \tag{f}$$

以下对得出的 α_1 作核算。先考察膜温 t_f，由式(e)

$$\Delta t_1 = t_s - t_w = \frac{q_1}{\alpha_1} = \frac{74600}{15910} = 4.69\ ℃$$

$$t_w \approx t_s - \Delta t_1 = 105.3\ ℃,\quad t_f = \frac{110+105.3}{2} = 107.7\ ℃$$

与原设 t_f 很接近，无需对物性做调整。重新按式(d) 计算 K_1

$$K_1 = \left(\frac{1}{15910} + 0.0007 + 0.000229\right)^{-1} = 1008\ \mathrm{W \cdot m^{-2} \cdot ℃^{-1}}$$

于是

$$q_1 = 1008 \times 75 = 75600\ \mathrm{W}$$

$$\alpha_1^{3/4} = 0.725 \times (1.087 \times 10^{18}/75600)^{1/4} = 1412$$

$$\alpha_1 = 1412^{4/3} = 15840\ \mathrm{W \cdot m^2 \cdot ℃^{-1}} \tag{g}$$

再按新得出的 α_1 去算 K_1，结果与式(f) 并无差别。其实，本题由于传热的主要热阻是污垢热阻，其估计的误差较大，且随时间延长而增大；冷凝热阻本身只占次要位置，以上式(f)～式(g) 的复算并无必要；答案取为 $\alpha_1 = 15840\ \mathrm{W \cdot m^{-2} \cdot ℃^{-1}}$，$K_1 = 1008\ \mathrm{W \cdot m^{-2} \cdot ℃^{-1}}$。

本题在需要试差时先做分析，找出计算最稳定的途径（初值对结果的影响最小：本题是物性的变化很小，α_1 对 K_1 的影响很小)，这一思路在含试差问题的求解中很重要。

六、液体沸腾时的给热系数

在锅炉、蒸发器等设备中，都是将液体加热使之沸腾并产生蒸气。工业上液体沸腾可分为两种情况：一种是将加热面浸于液层中，液体在加热面外的大容积内沸腾，液体的运动只是由于自然对流和气泡扰动所引起；另一种是液体在管内流动的同时在管内壁发生的沸腾，称为**管内沸腾**。这时在加热面上产生的气泡不能自由浮升，而是被迫与液体一起流动，出现复杂的气-液两相流动状态，其传热机理较大容积沸腾更为复杂。

本章主要讨论大容积沸腾的情况。

（一）沸腾现象

沸腾给热过程最主要的特征是液体内部有气泡生成。一般认为气、液两相处于平衡状态，即液体的沸点等于该液体所处压力下相对应的饱和温度 t_s。但实验测定表明，沸腾液体的平均温度 t_l 略高于饱和温度 t_s，即液体处于稍过热的状态；过热的原因是气泡的生成和长大需要能量克服表面张力；温差（$t_l - t_s$）称为**过热度**，其大小取决于液体的物性及汽化速率。例如在常压下，沸腾水的平均温度往往比饱和温度高 0.4～0.8 ℃。而在紧靠加热面的一薄层液体中，温度急剧升高，直到液体和加热面直接接触处，其温度等于加热面的温度 t_w，如图 5-40 所示。这里的过热度最大，$\Delta t = t_w - t_s$，也就是给热温差。

下面仍以水的沸腾作为讨论对象。实际观察表明，气泡只是在加热面上某些凹凸不平的点上形成。这些形成气泡的点称为汽化核心。当形成气化核心以后，周围的液体继续汽化而其体积不断增大。当气泡长大到某一直径后，就会脱离壁面上升，让出的空间被周围温度较低的液体所置换。所以，从一批气泡脱离加热面到另一批新气泡的形成，有一段重新过热的间隔时间。气泡的不断形成、长大和脱离加热面，周围液体随时填补，引起贴壁液体层的剧烈搅动，从而使液体沸腾时的给热系数可以比无相变化时的大很多。

液体沸腾给热的规律，可以通过图 5-41 来加以说明。

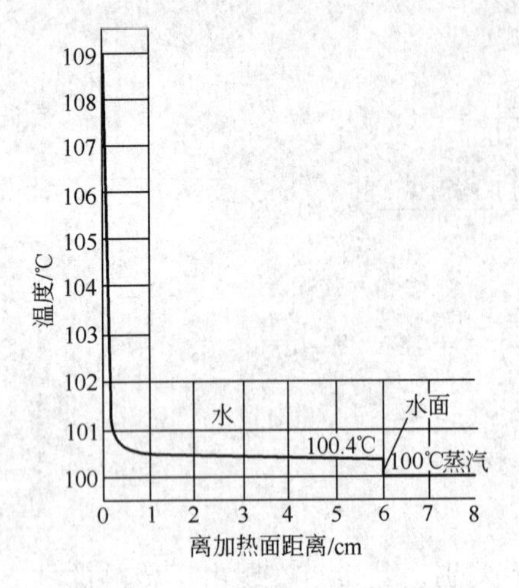

图 5-40　从下面加热时，沸腾水温度的变化（常压，$t_w=109.1$ ℃）

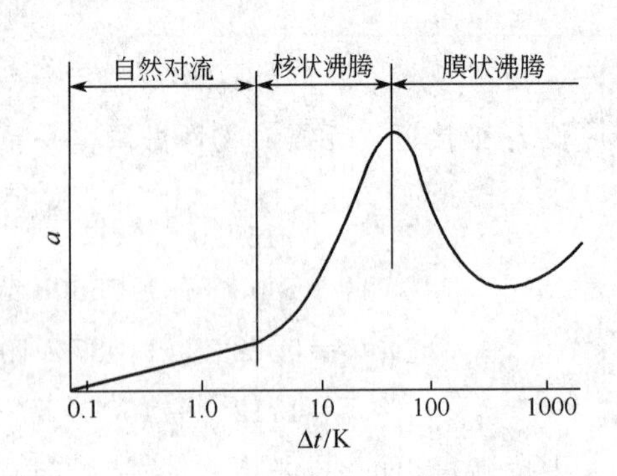

图 5-41　水沸腾时温差和给热系数的关系

常压下当壁温 t_w 与水的饱和温度 t_s 之间的温差较小时，只在加热面少量汽化核心上形成气泡，而且气泡的长大速率很慢，边界层受到的搅动不大，因此，给热以自然对流为主。给热系数随温差增大的规律与自然对流时差别不大。

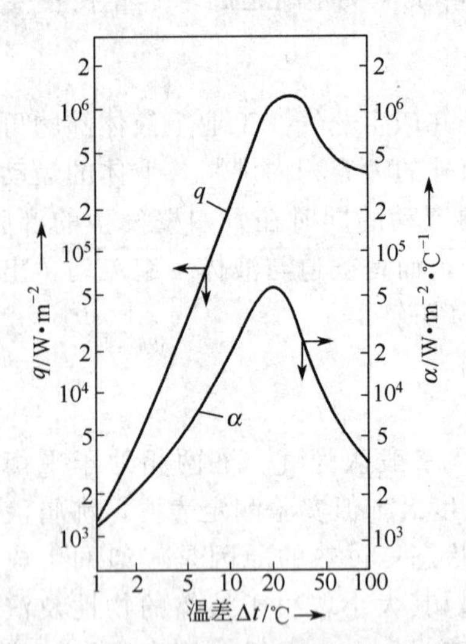

图 5-42　水在 100 ℃下沸腾时，温度差对给热系数和给热通量的影响

随着给热温差 $\Delta t=t_w-t_s$ 的加大，汽化核心数增加，气泡长大速率也较快，对液体产生强烈的搅动作用，使给热系数随温差增加而急剧增大（与 Δt 的 2～3 次方成正比），这时的沸腾称为核状沸腾。

随着 Δt 继续增加，汽化核心数和气泡长大速率进一步增加，直到大量气泡在加热表面上汇合，形成一层蒸气膜，热量必须通过此蒸气膜才能传递到液体主流中去。由于蒸气的热导率比液体的小得多，从而使给热系数迅速下降，这时的沸腾称为膜状沸腾。

当 Δt 再加大时，由于加热面具有甚高的温度。辐射的影响增大，使给热系数重又有所增大。

由核状沸腾转变为膜状沸腾时的温差称为临界温差。这时的热通量称为临界热通量。

由此可知，工业上，一般应控制在核状沸腾区操作。如果超过临界热通量，给热系数 α 将迅速下降，因而温差 $\Delta t=t_w-t_s$ 随着沸腾热阻 $1/\alpha$ 迅速增大，将导致管壁温度 t_w 急剧升高，可造成换热管烧毁的严重事故。对于常压下的水，在大容积内沸腾时的给热系数、热通量和温差之间的关系，如图 5-42 所示。由图可知，临界温差为 22 ℃，这时的给热系数为 51k $W\cdot m^{-2}\cdot K^{-1}$，临界热通量为1100 $kW\cdot m^{-2}$ ❶。

（二）沸腾给热计算及其影响因素

❶　图 5-41 是 Farber 等以饱和水在电加热的铂丝表面上沸腾时得到的实验结果。由于表面情况不同，它与图 5-42 的结果有些差别。

1. 大容积饱和核状沸腾

由于气泡产生和运动的规律，以及加热表面状况对不同液体在核状沸腾下传热速率的影响甚为复杂，因而至今还难以从理论上求解。一般采用量纲分析法，通过大量的实验数据整理出核状沸腾的特征数关联式。下面推荐两个工业计算上常用的计算式

(1)
$$\frac{c_p \Delta t}{rPrs}=C_{we}\left[\frac{q}{\mu r}\sqrt{\frac{\sigma}{g(\rho_l-\rho_v)}}\right]^{0.33} \tag{5-84}$$

式中，C_{we}为取决于加热表面-液体组合情况的经验常数，其数值参阅表 5-13；c_p、Pr 分别为饱和液体的定压比热容，$J \cdot kg^{-1} \cdot ℃^{-1}$ 和普郎特数；q 为热通量，$W \cdot m^{-2}$，$q=\alpha\Delta t$，$\Delta t=t_w-t_s$；r，μ 分别为饱和液体的蒸发潜热，$kJ \cdot kg^{-1}$ 和黏度，$Pa \cdot s$；ρ_l，ρ_v 分别为饱和液体和蒸气的密度，$kg \cdot m^{-3}$；σ 为液体-蒸气界面的表面张力，$N \cdot m^{-1}$；s 为系数，对于水 $s=1.0$，对于其他液体 $s=1.7$。

式(5-84) 适用于单组分饱和液体在清洁壁面上的核状沸腾。对于沾污的表面，s 在 0.8～2.0 之间变动。

表 5-13 不同表面-液体组合情况的 C_{we} 值

表面-液体组合情况	C_{we}	表面-液体组合情况	C_{we}
水-铜	0.013	乙醇-铬	0.027
水-铂	0.013	水-金刚砂磨光的铜	0.0128
水-黄铜	0.0060	正戊烷-金刚砂磨光的铜	0.0154
正丁醇-铜	0.00305	四氯化碳-金刚砂磨光的铜	0.0070
异丙醇-铜	0.00225	水-磨光的不锈钢	0.0080
正戊烷-铬	0.015	水-化学腐蚀的不锈钢	0.0133
苯-铬	0.010	水-机械磨光的不锈钢	0.0132

(2)
$$Nu=3.25\times10^{-4}Pe^{0.6}Ga^{0.125}K_p^{0.7}$$ [❶]

即
$$\frac{ad_b}{\lambda}=3.25\times10^{-4}\left(\frac{qd_b}{r\rho_v a}\right)^{0.6}\left(\frac{gd_b^3\rho_l^2}{\mu^2}\right)^{0.125}\left(\frac{pd_b}{\sigma}\right)^{0.7} \tag{5-85}$$

式中，d_b 为气泡脱离加热面时的直径，$d_b=0.02\theta\sqrt{\frac{\sigma}{(\rho_l-\rho_v)g}}$，其中，$\theta$ 为壁面和自由液面之间的接触角，(°)，在一般钢制设备中蒸发水溶液时 $\theta\approx50°$，即$d_b\approx\sqrt{\frac{\sigma}{(\rho_l-\rho_v)g}}$，m；$Pe$ $\left(=\frac{qd_b}{r\rho_v a}\right)$为沸腾贝克来（Peclet）数，$\frac{q}{r\rho_v}$相当于气速，而这里 $a=\frac{\lambda}{c_p\rho_l}$，称为**导温系数**，$Pe$ 反映汽化速率对沸腾的影响；$Ga\left(=\frac{gd_b^3\rho_l^2}{\mu^2}\right)$为伽利略数，表示重力作用下流体流动情况对沸腾的影响；$K_p\left(=\frac{pd_b}{\sigma}\right)$为反映压力 p 影响的特征数；λ、c_p、μ、ρ_l 分别为液体的热导率、定压比热容、黏度和密度；ρ_v 为饱和蒸气的密度。

❶ Кичигин 等 Сборник работ КФЦНИС（1957）推荐式(5-85)用于计算管内沸腾的 a。但它用在综合大容积沸腾时的实验数据时也能符合（大连工学院学刊，第 8 期，1958）。

【例 5-20】 101.3 kPa（绝）下的水在机械磨光的不锈钢容器内沸腾，钢表面保持113.9 ℃。试求给热系数 α。

解 沸腾时的给热温差 $\Delta t=113.9-100=13.9$ ℃，由图 5-41 或图 5-42 可知沸腾在核状沸腾区。

(1) 根据式(5-84) 求取 q 和 α。

对于水-不锈钢组合由表 5-13 得 $C_{we}=0.0132$，水与水蒸气的物性为：$c_p=4.22\ kJ\cdot kg^{-1}\cdot K^{-1}$；$\rho_l=958.4\ kg\cdot m^{-3}$；$r=2257\ kJ\cdot kg^{-1}$；$\rho_v=0.597\ kg\cdot m^{-3}$；$\sigma=58.84\times10^{-3}\ N\cdot m^{-1}$；$Pr=1.75$；$\mu=28.24\times10^{-5}\ Pa\cdot s$；$s=1$

将这些数据代入式(5-84)，得

$$\frac{4220\times13.9}{2257\times10^3\times1.75}=0.0132\left[\frac{q}{28.24\times10^{-5}\times2257\times10^3}\times\sqrt{\frac{58.84\times10^{-3}}{9.81\times(958.4-0.597)}}\right]^{0.33}$$

解得 $q=362200\ W\cdot m^{-2}$。

故 $$\alpha=\frac{q}{\Delta t}=26000\ W\cdot m^{-2}\cdot K^{-1}$$

(2) 根据式(5-85) 计算 α

$$\frac{\alpha d_b}{\lambda}=3.25\times10^{-4}\left(\frac{qd_b}{r\rho_v a}\right)^{0.6}\left(\frac{gd_b^3\rho_l^2}{\mu^2}\right)^{0.125}\left(\frac{pd_b}{\sigma}\right)^{0.7}$$

对于水 $$d_b=\sqrt{\frac{\sigma}{(\rho_l-\rho_v)g}}=0.0025\ m,\ a=1.69\times10^{-7}\ m^2\cdot s^{-1},$$

$$\lambda=0.682\ W\cdot m^{-1}\cdot K^{-1},\nu=0.295\times10^{-6}\ m^2\cdot s^{-1}$$

$$\frac{\alpha\times0.0025}{0.682}=3.25\times10^{-4}\left(\frac{\alpha\Delta t\times0.0025}{2258\times10^3\times0.597\times1.69\times10^{-7}}\right)^{0.6}$$

$$\left(\frac{9.81\times0.0025^3\times958.4^2}{(0.295\times10^{-6})^2}\right)^{0.125}\left(\frac{1.013\times10^5\times0.0025}{58.84\times10^{-3}}\right)^{0.7}$$

$$=3.25\times10^{-4}\alpha^{0.6}\times0.1524^{0.6}\times(1.76\times10^6)^{0.125}\times4310^{0.7}$$

$$\alpha^{0.4}=60.56$$

$$\alpha=28500\ W\cdot m^{-2}\cdot K^{-1}$$

两个公式的计算结果基本相符。

2. 影响大容积核状沸腾给热的因素

(1) 表面粗糙度和表面物理性质 虽然式(5-85) 用 C_{we} 考虑了液体-壁面的组合情况，但表面的粗糙情况，特别是表面的氧化、结垢情况很难用数值确切反映。一般说来，粗糙表面的沸腾传热速率较大，但也并非表面越粗糙汽化核心数就一定越多。事实上，大的凹穴反而容易被液体注满而失去充当汽化核心的能力。实验也表明，表面粗糙度达到一定极限后，再继续增加粗糙度并不能进一步强化沸腾给热。对工业设备来讲，由于氧化、结垢等原因，不论材料的最初情况如何，加热面会达到一定的粗糙度。因而，表面加工及其最初的粗糙度在当设备使用一段时间后，对 α 不再有明显影响。在计算公式中没有考虑加热表面材料的物理性质对沸腾给热的影响，主要体现在液体和壁面的润湿能力上，式(5-84) 中的 C_{we} 和式(5-85) 中的 d_b 内所含的 θ 在一定程度上反映了这种影响。

(2) 沸腾给热温差 前已述及，温差 $\Delta t(=t_w-t_s)$ 是影响沸腾给热的重要因素，在常用的核状沸腾范围内，其 α 与 Δt 的 2～3 次方成正比（见图 5-41 或图 5-42）。

(3) 操作压力　当沸腾的压力 p 增大，饱和温度也随之升高，使液体的表面张力 σ 和黏度 μ 下降，有利于气泡的形成和脱离，在同样 Δt 下的 α 将增大。

(4) 液体性质　液体的物性对沸腾给热有重要影响。α 通常随热导率 λ 和密度 ρ 的增大而加大，随 σ 和 μ 的增大而减小。盐类水溶液和有机物的 α 在同样的 Δt（或 q）及 p 下，一般比水的 α 要小。

(5) 加热面布置　前已提及，管内的沸腾比在大容积中的复杂。即使在管外，管束与单管也有区别。对于常见的水平管束，由于最下一排管外产生的气泡，在上浮过程中对其上面的管外产生附加扰动，故管束的平均给热系数比单管大，其程度与管排的间距及沸腾的温差、压力等条件有关。

第五节　辐射传热

一、基本概念

前第一节中提到，物体通过电磁波来传递能量的过程，称为辐射。物体可由不同原因发出辐射能，其中由于热而发出辐射能的过程称为热辐射。电磁波的波长范围极广，但能被物体吸收而转变为热能的辐射线主要为可见光和红外线两波段，即波长在 0.4～40 μm 之间的那一部分，统称为**热射线**。自然界中所有物体（其热力学温度高于零度）除下述透热体外，都会不停地向四周发出辐射能，同时，又不断吸收来自外界物体发来的辐射能。辐射和吸收两过程的综合结果，造成物体之间的能量传递，称为**辐射传热**。当物体与周围的温度相同时，辐射传热量虽为零，但辐射与吸收过程仍在不断进行。

热射线和可见光一样，具有反射、折射和吸收的特性，服从光的反射和折射定律，在均一介质中作直线传播，在真空和一些气体中可以完全透过。但热射线不能透过工业上常见的绝大多数固体或液体。

如图 5-43 所示，投射在某一物体表面上的总辐射能为 Q，其中有一部分能量 Q_A 被吸收，一部分能量 Q_R 被反射，另一部分能量 Q_D 则透过物体。根据能量守恒定律，得

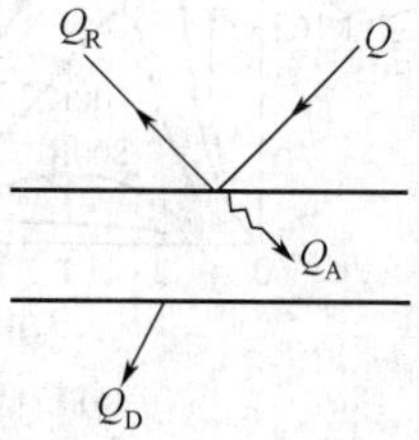

$$Q_A+Q_R+Q_D=Q$$

即

$$\frac{Q_A}{Q}+\frac{Q_R}{Q}+\frac{Q_D}{Q}=1$$

或

$$A'+R+D=1$$

图 5-43　辐射能的吸收、反射和透过

式中，$A'(=Q_A/Q)$ 为吸收率；$R(=Q_R/Q)$ 为反射率；$D(=Q_D/Q)$ 为透过率。

能全部吸收辐射能的，即 $A'=1$ 的物体称为**绝对黑体**或简称**黑体**。自然界中并不存在绝对黑体，但有些物体相当接近于黑体。如没有光泽的黑漆表面，其吸收率 $A'=0.96\sim0.98$。

能全部反射辐射能的，即 $R=1$ 的物体称为**绝对白体**或**镜体**。实际上镜体也是不存在的，但有些物体相当接近于镜体，如表面磨光的铜，其反射率 R 可达 0.97。

能透过全部辐射能的，即 $D=1$ 的物体称为**透热体**。例如，由单原子或对称双原子构成的气体（如 He、O_2、N_2 和 H_2 等），在工业常见温度范围内可视为透热体。多原子气体和不对称的双原子气体则能够有选择地吸收和发射某些波段内的辐射能。

吸收率 A'、反射率 R 和透过率 D 的大小取决于物体的种类、温度、表面状况和辐射线的波长等，一般来说，表面粗糙的物体吸收率较大。

二、物体的发射能力与斯蒂芬-波尔茨曼定律

黑体在一定温度下，单位表面积，单位时间内所发射的全部辐射能（波长从 $\lambda=0$ 到 $\lambda=$

∞)，称为黑体在该温度下的发射能力，以 E_0 表示，单位为 $W \cdot m^{-2}$。

在一定温度下，设在波长 λ 至 $(\lambda+\Delta\lambda)$ 范围内黑体的发射能力为 ΔE_0，则

$$\lim_{\Delta\lambda \to 0} \frac{\Delta E_0}{\Delta\lambda} = \frac{dE_0}{d\lambda} \tag{5-86}$$

黑体的单色发射能力，以 $E_{\lambda 0}$ 表示，它是指黑体在一定温度下，单位表面积、单位时间内发射的某一特定波长的能量。$E_{\lambda 0}$ 随温度和波长而变化的规律，已经由普朗克根据量子理论得出下列关系式，称为**普朗克定律**

$$E_{\lambda 0} = \frac{C_1 \lambda^{-5}}{e^{C_2/\lambda T} - 1} \tag{5-87}$$

式中，$E_{\lambda 0}$ 为单色发射能力，$W \cdot m^{-2} \cdot m^{-1}$；$\lambda$ 为波长，m；T 为黑体的热力学温度，K；C_1 为常数，其值为 $3.743 \times 10^{-16}\ W \cdot m^2$；$C_2$ 为常数，其值为 $1.4387 \times 10^{-2}\ m \cdot K$。

图 5-44 示出式(5-87) 的具体关系。由图可知，每一等温曲线在 λ 从零增大时，$E_{\lambda 0}$ 也从零迅速增加，达到一最高值[1]后，又随 λ 的继续增大而减小。如图 5-44(a) 所示，在常见的工业高温下，辐射能主要集中在 $\lambda = 0.8 \sim 10\ \mu m$ 范围内；图 5-44(b) 示出温度高于 4000 K 后，可见光（$\lambda \approx 0.4 \sim 0.7\ \mu m$）所占的比重才较大。普朗克的理论值与实验值能很好地符合。

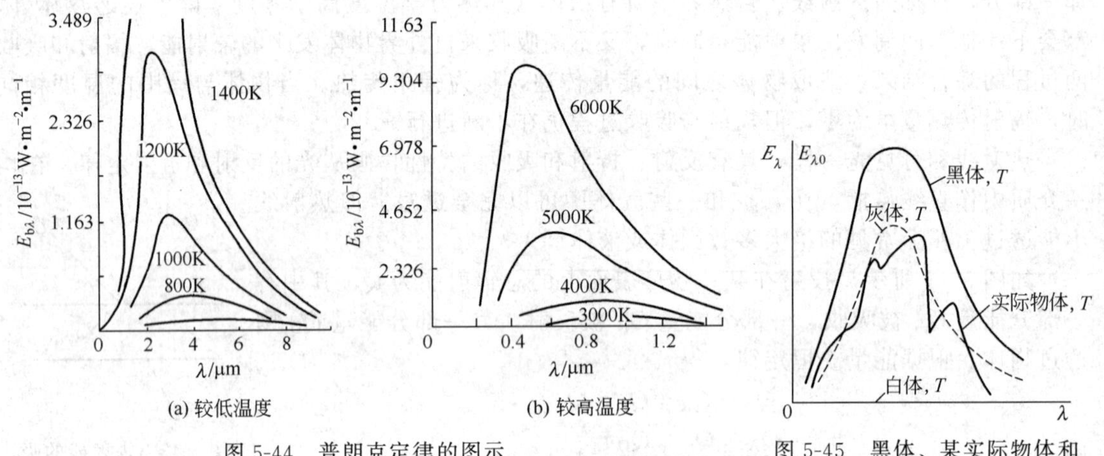

图 5-44 普朗克定律的图示

图 5-45 黑体、某实际物体和灰体的单色辐射分布

黑体的发射能力 E_0 可由式(5-87) 示出的 $E_{\lambda 0}$ 关于 λ 从 0～∞的全部范围内积分而得

$$E_0 = \int_0^\infty E_{\lambda 0}\, d\lambda = \int_0^\infty \frac{C_1 \lambda^{-5}}{e^{C_2/\lambda T} - 1} d\lambda$$

积分结果为

$$E_0 = \sigma_0 T^4 = C_0 \left(\frac{T}{100}\right)^4 \tag{5-88}$$

式中，σ_0 为黑体的发射常数或斯帝芬-波尔茨曼常数，其值为 $5.669 \times 10^{-8}\ W \cdot m^{-2} \cdot K^{-4}$；$C_0$ 为黑体的发射系数，$C_0 = \sigma_0 \times 10^8 = 5.669\ W \cdot m^{-2} \cdot K^{-4}$。式(5-88) 称为**斯蒂芬-波尔茨曼定律**，表明绝对黑体的发射能力与热力学温度的 4 次方成正比。

关于**灰体**。在相同温度下，实际物体与黑体辐射特性的差异，在于前者的单色发射能力

[1] 不同等温曲线的最高值是随温度的升高而移向波长短的一方，用维恩定律：$E_{\lambda 0}$ 达最高值时的波长 $\lambda_m = 2898/T$，可以计算 λ_m 的值，单位为 μm。

E_λ 必小于黑体的 $E_{\lambda 0}$，而且比值 $E_\lambda/E_{\lambda 0}$ 随波长 λ 而变动，如图 5-45 所示。

为了处理工程问题的方便，提出了**灰体**的概念：其 $E_\lambda/E_{\lambda 0}$ 为一常数 ε，并示于图 5-45 中。许多工程材料都可近似作为灰体，这样就不必考虑辐射能随波长的分布，而从黑体的规律去计算辐射，使问题大为简化。不随波长而变的比值 ε 通称为**黑度**，它取决于物体的种类、表面状况和温度，其值小于 1。某些材料的 ε 值见表 5-14。

表 5-14 常用工业材料的黑度 ε

材 料	温度/℃	黑度 ε	材 料	温度/℃	黑度 ε
红砖	20	0.93	铜(氧化的)	200～600	0.57～0.87
耐火砖	—	0.8～0.9	铜(磨光的)	—	0.03
钢板(氧化的)	200～600	0.8	铝(氧化的)	200～600	0.11～0.19
钢板(磨光的)	940～1100	0.55～0.61	铝(磨光的)	225～575	0.039～0.057
铸铁(氧化的)	200～600	0.64～0.78	银(磨光的)	200～600	0.012～0.03

灰体的发射能力 $E(\mathrm{W \cdot m^{-2}})$，可根据上述的 $E_\lambda = \varepsilon E_{\lambda 0}$ 关于 λ 积分而得

$$E = \int_0^\infty E_\lambda \mathrm{d}\lambda = \varepsilon \int_0^\infty E_{\lambda 0} \mathrm{d}\lambda = \varepsilon C_0 \left(\frac{T}{100}\right)^4 \tag{5-89}$$

式中，εC_0 为灰体的发射系数，以符号 C 表示，即

$$C = \varepsilon C_0 \quad 或 \quad \frac{C}{C_0} = \frac{E}{E_0} = \frac{E_\lambda}{E_{\lambda 0}} = \varepsilon \tag{5-90}$$

三、克希霍夫定律

克希霍夫定律确定物体的发射能力 E 与其吸收率 A' 之间的关系。

设有两平行壁Ⅰ与Ⅱ，壁Ⅰ为灰体，壁Ⅱ为黑体，且壁面大而距离很近。这样，从一个壁面发射出来的能量可认为全部投射于另一壁面上，称为两无限大平行平壁。以 E_1、A_1' 和 E_0、A_0' 分别表示壁面Ⅰ、Ⅱ的发射能力和吸收率，如图 5-46 所示。以单位时间单位壁面积为基准。由壁面Ⅰ所发射的能量 E_1 投射于壁面Ⅱ表面上而被全部吸收；但由壁面Ⅱ所发射的能量 E_0 投射于壁面Ⅰ表面上时，只有一部分被吸收，即 $A_1'E_0$，而其余部分即 $(1-A_1')E_0$ 被反射回去，仍落在壁面Ⅱ上而被完全吸收。若Ⅰ、Ⅱ两壁面温度相等，即两壁面之间的辐射传热达到平衡时，壁面Ⅰ所发射和吸收的能量必相等，即

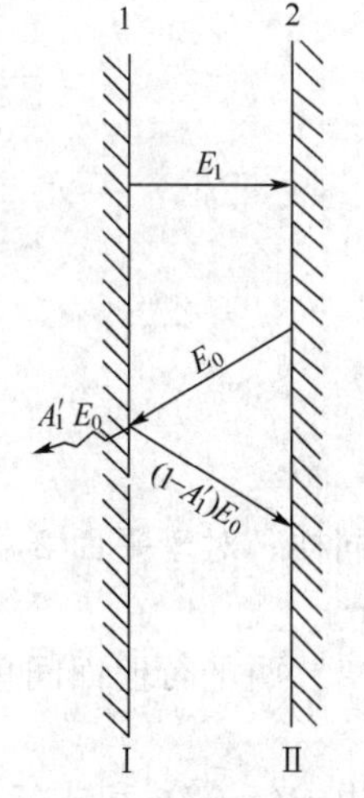

图 5-46 克希霍夫定律的推导

$$E_1 = A_1'E_0 \quad 或 \quad \frac{E_1}{A_1'} = E_0$$

因具有 E_1 和 A_1' 的壁面Ⅰ可用任何壁面来替代，故上式可写成

$$\frac{E}{A'} = \frac{E_1}{A_1'} = E_0 \tag{5-91}$$

式(5-91) 称为**克希霍夫定律**，它说明一切物体的发射能力与其吸收率的比值均相等，且等于同温度下绝对黑体的发射能力，其值只与物体的温度有关。比较式(5-91) 和式(5-90) 可得出：$A' = \varepsilon = E/E_0$，即在同一温度下，物体的吸收率和黑度在数值上是相等的。应当指出，ε 和 A 在物理意义上并不相同：ε 表示灰体发射能力占黑体发射能力的分数；A' 为外界投射来的辐射能可被物体吸收的分数，只有在温度相同以及 ε 与 A' 随温度的变化皆可忽略时，ε 在数值上才与 A' 相等。

四、两固体间的相互辐射

工业上常遇到的辐射传热，为两固体间的相互辐射，而这类固体，在热辐射中都可视为灰体。两固体间由于辐射而进行热交换时，从一个物体表面发出的辐射能，只有一部分到达

另一物体表面，而到达的这一部分能量又由于部分反射而不能全被吸收。同理，从另一物体表面反射回来的辐射能，也只有一部分回到原物体表面，而回到的这部分能量又有一部分被反射和一部分被吸收，这种过程不断反复进行。因此，在计算两固体间的相互辐射时，必须考虑到两物体的吸收率和反射率、形状与大小，以及两者间的距离和相互位置。可见这种热辐射的计算是很复杂的。

两固体间辐射传热的结果，是将热能从温度较高的物体传递给温度较低的物体。下面将分别讨论几种简单的情况。

（一）两无限大平行灰体壁面之间的相互辐射

两平行灰体壁面间的相互辐射是最简单的情况，可用以作为分析和推导计算式的例子。两个面的温度、发射能力和吸收率分别为 T_1、E_1、A_1' 和 T_2、E_2、A_2'（见图 5-47），且 $T_1 > T_2$。对平面 1 来说，其本身的发射能力为 E_1，同时从平面 2 辐射到平面 1 的总能量为 E_2'（即图中 1、2 两平面间自右至左各箭头所表示的能量的总和），其中一部分即 $A_1'E_2'$ 被平面 1 吸收，其余部分即 $(1-A_1')E_2'$ 则被反射回去，因此从平面 1 辐射和反射的能量之和 E_1'（即图中自左至右各箭头所表示能量的总和）应为

$$E_1' = E_1 + (1-A_1')E_2' \tag{5-92}$$

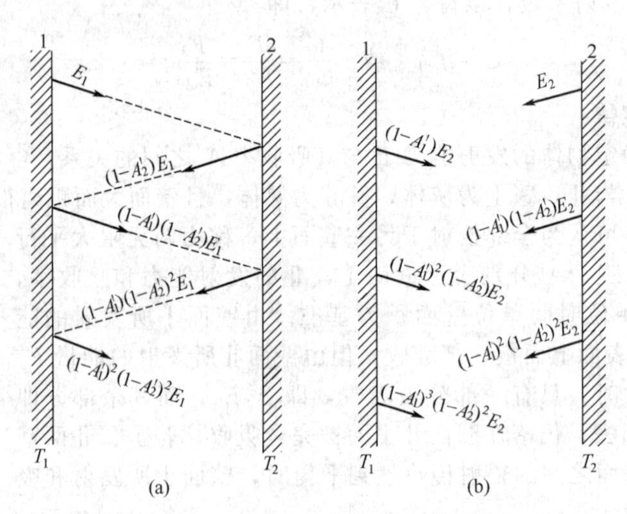

图 5-47　两平行灰体间的相互辐射

同样，对于平面 2，本身的辐射能 E_2 和反射的能量 $(1-A_2')E_1'$ 之和 E_2'

$$E_2' = E_2 + (1-A_2')E_1' \tag{5-93}$$

两平行壁面间单位时间单位面积的辐射传热量为此两壁面的辐射总能量之差，即

$$q_{1\text{-}2} = E_1' - E_2'$$

由式(5-92) 和式(5-93) 解得 E_1' 和 E_2' 后，代入上式得

$$q_{1\text{-}2} = \frac{E_1A_2' - E_2A_1'}{A_1' + A_2' - A_1'A_2'} \tag{5-94}$$

再以 $E_1 = \varepsilon_1 C_0 \left(\frac{T_1}{100}\right)^4$、$E_2 = \varepsilon_2 C_0 \left(\frac{T_2}{100}\right)^4$ 和 $A_1' = \varepsilon_1$ 及 $A_2' = \varepsilon_2$ 代入上式，整理后得

$$q_{1\text{-}2} = \frac{C_0}{\dfrac{1}{\varepsilon_1} + \dfrac{1}{\varepsilon_2} - 1}\left[\left(\frac{T_1}{100}\right)^4 - \left(\frac{T_2}{100}\right)^4\right] \tag{5-95}$$

或写成

$$q_{1\text{-}2} = C_{1\text{-}2}\left[\left(\frac{T_1}{100}\right)^4 - \left(\frac{T_2}{100}\right)^4\right] \tag{5-96}$$

式中，$C_{1\text{-}2}$ 为总发射系数，即 $$C_{1\text{-}2}=\frac{C_0}{\frac{1}{\varepsilon_1}+\frac{1}{\varepsilon_2}-1}=\frac{1}{\frac{1}{C_1}+\frac{1}{C_2}-\frac{1}{C_0}} \tag{5-97}$$

于是，在面积均为 A 的两无限大平行面间的辐射传热速率为

$$Q_{1\text{-}2}=C_{1\text{-}2}A\left[\left(\frac{T_1}{100}\right)^4-\left(\frac{T_2}{100}\right)^4\right] \tag{5-98}$$

式中 $Q_{1\text{-}2}$ 的单位为 W。

当两平行壁面间的距离与表面积相比不是很小时，从一个平面所发出的辐射能只有一部分到达另一平面上，则式(5-98) 应改写成为如下更普遍的形式

$$Q_{1\text{-}2}=C_{1\text{-}2}\varphi A\left[\left(\frac{T_1}{100}\right)^4-\left(\frac{T_2}{100}\right)^4\right] \tag{5-99}$$

式中，φ 为几何因子或角系数。角系数表示从一个表面辐射的总能量被另一表面所拦截的分数，其数值与两表面的形状、大小、相互位置以及距离有关。

任一表面发射的全部能量，必然直接辐射到一个或几个表面上去，根据角系数的定义，其和必为 1，即

$$\varphi_{11}+\varphi_{12}+\varphi_{13}+\cdots=1 \tag{5-100}$$

以两个无限大平行面 1、2 为例，由平面 1 发射的能量全部落在平面 2 上，这时角系数 $\varphi_{12}=1$，而对于平面 1 本身来说，由于发射的能量不能直接辐射到本表面的任一部分，所以 $\varphi_{11}=0$，而 $\varphi_{12}+\varphi_{11}=1$。同理，$\varphi_{21}=1$，$\varphi_{22}=0$，$\varphi_{21}+\varphi_{22}=1$。

（二）一物体被另一物体所包围时的辐射

一物体被另一物体所包围时的辐射是工程中常会遇到的情况，例如室内的散热体、加热炉中的被加热物体、同心圆球或无限长的同心圆筒之间的辐射等。在这类情况下式(5-99) 中被包围体的角系数 $\varphi_1=1$，总发射系数为

$$C_{1\text{-}2}=\frac{C_0}{\frac{1}{\varepsilon_1}+\frac{A_1}{A_2}\left(\frac{1}{\varepsilon_2}-1\right)}=\frac{1}{\frac{1}{C_1}+\frac{A_1}{A_2}\left(\frac{1}{C_2}-\frac{1}{C_0}\right)} \tag{5-101}$$

式中，ε_1、ε_2 分别为被包围物体和外围物体的黑度；A_1、A_2 分别为被包围物体和外围物体的辐射面积；C_1、C_2 分别为被包围物体和外围物体的发射系数。

于是 $$Q_{1\text{-}2}=C_{1\text{-}2}A_1\left[\left(\frac{T_1}{100}\right)^4-\left(\frac{T_2}{100}\right)^4\right] \tag{5-102}$$

式(5-102) 可用于不同形状的表面之间的辐射，但要求被包围物体的表面 1 为平表面或凸表面，如图 5-48(a)～(c) 所示。

另若图 5-48(a) 中表面 2 的温度 T_2 高于表面 1 的温度 T_1，则求 $Q_{2\text{-}1}$ 时可按下式计算

$$Q_{2\text{-}1}=-Q_{1\text{-}2}=-C_{1\text{-}2}A_1\left[\left(\frac{T_1}{100}\right)^4-\left(\frac{T_2}{100}\right)^4\right]$$

若外围物体可作为黑体，或被包围物体的辐射面积 A_1 与外围物体的辐射面积 A_2 相比很小，例如插入管路的温度计，则式(5-101) 中的 $C_{1\text{-}2}$ 可简化为

$$C_{1\text{-}2}=C_1=\varepsilon_1 C_0$$

（三）任意形状、大小并任意放置的两物体表面间的相互辐射

在这种情况下，如图 5-49 所示，仍可应用一般式(5-99)，其中的总发射系数为

$$C_{1\text{-}2}=\varepsilon_1\varepsilon_2 C_0 \tag{5-103}$$

而角系数为（见图 5-49）

$$\varphi=\frac{1}{A}\int_0^{A_1}\mathrm{d}A_1\int_0^{A_2}\frac{\cos\varphi_1\cos\varphi_2}{\pi r^2}\mathrm{d}A_2 \tag{5-104}$$

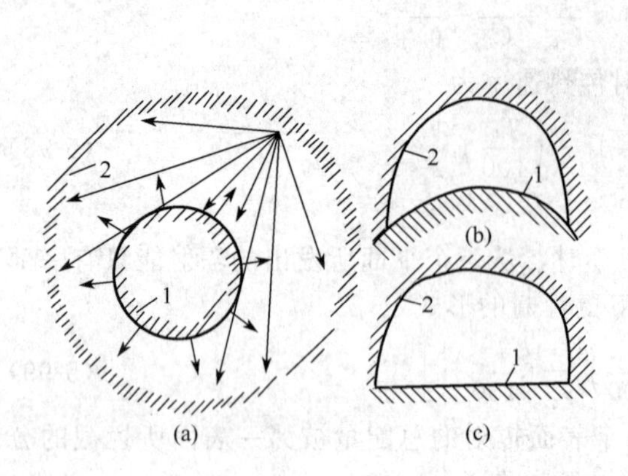

图 5-48 一物体被另一物体所包围时的辐射

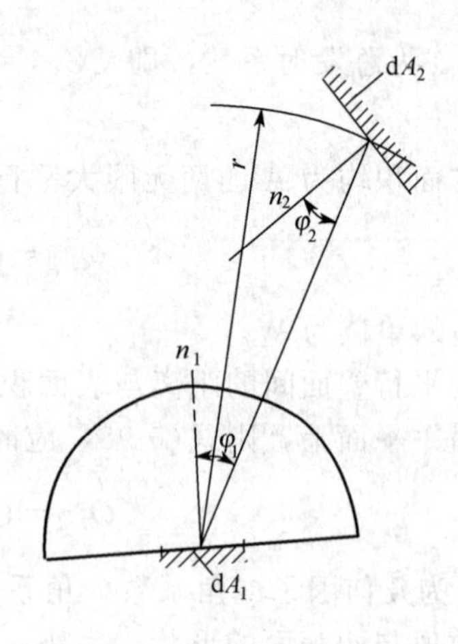

图 5-49 任意放置的两物体表面间的相互辐射

式中，φ_1、φ_2 为辐射线与辐射面的法线所组成的角度；A_1、A_2 为两任意放置物体的辐射面积；A 为计算辐射传热采用的面积；r 为两辐射面间的距离。

式(5-104) 中的积分可用解析法或数值法求得。工程上为了使用方便，通常把角系数理论求解的结果制成算图。本章只列出两平行平面间直接辐射传热的角系数算图（见图 5-50），其他情况可参阅传热学方面的专著。

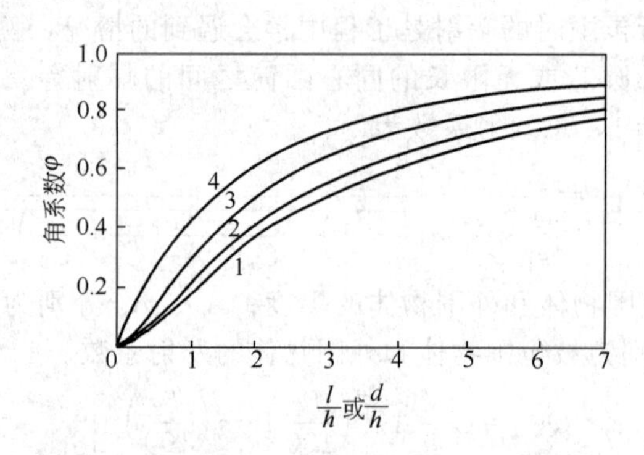

图 5-50 平行平面间直接辐射传热的角系数

1—圆盘形；2—正方形；3—长方形（边长之比为 2∶1）；4—长方形（狭长）；

$\frac{l}{h}$ 或 $\frac{d}{h}$ = $\frac{边长（长方形用短的边长）或直径}{辐射面间的距离}$

【例 5-21】 有一高 0.5 m、宽 1 m 的铸铁炉门，其表面温度为 600 ℃。试求（1）由于炉门辐射而散失的热流量；（2）若在炉门前 25 mm 外放置一块同等大小的铝板（已氧化）作为热屏，则散热热流量可降低多少？设室温为 27 ℃。

解 （1）未用铝板隔热时，铸铁炉门为四周的壁面所包围，$\varphi_1=1$；且 $A_2 \gg A_1$，故 $C_{1-2}=\varepsilon_1 C_0$。查表 5-14 取铸铁的黑度 $\varepsilon_1=0.78$，$C_{1-2}=0.78\times5.669=4.42$。由式(5-102) 可求得炉门的辐射散热热流量为

$$Q=4.42\times1\times0.5\times1\times\left[\left(\frac{600+273}{100}\right)^4-\left(\frac{27+273}{100}\right)^4\right]$$

$$=2.21\times(5808-81)=12660\ \mathrm{W}$$

（2）放置铝板后，炉门的辐射热流量可视为炉门对铝板的辐射热流量，在稳定情况下，也等于铝板对周围的辐射散热热流量。现以下标 3 表示铝板，有

$$Q_{1\text{-}3}=C_{1\text{-}3}\varphi_{13}A_1\left[\left(\frac{T_1}{100}\right)^4-\left(\frac{T_3}{100}\right)^4\right]$$

$$Q_{3\text{-}2}=C_{3\text{-}2}\varphi_{32}A_3\left[\left(\frac{T_3}{100}\right)^4-\left(\frac{T_2}{100}\right)^4\right]$$

又

$$Q_{1\text{-}3}=Q_{3\text{-}2} \tag{a}$$

因 $A_1=A_3$，且两者间距很小，可认为是两无限大平行面间的相互辐射，$\varphi_{13}=1$，且

$$C_{1\text{-}3}=\frac{1}{\dfrac{1}{C_1}+\dfrac{1}{C_3}-\dfrac{1}{C_0}}=\frac{C_0}{\dfrac{1}{\varepsilon_1}+\dfrac{1}{\varepsilon_3}-1}$$

由表 5-14 取氧化的铝板黑度 $\varepsilon_3=0.15$，于是

$$C_{1\text{-}3}=\frac{5.669}{\dfrac{1}{0.78}+\dfrac{1}{0.15}-1}=0.816$$

又铝板为室内被包围体，$A_2\gg A_3$，$\varphi_{32}=1$；$C_{3\text{-}2}=\varepsilon_3C_0=0.15\times5.669=0.85$。将各值代入式(a) 得

$$0.816\times1\times0.5\times1\times\left[\left(\frac{600+273}{100}\right)^4-\left(\frac{T_3}{100}\right)^4\right]=0.85\times1\times0.5\times1\times\left[\left(\frac{T_3}{100}\right)^4-\left(\frac{27+273}{100}\right)^4\right]$$

解出

$$T_3=733\ \text{K};\ t_3=733-273=460\ ℃$$

所以，放置铝板作为热屏后，炉门的辐射散热热流量为

$$Q_{1\text{-}3}=0.816\times1\times0.5\times1\times\left[\left(\frac{600+273}{100}\right)^4-\left(\frac{733}{100}\right)^4\right]$$

$$=1190\ \text{W}$$

即放置铝板后散热热流量降低了 12660－1190＝11470 W，损失热流量只有原来的 9.4%。

由以上结果可见，设置热屏是减少辐射散热量的有效方法。由于铝板的表面温度仍然很高，可以设想，增加热屏层数，或者选用黑度更低的材料作为热屏，则因辐射而散失的热流量还可以进一步降低。

五、气体热辐射的特点

气体也能发射和吸收辐射能，但不同气体的发射能力不同。对称的双原子气体（如 H_2、O_2、N_2 等）在工业温度下均不吸收辐射能，故可视为透热体；而不对称的双原子气体（如 HCl、CO）和多原子气体（如水蒸气、CO_2、SO_2、烃类和醇类等）则具有相当大的发射能力和吸收率。在高温下存在后一类气体时，就要考虑气体和固体壁之间的辐射传热。

与固体和液体相比，气体辐射具有自己的特点。首先，固体能发射和吸收全部波长范围内的辐射能，而气体只在某些波段范围内具有吸收能力，相应地也只在同样的波段范围内具有发射能力。所以，气体辐射对波长有选择性。通常将这种具有发射能力的波段称为**光带**。换言之，这些气体对具有全部波长的辐射能的吸收是间断的而不是连续的，例如 CO_2 和水蒸气各有 3 条光带，见表 5-15（但光带内不同波长处，黑度也不一定相同）。这是气体的辐射与灰体本质上的不同之处。

其次，灰体的辐射和吸收发生在物体表面，而气体发射和吸收辐射能是在整个气体体积内进行的。当热射线穿过气体层被吸收时，其辐射能因被沿途的气体分子吸收而逐渐减少，这样，吸收率就与热射线所经历路程的长短和气体的浓度（以分压表示）有关。此外，从图 5-51 中可以看到，气体容积中不同部分的气体所发出的辐射能落到界面 A 或 B 处所经历的

路程是各不相同的。热射线行程的不同，使问题更为复杂。为了简化问题，可以采用与当量直径相类似的概念。如图 5-52 所示的半球状气体层对底面中心的辐射，自各个不同方向来的热射线，其行程都等于半球半径 l。对于其他的气体形状，则可采用当量半球半径作为气体层的当量行程 l，亦即热射线在气体层中的平均行程。

表 5-15　CO_2 和水蒸气的光带

气体或水蒸气	吸收带		波长范围	气体或水蒸气	吸收带		波长范围
	自波长 $\lambda_1/\mu m$	到波长 $\lambda_2/\mu m$	$\Delta\lambda/\mu m$		自波长 $\lambda_1/\mu m$	到波长 $\lambda_2/\mu m$	$\Delta\lambda/\mu m$
水蒸气	2.24	3.27	1.03	二氧化碳	2.36	3.02	0.66
	4.8	8.5	3.7		4.01	4.80	0.79
	12.0	25	13		12.5	16.5	4.0

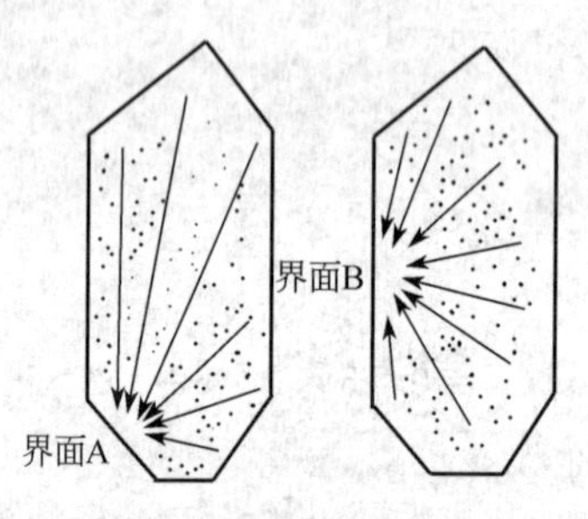

图 5-51　气体对不同地区的辐射

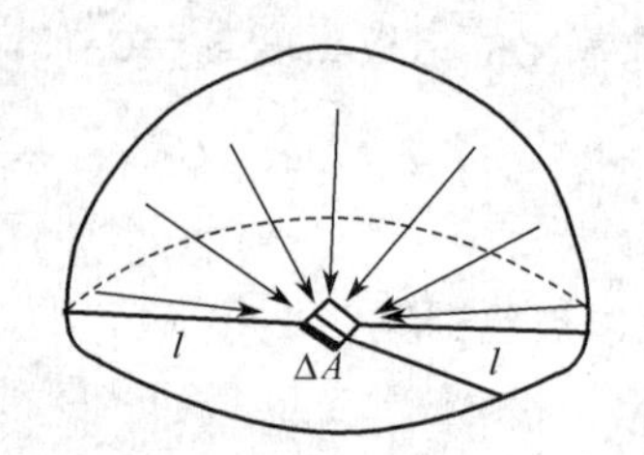

图 5-52　半球状气体层对球心的辐射

气体辐射的计算较为复杂，需要时可查阅相关专业书籍。

六、辐射、对流的联合传热

壁面通过气体与周围辐射传热时，壁面与气体间还同时会以对流方式传热，这种并联的传热方式常见于设备的热损失，现作为辐射对流联合传热的实例介绍如下。

许多设备的外壁温度常高于周围环境的温度，因此热量将由壁面以对流和辐射两种方式散失；设备散失的热量应等于对流传热和辐射传热两部分之和，根据各自的传热速率方程就可求得总的散热量。

由于对流而散失的热量为

$$Q_C=\alpha_C A_w(t_w-t) \tag{5-105}$$

由于辐射而散失的热量因角系数 $\varphi=1$，故

$$Q_R=C_{1-2}A_w\left[\left(\frac{T_w}{100}\right)^4-\left(\frac{T}{100}\right)^4\right] \tag{5-106}$$

式中，T_w、t_w 分别表示设备外壁的热力学温度和摄氏温度；T、t 分别表示周围环境的热力学温度和摄氏温度；Q_C、α_C 分别表示给热热流量和给热系数；A_w 为设备的外壁面积。如果将式(5-106) 也改写成给热方程的形式

$$Q_R=\alpha_R A_w(t_w-t) \tag{5-107}$$

式中 α_R 为辐射给热系数，则有

$$\alpha_R=C_{1-2}\left[\left(\frac{T_w}{100}\right)^4-\left(\frac{T}{100}\right)^4\right]\Big/(t_w-t) \tag{5-108}$$

总的热损失应为

$$\begin{aligned}Q_T&=Q_C+Q_R=(\alpha_C+\alpha_R)A_w(t_w-t)\\&=\alpha_T A_w(t_w-t)\end{aligned} \tag{5-109}$$

式中，α_T 为对流辐射联合给热系数，$W\cdot m^{-2}\cdot K^{-1}$，$\alpha_T=\alpha_C+\alpha_R$。

对于有保温层的设备、管道等，外壁对周围环境散热的对流辐射联合给热系数 α_T，可

用下列近似公式估算。

在平壁保温层外

$$\alpha_T = 9.8 + 0.07(t_w - t) \quad (5\text{-}110)$$

在管道或圆筒壁保温层外

$$\alpha_T = 9.4 + 0.052(t_w - t) \quad (5\text{-}111)$$

式(5-110)、式(5-111) 适用于 $t_w < 150$ ℃。式(5-109) 中，经过核算，α_C 与 α_R 值约各占 α_T 的一半（比较例 5-17 与例 5-22 的结果）。

【例 5-22】 有一外包保温层的容器，外表面温度为 70 ℃，试计算其散热热通量。设环境温度为 15 ℃。

解 应用式(5-111)

$$\alpha_T = 9.4 + 0.052(t_w - t) = 9.4 + 0.052 \times (70 - 15)$$
$$= 12.3\ \text{W} \cdot \text{m}^{-2} \cdot \text{K}^{-1}$$

散热热通量为

$$q_T = \alpha_T \Delta t = 12.3 \times (70 - 15) = 677\ \text{W} \cdot \text{m}^{-2}$$

【例 5-23】 暖水瓶瓶胆的夹层中抽成高真空，以防止对流散热；夹层双面镀银，以削弱辐射散热。镀银采用还原沉淀法，其黑度可取为 0.10。5 磅（2.268 kg）暖水瓶瓶胆的内部尺寸可作为直径 110 mm、高 250 mm 的圆柱体处理（忽略瓶塞增加的散热）。求室温20 ℃下瓶内盛满 100 ℃沸水后，保温到 70 ℃的时间。又若沸水只盛满一半，保温时间多长?

解 散热过程可做如下分析。

(1) 瓶胆内的水给热到内层玻璃壁面，以导热方式通过内层玻璃，继而依靠辐射通过真空夹层，再以导热方式通过外层玻璃，然后以对流加辐射方式散发至室内（经过瓶壳）。其中主要的热阻在于常温下低黑度的辐射传热，而水的自然对流给热（参看表 5-8）、薄玻璃层的导热，以及瓶壳等热阻先暂忽略，以后再核算。

(2) 随着水温的逐渐下降，散热速率将随之减慢，故这是一个不稳定的传热问题。过去虽没有处理过，但不难从学过的知识求解如下。

若在微分时间 $d\theta$ 内，水温从 T 降低了 dT（K）。水减少的热量为

$$dQ = -mc_p dT \quad \text{(a)}$$

取负号的原因是 dT 为负，而 dQ 取正值。瓶胆中的水量为

$$m = \frac{\pi}{4} \times 0.11^2 \times 0.25 \times 958.4 = 2.28\ \text{kg}$$

其中，958.4 $\text{kg} \cdot \text{m}^{-3}$ 为 100 ℃沸水的密度，由附录五查得；同时还可查得 70～100 ℃范围内水的平均定压比热容 $c_p = 4.20\ \text{kJ} \cdot \text{kg}^{-1} \cdot ℃^{-1}$。代入式(a) 得

$$dQ = -2.28 \times (4.20 \times 10^3) dT = -9580 dT\ \text{(J)} \quad \text{(b)}$$

通过夹层的辐射散热速率因内层被外层包围，角系数 $\varphi = 1$；且两层相距很近而有 $A_1/A_2 \approx 1$；已知黑度 $\varepsilon_1 = \varepsilon_2 = 0.10$；应用式(5-102) 有

$$Q_{1\text{-}2} = C_{1\text{-}2} A_1 \left[\left(\frac{T_1}{100} \right)^4 - \left(\frac{T_2}{100} \right)^4 \right]$$

其中，$C_{1\text{-}2} = \dfrac{C_0}{\dfrac{1}{\varepsilon_1} + \dfrac{A_1}{A_2}\left(\dfrac{1}{\varepsilon_1} - 1\right)} = \dfrac{5.669}{\dfrac{1}{0.1} + \left(\dfrac{1}{0.1} - 1\right)} = 0.298$，$A_1 = \pi \times 0.11 \times 0.25 + \dfrac{\pi}{4} \times 0.11^2 \times 2 = 0.1054\ \text{m}^2$，$T_1 = T$，$\left(\dfrac{T_2}{100}\right)^4 = 2.93^4 = 73.7$，代入上式，得

$$Q_{1-2}=0.298\times 0.1054\left[\left(\frac{T}{100}\right)^4-73.7\right]\quad \text{W（或 J·s}^{-1}\text{）}\tag{c}$$

在 $d\theta$ 内，辐射散失的热量 $Q_{1-2}d\theta$ 与水因降温而减少的热量 dQ 相等。应用式(c)、式(b) 得

$$0.298\times 0.1054\left[\left(\frac{T}{100}\right)^4-73.7\right]d\theta=-9580dT$$

分离变量
$$d\theta=-3.05\times 10^5 dT\left[\left(\frac{T}{100}\right)^4-73.7\right]^{-1}$$

在温度从 373～343K 间积分

$$\int_0^{\theta}d\theta=-3.05\times 10^5\int_{373}^{343}\left[\left(\frac{T}{100}\right)^4-73.7\right]^{-1}dT$$

上式右边的定积分采用数值法求得为－0.340，故从 100 ℃（373K）降至 70 ℃（343K）的保温时间为

$$\theta=3.05\times 10^5\times 0.340=1.037\times 10^5\ \text{s}$$

或
$$\theta=1.037\times 10^5/3600=28.8\ \text{h}$$

以上忽略了瓶塞的作用，它占有一定的散热比例，计入后保温时间将缩短。以下对串联的各个分热阻进行比较。

根据式(5-108)，辐射给热系数 α_R 等于辐射热通量除以温差

$$\alpha_R=C_{1-2}\left[\left(\frac{T_1}{100}\right)^4-\left(\frac{T_2}{100}\right)^4\right]\Big/(T_1-T_2)=0.298\left[\left(\frac{T}{100}\right)^4-73.7\right]\Big/(T-293)\tag{d}$$

在水温最高，即 $T=373\text{K}$ 时，散热最快，α_R 为最大值 $\alpha_{R,max}$

$$\alpha_{R,max}=\frac{0.298\times(3.73^4-73.7)}{80}=0.447\ \text{W·m}^{-2}\text{·K}^{-1}$$

相对应的最小热阻为

$$r_{R,min}=\frac{1}{\alpha_{R,max}}=\frac{1}{0.447}=2.24\ \text{m}^2\text{·K·W}^{-1}$$

与例 5-3 厚度 $b_2=115$ mm，$\lambda_2=0.15\ \text{W·m}^{-1}\text{·K}^{-1}$ 的保温砖相比，其热阻

$$r_2=\frac{b_2}{\lambda_2}=\frac{0.115}{0.15}=0.767\ \text{m}^2\text{·K·W}^{-1}$$

可知暖水瓶轻巧的夹层，热阻比上例中的热阻要大得多。

水作自然对流的给热系数，从表 5-7 看有数百 $\text{W·m}^{-2}\text{·K}^{-1}$，其热阻与辐射热阻 $1/\alpha_R$ 相比可以忽略。瓶胆玻璃甚薄，取其厚度 δ 为 10^{-3} m（1 mm），热导率由附录四查得热导率 $\lambda=0.74$，其热阻为

$$r_b=\frac{\delta}{\lambda}=\frac{0.001}{0.74}=0.00135\ \text{m}^2\text{·K·W}^{-1}$$

与 $1/\alpha_R$ 相比亦可忽略。瓶壳的热阻也可忽略。瓶壳向周围散热的对流辐射联合给热系数 α_T，可从式(5-111) 估计不小于 10 $\text{W·m}^{-2}\text{·℃}^{-1}$，其热阻 $1/\alpha_T$ 低于瓶胆热阻 $1/\alpha_R$ 的 5%（其实，手触摸瓶壳并不感到比室温高，即瓶壳与周围环境的温差近于零，与之成比例的热阻可以忽略）。故上述忽略给热、导热热阻的计算方法可以成立。

若瓶胆中只盛一半水，其上半部为气体的自然对流，并有水从水面汽化、在胆内壁冷凝，热阻虽比水自然对流要大很多，但仍远比通过真空夹层的辐射为小，可近似认为夹层为全部的热阻和温差之所在，即散热速率仍可近似按式(c) 计算。另一方面，水所减少的热量的式(a) 中，水量 m 却只有原来的一半。按同样的计算方法，从 100 ℃保温到 70 ℃的时间就只有原来的一半，即 $\theta'\approx 28.8/2=14.4$ h。也就是说，沸水的保温时间约与盛水量成正比。

习 题

5-1 红砖平壁墙，厚度为 500 mm，内侧壁面温度为 200 ℃，外侧壁面为 30 ℃，若红砖的平均热导率可取为 0.57 W·m^{-1}·℃$^{-1}$，试求：(1) 传导热通量 q；(2) 距离内侧壁面 350 mm 处的温度 t_A。

5-2 用平板法测定材料的热导率。平板状材料的一侧用电热器加热，另一侧用冷却水通过夹层将热量移走。热流量由加至电热器的电压和电流算出，平板两侧的表面温度用热电偶测得。已知某材料的导热面积为 0.02 m^2，其厚度为 0.01 m，测得的数据如下表所示。试求：(1) 材料的平均热导率 $\bar{\lambda}$；(2) 设该材料的热导率为 $\lambda=\lambda_0(1+kt)$，t 为温度，℃，试求 λ_0 和 k。

电 热 器		材料表面温度/℃	
电压/V	电流/A	高温侧	低温侧
140	2.8	300	100
114	2.28	200	50

5-3 某燃烧炉的平壁由下列三种砖依次砌成

耐火砖：热导率 $\lambda_1=1.05$ W·m^{-1}·K^{-1}，厚度 $b_1=0.23$ m；

绝热砖：热导率 $\lambda_2=0.151$ W·m^{-1}·K^{-1}，厚度 $b_2=0.23$ m；

红砖：热导率 $\lambda_3=0.93$ W·m^{-1}·K^{-1}，厚度 $b_3=0.23$ m。

若已知耐火砖内侧温度为 1000 ℃，耐火砖与绝热砖接触处温度为 940 ℃，而绝热砖与红砖接触处的温度不得超过 138 ℃，试求：(1) 绝热层需几块绝热砖？(2) 此时普通砖外侧温度为多少？

5-4 一外径为 100 mm 的蒸汽管，外包一层 50 mm 绝热材料 A，$\lambda_A=0.06$ W·m^{-1}·K^{-1}，其外再包一层 25 mm 绝热材料 B，$\lambda_B=0.075$ W·m^{-1}·K^{-1}。若 A 的内壁面温度和 B 的外壁面温度分别为 170 ℃和 38 ℃，试求每米管长上的热损失 Q_L 及 A、B 界面的温度。

5-5 ϕ60 mm×3 mm 铝合金管（其热导率可近似按钢管选取），外包一层厚 30 mm 石棉后，又包一层 30 mm 软木。石棉和软木的热导率分别为 0.16 W·m^{-1}·K^{-1} 和 0.04 W·m^{-1}·K^{-1}（软木外壁面涂防水胶，以免水汽渗入后发生冷凝及冻结而恶化绝热性能；其本身热阻可忽略）。

(1) 已知管内壁温度为 −110 ℃，软木外侧温度为 10 ℃，求每米管长上所损失的冷量。

(2) 若将两种保温材料互换，假设互换后石棉外侧的温度仍为 10 ℃不变，以便于作比较，问此时每米管长上损失的冷量为多少？

(3) 若将两种保温材料互换，而大气温度为 20 ℃，计算每米管长实际上损失的冷量及石棉的外侧温度。设互换前后空气与保温材料之间的给热系数不变。

5-6 试推导出空心球壁的径向导热关系式为 $Q=\dfrac{4\pi\lambda(t_1-t_2)}{\dfrac{1}{r_1}-\dfrac{1}{r_2}}=\dfrac{\lambda A_m(t_1-t_2)}{b}$。其中，$r_1$、$r_2$ 为空心球内、外表面的半径；$b=r_2-r_1$；$A_m=4\pi r_m^2$，表示球的平均表面积。这里 $r_m=\sqrt{r_1 r_2}$ 称为几何平均半径。

5-7 ϕ25 mm×2.5 mm 的钢管，外包有保温材料以减少热损失，其热导率 $\lambda=0.4$ W·m^{-1}·K^{-1}。已知钢管外壁温度 $t_1=300$ ℃，环境温度 $t_b=20$ ℃。求保温层厚度分别为 10 mm、20 mm、27.5 mm、40 mm、50 mm、60 mm、70 mm 时，每米管长的热损失和保温层外表面温度 t_2。给热系数取为定值：10 W·m^{-2}·K^{-1}。对计算结果加以讨论。

5-8 电流 $I=200$A 通过一直径为 3 mm、长 1 m 的不锈钢棒式电加热器，其电阻 $R=0.1\ \Omega$，热导率 $\lambda=19$ W·m^{-1}·K^{-1}。加热棒浸没在温度 $t_f=109$ ℃的液体中，加热棒表面和液体间的给热系数 $\alpha=4$ kW· m^{-2}·

K^{-1}。试求加热棒中心温度及沿加热棒横截面的温度分布。

提示：单位体积内产生的热流量为 q'，热导率可认为是常数，并设热量只沿径向传递。取任一半径为 r 的单元圆柱体，其中产生的热量必以导热的方式沿径向向外传递，即 $-\lambda(2\pi rl)\dfrac{dt}{dr}=\pi r^2 lq'$，对式积分即可求解。

5-9 一换热器，在 ϕ25 mm×2.5 mm 管外用水蒸气加热管内的原油。已知管外蒸汽冷凝的给热系数 $\alpha_2=10^4\ W\cdot m^{-2}\cdot K^{-1}$；管内原油的给热系数 $\alpha_1=10^3\ W\cdot m^2\cdot K^{-1}$，管内污垢热阻 $R_{s1}=1.5\times10^{-3}\ m^2\cdot K\cdot W^{-1}$，管外污垢热阻及管壁热阻可忽略不计，试求传热系数及各部分热阻的分配。

5-10 一换热器，用热柴油加热原油，柴油和原油的进口温度分别为 243 ℃和 128 ℃。已知逆流操作时，柴油出口温度为 155 ℃，原油出口温度为 162 ℃，试求其平均温差。若采用并流，设柴油和原油的进口温度不变，它们的流量和换热器的传热系数亦与逆流时相同，其平均温差又为多少？

5-11 用 175 ℃的油将 300 $kg\cdot h^{-1}$ 的水由 25 ℃加热至 90 ℃，已知油的比热容为 2.1 $kJ\cdot kg^{-1}\cdot K^{-1}$，流量为 360 $kg\cdot h^{-1}$，今有以下两个换热器，传热面积均为 0.8 m^2。

换热器 1：$K_1=625\ W\cdot m^{-2}\cdot K^{-1}$，单壳程，双管程；

换热器 2：$K_2=500\ W\cdot m^{-2}\cdot K^{-1}$，单壳程，单管程；

为保证满足所需的传热量应选用哪一个换热器？

5-12 在一套管换热器中，用冷却水将 0.45 $kg\cdot s^{-1}$ 的苯由 350 K 冷却至 300 K，冷却水在 ϕ25 mm×2.5 mm 的内管中流动，其进、出口温度分别为 290 K 和 320 K。已知水和苯的给热系数分别为 4.85 $kW\cdot m^{-2}\cdot K^{-1}$ 和 1.7 $kW\cdot m^{-2}\cdot K^{-1}$，两侧的污垢热阻可忽略不计，试求所需的管长和冷却水消耗量。

5-13 水以 1 $m\cdot s^{-1}$ 的流速在长 3 m 的 ϕ25 mm×2.5 mm 管内由 20 ℃加热至 40 ℃，试求水与管壁之间的给热系数。

5-14 1760 kPa、120 ℃的空气，经一台由 25 根 ϕ38 mm×3 mm 管并联组成的预热器，走管内被加热至 510 ℃，已知空气流量为 6000 $m^3\cdot h^{-1}$（标准状态），试计算空气的给热系数。

5-15 一套管换热器，用饱和水蒸气将在内管作湍流的空气加热，此时的传热系数近似等于空气的给热系数。今要求空气量增加 1 倍，而空气的进、出口温度仍然不变，问该换热器的管长应增加百分之几？

5-16 用 192 kPa（表）的饱和水蒸气将 20 ℃的水预热至 80 ℃，水在列管式换热器的管程以 0.6 $m\cdot s^{-1}$ 的流速流过，管尺寸为 ϕ25 mm×2.5 mm。设水侧污垢热阻为 $6\times10^{-4}\ m^2\cdot K\cdot W^{-1}$，蒸汽侧污垢热阻和管壁热阻可忽略不计，水蒸气冷凝 $\alpha_1=10^4\ W\cdot m^{-2}\cdot K^{-1}$。试求：(1) 此换热器的传热系数；(2) 若运行 1 年后，由于水垢积累，换热能力降低，出口水温只能升至 70 ℃，试求此时的传热系数及水侧的污垢热阻（水蒸气侧的给热系数可认为不变）。

5-17 某厂需用 195 kPa（绝）的饱和水蒸气将常压空气由 20 ℃加热至 90 ℃，标准状态下空气量为 5200 $m^3\cdot h^{-1}$。今仓库有一台单程列管式换热器，内有 ϕ38 mm×3 mm 钢管 151 根，管长 3 m，若壳程水蒸气冷凝的给热系数可取 $10^4\ W\cdot m^{-2}\cdot K^{-1}$，两侧污垢热阻及管壁热阻可忽略不计，试核算此换热器能否满足要求。

5-18 某种原油在管式炉"对流段"（指某区域内的加热方式，相对于"辐射段"而言）的 ϕ89 mm×6 mm 管内以0.5 $m\cdot s^{-1}$ 的流速流过并被加热，管长 6 m。已知管内壁温度为 150 ℃，原油的平均温度为 40 ℃，此时油的密度为 850 $kg\cdot m^{-3}$，比热容为 2 $kJ\cdot kg^{-1}\cdot K^{-1}$，热导率为 0.13 $W\cdot m^{-1}\cdot K^{-1}$，黏度为 26 cP，体积膨胀系数为 0.001 $℃^{-1}$。此原油在 150 ℃时的黏度为 3 cP，试求原油在管内的给热系数。

5-19 铜氨溶液在由 4 根 ϕ45 mm×3.5 mm 钢管并联而成的蛇管冷却器中由 38 ℃冷却至8 ℃，蛇管的平均曲率半径为 0.285 m。已知铜氨溶液的流量为 2.7 $m^3\cdot h^{-1}$，黏度为 2.2 $mPa\cdot s$，密度为 1200 $kg\cdot m^{-3}$，其余物性常数可按水的 0.9 倍来取，试求铜氨溶液的给热系数。

5-20 一套管换热器。内管为 ϕ38 mm×2.5 mm，外管为 ϕ57 mm×3 mm，甲苯在其环隙内由 72 ℃冷却至 38 ℃。已知甲苯流量为 2730 $kg\cdot h^{-1}$，试求甲苯的给热系数。

5-21 上题中，若苯在内管由 27 ℃加热至 50 ℃，两侧污垢热阻和管壁热阻可忽略不计，试求该换热器的传热系数（以外表面为基准）。

5-22 101.3 kPa（绝）的甲烷以 10 $m\cdot s^{-1}$ 的流速在列管换热器的壳程作轴向流动，由 120 ℃冷却至 30 ℃。已知该换热器共有 ϕ25 mm×2.5 mm 管 86 根，壳径为 400 mm，试求甲烷的给热系数。

5-23　某炼油厂对常压塔引出的柴油馏分用海水冷却。冷却器为 ϕ114 mm×8 mm 钢管组成的排管，水平浸没于一很大的海水槽中。海水由槽下部引入，上部溢出，通过槽时的流速很小。若海水的平均温度为 42.5 ℃，钢管外壁温度为 56 ℃，试求海水侧的给热系数。

5-24　常压苯蒸气在 ϕ25 mm×2.5 mm、长为 3 m、垂直放置的管外冷凝。冷凝温度为 80 ℃，管外壁温度为 60 ℃，试求苯蒸气冷凝时的给热系数。若此管改为水平放置，其给热系数又为多少?

5-25　一传热面积为 15 m^2 的列管式换热器，壳程用 110 ℃饱和水蒸气将管程某溶液由 20 ℃加热至 80 ℃，溶液的处理量为 2.5×10^4 kg·h^{-1}，比热容为 4 kJ·kg^{-1}·K^{-1}，试求此操作条件下的传热系数。该换热器使用 1 年后，由于污垢热阻增加，溶液出口温度降至 72 ℃，若要使出口温度仍保持 80 ℃，加热蒸汽饱和温度至少要多高?

5-26　液氨在一蛇管换热器管外沸腾。已知其操作压力为 258 kPa（绝），沸腾温度为－13 ℃。热通量 q=4170 W·m^{-2}。试计算其给热系数。已知液氨热导率 λ=0.5 W·m^{-1}·K^{-1}，表面张力 σ=2.7×10^{-2} N·m^{-1}，密度 ρ_l=656 kg·m^{-3}，氨蒸气密度 ρ_v=2.14 kg·m^{-3}。

5-27　在一换热器中，用 80 ℃的水将某流体由 25 ℃预热至 48 ℃。已知水的出口温度为35 ℃，试求该换热器的传热效率。

5-28　一传热面积为 10 m^2 的逆流换热器，用流量为 0.9 kg·s^{-1}的油将 0.6 kg·s^{-1}、逆流的水加热，已知油的比热容为 2.1 kJ·kg^{-1}·K^{-1}，水和油的进口温度分别为 35 ℃和175 ℃，该换热器的传热系数为 425 W·m^{-2}·K^{-1}，试求此换热器的传热效率。又若水量增加 20%，传热系数可近似认为不变，此时水的出口温度为多少?

5-29　两块相互平行的黑体长方形平板。其尺寸为 1 m×2 m。间距为 1 m。若两平板的表面温度分别为 727 ℃及 227 ℃。试计算两平板间的辐射热流量。

5-30　试求直径 d=70 mm、长 l=3 m 的钢管（其表面温度 t_1=227 ℃）的辐射热损失。假定此管被置于：(1) 很大的红砖屋内，砖壁温度 t_2=27 ℃；(2) 截面为 0.3 m×0.3 m 的红砖槽内，t_2=27 ℃，两端面的辐射损失可以忽略不计。

5-31　在一钢管轴心装有热电偶测量管内空气的温度，若热电偶的温度读数为 300 ℃，热电偶的黑度为 0.8，空气与热电偶之间的给热系数为 25 W·m^{-2}·K^{-1}，钢管内壁温度为 250 ℃，试求由于热电偶与管壁之间的辐射传热所引起的测温误差。并讨论减小误差的途径。
提示：热电偶辐射到管壁的热流量和由于对流自空气得到的热流量相等。

5-32　两无限大平行平面进行辐射传热，已知 ε_1=0.3，ε_2=0.8，若在两平面间放置一无限大抛光铝板作热屏（ε=0.04），试计算传热量减少的百分数。

5-33　平均温度为 150 ℃机器油在 ϕ108 mm×6 mm 的钢管中流动，大气温度为 10 ℃。设油对管壁的给热系数为 350 W·m^{-2}·K^{-1}，管壁热阻和污垢热阻可忽略不计，试求此时每米管长的热损失。又若管外包一层厚 20 mm，热导率为 0.058 W·m^{-1}·K^{-1}的玻璃布层，热损失将减为多少?

附录　饱和水蒸气参数的关联式

饱和水蒸气是最常用的载热体，在传热计算中会经常遇到从其压力 p（kPa）求温度 t（℃）的问题（有时也反过来需由 t 求 p）。查书末附录八、九的饱和水蒸气表，每需要内插而嫌繁琐，两相邻参数间距大时也易引入误差；若能得到 p-t 关联式，应用编程计算器计算，则颇为便利。

纯组分在饱和态的 p-t 关系，可用安托万（Antoine）式关联如下：

$$t=\frac{B}{A-\ln p}-C，或 \ln p=A-\frac{B}{C+t} \tag{5-112}$$

式中的常数 A、B、C 由实验数据回归而得。对于水蒸气，作者应用附录八、附录九的数据（根据参考文献 5 更新）回归，得

$$p=1\sim170\ \text{kPa}，t=\frac{3991.6}{16.577-\ln p}-233.8 \tag{5-113}$$

$$p=70\sim1800\ \text{kPa},\quad t=\frac{3957.8}{16.469-\ln p}-234 \tag{5-114}$$

两式 t 的计算值与查表的误差不超过 0.1 ℃；若允许误差达 0.2 ℃，式(5-114) 的适用范围还可扩展到 p 近于 3 MPa。

水蒸气的焓 H(kJ/kg) 和冷凝潜热 r(kJ/kg) 与温度 t 的关系，回归得以下关联式

$$t=0\sim100\ ℃,\quad H=2506.9+1.645t+5.313\times10^{-4}t^2 \tag{5-115}$$

$$r=2500.3-2.300\,t-1.334\times10^{-3}\,t^2 \tag{5-116}$$

$$t=100\sim210\ ℃\quad H=2459.9+2.644t-4.897\,t^2 \tag{5-117}$$

$$r=2445.7-1.267t-6.295t^2 \tag{5-118}$$

在上述的常用温度范围内，与查表的误差在 0.1% 以内。因允许误差可以较大，其应用范围也可以扩展。

符号说明

符号	意义	单位
A	传热面积	m^2
A'	辐射吸收率	—
a	流体的导温系数	$m^2\cdot s^{-1}$
b	厚度	m
b	润湿周边	m
C	发射系数	$W\cdot m^{-2}\cdot K^{-4}$
C_0	黑体的发射系数	$W\cdot m^{-2}\cdot K^{-4}$
c_p	流体的定压比热容	$kJ\cdot kg^{-1}\cdot K^{-1}$
C_R	热容流量比	—
D	换热器壳径	m
d	管径	m
d_b	气泡脱离直径	m
E	发射能力	$W\cdot m^{-2}$
E_0	黑体的发射能力	$W\cdot m^{-2}$
$E_{\lambda 0}$	黑体的单色发射能力	$W\cdot m^{-2}\cdot m^{-1}$
f	校正系数	—
G	质量流速	$kg\cdot m^{-2}\cdot s^{-1}$
h	挡板间距	m
H	高度	m
K	传热系数	$W\cdot m^{-2}\cdot K^{-1}$
l	长度（球半径）	m
M, M'	冷凝负荷	$kg\cdot m^{-1}\cdot s^{-1}$
m_s	质量流量	$kg\cdot s^{-1}$
p	压力	Pa
Q	热流量（传热速率）	W
q	热通量	$W\cdot m^{-2}$
R	热阻	$m^2\cdot K\cdot W^{-1}$ 或 $K\cdot W^{-1}$
R	半径	m
r	半径（变量）	m
r	潜热	$kJ\cdot kg^{-1}$
S	截面积	m^2
T	热力学温度，热流体温度	K
t	冷流体温度，温度	K
u	流速	$m\cdot s^{-1}$
α	给热系数	$W\cdot m^{-2}\cdot K^{-1}$
β	体积膨胀系数	K^{-1}
δ	层流底层厚度	m
δ'	当量膜厚	m
ε	发射率，黑度	—
ε	传热效率	—
θ	时间	s
λ	热导率	$W\cdot m^{-1}\cdot K^{-1}$
λ	波长	μm
μ	黏度	Pa·s
ρ	密度	$kg\cdot m^{-3}$
σ	表面张力	$N\cdot m^{-1}$
σ_0	斯蒂芬-波尔茨曼常数或黑体的发射常数	$W\cdot m^{-2}\cdot K^{-4}$
ϕ	角度	rad
φ	角系数	—

参考文献

1 杨世铭，陶文铨．传热学·第 4 版．北京：高等教育出版社，2006

2 章熙民等．传热学·第 5 版．北京：中国建筑工业出版社，2007

3 赵镇南．传热学·第 2 版．北京：高等教育出版社，2008

4 许国良等．工程传热学．北京：中国电力出版社，2011

5 严家騄等．水和水蒸气热力性质图表·第 2 版．北京：高等教育出版社，2004

第六章　传热设备

传热设备也简称换热器，是化工、石油、动力、轻工等许多工业部门中应用最为广泛的设备之一。按用途可分为加热器、冷却器、冷凝器和蒸发器等。由于生产的规模、物料的性质、传热的要求等各不相同，换热器的类型也是多种多样的。本章讨论主要类型换热器的性能和特点，以便根据工艺要求选用适当的类型；换热器传热面积的计算，基本尺寸的确定，以及流体阻力的核算等，以便在系列化标准的换热器中选定适用的规格。

一、换热器的分类

换热器按其传热特征可分为以下三大类。

(1) 直接接触式　直接接触式换热器中，冷、热两流体通过直接混合而实现热量交换。在工艺上允许两种流体相互混合的情况下，这是比较方便和有效的，其结构也比较简单。这类换热器常用于气体的冷却或水蒸气的冷凝。

(2) 蓄热式　蓄热式换热器简称蓄热器，它主要由热容量大的蓄热室构成，室中可充填耐火砖或金属带等作为填料，如图 6-1 所示。当冷、热两种流体交替地通过同一蓄热室时，即可通过填料将得自热流体的热量，传递给冷流体，达到换热的目的。为适应连续操作，至少需要两个蓄热器交替使用。这类换热器的结构较为简单，且可耐高温，常用于气体的余热或冷量的利用。其缺点是设备体积较大，而且两种流体交替时难免有一定程度的混合。

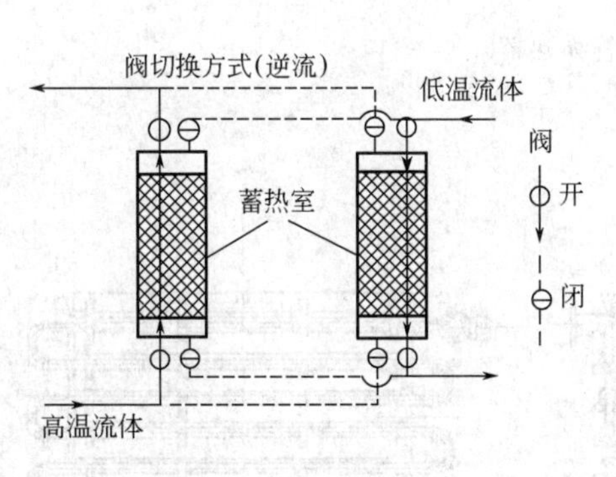

图 6-1　蓄热式换热器

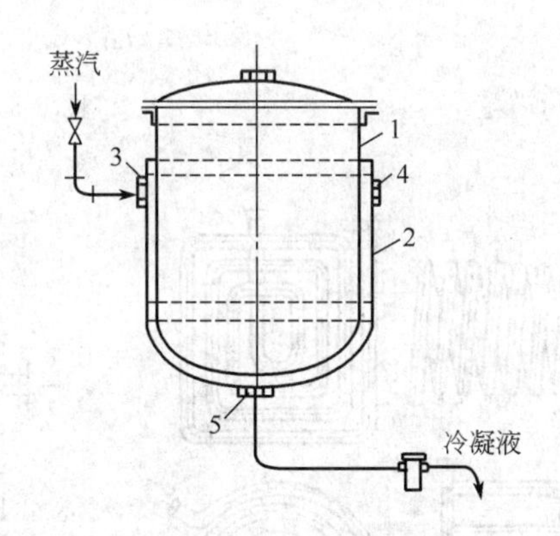

图 6-2　夹套式换热器

1—容器（反应器）；2—夹套；3，4—蒸汽入口或冷却水出口；5—冷凝水出口或冷却水入口

(3) 间壁式　间壁式换热器的特点是在冷热两种流体之间用一金属壁（或石墨等耐腐蚀且导热性能较好的非金属壁）隔开，以使两种流体在互不接触的情况下进行热量传递。

本章根据使用的广泛性，主要介绍间壁式换热器，并着重讨论其中的列管式换热器。

二、夹套式换热器

夹套式换热器构造简单，如图 6-2 所示。夹套 2 安装在容器 1 的外部，通常用钢或铸铁制成，可焊在器壁上或用螺钉固定在容器的法兰盘上。在夹套与器壁之间形成密闭的空间，为载热体的通道。这种换热器广泛用于反应器的加热或冷却，尤其适用于器内安装有搅拌器而不便再装置其他类型换热设备的情况。夹套壁一般要比容器的上口低一些，但应高于器内的液面。在用蒸汽加热时，蒸汽由入口 3（及 4）进入夹套，冷凝水由夹套下部出口 5 流出。作为冷却器时，冷却水由下部入口 5 进入而由夹套上部 3（及 4）流出。若容器的直径大于 1 m，则夹套的上部可有两个或更多的出（入）口以使流体分布比较均匀。

夹套式换热器由于结构的限制，传热面积不大；用于加热时，夹套内的蒸汽压力通常不超过 500 kPa。用于冷却时，为了提高夹套内冷却水的给热系数，可在夹套中加设挡板或使水通过喷射器以高速射入。

三、蛇管式换热器

（一）沉浸式蛇管换热器

沉浸式蛇管换热器的构造较为简单，可由 180°回弯头连接的直管［见图 6-3(a)］或由盘成螺旋形的蛇形管［见图 6-3(b)］构成。除上下安装成排以外，蛇管也可以盘成一个平面安装于器底。蛇管的形状主要取决于容器的形状。图 6-4 所示为常见的几种蛇管的形状，事实上它可以制成任何需要的形状。此外，蛇管还可以铸在容器壁之中或焊在器壁上，这在高压加热时最为适用。蛇管的材料有钢、铜或其他有色金属、陶瓷等。

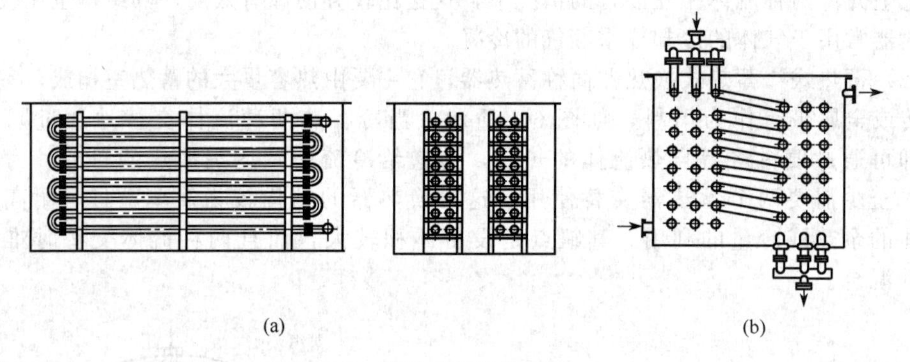

图 6-3　沉浸式蛇管换热器

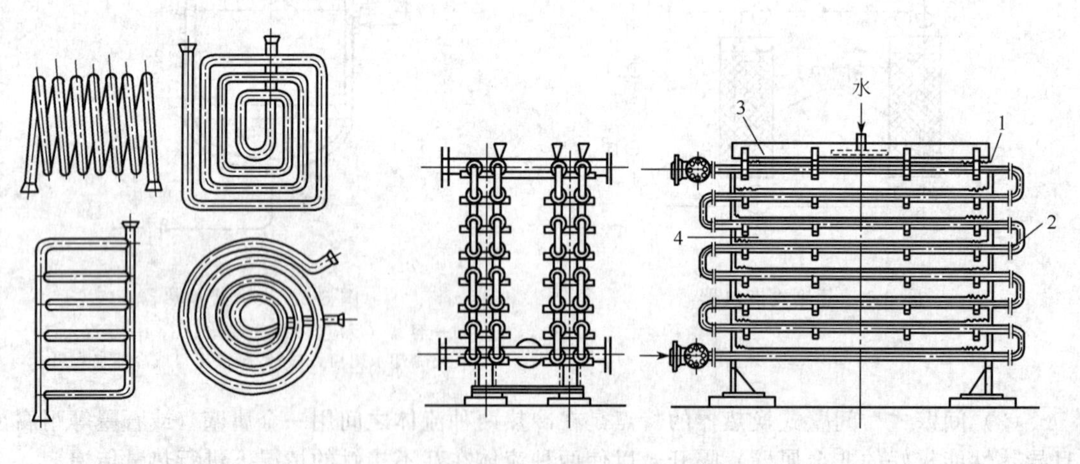

图 6-4　蛇管的形状

图 6-5　喷淋式换热器

1—直管；2—回弯头；3—水槽；4—齿形檐板

蛇管的安装一般都是使其沉浸在容器中所充满的液体内，故称为沉浸式。这类换热器的优点是结构简单，便于防腐，能承受高压。缺点是传热面积有限，此外，由于容器的截面比管内的要大得多，因此管外流体的给热系数较小。如能减少管外空间或加设搅拌装置，则传热效果可以提高。

（二）喷淋式换热器

喷淋式换热器通常用于冷却（冷凝）管内的流体。将蛇管成排地固定于钢架上，如图6-5所示。被冷却的流体在管内流动，冷却水由管上方的水槽3经分布装置均匀淋下，管与管之间装有齿形檐板4，使自上流下的冷却水不断重新分布，再沿横管周围逐管下降，最后落入水池中。喷淋式蛇管换热器除了具有沉浸式蛇管的结构简单、造价便宜、能承受高压、可用不同材料制造等优点外，它比沉浸式更便于检修和清洗。从热流体中取走相同热量的情况下，由于喷淋冷却水的部分汽化，冷却水用量较少，管外给热系数和传热系数通常也比沉浸式的大。其最大缺点是喷淋不易均匀，同时喷淋式蛇管换热器要产生大量水汽而只能安装在室外，还要定期清除管外积垢。

四、套管式换热器

将两种直径大小不同的直管装成同心套管，每一段套管称为一程，每程的内管与下一程的内管顺序地用回弯头3相连接，而外管则与外管互连，如图6-6所示，即成为套管式换热器。这种换热器的程数往往较多，一般都是上下排列，固定于管架上。若所需传热面积较大，则可用数排并列，各排均与总管连接而并联使用。

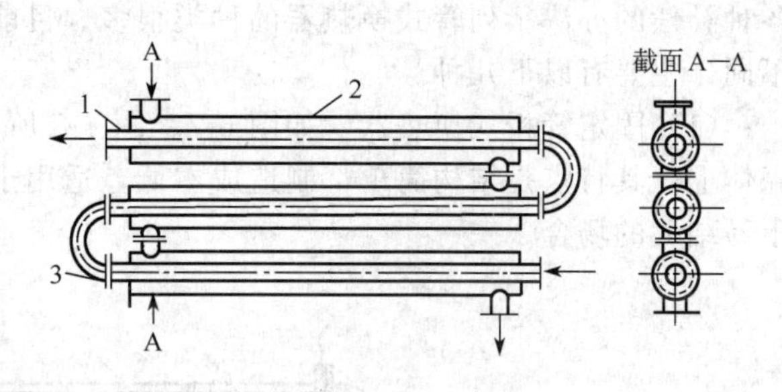

图6-6 套管式换热器

1—内管；2—外管；3—回弯头

进行热交换时使一种流体在内管1中流动，另一种流体则在套管间的环隙中流动。用蒸汽加热液体时，液体从下方进入套管的内管，并顺序流过各段套管而由上方流出。蒸汽则进入最上方套管的环隙，冷凝后的冷凝液由最下方套管排出。

套管式换热器是用标准管与管件组合而成，构造比较简单，加工方便，排数和程数的伸缩性也很大，可以根据需要增加或拆减套管段数。适当地选择内管和外管的直径，可使两种流体都达到较高的流速，从而提高传热系数；而且两种流体可以严格逆流流动，使平均温差亦为最大。

另一方面，套管式换热器的缺点主要有：接头多而易漏；占地面积较大，单位传热面积消耗的金属材料量大。因此它较适用于流量不大，所需传热面积不多的场合。

五、列管式换热器

列管式换热器又称**管壳式换热器**，已有较长的历史，至今仍是应用最广泛的一种换热设备。与前面提到的几种间壁换热器相比，单位体积的设备所能提供的传热面积要大得多，传热效果也较好。由于结构紧凑、坚固，材料较省、且能选用多种材料来制造，故适应性较强，尤其是在大型装置和高温、高压中得到普遍采用。

（一）列管式换热器的构造和形式

列管式换热器主要由壳体、管束、管板和顶盖（又称封头）等部件构成，如图6-7所示。管束3安装在壳体1内，两端固定在管板4上，固定的方法常用胀管器使无缝管胀大变形而固定在管板的开孔中，称为胀管法。顶盖2用螺钉与壳

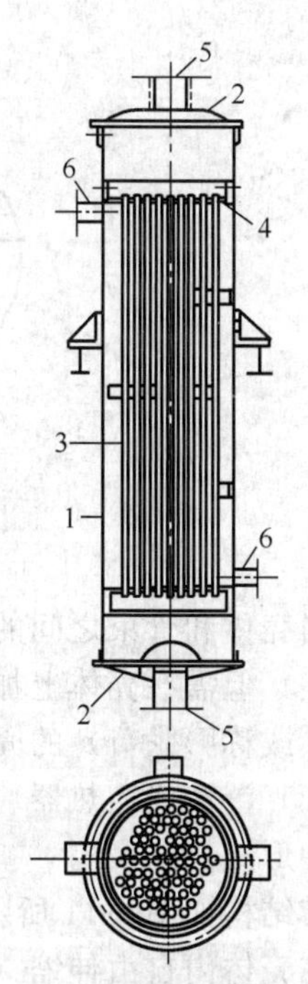

图6-7 单程列管式换热器

1—壳体；2—顶盖；3—管束；4—管板；5，6—接管

体两端的法兰相连，必要时，可将顶盖拆卸，以进行检修或清洗。

图 6-8 所示为单壳程设有折流挡板的双管程列管式换热器。常用的折流挡板形式有圆缺形（也称弓形）和交替排列的圆盘和环形两种。如图 6-9 所示。其中尤以前者采用较多。

列管式换热器在操作时，由于冷、热两流体温度不同，使壳体和管壁的温度互有差异。这种差异使壳体和管子的热膨胀程度不同，当两者温差较大（50 ℃以上）时可能将管子扭曲，或从管板上拉松，甚至毁坏整个换热器。对此，必须从结构上考虑热膨胀的影响，采用各种补偿的办法。列管式换热器的种类很多，目前广泛使用的按照有无热补偿或补偿方法的不同，主要有以下几种。

（1）固定管板式换热器　如图 6-7、图 6-8 所示，固定管板式换热器两端的管板固定在壳体上。其特点是结构简单，制造成本低，适用于壳体和管束温差小、管外物料比较清洁且不易结垢的场合。

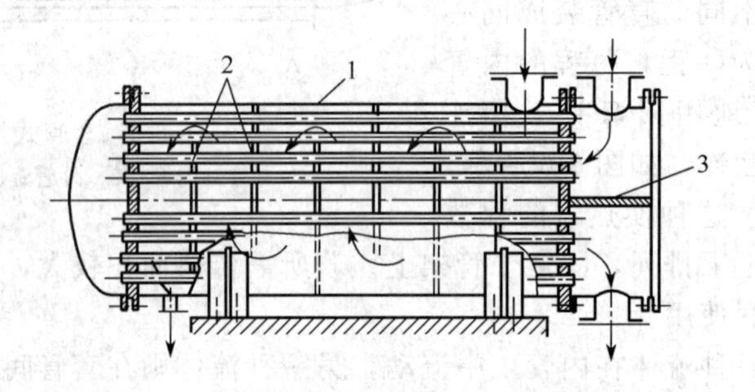

图 6-8　有折流挡板的双管程列管式换热器

1—壳体；2—折流挡板；3—隔板

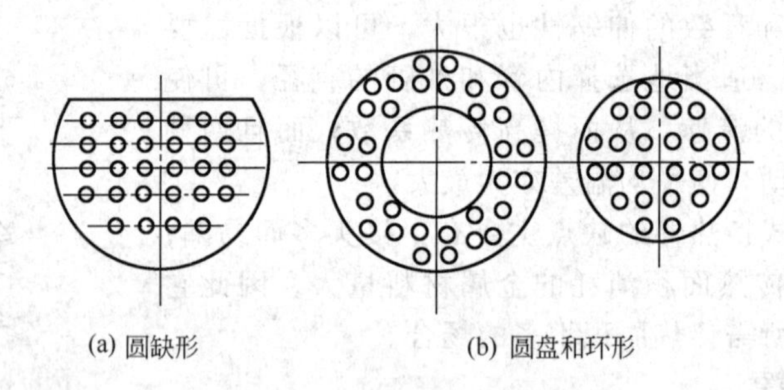

图 6-9　折流挡板

当壳体和管束之间的温差较大（大于 50 ℃）而壳体承受压力不太高时，仍可采用固定管板式，但需在壳体上加上热补偿结构以消除过大的热应力。图 6-10 所示为壳体上具有补偿圈（或称膨胀节）的固定管板式换热器。

（2）浮头式换热器　当壳体与管束间的温差比较大，而管束空间经常需要清洗时可以采用这种形式。

其结构如图 6-11 所示，两端的管板有一端（图中为下端）不与壳体相连，可以沿管长方向在壳体内自由伸缩（称为浮头），从而解决了热补偿问题。另外一端的管板仍用法兰与壳体相连接，因此整个管束可以由壳体中拆卸出来，对检修和管内、管外的清洗都比较方便。所以，浮头式换热器的应用较为广泛。但缺点是结构较复杂，材料消耗量较多，造价也因而较高。

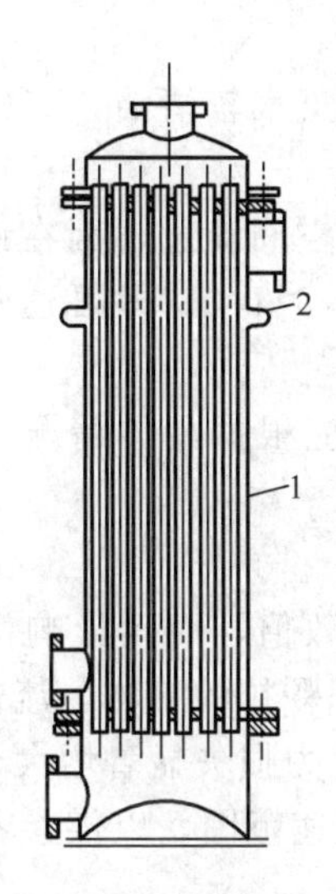

图 6-10　具有补偿圈的固定管板式换热器

1—壳体；2—补偿圈

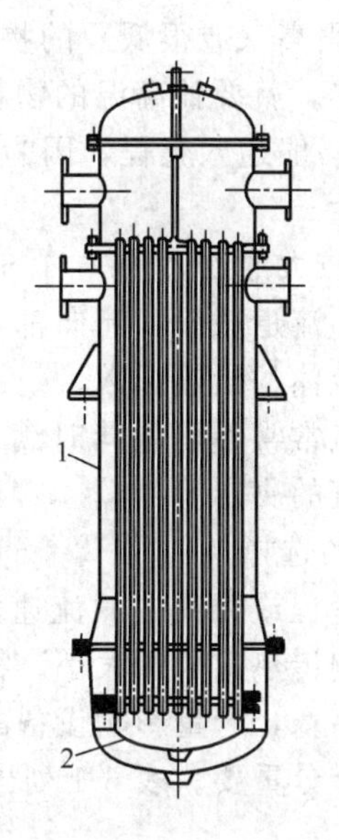

图 6-11　浮头式换热器

1—壳体；2—浮头

(3) U形管式换热器　图6-12所示，每根管子都弯成U形，管子的两端分别安装在同一固定管板的两侧，并用隔板将封头隔成两室。由于每根管子都可以自由伸缩，且与其他管子和外壳无关，故即使壳体与管子间的温差很大时，也可使用。缺点是管内的清洗比较困难。

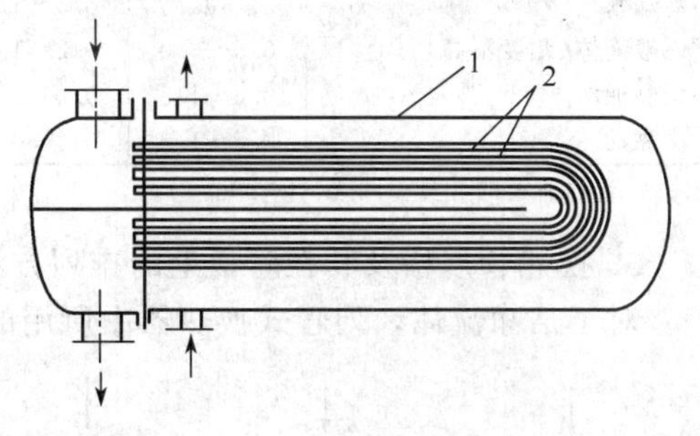

图 6-12　U形管式换热器

1—外壳；2—U形管

(二) 列管换热器的选用和设计

在选用和设计列管式换热器时，一般说流体的处理量和它们的物性是已知的，其进、出口温度由工艺要求确定。然而，冷热两流体的流向，哪一个走管内，哪一个走管外，以及管径、管长和管子根数等则尚待确定，而这些因素又直接影响着给热系数、传热系数和平均温差的数值。所以设计时需要根据生产实际情况，选定一些参数，通过试算，初步确定换热器的大致尺寸，然后再作进一步的计算和校核，直到符合工艺要求为止。当然还应参考国家系列化标准，尽可能选用已有的定型产品。所以列管式换热器的设计计算基本上也就是选用的过程。现将有关问题分述如下。

1. 流程的选择

在换热器中，哪一种流体流经管程，哪一种流经壳程，可考虑下列几点作为选择的一般原则。

① 不洁净或易于分解结垢的物料应当流经较易清洗的一侧。对于直管管束，一般应走管内，但当管束可以拆出清洗时，也可以走管外。

② 需要提高流速以增大其给热系数的流体应当走管内，因为管内截面积通常都比管间的截面积小，而且易于采用多管程以增大流速。

③ 具有腐蚀性的物料应走管内，这样可以用普通材料制造壳体，而管束、管板和封头仍要采用耐蚀材料。

④ 压力高的物料走管内，这样外壳可以不承受高压。

⑤ 温度很高（或很低）的物料应走管内以减少热量（或冷量）的散失。当然，如果为了更好地散热，就要让高温的物料走壳程。

⑥ 蒸汽一般通入壳程，因为这样便于排出冷凝液，而且蒸汽较清洁，其给热系数又与流速关系不大。

⑦ 黏度较大的物体（$\mu>1.5\sim2.5$ mPa·s），一般在壳程空间流过，因在设有挡板的壳程中流动时，流道截面和流向都在不断改变，在低 Re 下（$Re>100$）即可达到湍流，有利于提高管外流体的给热系数。

以上各点常常不可能同时满足，有时还会相互矛盾，故应根据具体情况，抓住主要方面，做出适宜的决定。

2. 流速的选择

液体在管程或壳程中的流速，不仅直接影响给热系数的数值，而且影响污垢的增长速率，从而影响传热系数的大小。特别对于含有泥沙等较易沉积颗粒的流体，流速过低甚至可能导致管路堵塞，严重影响设备的使用。但增大流速又会使压力损失显著增大，因此，选择适宜的流速十分重要。表 6-1 列出了某些流体工业上常用的流速范围，以供参考。

表 6-1 列管式换热器某些流体常用的流速范围

流体种类	流速/m·s⁻¹		流体种类	流速/m·s⁻¹	
	管程	壳程①		管程	壳程①
冷却水	1～3.5	0.5～1.5	油蒸气	5～15	3～6
一般液体(黏度不高)	0.5～3.0	0.2～1.5	气体	5～30	3～15
低黏油	0.8～1.8	0.4～1.0	气液混合流体	2～6	0.5～3
高黏油	0.5～1.5	0.3～0.8			

① 壳程流速的计算参阅式（5-74）。

3. 换热管规格及其在管板上的排列方法

对于洁净流体，列管式换热器中所用的管子直径可取得小些，这样单位体积设备的传热面积就能大些。对于不太清洁、黏度较大或易结垢的流体，管径应取得大些，以便清洗及避免堵塞。管子在管板上的排列方法常用的有正三角形和正方形两种，如图 6-13(a)、(b) 所示。正三角形排列比较紧凑，在一定的壳径内可排列较多的管子，且传热效果较好，但管外清洗较为困难。按正方形排列时，管外清洗方便，适用于流经壳程中的流体易结垢的情况，其传热效果较之正三角形排列要差些，但如将安放位置斜转 45°，成为错列排列，如图 6-13(c) 所示则传热效果会有所改善。

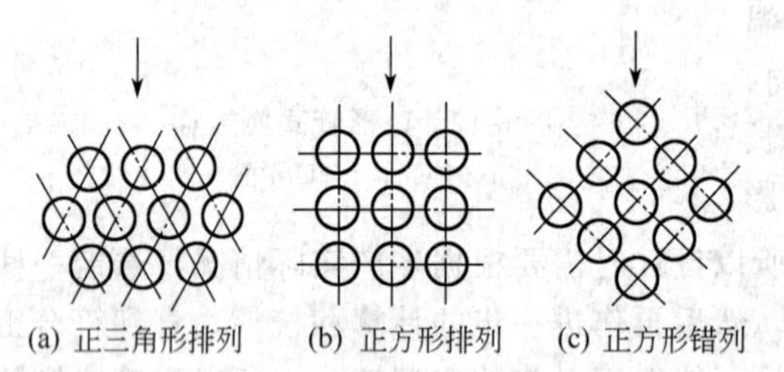
(a) 正三角形排列　(b) 正方形排列　(c) 正方形错列

图 6-13 管子在管板上的排列

目前我国的系列标准中最常采用的管径为 $\phi25$ mm×2.5 mm 和 $\phi19$ mm×2 mm 两种规格，这对一般流体是适用的。其中固定管板式换热器采用 $\phi25$ mm×2.5 mm 的管，正三角形排列；在浮头式换热器中采用 $\phi19$ mm×2 mm 的管，正三角形排列，而采用 $\phi25$ mm×2.5 mm 的管则采用正方形排列。按选定的管径和流速可以确定管数，再根据所需的传热面积，就可以求得管长。但管长 L 又应与壳径 D 相适应，一般 L/D 为 4～6。同时也应根据出厂的钢管长度合理截用，如国内生产的无缝钢管长度一般为 6 m 至 12 m，故系列标准中换热管的长度分为 1.5 m、2 m、3 m、4.5 m、6 m 或 9 m 几种，而以 3 m、4.5 m、6 m 最为普遍。

4. 阻力损失的计算

列管式换热管中阻力损失（压降）的计算，包括管程和壳程两个方面。

（1）管程阻力损失 管程总阻力损失 Δp_t 应是各程直管损失 Δp_i 与每程回弯和进出口等局部损失 Δp_r 之和。因此可用下式计算管程总压降 Δp_t

$$\Delta p_t=(\Delta p_i+\Delta p_r)F_tN_sN_p \tag{6-1}$$

式中，F_t 为管程结垢校正系数，对于 $\phi25\ \mathrm{mm}\times2.5\ \mathrm{mm}$ 的管，$F_t=1.4$，对于 $\phi19\ \mathrm{mm}\times2\ \mathrm{mm}$的管，$F_t=1.5$；$N_s$ 为壳程数，即串联的换热器数；N_p 为每壳程的管程数（各壳程相同）。

每程直管的压降

$$\Delta p_i=\lambda\frac{l}{d}\times\frac{u^2\rho}{2} \tag{6-2}$$

式中，d、l 为管内径和每根管的长度。

每程局部阻力引起的压降（包括回弯和进、出口）

$$\Delta p_r=\frac{\sum\zeta u^2\rho}{2}\approx\frac{3u^2\rho}{2} \tag{6-3}$$

（2）壳程阻力损失 由于壳程的流动状态比较复杂，对其阻力损失 Δp_s 提出的计算公式较多，结果颇有出入。下面推荐常用的埃索法

$$\Delta p_s=(\Delta p_1+\Delta p_2)F_sN_s \tag{6-4}$$

式中，Δp_1 为流体横向通过管束的阻力损失；Δp_2 为流体通过折流挡板缺口的阻力损失；F_s 为壳程结垢校正系数，对于液体取 1.15，对于气体或蒸汽取 1.0。

而

$$\Delta p_1=Ff_on_c\ (N_B+1)\ \frac{\rho_o u_o^2}{2} \tag{6-5}$$

$$\Delta p_2=N_B\left(3.5-\frac{2h}{D}\right)\frac{\rho_o u_o^2}{2} \tag{6-6}$$

式中，F 为管子排列方式校正系数，正三角形排列取 0.5，正方形斜转 45°取 0.4，正方形直列取 0.3；N_B 为折流挡板数；f_o 为壳程流体的摩擦系数，当 $Re_o>500$ 时，有

$$f_o=\frac{5.0}{Re_o^{0.228}} \tag{6-7}$$

$$Re_o=\frac{u_od_o\rho_o}{\mu_o}$$

式中，ρ_o 为壳程流体的密度，$\mathrm{kg\cdot m^{-3}}$；μ_o 为壳程流体的黏度，$\mathrm{Pa\cdot s}$；d_o 为管外径，m；u_o 为按壳程最大截面积［式(5-74)，$S_o=h(D-n_cd_o)$］计算的流速，$\mathrm{m\cdot s^{-1}}$；n_c 为管束中心线上的管数，按下式取整数

$$\text{正三角形排列，}n_c\approx1.1\sqrt{n} \tag{6-8}$$

$$\text{正方形排列，}n_c\approx1.19\sqrt{n} \tag{6-9}$$

式中，n 为换热器总管数。

5. 列管式换热器的选用和设计计算步骤

（1）计算热流量及平均温差 按估计的传热系数，估算传热面积。

（2）试选适当型号的换热器 在选定换热器的形式并确定哪一种流体走管程和哪一种流体走壳程的基础上，选择流体的流速以确定管程数 N，从系列化标准（见附录十九）中初步选定适合型号的换热器。

（3）根据初选的换热器及折流挡板间距 h，计算管程、壳程的阻力损失，检查是否合理或满足要求。若不符要求，需另选其他型号的换热器或调整间距 h，重新计算，直到满足要

求为止。一般来说，液体流经换热器的阻力损失为10～100 kPa，气体为1～10 kPa；过大，则动力消耗（运行费）甚大；过小，则设备没有充分利用（传热系数小）。选型设计时，应在阻力损失与传热系数间权衡，使在满足工艺要求的前提下，能够经济合理。

（4）核算传热系数和传热面积　分别计算流经管程和壳程的给热系数，确定污垢热阻，求出传热系数和所需的传热面积。与原选用换热器的传热面积比较，一般应比计算值大10%～25%为宜。否则要另选适合的换热器，重复（3）、（4）的计算。

【例 6-1】 某炼油厂用175 ℃的柴油将原油从70 ℃预热至110 ℃。已知柴油的处理量为34000 $kg\cdot h^{-1}$，柴油的密度为715 $kg\cdot m^{-3}$，定压比热容为2.48 $kJ\cdot kg^{-1}\cdot K^{-1}$，热导率为0.133 $W\cdot m^{-1}\cdot K^{-1}$，黏度为0.64 mPa·s。原油处理量为44000 $kg\cdot h^{-1}$，密度为815 $kg\cdot m^{-3}$，定压比热容为2.2 $kJ\cdot kg^{-1}\cdot K^{-1}$，热导率为0.128 $W\cdot m^{-1}\cdot K^{-1}$，黏度为3 mPa·s。换热管两侧污垢热阻均可取为0.000172 $m^2\cdot K\cdot W^{-1}$。两侧的阻力损失均不应超过30 kPa。试选用一适当型号的列管式换热器。

解　（1）计算热流量及平均温差。按原油加热所需来计算换热器的热流量

$Q=m_{s2}c_{p2}(t_2-t_1)=44000\times2.2\times(110-70)=3.87\times10^6\ kJ\cdot h^{-1}$ 或 1.076×10^6 W

由热量衡算式

$$Q=m_{s1}c_{p1}(T_1-T_2)=m_{s2}c_{p2}(t_2-t_1)$$

得
$$T_2=T_1-\frac{Q}{m_{s1}c_{p1}}=175-\frac{3.87\times10^6}{34000\times2.48}=175-46=129\ ℃$$

计算逆流平均温度差 $\Delta t_{m,逆}$

柴油	175 ℃ ⟶	129 ℃
原油	110 ℃ ⟵	70 ℃
温差	65 ℃	59 ℃

$$\Delta t_{m,逆}=\frac{65+59}{2}=62\ ℃$$

按逆流计算的平均温差 $\Delta t_{m,逆}$ 应乘校正系数 ψ，选换热器的流动类型为符合图5-19(a)的1壳程、偶数管程。计算参数 P 及 R

$$P=\frac{t_2-t_1}{T_1-t_1}=\frac{110-70}{175-70}=0.38$$

$$R=\frac{T_1-T_2}{t_2-t_1}=\frac{175-129}{110-70}=1.15$$

按图5-19(a)查得 $\psi=0.91$，符合 $\psi\geqslant0.9$ 的要求，得

$$\Delta t_m=62\times0.91=56.4\ ℃$$

为求得传热面积 A，需先求出传热系数 K，而 K 值又与给热系数、污垢热阻等有关。在换热器的直径、流速等参数均未确定时，给热系数也无法计算，所以只能进行试算。按表5-5，有机溶剂和轻油间进行换热时的 K 值大致为120～400 $W\cdot m^{-2}\cdot K^{-1}$，先取 K 值为250 $W\cdot m^{-2}\cdot K^{-1}$，则所需传热面积为

$$A=\frac{Q}{K\Delta t_m}=\frac{1.076\times10^6}{250\times56.4}=76.3\ m^2$$

（2）初步选定换热器的型号。由于两流体间的温差较大，同时为了便于清洗壳程污垢，以采用浮头式列管换热器为宜。柴油温度高，走管程可以减少热损失，且原油黏度较大，当装有折流挡板时，走壳程可在较低的 Re 下达到湍流，有利于提高壳程一侧的给热系数。

在决定管数和管长时，首先要选定管内流速 u_i。柴油的黏度小于 1 mPa·s 为低黏油，按表 6-1，管内流速范围为 0.8～1.8 m·s^{-1}。因管长可能较大（管程数较多），取 $u_i=1$ m·s^{-1}。设所需单程管数为 n，ϕ25 mm×2.5 mm 的管内径为 0.02 m，从管内体积流量

$$v_i=n\frac{\pi}{4}\times0.02^2\times1.0\times3600=\frac{34000}{715}=47.6\ \text{m}^3\cdot\text{h}^{-1}$$

解得 $n=42$ 根。又由传热面积 $A=n\pi d_o l'=76.3\ \text{m}^2$，可以求得单程管长

$$l'=\frac{76.3}{42\times\pi\times0.025}=23.1\ \text{m}$$

若选用 6 m 长的管，4 管程，则一台换热器的总管数为 4×42=168 根。查附录十九得相近浮头式换热器的主要参数，见表 6-2。

表 6-2　例 6-1 初选浮头式换热器的主要参数

项　目	数　据	项　目	数　据
壳径 $D(DN)$	600 mm	管尺寸	ϕ25 mm×2.5 mm
管程数 $N_p(N)$	4	管长 $l(L)$	6 m
管数 n	188	管排列方式	正方形斜转 45°
中心排管数 n_c	10	管心距	$t=32$ mm(与固定管板式相同)
管程流通面积 S_i	0.0148 m^2	传热面积 A	86.9 m^2

可对表 6-2 中查得的数据核算如下。

① 每程的管数 n_1 = 总管数 n/管程数 $N_p=188/4=47$，管程流通面积 $S_i=(\pi/4)(0.02)^2\times47=0.01476\ \text{m}^2$，与查得的 0.0148 m^2 很好符合。

② 传热面积 $A=\pi d_o ln=\pi\times0.025\times6\times188=88.5\ \text{m}^2$，比查得的 86.9 稍大，这是由于管长的一小部分需用于在管板上固定管子。应以查得的 $A=86.9$ 为准。

③ 中心排管数 n_c，查得的 $n_c=10$ 似乎太小，按图 6-13(c) 排列，$n_c=10$ 时，n 最多为 100；现未知浮头式 4 管程的具体排管方法，暂存疑。以下按式(6-9) 计算：

$$n_c=1.19\sqrt{n}=1.19\sqrt{188}=16.3$$

取整 $n_c=16$。

(3) 阻力损失计算

① 管程

流速
$$u_i=\frac{v_i/3600}{S_i}=\frac{47.6/3600}{0.0148}=0.895\ \text{m}\cdot\text{s}^{-1}$$

雷诺数
$$Re_i=\frac{d_i u_i \rho_i}{\mu_i}=\frac{0.020\times0.895\times715}{0.64\times10^{-3}}=20000$$

摩擦系数　取钢管绝对粗糙度 $\varepsilon=0.1$ mm（见表 1-1），得相对粗糙度 $\varepsilon/d_i=0.1/20=0.005$；根据 $Re=2\times10^4$，查图 1-27，得 $\lambda_i=0.035$。

管内阻力损失
$$\Delta p_i=\lambda_i\frac{l}{d_i}\left(\frac{u_i^2\rho_i}{2}\right)=0.035\times\frac{6}{0.02}\times\left(\frac{0.895^2\times715}{2}\right)=10.5\times286=3010\ \text{Pa}$$

回弯阻力损失
$$\Delta p_r=3\times\left(\frac{u_i^2\rho_i}{2}\right)=3\times286=858\ \text{Pa}$$

管程总损失
$$\Delta p_t=(\Delta p_i+\Delta p_r)F_t N_s N_p$$
$$=(3010+858)\times1.4\times1\times4=21660\ \text{Pa 或 }21.7\ \text{kPa}$$

② 壳程　取折流挡板间距 $h=0.2$ m

计算截面积　$S_o=h\times(D-n_c d_o)=0.2\times(0.6-16\times0.025)=0.04\ \text{m}^2$

计算流速 $$u_o=\frac{44000/3600}{815\times0.04}-0.375\ \mathrm{m\cdot s^{-1}}$$

雷诺数 $$Re_o=\frac{d_o u_o \rho_o}{\mu_o}=\frac{0.025\times0.375\times815}{3\times10^{-3}}=2550(>500)$$

摩擦系数 $$f_o=\frac{5.0}{Re^{0.228}}=\frac{5.0}{2550^{0.228}}=0.836$$

折流挡板数 $$N_B=\frac{l}{h}-1=\frac{6}{0.2}-1=29$$

管束损失 $$\Delta p_1=Ff_o n_c(N_B+1)\left(\frac{\rho_o u_o^2}{2}\right)=0.4\times0.836\times16\times(29+1)\left(\frac{815\times0.375^2}{2}\right)$$

$$=160.5\times57.3=9200\ \mathrm{Pa}$$

缺口损失 $$\Delta p_2=N_B\left(3.5-\frac{2h}{D}\right)\left(\frac{\rho_o u_o^2}{2}\right)=29\times\left(3.5-\frac{2\times0.2}{0.6}\right)\times57.3=4710\ \mathrm{Pa}$$

壳程损失 $\Delta p_s=(\Delta p_1+\Delta p_2)F_s N_s=(9200+4710)\times1.15\times1=16000\ \mathrm{Pa}$ 或 16.0 kPa

核算下来，管程及壳程的阻力损失都不超过 30 kPa，又不是太小（大于 10 kPa），适用。

（4）传热计算

① 管程给热系数 α_i。以上已算出 $Re_i=20000$，现再算 Pr_i。

$$Pr_i=\frac{c_{p_i}\mu_i}{\lambda_i}=\frac{(2.48\times10^3)(0.64\times10^{-3})}{0.133}=11.93$$

$$Nu_i=0.023\times20000^{0.8}\times11.93^{0.3}=133.5$$

$$\alpha_i=Nu_i\left(\frac{\lambda_i}{d_i}\right)=133.5\times\left(\frac{0.133}{0.020}\right)=888\ \mathrm{W\cdot m^{-2}\cdot K^{-1}}$$

② 壳程给热系数 α_o。按式(5-72)：$Nu_o=0.36Re_o^{0.55}Pr^{1/3}(\mu/\mu_w)^{0.14}$ 计算 α_o。前已算出 $Re_o=2550$

而 $$Pr_o=\frac{2.2\times10^3\times3\times10^{-3}}{0.128}=51.6$$

现原油被加热，(μ/μ_w) 大于 1，可取为 1.05。

故 $$Nu_o=0.36\times2550^{0.55}\times51.6^{1/3}\times1.05=0.36\times74.7\times3.72\times1.05=105.1$$

$$\alpha_o=105.1\times(0.128/0.025)=538\ \mathrm{W\cdot m^{-2}\cdot K^{-1}}$$

③ 传热系数。按管外面积计算，略去管壁热阻。

$$\frac{1}{K_o}=\frac{1}{\alpha_i}\left(\frac{d_o}{d_i}\right)+r_i\left(\frac{d_o}{d_i}\right)+r_o+\frac{1}{\alpha_o}=\frac{1}{888}\times1.25+(1.25+1)\times0.000172+\frac{1}{538}$$

$$=10^{-4}\times(14.08+3.87+18.58)=36.53\times10^{-4}$$

$$K_o=\frac{10^4}{36.53}=274\ \mathrm{W\cdot m^{-2}\cdot K^{-1}}$$

④ 所需的传热面积 A_o。

$$A_o=\frac{Q}{K_o\Delta t_m}=\frac{1.076\times10^6}{274\times56.4}=69.6\ \mathrm{m^2}$$

与换热器列出的面积 $A=86.9\ \mathrm{m^2}$ 比较，有近 25％的裕度。从阻力损失和传热面积的核算看，原选的换热器适用。

六、换热器的强化途径

所谓换热器的强化，就是力求使换热设备的传热速率尽可能增大，力图用较少的传热面积或较小体积的设备来完成同样的传热任务。从传热速率方程 $Q=KA\Delta t_{m}$ 可见，增大传热系数 K、传热面积 A 或平均温差 Δt_{m} 均可使传热速率 Q 提高，但换热器的强化应主要从传热过程的研究和传热设备的改进着手，提高现有换热设备的生产能力和创造新型的高效换热器。

下面从传热速率方程出发，从三方面来探讨强化措施。

(1) 单位体积内的传热面积 A　可从改进传热面的结构着手。例如翅片管换热器，就是在换热管的外表面、内表面带有各种形状的翅片；或者以各种波纹管代替光管，如图 6-14 所示。这样不仅增加传热面积，同时也增大流体的湍动程度，从而提高热流量 Q。特别在给热系数小的一侧采用翅片，对提高传热系数更是有效。一些高效紧凑换热器（如下面将讨论的板式换热器、板翅式换热器等）就是从结构上加以改进，以达到强化传热的目的。

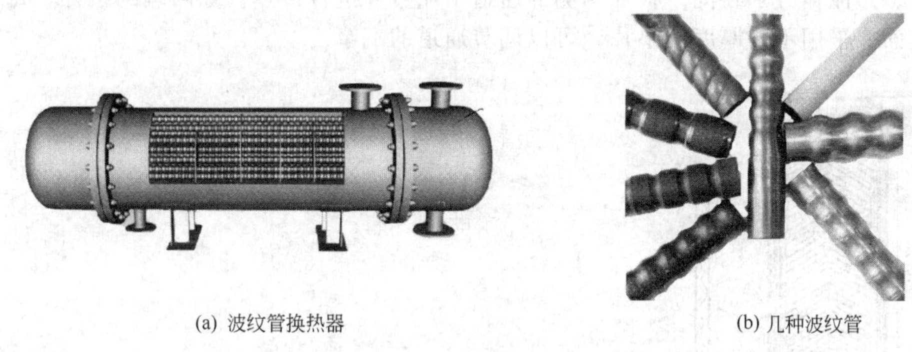

(a) 波纹管换热器　(b) 几种波纹管

图 6-14　波纹管换热器及波纹管

如果进行换热的两种流体在工艺上允许直接接触，则设法增大两流体相间的接触面积及相间的湍动程度，也就增加了单位体积内的传热效果。旋流板塔和文丘里冷却器即是这种强化方法的例子。

(2) 平均温差 Δt_{m}　其大小主要由冷、热两种流体的温度条件所决定，一般已为工艺条件所确定。当两边流体均为变温情况时，应尽可能考虑从结构上采用逆流或接近于逆流的流向以得到较大的 Δt_{m} 值。另从节能的观点出发，也应尽可能在小温差条件下进行传热。

(3) 传热系数 K　取决于两流体的给热系数、污垢热阻和管壁热阻等，管壁热阻一般很小，若忽略不计，则

$$K=\frac{1}{\frac{1}{\alpha_1}+R_{s1}+R_{s2}\frac{d_1}{d_2}+\frac{1}{\alpha_2}\frac{d_1}{d_2}}$$

显然，减小分母中的任一项，都可使 K 值增大。但因各项所占比重不同，要有效地增大 K 值，应设法减小对 K 值影响较大的项。如果污垢热阻较大时，则应主要考虑如何防止或延缓垢层的形成或使污垢层清洗方便等方面。当 α_1 和 α_2 的数值比较接近时，最好能同时提高两流体的给热系数；而当其差别较大时，只有设法增大较小的 α 才能有效地提高 K 值。加大流速，增强湍流强度，以减少层流底层的厚度，可以有效地提高无相变流体的给热系数，从而达到增大 K 值的目的。此外，在管内装入各种强化添加物，能使湍流程度增大，且有破坏层流底层的作用。但与此同时，也会使流体阻力增加，管内流体流量的分配不易均匀，并使清洗、检修复杂化。故应全面加以权衡。

以下几种新型换热器，就是分别从上述三方面着手来改进结构以提高传热速率。

七、板式换热器

板式换热器具有传热效果好、结构紧凑等优点，是一种新型换热器。在温度不太高和压力不太大的情况下，应用板式换热器较为有利。

板式换热器由传热板片、密封垫片和压紧装置三部分组成。作为传热面的板片可用不同的金属（如不锈钢、黄铜、铝合金等）薄板压制成型。由于板片厚度一般仅 0.5～3 mm，其刚度不够，通常将板片压制成各种槽形或波纹形的表面，如图 6-15 所示为人字形波纹板。这样既增强了刚度以防止板片受压时变形，同时也增强了流体的湍动程度，并加大了传热面积。每片板的四个角上各开一个孔，板片周边及孔的周围压有密封垫片槽。密封垫片也是板式换热器的重要组成部分，一般由各种橡胶、压缩石棉或合成树脂制成。装置时先用黏结剂将垫片贴牢在板片密封槽中，孔周围的部分槽中根据流体流动的需要来放置垫片，从而起到允许或阻止流体进入板面之间通道的作用。将若干块板片按换热要求依次排列在支架上，由压板借压紧螺杆压紧后，相邻板间就形成了流体通道。借助板片四角的孔口与垫片的恰当布置，使冷、热流体分别在同一板片两侧的通道中流过并进行传热。除两端的板外，每一板片都是传热面。采用不同厚度的垫片，可以调节通道的宽窄。

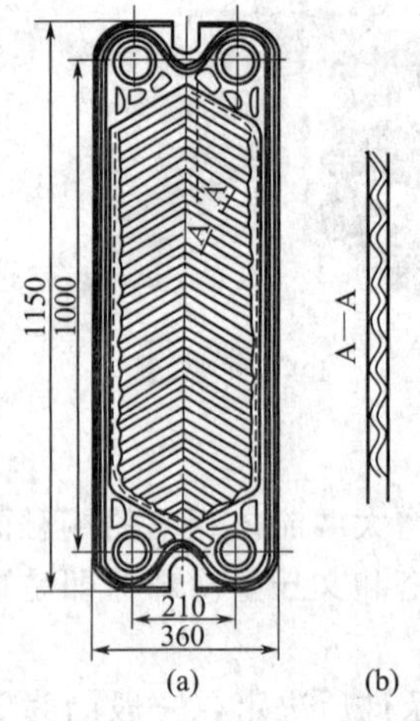

图 6-15　板式换热器的板片（a）和人字形波纹板片结构（b）

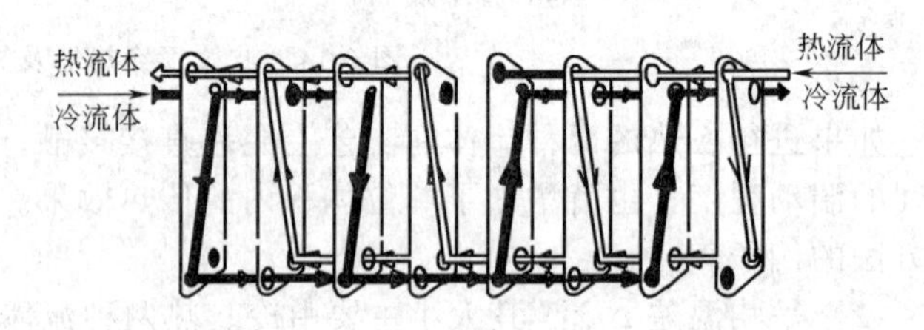

图 6-16　板式换热器流向示意图

图 6-16 所示为板式换热器中冷、热流体的流向。板片数目可根据工艺条件的变化而增减。

板式换热器目前广泛应用于食品、轻工和化学等工业。

板式换热器的主要优点如下。

① 传热系数高。例如水对水之间的传热，K 值在 1500～4700 $W \cdot m^{-2} \cdot K^{-1}$ 之间，而在列管式换热器中 K 值一般为 1100～2300 $W \cdot m^{-2} \cdot K^{-1}$。这是由于在板式换热器中，板面有波纹或沟槽，可在较低流速下[1]（例如对于人字形板片，$Re>40$）即达到湍流，故传热系数高，而阻力损失并不大。此外，污垢热阻也较小。

② 结构紧凑，单位体积设备提供的传热面积大。板间距为 4～6 mm 时，常用的板式换热器每立方米体积可具有 250 m^2 以上的传热面积，而列管式换热器一般在 40～150 m^2 之间。

③ 操作灵活性大。只要在适当位置安设中间隔板，可以在同一设备中同时进行几种过

[1] 由于板片的形式多种多样，对不同计算公式，临界 Re 值相差很大，一般在 150～500 之间。

程。例如在食品工业中，可用同一台板式换热器来进行灭菌加热、热量回收和冷却等几种过程。另外，可根据需要用调节板片数目的办法来增减传热面积，或利用板片排列方式的不同来调节流道长短的办法，适应冷热流体流量和温度变化的要求。

④ 金属消耗量低。与列管式换热器相比，每平方米的传热面约可减少一半。

⑤ 板片加工制造以及检修、清洗都比较方便。

主要缺点如下。

① 允许的操作压力比较低。因受垫片沟槽结构和垫片种类的限制，压力过高容易渗漏，同时也受板片刚度的限制，操作压力一般低于 1.5 MPa，最高不超过 2 MPa。

② 操作温度不能过高。因受垫片耐热性能的限制，如对于合成橡胶垫片，操作温度应低于 130 ℃，压缩石棉垫片也应低于 250 ℃。

③ 处理量不大。因两板间的距离仅几毫米，流通截面较小，流速又不大，处理量受到限制。

关于板式换热器给热系数的计算式大多采用下列形式。

$$Nu=CRe^{m}Pr^{n}\left(\frac{\mu}{\mu_{\mathrm{w}}}\right)^{0.14} \tag{6-10}$$

很多研究者对不同结构的板片进行实验所得到的关联式，只是在系数 C 和指数 m、n 上有所不同。对于人字形板片可采用下列计算式。

当 $Re<25$（层流）时，

$$Nu=0.755Re^{0.46}Pr^{1/3}\left(\frac{\mu}{\mu_{\mathrm{w}}}\right)^{0.14} \tag{6-11}$$

即

$$\frac{\alpha d_{\mathrm{e}}}{\lambda}=0.755\left(\frac{d_{\mathrm{e}}u\rho}{\mu}\right)^{0.46}\left(\frac{c_{p}\mu}{\lambda}\right)^{1/3}\left(\frac{\mu}{\mu_{\mathrm{w}}}\right)^{0.14} \tag{6-11a}$$

当 $Re>40$（湍流）时，

$$Nu=0.52Re^{0.61}Pr^{1/3}\left(\frac{\mu}{\mu_{\mathrm{w}}}\right)^{0.14} \tag{6-12}$$

式中当量直径 d_{e} 为

$$d_{\mathrm{e}}=\frac{4Bb}{2(B+b)}\approx 2b$$

式中，B 为宽度；b 为两相邻板间的间距，一般 $B\gg b$，故 $d_{\mathrm{e}}\approx 2b$。

八、螺旋板式换热器

螺旋板式换热器也是发展较早的一种由板材制造的换热器。它同样具有传热系数较大、结构较紧凑等特点。

螺旋板式换热器由两张薄板平行卷制而成，形成两个互相隔开的螺旋形通道。两板之间焊有定距柱用以保持其间的距离，同时也可增强螺旋板的刚度。在换热器中心装有隔板，使两个螺旋通道分隔开。在顶部和底部有盖板或封头以及两流体的出入口接管。如图 6-17 所示，一般有一对进出口位于圆周边上，而另一对进出口则设在圆鼓的轴心上。冷热两流体以螺旋板为传热面分别在板片两边的通道内做逆流流动并进行换热。

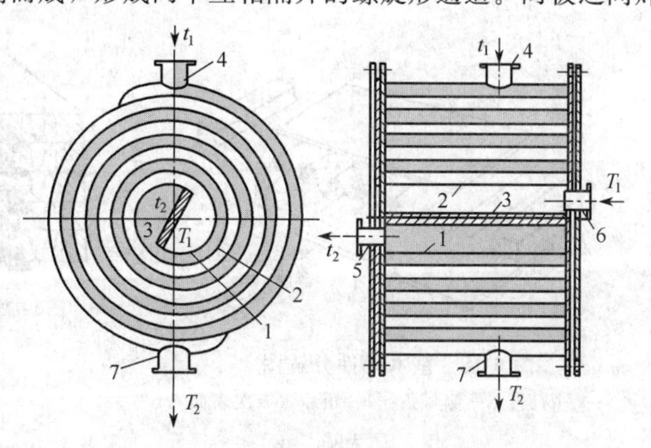

图 6-17　螺旋板式热交换器

1,2—金属片；3—隔板；4,5—冷流体连接管；6,7—热流体连接管

螺旋板换热器的优点如下。

① 传热系数高。流体在螺旋板间流动时，流体的流向不断改变，所以 Re 在 1400～1800 之间即形成湍流，而允许流

速可达 2 m·s^{-1}，故传热系数较大。如水对水的换热，其传热系数可达 2000～3000 W·m^{-2}·K^{-1}。

② 不易结垢和堵塞。由于流体的流速较大，且在螺旋形通道中流过，故对污垢起一定冲刷作用，流体中的悬浮物亦不易沉积下来。

③ 由于流道长，而且两流体可以在逆流情况下换热，故可在较小的温差下进行操作，能充分利用温度较低的热源。

④ 结构紧凑，制作简便。单位体积的传热面积约为管壳式的 3 倍，也是用金属板材代替管材。

主要缺点如下。

① 操作压力和温度不能太高。一般只能在 2 MPa 以下和 300～400 ℃以下操作。

② 不易检修。因整个换热器已卷制焊接为一整体，一旦发生中间泄漏或其他故障，就很难检修。

③ 流体在换热器内作螺旋式流动，加上定距柱对流体流动的干扰作用，因而同样物料在相同流速的条件下，阻力损失较大。例如在同样的操作条件下，若以列管式换热器克服流体阻力的动力消耗为 100，螺旋板式换换器约为 300，而板式换热器约为 95。

对于无相变流体在螺旋通道中流动时的给热系数，可按下式计算

$$Nu=0.04Re^{0.78}Pr^{0.4} \tag{6-13}$$

式(6-13) 是用定距柱的直径为 10 mm、中心距为 100 mm 并做菱形排列的换热器所得实验数据综合而得。

九、板翅式换热器

板翅式换热器是一种轻巧、紧凑、高效的换热器。这种换热器最早用于航空工业，现已在石油化工、天然气液化、气体分离等部门中广泛应用。

板翅式换热器由若干基本元件和集流箱等部分组成。基本元件是由各种形状的翅片、平隔板、侧封条组装而成。如图 6-18 所示，在两块平行薄金属板（平隔板）间，夹入波纹状的翅片，两边以侧封条密封，即组成一个基本元件（单元体）。根据工艺要求，将各单元体进行不同的叠积和适当的排列，并用钎焊焊成一体，得到的组装件称为芯部或板束。图6-19 所示为常用的逆流和错流式板翅式换热器组装件。然后再将带有流体进出口的集流箱焊接到板束上，就组成了完整的板翅式换热器。我国目前最常用的翅片形式主要为光直翅片、锯齿翅片和多孔翅片三种，如图 6-20 所示。

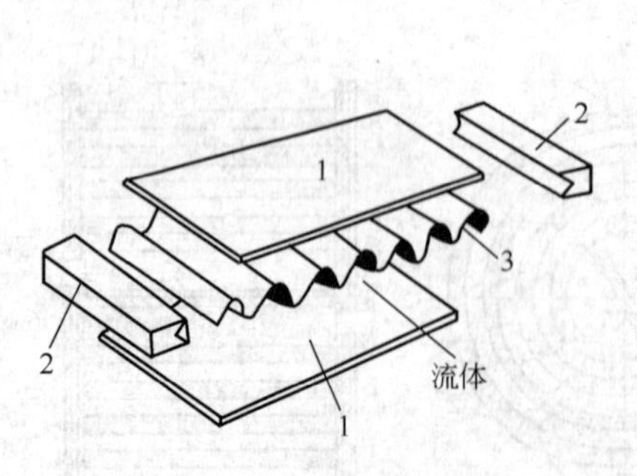

图 6-18 基本元件分解图

1—平隔板；2—侧封条；3—翅片（二次表面）

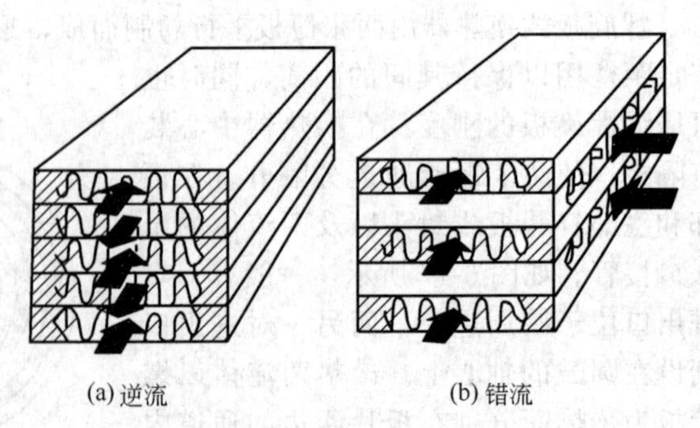

图 6-19 板翅式换热器的板束

板翅式换热器的优点如下。

(1) 结构紧凑，适应性强 板翅式换热器一般用铝合金制造，轻巧紧凑，在同样传热面积的情况下，板翅式换热器的重量仅为列管式换热器的 1/10 左右。单位体积传热面积（包

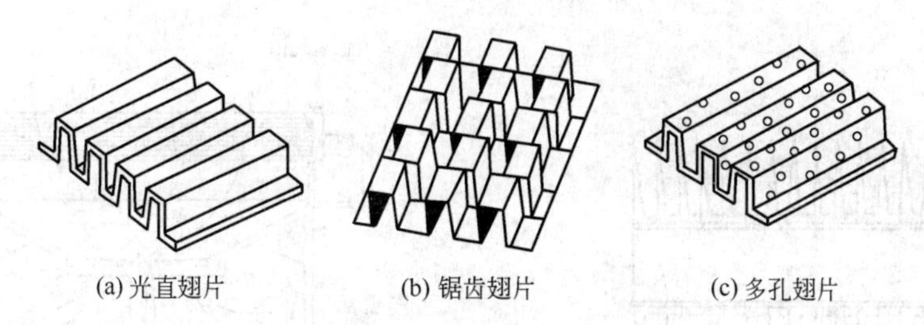

图 6-20　板翅式换热器的翅片形式

括平隔板和翅片两部分）一般能达到 2500 $m^2 \cdot m^{-3}$，最高可达 4000 $m^2 \cdot m^{-3}$ 以上。虽然平隔板和翅片的材料都很薄，但因波形翅片既是传热面，又起到两平隔板之间的支撑作用，且结构上连接处之间的距离短，因而板翅式换热器具有较高的强度，能承受的压力可达 5 MPa 左右。铝合金材料的热导率高，在零度以下操作时，延展性和抗拉强度可比常温下提高 20%～50%，因此，由这种材料制作的换热器操作范围宽广，可在 200 ℃至接近绝对零度范围内使用，尤其使用于低温或超低温场合。既可用于气体-气体、气体-液体、液体-液体等无相变的换热，也可用作冷凝器和蒸发器，其适应性强。流体的流向除图 6-19 所示的逆流和错流以外，可利用单元体不同的叠积和排列使流体做并流或错逆流结合等流动，或使多种不同介质在同一设备内进行换热。

(2) 传热系数大　以平隔板为基准，强制对流时的传热系数，空气为 35～350 $W \cdot m^{-2} \cdot K^{-1}$、油类为 120～1750 $W \cdot m^{-2} \cdot K^{-1}$。这是由于各种形状的翅片在不同程度上起着促进湍流和破坏层流底层的作用。

其缺点是制造工艺比较复杂，清洗和检修困难，因而要求换热介质清洁。

在板翅式（光直型翅片）换热器中，流体无相变时的传热和流体力学特性与管内流动情况相似。对于其他形式的翅片，由于流体流动状态的改变，与管内流动情况差别较大，其详情可查阅有关资料中所列的实验数据、图表和设计方法。

十、翅片管换热器及空气冷却器

在生产中经常遇到换热面两侧给热热阻悬殊的情况：一侧为气体（或高黏度液体），另一侧为饱和蒸气冷凝（或低黏度液体）。这时，由于气体（或高黏度液体）侧的给热系数很小，因而成为整个传热过程的控制因素。为了强化传热，就必须减少这一侧的热阻。因此，可以在换热管给热系数小的一侧加上翅片。

图 6-21 所示为工业上广泛应用的几种翅片形式，翅片分为横向和纵向两大类，可以用机械法轧制、焊接或铸造，也可用厚壁管径向滚压而成，后者称为螺纹管。翅片管较为重要的应用场合之一是空气冷却器（简称空冷器）。它以空气为冷却剂在翅片管外流过，用于冷却或冷凝管内通过的流体，特别适用于缺水地区。

空冷器主要由翅片管束构成，常用的是水平横向翅片管。管材本身大多仍用碳钢，但翅片多为铝制，可以用缠绕、嵌镶等办法将翅片固定在管子的外表面上。图 6-22 所示为翅片管的断面。

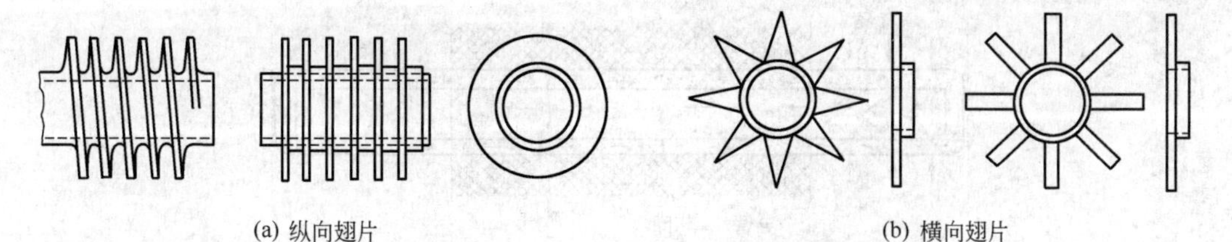

图 6-21　常见的几种翅片形式

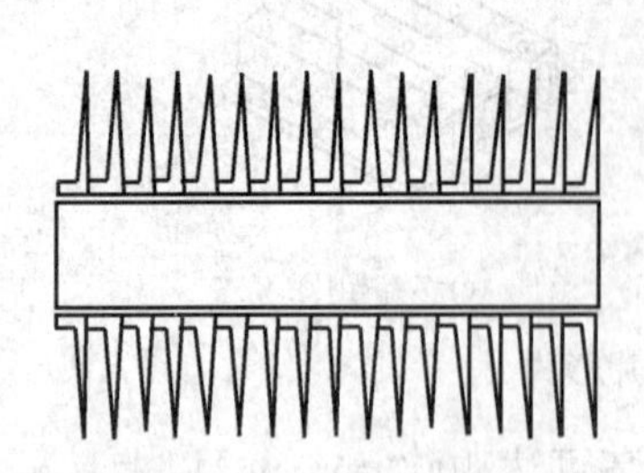

图 6-22 翅片管的断面

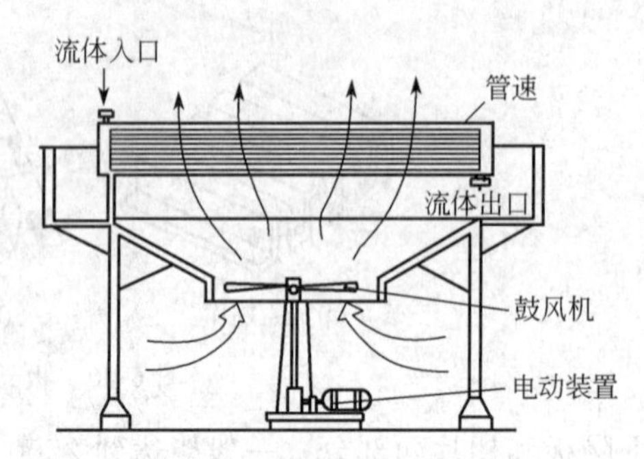

图 6-23 空冷器的结构简图

图 6-23 所示为一空冷器的结构简图。热流体由物料管线流经各管束进行冷却，在排出管内汇集而后排出。冷空气一般由安装在管束下面的轴流式通风机向上吹过管束作为冷却剂。

由于管外安装了翅片，既增强了管外流体的湍流程度，又增大了传热面积。这样，可以减少两边给热系数过于悬殊的影响，从而提高换热器的传热效能。例如当空气流速为 1.5～4 $m\cdot s^{-1}$时，空气侧（以光管外表面为基准）的给热系数 α 可达 550～1100 $W\cdot m^{-2}\cdot K^{-1}$。如果以包括翅片在内的全部外表面积计算，则 α 为 35～70 $W\cdot m^{-2}\cdot K^{-1}$，与没有翅片的光管相比，空气侧的热阻显著减小。表 6-3 列出了一些空冷器传热系数的大致范围。

表 6-3 空冷器传热系数的大致范围

物　料	传热系数 $K/W\cdot m^{-2}\cdot K^{-1}$	物　料	传热系数 $K/W\cdot m^{-2}\cdot K^{-1}$
轻质油	300～400	烃类气体	180～520
重质油	60～180	低压水蒸气冷凝	750～800
空气或烟道气	60～180	氨冷凝	600～700
合成氨反应气体	460～520	有机蒸气冷凝	350～470

空冷器的主要缺点是装置较为庞大，动力消耗也大。

十一、热管换热器

热管是 20 世纪 60 年代发展起来的一种新型传热元件。其原理是在一根抽除不凝性气体的金属管内充以定量的某种工作液体，然后封闭而成（见图 6-24）。当加热（吸热）段受热时，工作液体发生沸腾，产生的蒸气流至冷却（放热）段，遇冷凝结放出潜热。冷凝液回到加热段，再次沸腾，如此反复循环，热量不断由加热段传至冷却段。冷凝液的回流可以通过不同的方法。图 6-24 的水平管是通过管内壁芯网的毛细管作用，也可将冷却段朝上而依靠重力作用，回到加热段。

由于沸腾和冷凝的给热系数都很大，使热管传递热量的能力很强。其热流量与相应管壁温差折算得到的表观热导率，是最优良金属导热体的 10^2～10^3 倍。

在传统的管式换热器中，管外可用加设翅片的方法强化；管内虽可加翅片或其他内插物

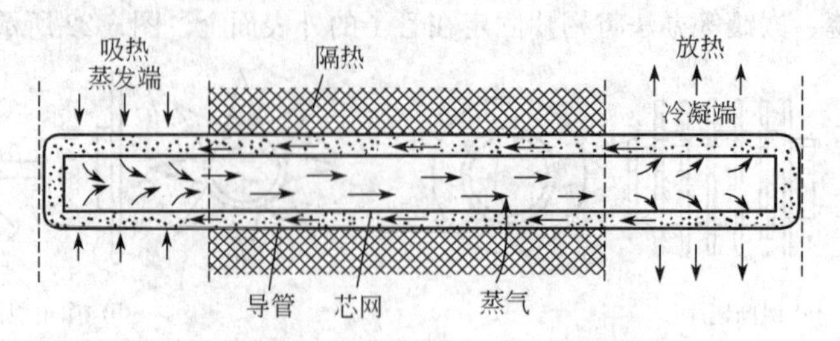

图 6-24 热管原理图

等，但强化程度远不如管外。热管则将传统的内、外表面间的传热转化为两段管外表面的传热，加热段和冷却段都可用加装翅片的方法进行强化。因此，对热、冷两侧给热系数都很小的气-气传热过程特别适用。如用于回收锅炉烟气的废热以预热燃烧所需的空气，取得了明显的经济效果。

热管还能满足某些特殊要求。如为了从釜内移出热流量很大的反应热，而将搅拌桨的轴设计成带有翅片的热管，远比用夹套或蛇管有效而紧凑。

习 题

6-1 某厂需将 7500 $kg \cdot h^{-1}$ 的丁二烯蒸气冷凝。已知其冷凝温度为 40 ℃，冷凝潜热为 373 $kJ \cdot kg^{-1}$，冷凝液膜的密度为 605 $kg \cdot m^{-3}$，黏度为 0.150 $mPa \cdot s$，热导率为 0.110 $W \cdot m^{-1} \cdot K^{-1}$。所用冷却水的进、出口温度分别为 15 ℃和 25 ℃，水侧和蒸气侧的污垢热阻分别可取 5.8×10^{-4} $m^2 \cdot K \cdot W^{-1}$ 和 1.76×10^{-4} $m^2 \cdot K \cdot W^{-1}$。试选用一台适合的水平列管式冷凝器（设丁二烯蒸气冷凝给热系数可近似按单根管外冷凝的公式计算再乘以 1/2）。

6-2 某厂用冷却水冷却从反应器出来的循环使用的有机液。操作条件及物性如下。

液体	温度/℃		质量流量	比热容	密度	热导率	黏度
	入口	出口	$/kg \cdot h^{-1}$	$/kJ \cdot kg^{-1} \cdot K^{-1}$	$/kg \cdot m^{-3}$	$/W \cdot m^{-1} \cdot K^{-1}$	$/Pa \cdot s$
有机液	65	50	40000	2.261	950	0.172	1×10^{-3}
水	25	t_2	20000	4.187	1000	0.621	0.742×10^{-3}

试选用一适当型号的列管式换热器。

符 号 说 明

符号	意义	单位
A	传热面积	m^2
B	宽度	m
c_p	定压比热容	$kJ \cdot kg^{-1} \cdot K^{-1}$
d	管径	m
f	摩擦因数	—
h	挡板间距	m
K	传热系数	$W \cdot m^{-2} \cdot K^{-1}$
l	长度	m
m_s	质量流量	$kg \cdot s^{-1}$
p	压力	$Pa = N \cdot m^{-2}$
Q	热流量	W
q	热通量	$W \cdot m^{-2}$
R	热阻	$m^2 \cdot K \cdot W^{-1}$
S	截面积	m^2
T	热流体温度	K 或℃
t	冷流体温度	K 或℃
u	流速	$m \cdot s^{-1}$
λ	热导率	$W \cdot m^{-1} \cdot K^{-1}$
μ	黏度	$Pa \cdot s$
ρ	密度	$kg \cdot m^{-3}$

参考文献

1 朱跃利．传热过程与设备．北京：中国石化出版社，2008
2 朱冬生等．换热器技术及进展．北京：中国石化出版社，2008
3 余建祖．换热器原理与设计．北京：航空航天大学出版社，2006

第七章 蒸 发

第一节 概 述

在化工、轻工、医药、食品等工业中，常常需要将溶有不挥发溶质的稀溶液加以浓缩，以得到浓溶液（或固体产品），例如硝酸铵、烧碱、抗生素、食糖等生产；有少数情况为制取溶剂，如海水淡化。工业上常用的浓缩方法是将这些稀溶液加热至沸腾，使其中一部分溶剂汽化，从而获得浓缩。这一过程称为**蒸发**。进行蒸发的必备条件是热能的不断供给和生成蒸气的不断排除。进行蒸发过程的设备称为蒸发器。

（一）蒸发的基本流程

图 7-1 所示为硝酸铵水溶液蒸发的简化流程。稀硝酸铵溶液（料液）经预热后加入蒸发器。蒸发器的下部是由许多加热管组成的加热室，在管外用蒸汽加热管内的溶液，并使之沸腾汽化；经浓缩后的硝酸铵溶液（完成液）从蒸发器底部排出。蒸发器的上部为蒸发室，产生的蒸汽在蒸发室及其顶部的除沫器中将其中夹带的液沫予以分离，然后送往冷凝器被冷凝而除去。蒸发过程可以是连续的也可以是间歇的，但在大多数情况下，它是在连续和稳定的条件下进行的。

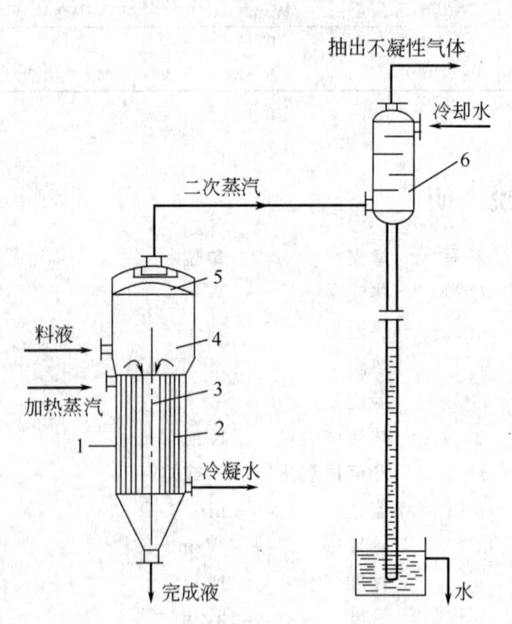

图 7-1 硝酸铵水溶液蒸发流程
1—加热管；2—加热室；3—中央循环管；4—蒸发室；5—除沫器；6—冷凝器

（二）加热蒸汽和二次蒸汽

工业上供给热能的热源通常为水蒸气，而蒸发的物料大多是水溶液，其蒸发出的蒸汽也是水蒸气。为便于区别，前者称为**加热蒸汽**（或**生蒸汽**），后者称为**二次蒸汽**。

（三）分类

（1）按蒸发器操作空间的压力分类　可分为常压、加压或减压（即真空）蒸发。上述硝酸铵溶液的蒸发即为真空蒸发。此时，为了维持蒸发所要求的真空度，冷凝器后连有真空泵；为了在负压下将被冷凝的水排出，使冷凝器具有足够的高度而依靠重力排水（也有少数情况用泵抽出冷凝水）。

（2）按二次蒸汽利用的情况分类　可分为单效和多效蒸发。若二次蒸汽不再利用，而直接送至冷凝器得以除去的流程，称为**单效蒸发**。若将二次蒸汽送到另一压力较低的蒸发器作为加热蒸汽，则可以提高原来加热蒸汽的利用率。这种将几个蒸发器串联，使加热蒸汽在蒸发过程中得到多次利用的蒸发流程称为**多效蒸发**。

（四）蒸发过程的特点

从上述对蒸发过程的简单介绍可以看出：常见的蒸发，实质上是在间壁两侧分别有蒸汽冷凝和液体沸腾的传热过程，所以，蒸发器也是一种换热器。然而，与一般传热过程相比，蒸发需要注意以下特点。

(1) 沸点升高　蒸发的物料是溶有不挥发溶质的溶液。由拉乌尔定律可知：在相同温度下，其蒸气压较纯溶剂为低。因此，在相同压力下，溶液的沸点就高于纯溶剂的沸点，故蒸发溶液时的传热温差就比蒸发纯溶剂时为小。溶液的浓度越大，这种影响也越显著。这是蒸发需要考虑的一个问题。

(2) 节约能源　蒸发所消耗的加热蒸汽往往占到整个生产过程的较大比例，如何充分利用热量，使单位质量的加热蒸汽能除去较多的水分，亦即如何提高加热蒸汽的利用程度，是蒸发要考虑的重要问题。

(3) 物料的工艺特性　蒸发的溶液本身常具有某些特性，例如有些物料在浓缩时可能结垢或析出结晶；有些热敏性物料在较高的温度下易分解、变质；有些则具有较大的黏度或较强的腐蚀性等。如何根据物料的这些特性和工艺要求，选择适宜的蒸发方法和设备也是蒸发所必须考虑的问题。

本章的重点就是研究上述问题。此外，也要考虑从二次蒸汽中分离出夹带液沫的问题。

第二节　单效蒸发

一、单效蒸发的计算

对于单效蒸发，在给定生产任务和确定了操作条件后，通常需要计算以下内容：

① 水分蒸发量❶；

② 加热蒸汽消耗量；

③ 蒸发器的传热面积。

这些问题，可以应用物料衡算、热量衡算和传热速率方程来解决。

(一) 物料衡算和热量衡算

1. 蒸发量的计算

如图 7-2 所示，溶质在蒸发过程中不会挥发，进料中的溶质将全部进入完成液。故溶质的物料衡算应为

$$Fx_0=Lx=(F-W)x$$

由此，可求得水分蒸发量为

$$W=F\left(1-\frac{x_0}{x}\right) \tag{7-1}$$

完成液的含量（质量分数）为

$$x=\frac{Fx_0}{F-W} \tag{7-2}$$

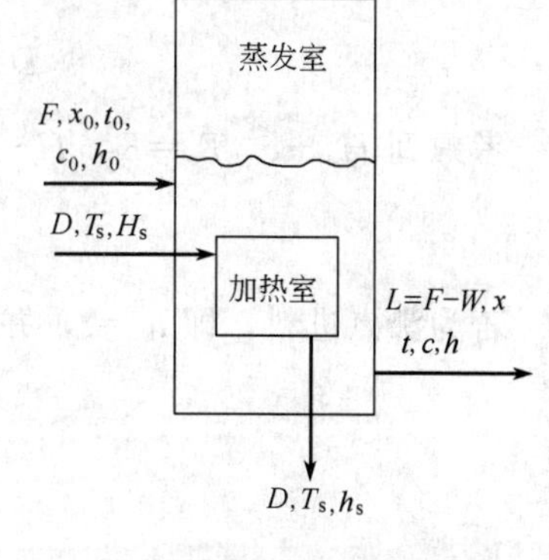

图 7-2　单效蒸发的物料衡算及焓衡算示意图

式中，F 为溶液的进料量，$\mathrm{kg\cdot h^{-1}}$；W 为水分蒸发量，$\mathrm{kg\cdot h^{-1}}$；L 为完成液流量，$\mathrm{kg\cdot h^{-1}}$；x_0 为料液中溶质的质量分数；x 为完成液中溶质的质量分数。

2. 加热蒸汽消耗量的计算

首先令：D 为加热蒸汽的消耗量，$\mathrm{kg\cdot h^{-1}}$；t_0 为料液温度，℃；t 为蒸发器中溶液的温度

❶　本章的计算均以水蒸气蒸发水溶液为例。

(沸点)，℃；h_0 为料液的焓，kJ•kg^{-1}；c_0 为料液的比热容，kJ•kg^{-1}•K^{-1}；h 为完成液的焓，kJ•kg^{-1}；c 为完成液的比热容，kJ•kg^{-1}•K^{-1}；c^* 为水的比热容，$c^* \approx 4.187$ kJ•kg^{-1}•K^{-1}；h_s 为加热器中冷凝水的焓，kJ•kg^{-1}；T_s 为加热蒸汽的饱和温度，℃；H_s 为加热蒸汽的焓，kJ•kg^{-1}；H 为二次蒸汽（温度为 T 的过热蒸汽）的焓，kJ•kg^{-1}；R 为加热蒸汽的冷凝潜热，kJ•kg^{-1}；r 为温度为 T 时二次蒸汽的冷凝潜热，kJ•kg^{-1}；Q_l 为热损失，kJ•h^{-1}。

当加热蒸汽的冷凝液在饱和温度下排出时，由热量衡算（见图 7-2）得

$$DH_s + Fh_0 = Lh + WH + Dh_s + Q_l \tag{7-3}$$

整理后得

$$D(H_s - h_s) + Fh_0 = (F-W)h + WH + Q_l \tag{7-4}$$

用式(7-3) 进行计算时，必须预知溶液在给定浓度和温度下的焓。对于大多数物料的蒸发，溶液的浓缩热很小而可以不计，而由比热容求得其焓。习惯上取 0 ℃为基准，即令 0 ℃时液体的焓为零，故有

$$h_s = c^* T_s - 0 = c^* T_s$$

$$h_0 = c_0 t_0 - 0 = c_0 t_0$$

$$h = ct - 0 = ct$$

代入式(7-4)，得

$$D(H_s - c^* T_s) + Fc_0 t_0 = (F-W)ct + WH + Q_l \tag{7-5}$$

其中料液的比热容 c_0 和完成液的比热容 c 可分别按比热容的加和式近似地计算如下。

$$c_0 = c^*(1-x_0) + c_B x_0$$

$$c = c^*(1-x) + c_B x$$

式中，c_B 为溶质的比热容，kJ•kg^{-1}•K^{-1}。

由式(7-3) 或式(7-4) 可解得加热蒸汽的消耗量为

$$D = \frac{F(h-h_0) + W(H-h) + Q_l}{H_s - h_s} \tag{7-6}$$

若忽略浓缩热，有

$$D = \frac{F(ct - c_0 t_0) + W(H-ct) + Q_l}{H_s - h_s} \tag{7-6a}$$

考虑到 $H_s - c^* T_s = R$，$H - ct \approx r$，故得

$$D = \frac{F(ct - c_0 t_0) + Wr + Q_l}{R} \tag{7-6b}$$

若为沸点进料，即 $t_0 = t$，并忽略热损失和比热容 c 与 c_0 的差别，有

$$D = \frac{W(H-ct)}{R} \approx \frac{Wr}{R}$$

或

$$\frac{D}{W} = \frac{H-ct}{R} \approx \frac{r}{R} \tag{7-7}$$

式中，D/W 为单位蒸汽消耗量，用以表示蒸汽的利用程度。

由于蒸汽的潜热随温度的变化不大，即溶液温度 t 和加热蒸汽温度 T_s 下的潜热 r 和 R 相差不多，故单效蒸发时，$D/W \approx 1$，即蒸发 1 kg 的水，约需 1 kg 的加热蒸汽。考虑到 r 和 R 的实际差别以及热损失等因素，D/W 约为 1.1 或稍多。

（二）蒸发器传热面积的计算

由传热速率方程得

$$A = \frac{Q}{K\Delta t_m}$$

式中，A 为蒸发器的传热面积，m^2；Q 为热流量，$Q = DR$，W；K 为传热系数，W•m^{-2}•K^{-1}；Δt_m 为传热平均温差，K。

由于蒸发过程为蒸汽冷凝和溶液沸腾之间的恒温差传热，$\Delta t_m = T_s - t$，故有

$$A=\frac{Q}{K(T_s-t)}=\frac{DR}{K(T_s-t)} \tag{7-8}$$

【例 7-1】 图 7-1 所示为硝酸铵水溶液的蒸发，进料量为 $10^4\ kg\cdot h^{-1}$，用 582 kPa 的饱和水蒸气将溶液由 68%（质量分数）浓缩至 90%（质量分数）。若蒸发室的压力为 19.6 kPa（绝压），溶液的沸点为 100 ℃，蒸发器的传热系数为 1200 $W\cdot m^{-2}\cdot K^{-1}$，沸点进料。试求：不计热损失时的加热蒸汽消耗量和蒸发器的传热面积。已知硝酸铵的比热容 $c_B = 1.7\ kJ\cdot kg^{-1}\cdot K^{-1}$。

解 已知为沸点进料，若如前述不计热损失，并忽略浓缩热，则按式(7-6a) 有

$$D=\frac{F(ct-c_0t_0)+W(H-ct)}{R} \tag{a}$$

由式(7-1) 得

$$W=F(1-x_0/x)$$

即

$$W=10^4\times\left(1-\frac{68}{90}\right)=2.44\times10^3\ kg\cdot h^{-1}$$

又已知加热蒸汽压力为 582 kPa，绝压约 582+103=685 kPa，由附录九数据内插，成式(5-114) 计算 T_s、式(5-118) 计算 R（参看第五章附录），得：

$$T_s=164.2\ ℃,\ R=2068\ kJ\cdot kg^{-1}$$

蒸发室压力为 19.6 kPa（绝），对应的二次蒸汽饱和温度为 59.7 ℃，焓为 2609 $kJ\cdot kg^{-1}$，又因其由溶液中逸出时为 100 ℃的过热蒸汽，故其焓

$$H=2609+1.88\times(100-59.7)=2684\ kJ\cdot kg^{-1}$$

式中 1.88 为水蒸气的比热容，$kJ\cdot kg^{-1}\cdot ℃^{-1}$。

100℃饱和蒸汽的潜热 $r=2257\ kJ\cdot kg^{-1}$

68%的硝酸铵溶液 $c_0=4.187\times(1-0.68)+0.68\times1.7=2.5\ kJ\cdot kg^{-1}\cdot K^{-1}$

90%的硝酸铵溶液 $c=4.187\times(1-0.9)+0.9\times1.7=1.95\ kJ\cdot kg^{-1}\cdot K^{-1}$

将以上数据代入式(a) 得

$$D=\frac{10^4\times(1.95\times100-2.5\times100)+2.44\times10^3\times(2684-1.95\times100)}{2068}$$

$$=2.66\times10^3\ kg\cdot h^{-1}$$

或由式(7-7)

$$D\approx W\frac{r}{R}=\frac{2257}{2068}\times2.44\times10^3=2.66\times10^3\ kg\cdot h^{-1}$$

本例的简化计算，用式(7-6a) 或式(7-7) 的结果相同，单位蒸汽消耗量 $D/W=1.09$。

蒸发器的传热面积为

$$A=\frac{DR}{K(T_s-t)}$$

已知 $t=100$ ℃，并将其余各值代入，得

$$A=\frac{2.66\times10^3\times2068}{3600\times1200\times10^{-3}\times(164.2-100)}=20\ m^2$$

（三）浓缩热和溶液的焓浓图

有些物料，如氢氧化钠、氯化钙等水溶液，在稀释时有明显的放热效应，因而，它们在蒸发时，除了供给水分蒸发所需的汽化潜热外，还需供给与稀释时的热效应相当的浓缩热；尤其当浓度较大时，该影响更加显著。对于这一类物料，溶液的焓若简单地利用上述的比热

容关系计算，就会产生较大的误差。此时，溶液的焓值可由焓浓图查得。

图 7-3 所示为以 0 ℃为基准温度时氢氧化钠水溶液的焓浓图。图中纵坐标为溶液的焓，横坐标为氢氧化钠溶液的浓度。已知溶液的浓度和温度，即可由图中相应的等温线查得其焓值。显然，此时应利用式(7-3)或式(7-4) 计算加热蒸汽消耗量。

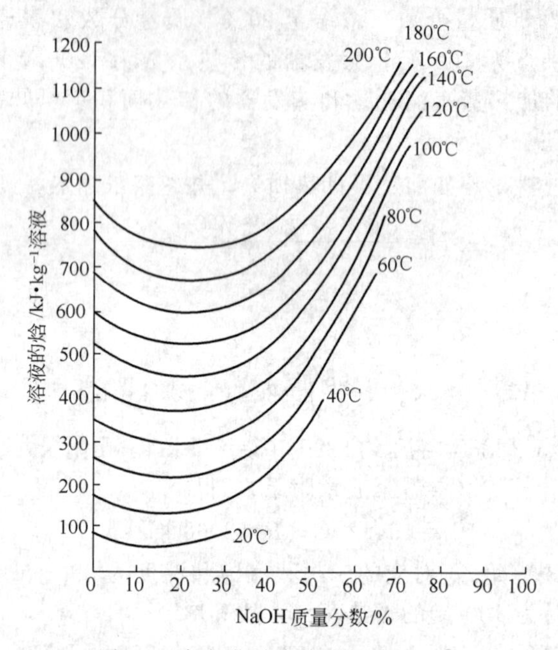

图 7-3 氢氧化钠水溶液的焓浓图[1]

【例 7-2】 有一传热面积为 30 m^2 的单效蒸发器，将 35 ℃、质量分数为 20% 的 NaOH 溶液浓缩至 50%。已知加热用饱和水蒸气的压力为 294 kPa（绝），蒸发室压力为 19.6 kPa（绝），溶液的沸点为 100 ℃，蒸发器的传热系数为 1000 $W \cdot m^{-2} \cdot K^{-1}$，热损失可取为传热量的 3%，试计算加热蒸汽消耗量 D 和料液处理量 F。

解 根据加热蒸汽压力，可得加热蒸汽温度 $T_s=132.9$ ℃，其焓 $H_s=2725\ kJ \cdot kg^{-1}$；冷凝水的焓 $h_s=c^* T_s=4.187\times132.9=556.5\ kJ \cdot kg^{-1}$。

蒸发室压力为 19.6 kPa（绝）时，蒸汽饱和温度为 59.7 ℃，焓为 2609 $kJ \cdot kg^{-1}$，二次蒸汽的焓 $H=2609+1.88\times(100-59.7)=2684\ kJ \cdot kg^{-1}$。

(1) 加热蒸汽消耗量 D

$$D=\frac{Q}{H_s-h_s}$$

由传热速率方程 $Q=KA(T_s-t)=1000\times30\times(132.9-100)=9.87\times10^5\ W \cdot m^{-2} \cdot K^{-1}$ 代入上式得

$$D=\frac{9.87\times10^5/1000}{2725-556.5}=0.455\ kg \cdot s^{-1}(\text{或 } 1640\ kg \cdot h^{-1})$$

[1] 见 D. A. Blackadder 和 R. M. Nedderman，“A Handbook of Unit Operation” pp. 231～254，1971.

(2) 由式(7-4) 求料液流量 F

$$DH_s+Fh_0=WH+(F-W)h+Dh_s+Q_l$$

式中，D、H_s、H、h_s 为已知量，根据料液、完成液的温度和浓度查图 7-3 分别可得：料液的焓 $h_0=120\ kJ\cdot kg^{-1}$；完成液的焓 $h=540\ kJ\cdot kg^{-1}$。

热损失 $Q_l=0.03Q=0.03\times9.87\times10^5=29600\ W$（即 29.6 kW）。将这些值代入式(7-4)

$$0.455\times2725+120F=2684W+540(F-W)+0.455\times556.5+29.6$$

整理后得

$$420F+2144W=958.4 \tag{a}$$

为了求得式中两个未知量 F 和 W，还需列出物料衡算式，由式(7-1) 得

$$W=F\left(1-\frac{x_0}{x}\right)=0.6F$$

代入式(a)，得

$$F=\frac{958.4}{1706}=0.562\ kg\cdot s^{-1}$$

$$W=0.6F=0.338\ kg\cdot s^{-1}$$

(3) 若应用式(7-5) （即不考虑溶液的浓缩热）求料液流量 F，已知溶质的比热容 $c_B=2.0\ kJ\cdot kg^{-1}\cdot K^{-1}$。

$$D(H_s-c^*T_s)+Fc_0t_0=(F-W)ct+WH+Q_l$$

$$c_0=4.187\times(1-0.2)+2.01\times0.2=3.75\ kJ\cdot kg^{-1}\cdot K^{-1}$$

$$c=4.187\times(1-0.5)+2.01\times0.5=3.1\ kJ\cdot kg^{-1}\cdot K^{-1}$$

将已知值代入并整理得

$$0.455\times(2725-556.5)+F\times3.75\times35=(F-W)\times3.1\times100+2684W+29.6$$

$$178.8F+2374W=958.4$$

将 $W=0.6F$ 代入，解得

$$F=\frac{957.1}{1603}=0.597\ kg\cdot s^{-1}$$

$$W=0.358\ kg\cdot s^{-1}$$

对比 (2)、(3) 两项的计算结果，表明蒸发条件相同时，不考虑浓缩热所得到的料液处理量 F 要比实际情况约高 6%。如果缺乏溶液在不同温度和浓度下焓的数据，对于有明显浓缩热的物料，可先按一般物料的蒸发来处理，即先不考虑浓缩热的影响，采用式(7-5)进行计算，最后将计算结果加上适当的安全系数。

二、蒸发设备中的温差损失

蒸发器中的传热温差 $\Delta t=T_s-t$。当加热蒸汽的饱和温度 T_s 一定［例如采用 475 kPa（绝）的水蒸气作为加热蒸汽，$T_s=150$ ℃］，若蒸发室内压力为 101.3 kPa（绝），所蒸发的又是水（其沸点 $T=100$ ℃）而不是溶液，这时的传热温差最大。用 Δt_T 来表示

$$\Delta t_T=T_s-T=150-100=50\ ℃$$

如果蒸发的是 30%的 NaOH 溶液，在常压下其沸点（查附录二十一）约 117 ℃，则有效温差 $\Delta t=T_s-t=150-117=33$℃。$\Delta t$ 比 Δt_T 所减小的值，称为**传热温差损失**，简称**温差损失**，用符号 Δ（$=\Delta t_T-\Delta t$）表示。

由于 $\Delta=\Delta t_T-\Delta t=(T_s-T)-(T_s-t)=t-T$，上述例中 $\Delta=117-100=17$ ℃；可知传热温差损失 Δ 就等于溶液的沸点 t 与同压力下水的沸点 T 之差。求得了溶液的 Δ，就可求得

溶液的沸点 $t(=T+\Delta)$ 和有效传热温差 $\Delta t(=\Delta t_T-\Delta)$。

除上述原因所产生的温差损失之外，还由于蒸发器中液柱静压头的影响以及流体流过加热管时的阻力损失，也导致溶液沸点的进一步上升，温差损失进一步增大。

三、溶液的沸点升高与杜林规则

上述因溶液中含有溶质，而导致的沸点升高，以 Δ' 表示。Δ' 主要与溶液种类、溶液中溶质的浓度以及蒸发压力有关，其值由实验测定。对于分子量小的溶质（如 NaOH、KOH），其水溶液在高浓度时的沸点升高很大。例如在 101.3 kPa（绝）下 50%（质量分数）的 NaOH 溶液，其 Δ' 为 42 ℃，饱和的 $CaCl_2$ 溶液（75.9%，质量分数）的 Δ' 为 80 ℃。分子量大的溶质如蔗糖水溶液的沸点升高则较小。

在文献和手册中，可以查到 101.3 kPa（绝）下某些溶液在不同浓度时的沸点数据。本书附录二十一中列出了某些无机溶液在常压下的沸点。但在蒸发过程中，蒸发室中的压力往往高于常压或低于常压。计算非常压下溶液沸点的方法很多，最常用的方法是按杜林规则计算。该规则认为：某液体（或溶液）在两种不同压力下两沸点之差（$t_A-t_A^\circ$），与另一标准液体在相应压力下两沸点之差（$t_w-t_w^\circ$）的比值为一常数，即

$$\frac{t_A-t_A^\circ}{t_w-t_w^\circ}=K \tag{7-9}$$

式中，t_A、t_A° 为某液体（包括溶液）在两种不同压力下的沸点；t_w、t_w° 为某标准液体在相应压力下的沸点。

K 值求得后，可按下式求出任一压力下某液体或溶液的沸点 t_A

$$t_A=t_A^\circ+K(t_w-t_w^\circ) \tag{7-10}$$

标准液体的压力-沸点关系需知之甚详，通常选用水。

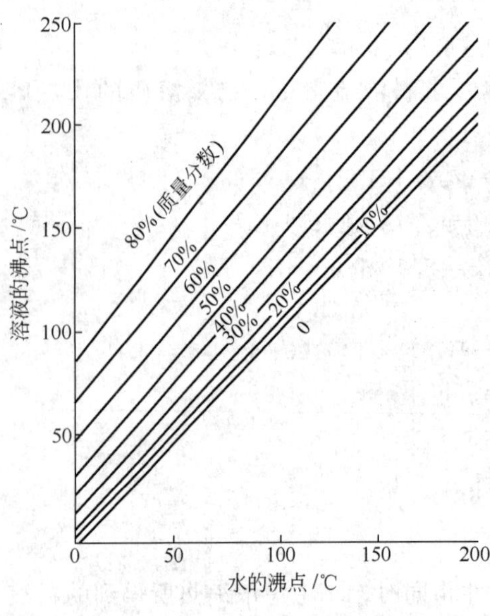

图 7-4　NaOH 水溶液的沸点直线

图 7-4 所示为以水为标准液体时，不同 NaOH 水溶液的沸点直线（杜林线）。溶液在一定浓度下的沸点与水的沸点成直线关系。这样就可以利用杜林线求取不同浓度的溶液在任一压力下的沸点 t_A。应当指出，这些直线不一定是平行的，但由图 7-4 可以看到，当溶液浓度较低或水的沸点较低（即蒸发室压力较低）时，沸点直线接近于平行 $c=0$ 的线（即 $K\approx1$）。蒸发器在上述情况下操作时，可认为溶液的沸点升高几乎与压力无关。故在蒸发器通常的操作范围内，当缺乏数据时，可将101.3 kPa时的沸点升高近似地作为其他压力下的沸点升高。

【例 7-3】 蒸发质量分数为 50%浓度的 NaOH 水溶液时，若蒸发室压力分别为 101.3 kPa 和 19.6 kPa（皆为绝压），试分别求出溶液的沸点升高 Δ'。

解 (1) 101.3 kPa（绝）下水的沸点为 100 ℃，查图 7-4 得 50% NaOH 水溶液的沸点为 142 ℃。故

$$\Delta'=142-100=42\ ℃$$

(2) 压力为 19.6 kPa（绝）时水的沸点为 59.7 ℃，查图 7-4 得 50% NaOH 水溶液的沸点为 100 ℃，故

$$\Delta'=100-59.7=40.3\ ℃$$

由此可见压力为 19.6 kPa（绝）和 101.3 kPa（绝）下的沸点升高相差不大。水溶液通常如此。

【例 7-4】 苯胺在 760 mmHg 及 50 mmHg 的沸点见表 7-1，求其在 150 mmHg 下的沸点。

表 7-1 苯胺及水的沸点

液体	沸点/℃		
	760 mmHg	50 mmHg	150 mmHg
苯胺	184.4	103	?
水	100	38.1	60.1

解 由式(7-9) 先求出常数 K

$$K=\frac{184.4-103}{100-38.1}=1.315$$

经单位换算，150 mmHg (20 kPa) 饱和蒸汽温度的 $t_w=60.1$ ℃；再由式(7-10) 求得苯胺在 150 mmHg 时的沸点为

$$t_A=103+1.315\times(60.1-38.1)=131.9\ ℃$$

【例 7-5】 KOH 水溶液的蒸气压 (kPa) 与温度、浓度之间的关系，其数据见表 7-2。试应用杜林规则，以水为标准液体作出不同含量下 KOH 水溶液的杜林直线。

表 7-2 KOH 水溶液在不同含量及指定温度下的蒸气压 p (kPa，绝)

温度/℃	浓度 c(kg KOH·1000kg^{-1} H_2O)下的蒸气压 p/kPa				
	c_1(200)下的 p	c_2(400)下的 p	c_3(600)下的 p	c_4(800)下的 p	c_5(1000)下的 p
20	1.960	1.453	0.960	0.587	0.347
40	6.213	4.613	3.093	1.947	1.173
60	16.72	12.53	8.61	5.68	3.53
80	39.87	30.00	21.07	14.40	9.40
100	85.20	64.67	46.40	32.80	22.93

解 根据表中各个水蒸气压 p (绝)，可从水蒸气压与温度的饱和关系 (附录七) 查得水的饱和温度，即沸点 t_w°，见表 7-3。

表 7-3 水的饱和温度

溶液的沸点/℃	溶液 c_1 的 p/kPa	水的沸点 t_w°/℃	溶液 c_2 的 p/kPa	水沸点 t_w°/℃	溶液 c_3 的 p/kPa	水沸点 t_w°/℃	溶液 c_4 的 p/kPa	水的沸点 t_w°/℃	溶液 c_5 的 p/kPa	水的沸点 t_w°/℃
20	1.960	17.2	1.453	12.5	0.960	6.4	0.578	−0.7	0.347	−7.2
40	6.213	36.8	4.613	31.5	3.093	24.6	1.947	17.1	1.173	9.3
60	16.72	56.3	12.53	50.3	8.61	42.9	5.68	35.1	3.53	26.8
80	39.87	75.8	30.00	69.1	21.07	61.2	14.40	53.2	9.40	44.6
100	85.20	95.2	64.67	87.9	46.40	79.5	32.80	71.2	22.93	63.1

将上表中溶液浓度为 c_1，c_2，…，c_5 的沸点，与蒸气压 p 相同的水沸点对应，可标绘成 KOH 水溶液的杜林直线，如图 7-5 所示。

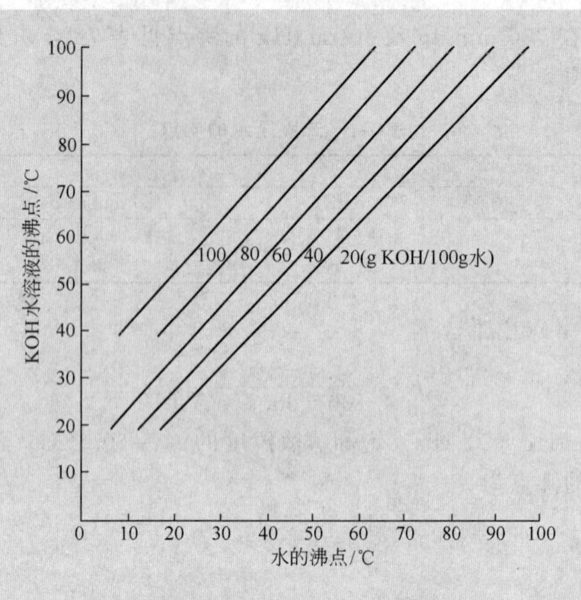

图 7-5 例 7-5 附图 KOH 水溶液的杜林直线（沸点直线）

四、液柱静压头和加热管内摩擦损失对溶液沸点的影响

由于蒸发器在操作时需要维持一定的液面高度，设蒸发室空间的压力为 p，Pa；溶液面上所受的压力即为 p，而溶液底层所受的压力则为（$p+\rho gL$），其中 L 为液面高度，m；ρ 为溶液的密度，$kg\cdot m^{-3}$。一般在操作时液面高度为加热管长的 1/3～2/3，视物料的性质而定。溶液中层的液体静压力与液面上压力之差可写成

$$\Delta p=\frac{\rho gL}{2} \tag{7-11}$$

将上式中的 Δp 加上前述的 p，则为溶液平均深度 $L/2$ 处的压力，于是可从饱和水蒸气表中查得该压力下的沸点。由查得的沸点减去相当于压力 p 下的沸点，取为因液柱静压头所致的温差损失，以 Δ'' 表示，即

$$\Delta''=T_{p+\Delta p}-T_p \tag{7-12}$$

实际上，当加热管内液体向上的流速较大时，管内的阻力损失会进一步增大液体底部的平均压力，因而使温差损失随之增大。但这一温差损失很难做定量的计算，在设计时一般可只用式(7-12)做粗略估算，而不另计入阻力损失的影响。

【例 7-6】 设例 7-3 中 NaOH 溶液的液面高度 $L=1$ m，溶液密度 $\rho=1450\ kg\cdot m^{-3}$，试求此时溶液的沸点。

解 （1）蒸发室为 101.3 kPa（绝）时，50%（质量分数）NaOH 水溶液的沸点升高 $\Delta'=42$ ℃。$p=101.3\times10^3$ Pa 时，$T_p=100.0$ ℃，有

$$p+\Delta p=101.3\times10^3+1450\times9.81\times(1/2)=108.4\times10^3\ \text{Pa}$$

因 $T_{p+\Delta p}=101.9$ ℃，$\Delta''=101.9-100.0=1.90$ ℃，有

$$t=T+\Delta'+\Delta''=100+42+1.90=143.9\ ℃$$

（2）蒸发室压力为 19.6 kPa（绝）时，$p=19600$ Pa，$T_p=59.7$ ℃，有

$$p+\Delta p=19600+\frac{1450\times9.81\times1}{2}=26700\ \text{Pa}$$

$T_{p+\Delta p}=66.5$ ℃，$\Delta''=66.5-59.7=6.8$ ℃，$\Delta'=40.3$ ℃有

$$t=T+\Delta'+\Delta''=59.7+40.3+6.8=106.8\ ℃$$

由此可见，蒸发室在常压或加压操作时 Δ'' 与 Δ' 相比很小，减压时则 Δ'' 较大。如果溶液不易结晶和结垢，且黏度不大，减压操作时应尽可能地降低液面高度 L 以使 Δ'' 减小。

五、真空蒸发

工业上常使溶液在减压下亦即真空下蒸发以降低溶液的沸点，其优点如下。

(1) 在减压下溶液的沸点较在常压下低，因此可以提高加热蒸汽与沸腾液体间的温差，于是蒸发器的传热面积可以相应减小。

(2) 可以利用低压蒸汽甚至废气作为加热蒸汽。

(3) 适用于浓缩不耐高温的溶液。

(4) 由于溶液的沸点较低，蒸发器损失于外界的热量较小。

但另一方面，在真空下蒸发需要增设一套抽真空的装置，以保持蒸发室的真空度，从而消耗额外的能量。同时，随着溶液沸点的降低，其黏度亦增大，常使给热系数减小，从而也使传热系数减小。此外，由于二次蒸汽的温度降低使得冷凝的传热温差相应减小。

第三节　多效蒸发

如前所述，一个蒸发器所产生的二次蒸汽，其压力与温度比加热蒸汽（生蒸汽）为低。但此二次蒸汽仍可设法利用，最普通的利用方法是将它再作为加热蒸汽，引入另一个蒸发器，其条件是后者的溶液沸点较二次蒸汽的饱和温度稍低。此时第二个蒸发器的加热室便是第一个蒸发器的冷凝器，这就是多效蒸发的原理。将多个蒸发器这样连接起来一同操作，即组成一套多效蒸发器。每一蒸发器称为一“效”，通入生蒸汽的蒸发器，称为第一效，利用第一效的二次蒸汽加热的称为第二效，依此类推。若第一效为沸点进料，略去热损失、浓缩热和不同压力下蒸发潜热的差别，则在双效蒸发器中，1 kg 的加热蒸汽在第一效中可以产生 1 kg 的二次蒸汽，后者在第二效中又可蒸发 1 kg 的水，因此，1 kg 的加热蒸汽可以蒸发 2 kg 的水，而 $D/W=0.5$。同理，在三效蒸发器中，1 kg 的加热蒸汽可蒸发 3 kg 的水。但实际上由于存在热损失等原因，并不能取得上述效果。根据经验，单位蒸汽消耗量 D/W 的大致数值见表 7-4。

表 7-4　蒸发 1 kg 水所需的生蒸汽（D/W）

效　数	单　效	双　效	三　效	四　效	五　效
D/W	1.1	0.57	0.4	0.3	0.27

一、多效蒸发的流程

多效蒸发的加料，可有四种不同的方法，下面以三效为例加以说明，当效数有所增减时，其原理相同。

(1) 并流法　工业中最常用的为并流加料法，如图 7-6 所示，溶液流向与蒸汽相同，即由第一效顺序流至末效。因为后一效蒸发室的压力较前一效为低，故各效之间可无须用泵输送溶液，此为并流法的优点之一。其另一优点为前一效的溶液沸点较后一效的为高，因此当溶液自前一效进入后一效内，即成过热状态而立即自行蒸发（常称为自蒸发或闪蒸），可以发生更多的二次蒸汽，使能在次一效蒸发更多的溶液。但其缺点则为后一效的溶液的浓度较前一效的大，而温度又较低，黏度增加显著，因而传热系数就小很多。这种情况在最末一、二效尤为严重，使整个蒸发系统的生产能力降低。因此，如果遇到溶液的黏度随浓度的增大而很快增加的情况，可采用逆流法。

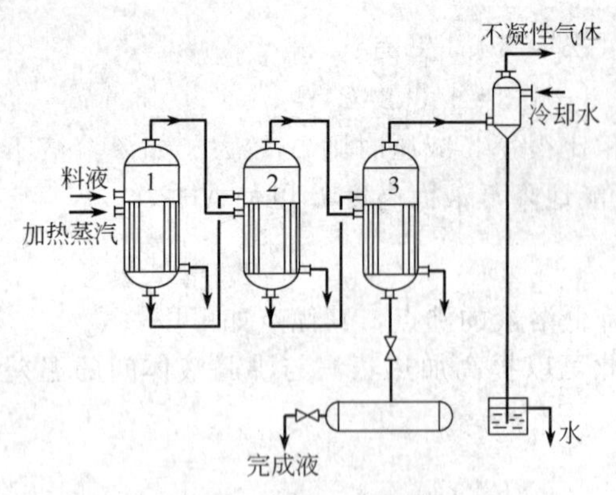

图 7-6 并流加料蒸发流程

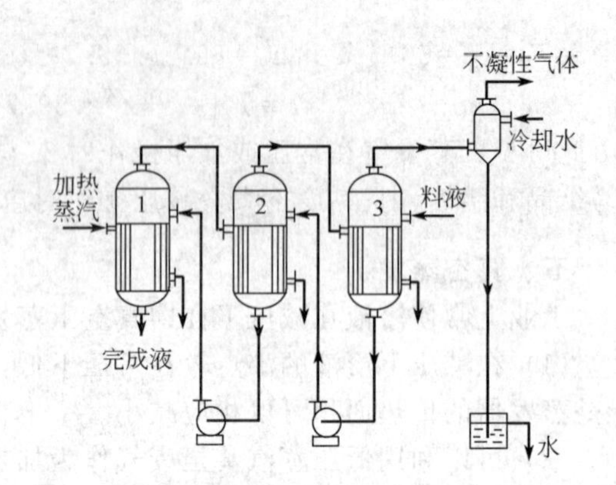

图 7-7 逆流加料蒸发流程

（2）逆流法 如图 7-7 所示，原料液由末效流入，而由泵打入前一效。逆流法的优点在于溶液的浓度愈大时蒸发的温度亦愈高，使各效溶液均不致出现黏度太大的情况，因而传热系数也就不致过小。其缺点是，除了进入末效的溶液外，效与效之间皆需用泵输送溶液，且各效进料温度（末效除外）都较沸点为低，故与并流法比较，所发生的二次蒸汽量较少。

（3）错流法 此法的特点是在各效间兼用并流和逆流加料法。例如在三效蒸发设备中，溶液的流向可为 3→1→2 或 2→3→1。此法的目的是利用以上两法的优点，克服或减轻二者的缺点，但其操作比较复杂。

（4）平流法 此法是按各效分别进料并分别出料的方式进行，如图 7-8 所示。此法适用于在蒸发过程中同时有结晶体析出的场合。例如食盐溶液，当蒸发至含量 27%左右时即达饱和，若继续蒸发，就有结晶析出。此结晶体不便在效与效之间输送，故可采用此种流程将含晶体的浓溶液自各效分别取出。

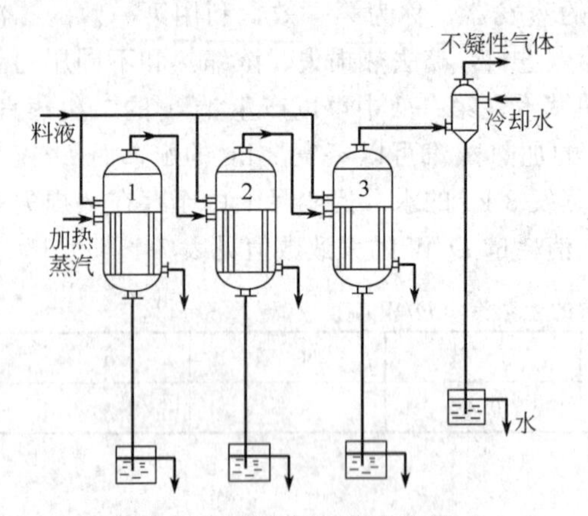

图 7-8 平流加料蒸发流程

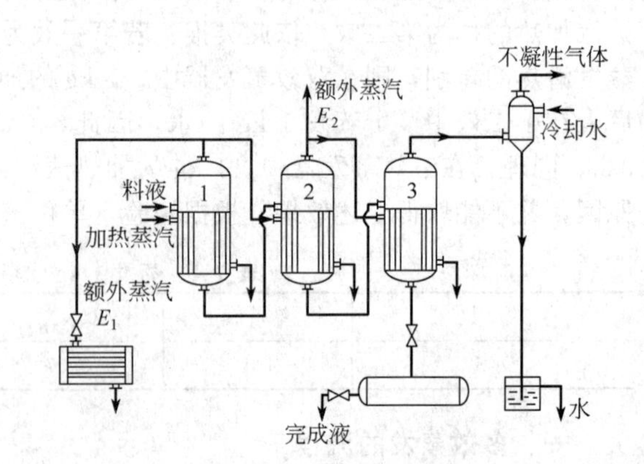

图 7-9 有额外蒸汽引出的三效蒸发流程

在多效蒸发设备中，有时并不是将某效产生的二次蒸汽全部引到次一效去加热，而可引出一部分用于预热进入蒸发设备第一效的溶液，或用于与蒸发设备本身无关的其他设备作为热源。这种由某效所引出的、不通入次一效而用于别处的二次蒸汽，称为**额外蒸汽**。其目的在于提高整个装置的经济程度。图 7-9 所示为从第一、第二两效引出额外蒸汽使用的情况。关于引出额外蒸汽的经济性问题，下面还将讨论。

二、蒸发器的生产能力、生产强度和多效蒸发器效数的限制

（一）蒸发器的生产能力和蒸发强度

如前所述，采用多效蒸发可以节省生蒸汽的用量，但是这一节能效果是以降低其生产强

度作为代价而取得的。为阐明这一事实，可作如下分析。

若忽略热损失和浓缩热，蒸发器的生产能力可用单位时间内水分总蒸发量 W 来表示，也可用总热流量来表示。在三效蒸发器中，各效的热流量，分别为

$$\left.\begin{aligned} Q_1 &= K_1 A_1 \Delta t_1 \\ Q_2 &= K_2 A_2 \Delta t_2 \\ Q_3 &= K_3 A_3 \Delta t_3 \end{aligned}\right\} \tag{7-13}$$

总热流量为

$$Q = Q_1 + Q_2 + Q_3 = K_1 A_1 \Delta t_1 + K_2 A_2 \Delta t_2 + K_3 A_3 \Delta t_3 \tag{7-13a}$$

为了便于阐明问题，设各效的传热面积相等，即 $A_1 = A_2 = A_3 = A$；假定各效的传热系数也相等，即 $K_1 = K_2 = K_3 = K$；不考虑各效中的温差损失，则式(7-13a) 可改写为

$$Q = KA(\Delta t_1 + \Delta t_2 + \Delta t_3) = KA\Delta t_{总} \tag{7-13b}$$

式中，$\Delta t_{总}$ 为总传热温差，其值等于第一效加热蒸汽的饱和温度与末效蒸发室压力下蒸汽的饱和温度之差。

现设有一单效蒸发器，其加热蒸汽和二次蒸汽的饱和温度与上述三效蒸发器的相同，并具有与一个效相同的传热面积 A。假定单效蒸发器的传热系数也等于 K，则此单效蒸发器的生产能力为

$$Q = KA\Delta t_{总} \tag{7-14}$$

比较式(7-13b) 和式(7-14) 可知：在上述简化假定下，三效蒸发器（其总传热面积为 $3A$）的生产能力和单效蒸发器（其传热面积为 A）的相同。即其蒸发强度（对单位传热面积）为单效蒸发器的 1/3。实际上，由于第三效的沸点升高和液柱静压效应与单效蒸发器相同，而第一、二效还各另有其沸点升高和静压效应；故三效蒸发器的总温差损失要大于单效蒸发器的，因而三个效的总有效温差及其生产能力反而比单效蒸发器更小。

（二）多效蒸发效数的限制

在生蒸汽和末效蒸发室压力一定的条件下，若效数增多，则总的有效温差势必因温差损失的增加而减小。效数的增多和有效温差的减小，都使各效所分配到的温差减小。根据经验，每效分配到的温差不应小于 5～7 ℃，亦即须使溶液维持在泡核沸腾阶段。因此，效数的增加不仅降低生产能力，而且受到有效温差的限制。效数过多，就有可能无法操作。

另一方面，由表 7-4 可知，随着效数的增多，虽然 D/W 是不断减小的，但生蒸汽的降低率亦随之减小。例如：由单效改为双效时，生蒸汽的降低率约为$\dfrac{1.1-0.57}{1.1}\times 100\%\approx 50\%$，而自四效改为五效时，其降低率已低至$\dfrac{0.3-0.27}{0.3}\times 100\% = 10\%$。增加效数，需要增加设备费和场地，当再添一效蒸发器的费用不能与所节省生蒸汽的收益相抵时，就没有理由再增加效数。故经济问题也是限制效数的重要因素。

基于上述缘由，除特殊情况如海水淡化等外，一般对于电解质溶液，如 $NaOH$、NH_4NO_3 等溶液的蒸发，由于其沸点升高较大，通常采用 2～3 效；对于非电解质溶液，如糖水或其他有机物的水溶液，其沸点上升较小，所用的效数可为 4～6 效。

三、多效蒸发的计算

多效蒸发的计算因未知数多，远比单效更复杂。以三效蒸发器为例，参阅图 7-10。一般已知参数有：进料量 F 及其浓度 x_0、温度 t_0；第一效加热蒸汽的饱和温度 T_{1s}（或压力 p_{1s}）；冷凝器中的饱和蒸汽温度 T_{4s}（或末效蒸发室压力 p_3）；完成液的浓度 x_3；各效的传热系数以及溶液的物理性质如焓和比热容等。而未知量有：各效溶剂蒸发量；第一效加热蒸汽消耗量；第一效与第二效溶液的沸点；各效所需的传热面积等。通过热量衡算和物料衡算列出方程式后，

可用计算机求解。本章介绍的近似计算方法是先按假设的一些条件对上述未知参数进行估算，若计算结果与假设不符，则对假设条件进行调整并重复进行计算，直至二者基本相符为止。

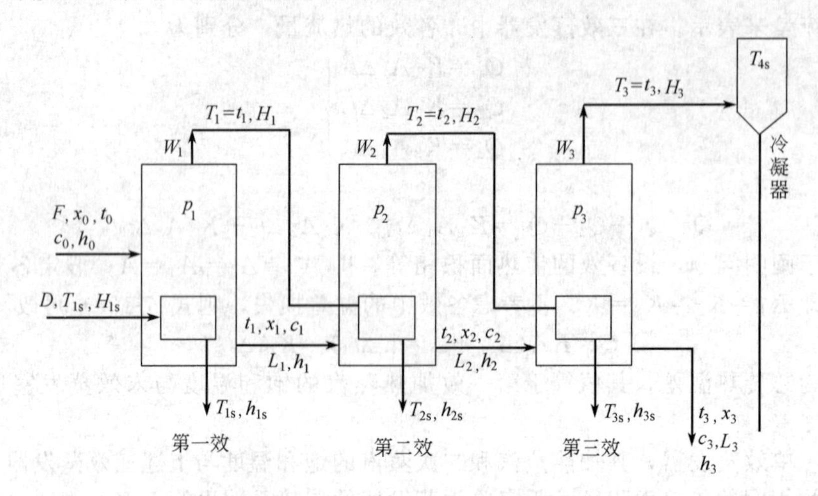

图 7-10　三效蒸发器流程

以三效蒸发器为例，计算步骤如下（可推广应用到 n 效）。

① 当给定完成液浓度 x_3 及末效蒸发室压力 p_3，可确定该效中溶液的沸点。

② 用总物料衡算确定总蒸发量

$$W=F\left(1-\frac{x_0}{x_3}\right)$$

并将它在各效中进行分配，得到三个效的蒸发量 W_1、W_2、W_3；然后通过对各效作物料衡算求出各效溶液的浓度。例如，第一、二效中溶液的浓度 x_1 及 x_2 分别由

$$Fx_0=L_1x_1=(F-W_1)x_1,\qquad L_1x_1=L_2x_2=(L_1-W_2)x_2$$

求得

$$x_1=\frac{Fx_0}{L_1},\qquad x_2=\frac{L_1x_1}{L_2}$$

式中，W_1、W_2 分别为第一、二效的水分蒸发量，作为第一次估算可假定各效蒸发量相等。

③ 计算总有效温差，可按下式计算

$$\sum\Delta t=\Delta t_1+\Delta t_2+\Delta t_3=(T_{1s}-T_{4s})-\sum\Delta'-\sum\Delta'' \tag{7-15}$$

式中，T_{1s}为加热蒸汽饱和温度；T_{4s}为冷凝器中（即第三效蒸发室压力 p_3 下）饱和蒸汽的温度；Δ'、Δ''为分别为溶液沸点升高和液柱静压头效应。

虽然第一、第二效蒸发室内的压力 p_1 和 p_2 是未知数，但由于压力对 Δ'和 Δ''没有多大影响，故只要粗略估计 p_1 和 p_2，然后按第二节中所述的方法计算各效的 Δ'和 Δ''。

由式(7-15) 计算出$\sum\Delta t$ 后，可按下列步骤估算 Δt_1、Δt_2 和 Δt_3。由式 (7-13)，有

$$\Delta t_1=\frac{Q_1}{K_1A_1},\ \Delta t_2=\frac{Q_2}{K_2A_2},\ \Delta t_3=\frac{Q_3}{K_3A_3}$$

得

$$\Delta t_1:\Delta t_2:\Delta t_3=\frac{Q_1}{K_1A_1}:\frac{Q_2}{K_2A_2}:\frac{Q_3}{K_3A_3} \tag{7-16}$$

多效蒸发设备通常为了制造、安装和检修的方便，而采用各效传热面积均相同的蒸发器，即 $A_1=A_2=A_3$。此时

$$\Delta t_1:\Delta t_2:\Delta t_3=\frac{Q_1}{K_1}:\frac{Q_2}{K_2}:\frac{Q_3}{K_3}$$

即各效的有效温差与 Q/K 值成正比。由上式可得

$$\frac{\Delta t_1}{\Delta t_1+\Delta t_2+\Delta t_3}=\frac{Q_1/K_1}{Q_1/K_1+Q_2/K_2+Q_3/K_3}$$

或可写成$\frac{\Delta t_1}{\sum \Delta t}=\frac{Q_1/K_1}{\sum Q/K}$，即

同理可得

$$\left.\begin{aligned}\Delta t_1&=\frac{Q_1/K_1}{\sum Q/K}\sum \Delta t\\ \Delta t_2&=\frac{Q_2/K_2}{\sum Q/K}\sum \Delta t\\ \Delta t_3&=\frac{Q_3/K_3}{\sum Q/K}\sum \Delta t\end{aligned}\right\} \tag{7-17}$$

有时为了进一步简化计算，也可假定$Q_1=Q_2=Q_3$，则式(7-17) 简化为

$$\Delta t_1=\frac{1/K_1}{\sum 1/K}\sum \Delta t;\quad \Delta t_2=\frac{1/K_2}{\sum 1/K}\sum \Delta t;\quad \Delta t_3=\frac{1/K_3}{\sum 1/K}\sum \Delta t; \tag{7-18}$$

计算出各效的有效传热温差Δt后，就可以算出每一效中溶液的沸点。

④ 应用物料衡算式计算每一效中溶液的浓度，然后列出热量衡算式（忽略热损失）来计算各效蒸发量及热流量

对于第一效 $D(H_{1s}-h_{1s})+Fh_0=L_1h_1+W_1H_1$

对于第二效 $L_1h_1+W_1(H_1-h_{2s})=L_2h_2+W_2H_2$ （7-19）

对于第三效 $L_2h_2+W_2(H_2-h_{3s})=L_3h_3+W_3H_3$

式中 $L_1=F-W_1$；$L_2=L_1-W_2$；$L_3=L_2-W_3$。

若不考虑浓缩热效应，式(7-19) 可改写为

对于第一效 $D(H_{1s}-c^* T_{1s})+Fc_0t_0=L_1c_1t_1+W_1H_1$

对于第二效 $L_1c_1T_1+W_1(H_1-c^* T_{2s})=L_2c_2t_2+W_2H_2$ （7-19a）

对于第三效 $L_2c_2T_2+W_2(H_2-c^* T_{3s})=L_3c_3t_3+W_3H_3$

各效的热流量为

$$\left.\begin{aligned}Q_1&=D(H_{1s}-c^* T_{1s})\\ Q_2&=W_1(H_1-c^* T_{2s})\\ Q_3&=W_2(H_2-c^* T_{3s})\end{aligned}\right\} \tag{7-20}$$

如果由式(7-19) 或式(7-19a) 联立求出的各效蒸发量与步骤②假定的值相差较远时，应按计算所得的值，再设定各效的蒸发量，重复步骤②、③、④进行计算。

⑤ 由传热速率方程式$Q=KA\Delta t$求出各效的传热面积A_1、A_2及A_3。

⑥ 如果求得的传热面积并不近似相等，则应对Δt_1、Δt_2和Δt_3作如下校正。先由下式求平均传热面积A

$$A=\frac{A_1\Delta t_1+A_2\Delta t_2+A_3\Delta t_3}{\sum \Delta t} \tag{7-21}$$

若校正后的有效温差分别以$\Delta t'_1$、$\Delta t'_2$、$\Delta t'_3$表示，取

$$\Delta t'_1=\frac{A_1}{A}\Delta t_1;\ \Delta t'_2=\frac{A_2}{A}\Delta t_2;\ \Delta t'_3=\frac{A_3}{A}\Delta t_3 \tag{7-22}$$

$\Delta t'_1$、$\Delta t'_2$、$\Delta t'_3$之和必须等于校正前的$\sum \Delta t$，否则应适当调整各效的$\Delta t'$，使之相等。

如果考虑沸点升高和液柱静压头效应，则应按步骤④求得的各效溶液浓度，重新计算各效溶液的沸点t和温差损失（$\Delta'+\Delta''$），并按式(7-15) 得出新的$\sum \Delta t$值，再按式(7-22) 校正得出新的有效温差$\Delta t'$，其总和也必须调整到使之等于上述$\sum \Delta t$值。

⑦ 由步骤⑥求得$\Delta t'$值后，从步骤④起重复进行计算，直至各效传热面积接近相等为止。注意，步骤①、②、③只是为了能着手计算，并给出较为合理的初值。

【例 7-7】 有一并流加料的三效蒸发器，用以浓缩蔗糖溶液。料液中含糖 10%（质量分数，下同），完成液中含糖 50%。溶液的沸点升高 Δ'可认为与压力无关，按 $\Delta'=1.78x+6.22x^2$ 计算，其中 x 为溶液中含糖的质量分数。忽略液柱静压头效应 Δ''。第一效加热蒸汽压力为 205 kPa（绝压，下同），第三效蒸发室的压力为 13.2 kPa。进料量为 22700 $kg \cdot h^{-1}$，进料温度为 27 ℃。溶液的定压比热容 $c_p=4.19-2.35x$ $kJ \cdot kg^{-1} \cdot K^{-1}$，忽略浓缩热效应。各效的传热系数分别为：$K_1=3120$ $W \cdot m^{-2} \cdot K^{-1}$、$K_2=1990$ $W \cdot m^{-2} \cdot K^{-1}$ 和 $K_3=1140$ $W \cdot m^{-2} \cdot K^{-1}$。各效传热面积相等，求传热面积 A 和加热蒸汽消耗量 D。

解 三效蒸发器的流程如图 7-10 所示。按照上述 7 个步骤进行计算。

(1) 由式(5-114)、式(5-113) 或附录九数据内插得：

第一效加热蒸汽压力 205 kPa 下，其饱和温度 $T_{1s}=121.0$ ℃

末效蒸发室压力为 13.2 kPa，其饱和温度 $T_{4s}=51.3$ ℃

末效中溶液的质量分数 $x_3=0.5$，故

$$\Delta'_3=1.78x+6.22x^2=1.78\times0.5+6.22\times0.5^2=2.5\ ℃$$

$$T_3=51.3+2.5=53.8\ ℃$$

(2) 对固体溶质作总物料衡算求得总蒸发量 W

$$W=F\left(1-\frac{x_0}{x_3}\right)=22700\times\left(1-\frac{10}{50}\right)=18160\ kg \cdot h^{-1}$$

末效完成液量 $$L_3=F-W=4540\ kg \cdot h^{-1}$$

假定各效蒸发量相等，$W_1=W_2=W_3=\dfrac{18160}{3}=6053$ $kg \cdot h^{-1}$，对第一、第二、第三效分别作总物料衡算，得

$$F=22700=W_1+L_1;\qquad L_1=F-W_1=16650\ kg \cdot h^{-1}$$

$$L_1=16650=W_2+L_2;\qquad L_2=L_1-W_2=10590\ kg \cdot h^{-1}$$

$$L_3=4540\ kg \cdot h^{-1}$$

对第一、第二、第三效的固体溶质分别作物料衡算，求各效溶液浓度

$$Fx_0=L_1x_1,\qquad x_1=\frac{Fx_0}{L_1}=\frac{22700\times0.1}{16650}=0.136$$

$$L_1x_1=L_2x_2,\qquad x_2=\frac{L_1}{L_2}x_1=\frac{16650}{10590}\times0.136=0.214$$

$$x_3=0.5$$

(3) 各效的沸点升高计算

$$\Delta'_1=1.78x_1+6.22x_1^2=1.78\times0.136+6.22\times0.136^2=0.4\ ℃$$

$$\Delta'_2=1.78x_2+6.22x_2^2=1.78\times0.214+6.22\times0.214^2=0.7\ ℃$$

$$\Delta'_3=2.5\ ℃$$

总有效温差 $\sum\Delta t=T_{1s}-T_{4s}-\sum\Delta'=121-51.3-(0.4+0.7+2.5)=66.1$ ℃

应用式(7-18) 估计各效蒸发器的有效温度差

$$\Delta t_1=\frac{1/K_1}{1/K_1+1/K_2+1/K_3}\sum\Delta t=\frac{\dfrac{1}{3120}}{\dfrac{1}{3120}+\dfrac{1}{1990}+\dfrac{1}{1140}}\times66.1=12.5\ ℃$$

同理 $$\Delta t_2=\frac{1/K_2}{\sum 1/K}\sum\Delta t=19.5\ ℃$$

$$\Delta t_3=\frac{1/K_3}{\sum 1/K}\sum\Delta t=34.1\ ℃$$

由于进入第一效的是低于沸点的冷料，为了提高原料液的温度，需要加入更多的热量。为此，调整各效有效温差的原则是提高 Δt_1 同时降低 Δt_2 和 Δt_3。作为第一次试算值采用

$$\Delta t_1=15.6\ ℃，\Delta t_2=18.3\ ℃，\Delta t_3=32.2\ ℃$$

由此可求出各效中溶液的沸点。

第一效溶液的沸点

$$t_1=T_1=T_{1s}-\Delta t_1=121.0-15.6=105.4\ ℃$$

$\Delta_1'=0.4$℃，故进入第二效加热室蒸汽的饱和温度

$$T_{2s}=105.4-0.4=105.0\ ℃$$

第二效溶液的沸点

$$t_2=T_2=T_{2s}-\Delta t_2=105.0-18.3=86.7\ ℃$$

又 $\Delta_2'=0.7$ ℃，故进入第三效加热室蒸汽的饱和温度

$$T_{3s}=86.7-0.7=86.0\ ℃$$

第三效溶液的沸点

$$t_3=T_3=T_{3s}-\Delta t_3=86.0-32.2=53.8\ ℃$$

而 $\Delta_3'=2.5$ ℃，故

$$T_{4s}=53.8-2.5=51.3\ ℃$$

三效蒸发器中的温度分布如下

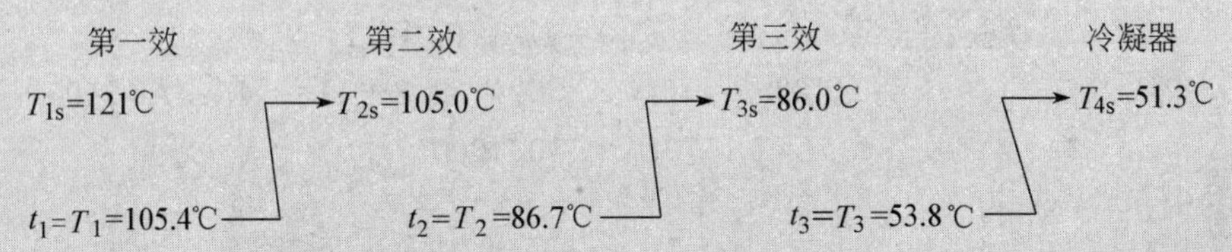

(4) 每一效中溶液的定压比热容，按 $c_p=4.19-2.35x$ 计算，得

进料 F：$c_0=4.19-2.35\times0.1=3.96\ \mathrm{kJ\cdot kg^{-1}\cdot K^{-1}}$

第一效溶液 L_1：$c_1=4.19-2.35\times0.136=3.87\ \mathrm{kJ\cdot kg^{-1}\cdot K^{-1}}$

第二效溶液 L_2：$c_2=4.19-2.35\times0.214=3.69\ \mathrm{kJ\cdot kg^{-1}\cdot K^{-1}}$

第三效溶液 L_3：$c_3=4.19-2.35\times0.5=3.02\ \mathrm{kJ\cdot kg^{-1}\cdot K^{-1}}$

以 0 ℃作为基准，对各蒸汽流的焓计算如下。

第一效

$$t_1=T_1=105.4\ ℃，T_{2s}=105.0\ ℃，\Delta_1'=0.4\ ℃，T_{1s}=121.0\ ℃$$

二次蒸汽焓 $H_1=H_{2s}$（饱和温度 T_{2s}下的焓）+蒸汽过热 0.4 ℃的焓

$$=2685+1.88\times0.4=2686\ \mathrm{kJ\cdot kg^{-1}}$$

式中 1.88 为蒸汽的比热容，单位为 $\mathrm{kJ\cdot kg^{-1}\cdot K^{-1}}$。

H_{1s}（T_{1s}温度下加热蒸汽的焓）$-h_{1s}$（T_{1s}下水的焓）$=2710-508=2202\ \mathrm{kJ\cdot kg^{-1}}$

第二效

$$t_2=T_2=86.7\ ℃，\Delta_2'=0.7\ ℃，T_{3s}=86.0\ ℃$$

$$H_2=H_{3s}+1.88\times0.7=2654+1.88\times0.7=2655\ \mathrm{kJ\cdot kg^{-1}}$$

$$H_1-h_{2s}=2686-c^*T_{2s}=2686-440=2246\ \mathrm{kJ\cdot kg^{-1}}$$

第三效

$$t_3=T_3=53.8\ ℃,\ \Delta_3'=2.5\ ℃,\ T_{4s}=51.3\ ℃$$

$$H_3=H_{4s}+1.88\times2.5=2590+1.88\times2.5=2595\ \text{kJ·kg}^{-1}$$

$$H_2-h_{3s}=2655-c^*T_{3s}=2655-360=2295\ \text{kJ·kg}^{-1}$$

从本例题中看出，过热度的校正与否对计算影响甚微，但作为一个方法介绍，这里还是做了校正。

热量衡算中用到的蒸汽和液体流量如下。

$$W_1=22700-L_1,\quad W_2=L_1-L_2,\quad W_3=L_2-4540,\ L_3=4540\ \text{kg·h}^{-1}$$

以 0 ℃作为焓的基准，对每一效进行热量衡算。

第一效

$$Fc_0t_0+D(H_{1s}-h_{1s})=L_1c_1t_1+W_1H_1$$

将已知量代入得

$$22700\times3.96\times27+D\times2202=L_1\times3.87\times105.4+(22700-L_1)\times2686$$

整理后得

$$2278L_1+2202D=58548000 \tag{a}$$

第二效

$$L_1c_1t_1+W_1(H_1-c^*T_{2s})=L_2c_2t_2+W_2H_2$$

$$L_1\times3.87\times105.4+(22700-L_1)\times2246=L_2\times3.69\times86.7+(L_1-L_2)\times2655$$

整理后得

$$4493L_1-2335L_2=50984000 \tag{b}$$

第三效

$$L_2c_2t_2+W_2(H_2-c^*T_{3s})=L_3c_3t_3+W_3H_3$$

$$L_2\times3.69\times86.7+(L_1-L_2)\times2295=4540\times3.02\times53.8+(L_2-4540)\times2595-$$

整理后得

$$2295L_1+4570L_2=11044000 \tag{c}$$

联立求解式(b)、式(c) 得

$L_1=17050\ \text{kg·h}^{-1}$，　$L_2=10980\ \text{kg·h}^{-1}$（前已算出 $L_3=4540\ \text{kg·h}^{-1}$）

代入式(a) 得

$$D=8950\ \text{kg·h}^{-1}$$

$$W_1=22700-L_1=5650\ \text{kg·h}^{-1},\quad W_2=L_1-L_2=6070\ \text{kg·h}^{-1},$$

$$W_3=L_2-L_3=6440\ \text{kg·h}^{-1}$$

求得的 W_1、W_2、W_3 与初始假定值比较接近，故不必重复计算。如果需要，则可将求得的 W_1、W_2、W_3 从第（2）步起重复（2）、(3)、(4）的步骤。

（5）求各效蒸发器中的传热速率和传热面积。

$$Q_1=DH_{1s}-h_{1s})=\frac{8950}{3600}\times2202\times1000=5.47\times10^6\ \text{W}$$

$$Q_2=W_1(H_1-c^*T_{2s})=\frac{5650}{3600}\times2246\times1000=3.53\times10^6\ \text{W}$$

$$Q_3=W_2(H_2-c^*T_{3s})=\frac{6070}{3600}\times2295\times1000=3.87\times10^6\ \text{W}$$

$$A_1=\frac{Q_1}{K_1\Delta t_1}=\frac{5.47\times10^6}{3120\times15.6}=112.5\ \text{m}^2$$

$$A_2=\frac{Q_2}{K_2\Delta t_2}=\frac{3.53\times10^6}{1990\times18.3}=96.8\ \text{m}^2$$

$$A_3=\frac{Q_3}{K_3\Delta t_3}=\frac{3.87\times10^6}{1140\times32.2}=105.4\ \mathrm{m^2}$$

由于求得的各效传热面积相差较大，应对有效温差进行校正。

由式(7-21) 求得平均传热面积

$$A=\frac{A_1\Delta t_1+A_2\Delta t_2+A_3\Delta t_3}{\sum\Delta t}=105\ \mathrm{m^2}$$

按式(7-22) 对有效温差进行校正得

$$\Delta t'_1=\frac{A_1}{A}\Delta t_1=\frac{112.5}{105}\times15.6=16.7\ ℃$$

$$\Delta t'_2=\frac{A_2}{A}\Delta t_2=\frac{96.8}{105}\times18.3=16.9\ ℃$$

$$\Delta t'_3=\frac{A_3}{A}\Delta t_3=\frac{105.4}{105}\times32.2=32.3\ ℃$$

$$\sum\Delta t' \qquad\qquad =65.9\ ℃$$

$\sum\Delta t'=65.9$ ℃，只比原$\sum\Delta t=66.1$ ℃小 0.2 ℃，且$\sum\Delta t'$偏小属偏于安全，而可按现求得的各 $\Delta t'$重算。又 W_1、W_2、W_3 的计算值与步骤（2）中的初设值相近，故由步骤（3）所得的各效溶液的 x 以及由 x 求得的 Δ'，都可以不必重新计算。

三效蒸发器中新的温度分布如下。

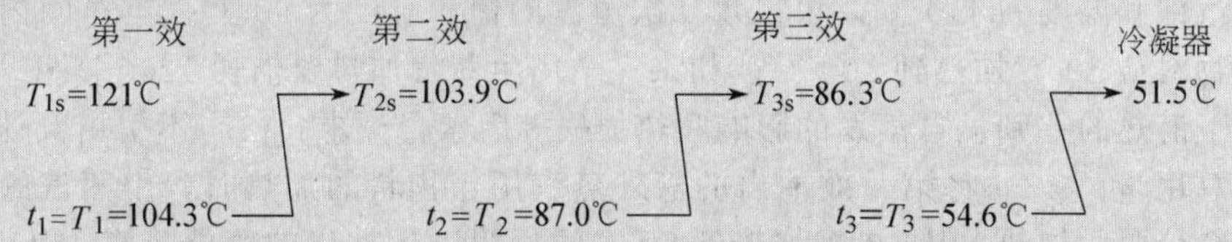

第一效	第二效	第三效	冷凝器
T_{1s}=121℃	→ T_{2s}=103.9℃	→ T_{3s}=86.3℃	→ 51.5℃
$t_1=T_1$=104.3℃	$t_2=T_2$=87.0℃	$t_3=T_3$=54.6℃	

重复步骤（4）、（5）。由于温度变化很小，因而求得的生蒸汽用量和各效蒸发量不必重算，认为与前次计算结果相同，即

$D=8950\ \mathrm{kg\cdot h^{-1}}$，　$W_1=5650\ \mathrm{kg\cdot h^{-1}}$，　$W_2=6070\ \mathrm{kg\cdot h^{-1}}$，　$W_3=6440\ \mathrm{kg\cdot h^{-1}}$

由此计算所得的各效传热面积为

$$A_1=105.1\ \mathrm{m^2},\quad A_2=105.0\ \mathrm{m^2},\quad A_3=105.1\ \mathrm{m^2}$$

各效的传热面积相符得很好，可选用比 105 m² 稍大的蒸发器。

$$\text{生蒸汽的利用程度}=\frac{W}{D}=\frac{18160}{8950}=2.03$$

即 1 kg 生蒸汽可以蒸发 2.03 kg 水，此值不算大，原因是料液没有预热。

当多效蒸发设备中蒸发器的数目多于或少于三效时，其计算方法和三效的相同，仅步骤有繁简之别。

四、提高加热蒸汽利用程度的其他措施

（一）额外蒸汽的引出

如前所述，多效蒸发中有时还引出额外蒸汽作为其他加热设备的热源。下面讨论此措施的优点。

为便于讨论，不考虑不同压力下蒸发潜热的差别、自蒸发的影响和热损失等次要因素，并假定料液是在沸点下进入，则可认为 1 kg 加热蒸汽能蒸发 1 kg 水。以三效蒸发器为例，可推出下列近似关系

$$W_1=D$$

$$W_2=W_1-E_1=D-E_1$$

$$W_3=W_2-E_2=D-E_1-E_2$$

式中，E_1、E_2 分别为自第一、第二效引出的额外蒸汽，如图 7-9 所示。

水的总蒸发量 $$W=W_1+W_2+W_3=3D-2E_1-E_2$$

或 $$D=\frac{W}{3}+\frac{2}{3}E_1+\frac{1}{3}E_2 \tag{7-23}$$

推广至 n 效，则有

$$D=\frac{W}{n}+\frac{n-1}{n}E_1+\frac{n-2}{n}E_2+\cdots+\frac{1}{n}E_{n-1} \tag{7-23a}$$

由式(7-23a) 可以看出，在上述假定下：

① 当无额外蒸汽引出时，加热蒸汽消耗量为 $D=W/n$。单效蒸发时 $D=W$；双效蒸发时 $D=W/2$，依此类推；

② 从多效蒸发设备中，每抽出 1 kg 二次蒸汽作为额外蒸汽时，所增加的生蒸汽消耗量不是 1 kg 而是低于 1 kg。愈从后几效取出额外蒸汽，则增加的生蒸汽消耗量愈少。按原理讲，用最后一效的二次蒸汽作为额外蒸汽最为经济，因为这部分蒸汽对整个蒸发设备本身来说算是废气。但在大多数情况下，由于最后一效的二次蒸汽压力很低，因而其饱和温度也很低，将它作为额外蒸汽时，用途很有限。

【例 7-8】 某车间有一套三效蒸发器，每小时蒸发 6000 kg 水。生蒸汽饱和温度为 142.9 ℃，第一效二次蒸汽饱和温度为 115 ℃，第二效二次蒸汽的饱和温度为 90 ℃。本车间内另有一换热器需将物料从 40 ℃加热到 100 ℃。如果完全用生蒸汽加热要消耗 1200 $kg\cdot h^{-1}$。不考虑不同压力下潜热的差别、自蒸发的影响和热损失等因素，试求：(1) 不引出额外蒸汽加热时生蒸汽总用量；(2) 将第一效抽出的额外蒸汽用于物料的加热时，生蒸汽的总用量；(3) 将物料分两段加热，从 40 ℃加热到 70 ℃时用第二效抽出的额外蒸汽，从 70 ℃加热到 100 ℃时则用第一效抽出的额外蒸汽，计算生蒸汽的总用量。

解 (1) 若不引出额外蒸汽加热，生蒸汽总用量

$$D=\frac{W}{3}+1200=\frac{6000}{3}+1200=3200\ kg\cdot h^{-1}$$

(2) 若不考虑蒸汽冷凝潜热的差别，则加热物料所用生蒸汽若用第一效抽出的额外蒸汽替代，其量将仍为 1200 $kg\cdot h^{-1}$，即 $E_1=1200\ kg\cdot h^{-1}$，这时的生蒸汽总用量为

$$D=\frac{W}{3}+\frac{2}{3}E_1=\frac{6000}{3}+\frac{2}{3}\times1200=2800\ kg\cdot h^{-1}$$

(3) 物料分两段加热，即加热物料用的生蒸汽有一半用第一效抽出的额外蒸汽替代，另一半生蒸汽用第二效抽出的额外蒸汽替代，则

$$E_1=600\ kg\cdot h^{-1},\ E_2=600\ kg\cdot h^{-1}$$

这时生蒸汽总用量 $$D=\frac{W}{3}+\frac{2}{3}E_1+\frac{1}{3}E_2=\frac{6000}{3}+\frac{2}{3}\times600+\frac{1}{3}\times600=2600\ kg\cdot h^{-1}$$

计算结果证实上述论点是正确的。应注意的是由于传热温差的减小，所需的总传热面积(包括蒸发设备和换热器两者的传热面积)必须随之增大。

(二) 冷凝水自蒸发的利用

由于冷凝水的饱和温度随压力的减小而降低，所以，若将前一效温度较高的冷凝水，通过冷凝水自蒸发器 (见图 7-11)，减压至下一效加热室的压力，则冷凝水在此过程中将放出热量，并使少量冷凝水自蒸发而产生蒸汽，它和前一效的二次蒸汽一起作为下一效的加热蒸

汽，可以提高生蒸汽的利用率。冷凝水自蒸发产生的蒸汽量与相邻两效加热室的压力有关，一般为加热蒸汽用量的2.5%左右。在操作中，由于少量加热蒸汽难免会通过冷凝水排出器而泄漏，因此，采用冷凝水自蒸发后的实际效果常比预计的还要大。在海水淡化装置中，为了降低淡水价格，要充分利用一切可以利用的热能，故这一措施应用甚广。

（三）热泵蒸发器

热泵蒸发器的原理是借助压缩机的绝热压缩作用，将二次蒸汽的饱和温度升高，并再送回原来的蒸发器中，作为加热蒸汽。这样，除在开工时以外，不需另行供给加热蒸汽，即可进行蒸发。

如图7-12所示，由蒸发室1产生的二次蒸汽被压缩机3沿二次蒸汽管2吸出，在压缩机内被压缩，使其饱和温度升高至所需的加热蒸汽的温度。经压缩机后，蒸汽沿二次蒸汽管4进入加热室5，并在该处冷凝，将热传给沸腾的溶液。冷凝水从加热室经冷凝水排出器6排出，聚积的空气则用真空泵从蒸发室内经空气放出管7抽出。

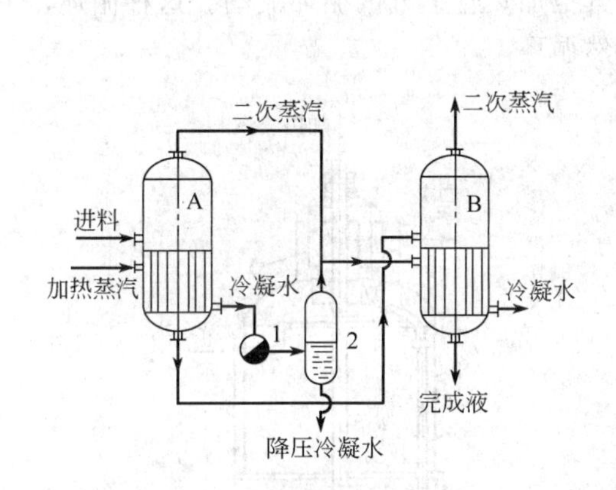

图7-11　冷凝水自蒸发的应用
A,B—蒸发器；1—冷凝水排出器；
2—冷凝水自蒸发器

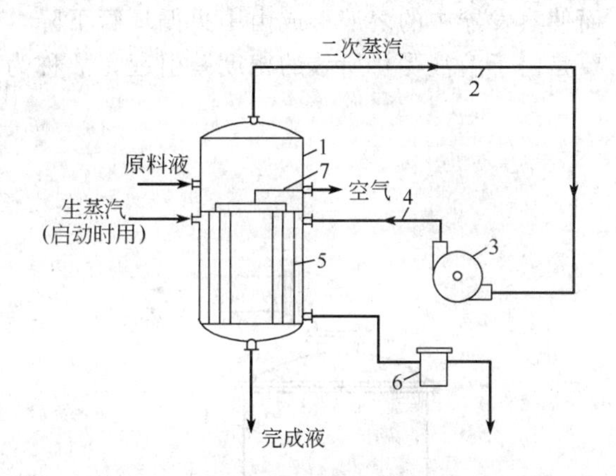

图7-12　热泵蒸发器操作简图
1—蒸发室；2,4—二次蒸汽管；3—压缩机；
5—加热室；6—冷凝水排出器；7—空气放出管

利用动力压缩二次蒸汽，使其作为加热蒸汽，是否经济？若仔细研究蒸汽的热量关系，即可明了热泵蒸发的经济价值。简略地说，蒸发器二次蒸汽的热焓与加热蒸汽很接近，只是压力较低从而饱和温度也低；低到不能再作为热源，就在冷凝器中加以冷凝而排除。此时，蒸汽的潜热即完全废弃。若使此二次蒸汽通过压缩机，提高其压力而升高其饱和温度，然后用作加热蒸汽，则其潜热可得到反复利用。因此，其理论上的利用程度可以很高。实际上，其利用程度是按二次蒸汽在压缩机内需要提高的压力而定，提高得愈多，利用程度就愈低。

对于沸点升高大的溶液，热泵蒸发器的蒸汽利用程度将大为降低。例如在常压下，若溶液在110 ℃沸腾，则其沸点升高为（110－100）10 ℃，而蒸发这种溶液所产生的二次蒸汽，其饱和温度仅为100 ℃。若在蒸发器中要维持10 ℃的传热温差，则在压缩机内必须将二次蒸汽从饱和温度100 ℃（而不是过热温度110 ℃）升高到120 ℃，即升高20 ℃而不是10 ℃。这样就需消耗更多的能量。因此热泵蒸发器用于蒸发沸点升高小的溶液时较为有利。

第四节　蒸发设备

前已指出，蒸发为传热过程，所以，蒸发设备和一般传热设备并无本质上的区别。但蒸发设备需不断除去产生的二次蒸汽，所以除了用来传热的加热室及进行汽液分离的蒸发室之外，还应有使液沫得到进一步分离的除沫器，和使二次蒸汽全部冷凝的冷凝器；减压操作时还需真空装置。现分别介绍如下。

一、蒸发器的结构及特点

为了适应生产上的多种需要，要求有各种不同结构的蒸发器。目前常用的间壁传热式蒸发器，按溶液在蒸发器中存留的情况，可分为循环型和单程型两大类。

（一）循环型蒸发器

循环型蒸发器，溶液在其内作循环流动。由于引起循环的原因不同，又可分为自然循环和强制循环两类，前者主要有以下几种结构类型。

（1）中央循环管式蒸发器　结构如图 7-13 所示。其加热室由垂直管束组成，溶液在管内被加热；室中间有一根直径很大的垂直管，称为中央循环管。当加热蒸汽通入管间加热时，由于中央循环管很大，其中单位体积溶液占有的传热面，比其他加热管的要小，即溶液在中央循环管内比在加热管内的受热程度轻、汽化较少，形成的汽、液混合物的密度大，从而使蒸发器中的溶液形成由中央循环管下降，由其他加热管上升的循环流动。这种循环，主要是由于溶液受热所致的密度差引起，故称为自然循环。

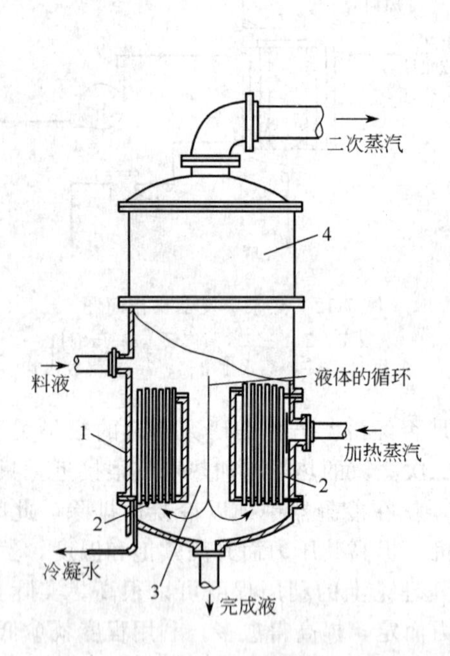

图 7-13　中央循环管式蒸发器

1—外壳；2—加热室；3—中央循环管；4—蒸发室

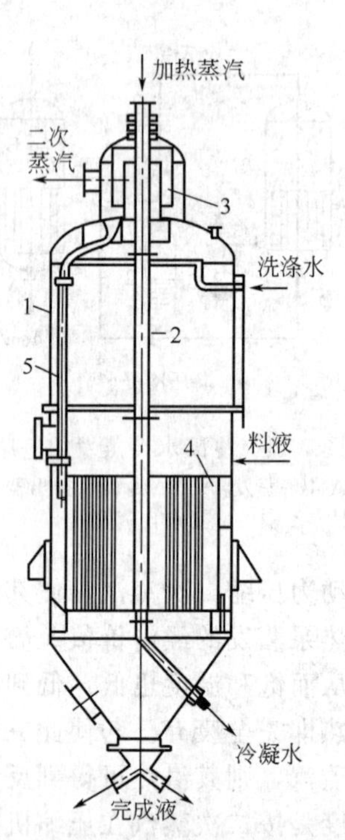

图 7-14　悬筐式蒸发器

1—外壳；2—加热蒸汽管；3—除沫器；4—加热室；5—液沫回流管

为使溶液有良好的循环，中央循环管的截面积一般为其他加热管总截面积的 40%～100%，加热管高度一般为 1～2 m，直径在 25～75 mm 之间。这种蒸发器由于结构紧凑、制造方便、传热较好及操作可靠等优点，应用广泛，有所谓“标准式蒸发器”之称。但其中循环速度并不大。又溶液在加热室中不断循环，使其浓度很接近于完成液，因而溶液的沸点上升大。这也是循环式蒸发器的共同缺点。此外，设备的清洗和维修也不够方便，所以这种蒸发器难以完全满足生产的要求。

（2）悬筐式蒸发器　结构如图 7-14 所示。加热室 4 像一个篮筐，悬挂在蒸发器壳体的下部，并且以加热室外壁与蒸发器内壁之间的环形通道代替中央循环管。加热蒸汽由中央的加热蒸汽管 2 进入加热室，二次蒸汽上升时所夹带的液沫则与加热蒸汽管 2 相接触而继续蒸发。溶液在加热管中上升，而后循着悬筐式加热室外壁与蒸发器内壁间的环隙向下流动而构成循环。这种蒸发器的加热室，可由顶部取出进行检修或更换，因而适用于析出结晶和易结垢溶液的蒸发。其热损失也较小。主要缺点是结构较复杂，单位传热面的金属消耗量较多。

（3）外热式蒸发器　如图 7-15 所示。其加热室安装在蒸发器外面，可以降低蒸发器的总高度，且便于清洗和更换，还有的设两个加热室轮换使用。其加热管束较长，因而循环速度较快。

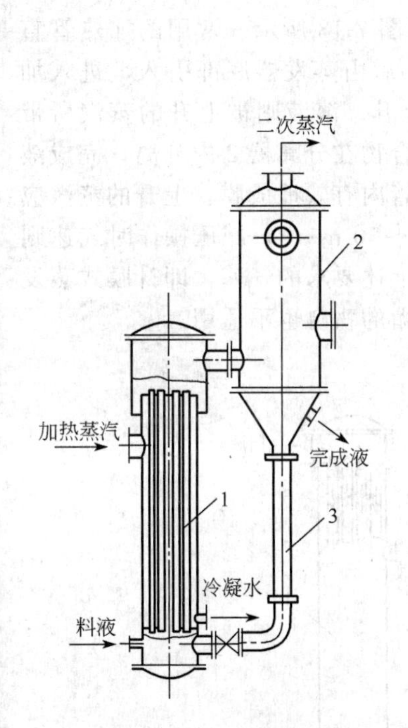

图 7-15　外热式蒸发器
1—加热室；2—蒸发室；3—循环管

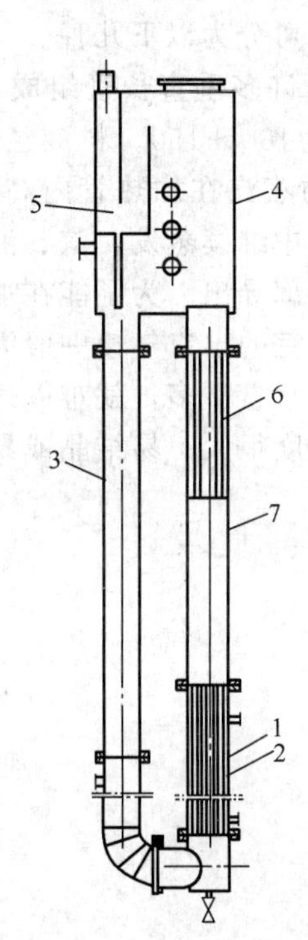

图 7-16　列文式蒸发器
1—加热室；2—加热管；3—循环管；4—蒸发室；5—除沫器；6—挡板；7—沸腾室

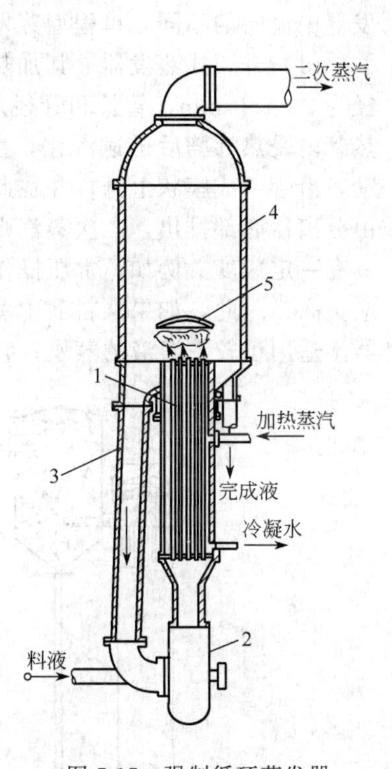

图 7-17　强制循环蒸发器
1—加热管；2—循环泵；3—循环管；4—蒸发室；5—除沫器

（4）列文式蒸发器　上述几种自然循环蒸发器，其循环速度均在 1.5 $m \cdot s^{-1}$ 以下，一般不适用于蒸发黏度较大、结晶或结垢严重的溶液，否则，操作周期就很短。为了提高自然循环速度以延长操作周期和减少清洗次数，可采用图 7-16 所示的列文式蒸发器。

列文式蒸发器的结构特点是加热室高度大，且其上增设沸腾室，这样加热室中的溶液因受到附加的液柱静压力的作用并不沸腾，而是在上升到沸腾室内所受静压降低后才开始沸腾，因而使溶液的沸腾由加热室移到了没有传热面的沸腾室。另外，这种蒸发器的循环管的截面积约为加热管总截面积的 2～3 倍，溶液向下流动的阻力小，因而循环速度可达 2.5 $m \cdot s^{-1}$ 或更高。这些措施，不仅对减轻和避免加热管表面结晶和结垢有显著的作用，且传热系数也较大。列文式蒸发器的主要缺点是液柱静压头效应引起的温差损失较大，为了保持一定的有效温差，要求加热蒸汽有较高的压力。此外，设备庞大，消耗的材料多，需要高大的厂房等，也是它的缺点。

除上述自然循环蒸发器以外，在蒸发黏度大、易结晶和结垢的物料时，还常采用强制循环蒸发器。在这种蒸发器中，溶液的循环主要依靠外加的动力，用泵迫使它沿一定方向流动而产生循环，如图 7-17 所示。循环速度的大小可由调节泵的流量来控制，一般应在 2.5 $m\cdot s^{-1}$以上。强制循环蒸发器的传热系数也比一般自然循环的大。但它的明显缺点是需要加入机械能，每平方米加热面积需 0.4～0.8 kW。

（二）单程型蒸发器

单程型蒸发器的主要特点：溶液在蒸发器中只通过加热室一次，不做循环流动即成为浓缩液排出。溶液通过加热室时，在管壁上呈膜状流动，故习惯上又称为液膜式蒸发器（实际上该名称不够确切，因在循环型蒸发器的加热管壁上溶液亦可做膜状流动）。根据物料在蒸发器中流向的不同，单程型蒸发器又可分为以下几种。

(1) 升膜式蒸发器　其加热室由许多垂直长管组成，如图 7-18 所示。常用的加热管直径为 25～50 mm，管长和管径之比为100～150。料液经预热后由蒸发器底部引入，进入加热管内受热沸腾后迅速汽化，生成的蒸汽在加热管内高速上升。溶液则被上升的蒸汽所带动，沿管壁成膜状上升，并在此过程中继续蒸发，汽、液混合物在分离器 2 内分离，完成液由分离器底部排出，二次蒸汽则在顶部导出。为了能在加热管内有效地成膜，上升的蒸汽应具有一定速度。例如，常压操作时适宜的出口气速一般为 20～50 $m\cdot s^{-1}$，减压操作时气速则应更高。因此，如果从料液中蒸发的水量不多，就难以达到上述要求的气速，即升膜式蒸发器不适用于较浓溶液的蒸发；它对黏度很大、易结晶或易结垢的物料也不适用。

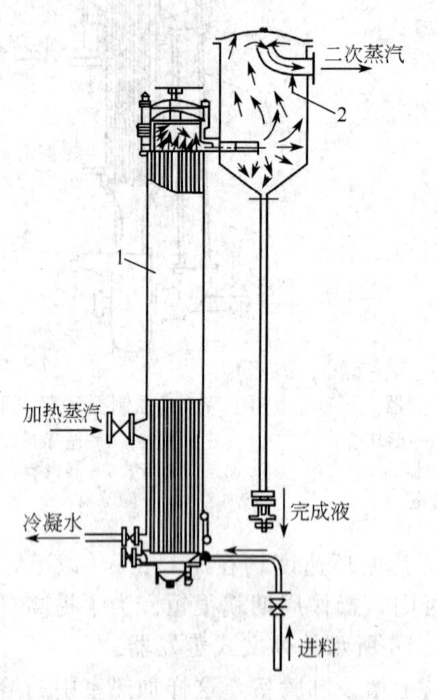

图 7-18　升膜式蒸发器
1—蒸发器；2—分离器

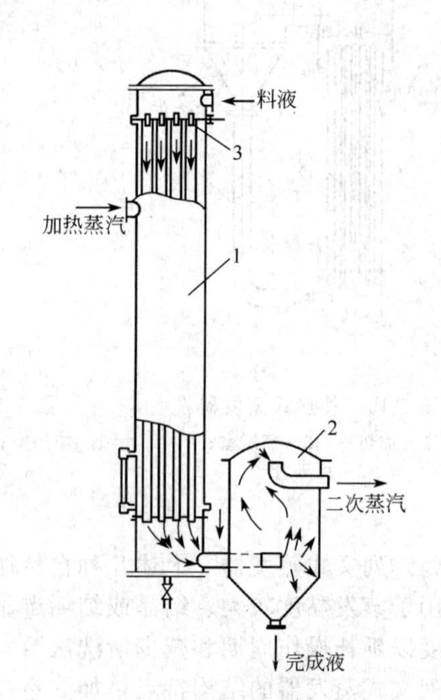

图 7-19　降膜式蒸发器
1—蒸发器；2—分离器；3—液体分布器

(2) 降膜式蒸发器　这种蒸发器（见图 7-19）和升膜式蒸发器的区别在于，料液是从蒸发器的顶部加入，在重力作用下沿管壁成膜状下降，并在此过程中不断被蒸发而增浓，在其底部得到完成液。为使液体在进入加热管后能有效地成膜，每根管的顶部装有液体分布器，其形式很多，图 7-20 所示为几种常见的分布器。

降膜式蒸发器可以蒸发浓度较高的溶液，对于黏度较大（例如在 0.05～0.45 Pa·s 范围内）的物料也能适用。但因液膜在管内分布不易均匀，传热系数较升膜式蒸发器为小。

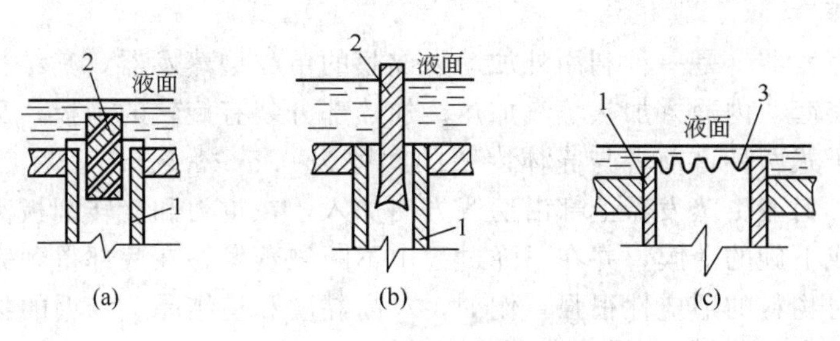

图 7-20　降膜蒸发器的液体分布器
1—加热管；2—导流管；3—齿缝

（3）升-降膜式蒸发器　将升膜蒸发器和降膜蒸发器装在一个外壳中即成为升-降膜式蒸发器，如图 7-21 所示。预热后的料液先经升膜式蒸发器上升，然后由降膜式蒸发器下降，在分离器中与二次蒸汽分离即得到完成液。这种蒸发器多用于蒸发过程中溶液的黏度变化大、溶液中水分蒸发量不很多和厂房高度受限制的场合。

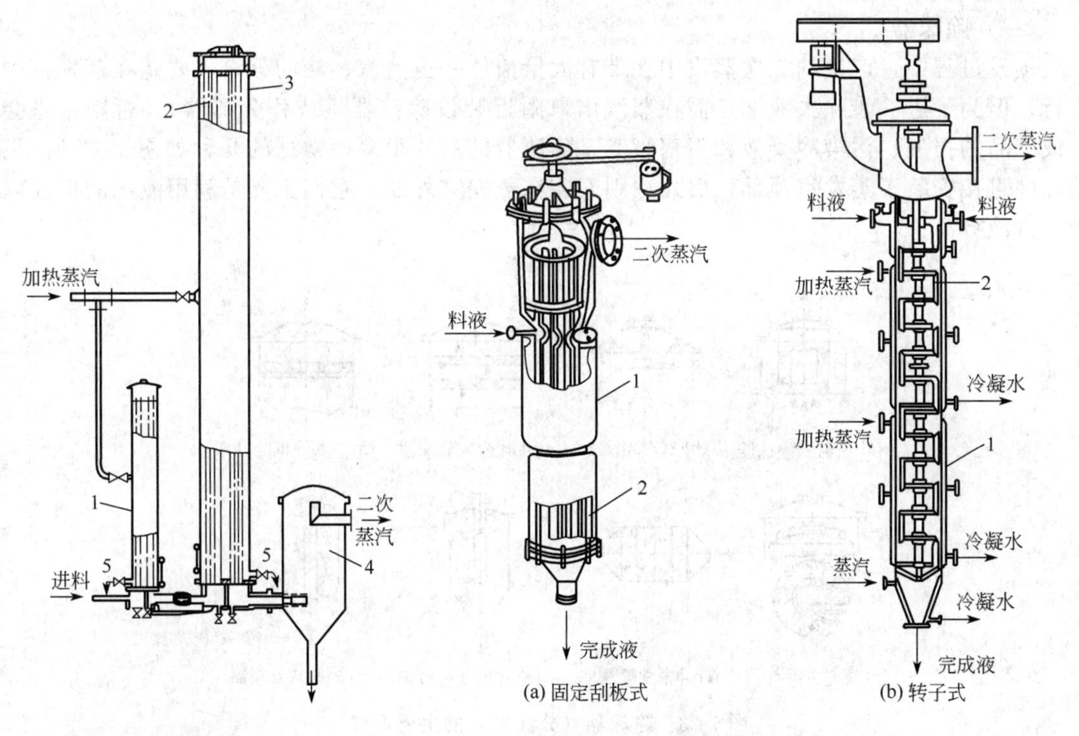

图 7-21　升-降膜式蒸发器
1—预热器；2—升膜加热室；3—降膜加热室；4—分离器；5—冷凝水排出口

图 7-22　刮板式蒸发器
1—夹套；2—刮板

单程型蒸发器比循环型蒸发器具有的优点如下。由于溶液呈膜状流动，可使给热系数大为提高，且溶液能在加热室中一次通过不再循环即达到要求的浓度。带来的好处有：溶液在蒸发器中的停留时间很短，因而特别适用于热敏性物料的蒸发；整个溶液的浓度，不像循环型那样总是很接近于完成液，因而其温差损失较小；此外，膜状流动时，液柱静压引起的温差损失可以略去不计。使得在相同的操作条件下，这种蒸发器的有效温差较大。因此，近年来获得了广泛的应用。其主要缺点是：对进料负荷的波动相当敏感，当设计或操作不适当时不易成膜，此时，给热系数将明显下降，达不到要求的最终浓度。另外，它也不适用于易结晶和结垢物料的蒸发。

(4) 刮板式蒸发器　是一种利用外加动力成膜的单程型蒸发器，其结构如图 7-22 所示。蒸发器外壳带有夹套，内通入加热蒸汽加热。加热部分装有旋转的刮板，刮板本身又可分为固定刮板式和转子式两种，前者与壳体内壁的间隙为 0.5～1.5 mm，后者与器壁的间隙随转子的转数而变。料液由蒸发器上部沿切线方向加入，在重力和旋转刮板刮带的作用下，溶液在壳体内壁形成下旋的薄膜，并在下降过程中不断被蒸发，在底部得到完成液。这种蒸发器的突出优点是对物料的适应性很强，例如，对高黏度和易结晶、结垢的物料都能适用。其缺点是结构复杂，动力消耗大，每平方米传热面需1.5～3 kW。此外，受夹套式传热面的限制，其处理量小。

小结　从上述的介绍可以看出：蒸发器的结构形式很多，各有其优缺点和适用的场合。在选型时，除要求结构简单、易于制造、金属消耗量少，维修方便、传热效果好等以外，首要的，还需看它能否适应所蒸发物料的工艺特性，包括物料的黏性、热敏性、腐蚀性以及是否容易结晶或结垢等。这样全面综合地加以考虑，才能免于失误。

二、蒸发辅助设备

(一) 除沫器

蒸发过程中，产生的二次蒸汽中夹带有大量液体。虽然汽、液的分离主要是在蒸发室中进行，但为了进一步除去液沫还需在蒸汽出口附近装设除沫器（或称分离器），否则，将会造成产品的损失、污染冷凝液和阻塞管道。除沫器的形式很多，常见的几种如图 7-23 所示。前几种直接安装于蒸发室顶部；后几种则安装在蒸发室外面，它们主要是利用液沫的惯性以达到汽液分离。

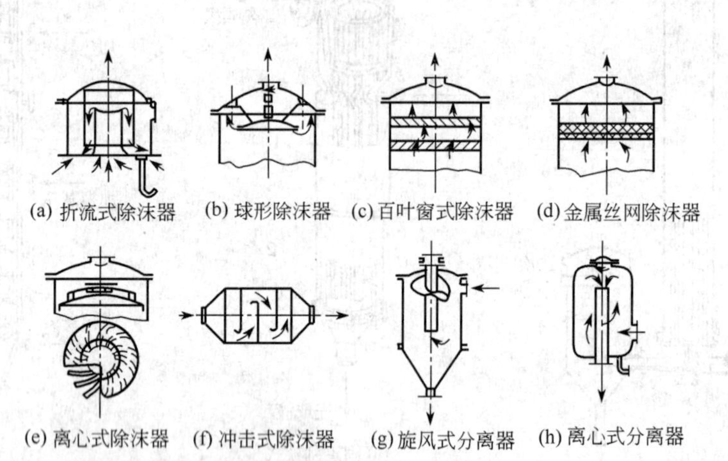

图 7-23　除沫器（分离器）的主要形式

(二) 冷凝器和真空装置

除了二次蒸汽是有价值的产品需要加以回收，或者它会严重污染冷却水等情况以外，蒸发过程中大多采用汽液直接接触的混合式冷凝器来冷凝二次蒸汽。常见的干式逆流高位冷凝器的构造如图 7-24 所示。冷却水由顶部加入，依次经过各淋水板的小孔及溢流堰流下，在与底部进入、逆流上升的二次蒸汽直接接触过程中，使二次蒸汽不断冷凝。水和冷凝液沿气压管（俗称“大气腿”）流至地沟后排走。空气和其他不凝性气体则由顶部抽出，在分离器 5 中与夹带的液沫分离后进入真空装置。在这种冷凝器中，汽、液两相各自分别排出，故称干式；其气压管需有足够的高度（大于 10 m）才能使冷凝液自动流至地沟，故称为高位式。除此之外，还有湿式、低位式冷凝器等。

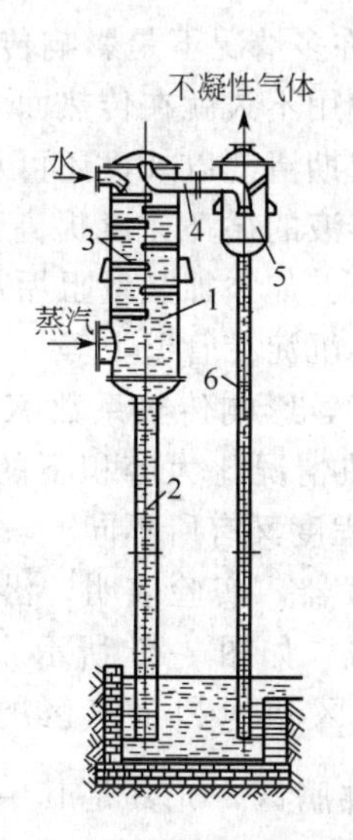

图 7-24 干式逆流高位冷凝器

1—外壳；2,6—气压管；3—淋水板；
4—不凝性气体管；5—分离器

无论采用何种冷凝器，均需于其后设置真空装置排除不凝性气体，以维持蒸发所要求的真空度。常用的真空装置有水环式真空泵、喷射泵及往复式真空泵。

第五节 蒸发器的生产强度

与加热蒸汽的利用程度一样，蒸发器的生产强度 U 也是蒸发器的一个重要操作指标。为便于分析，蒸发强度 $U=\dfrac{W}{A}$ 可近似地采用式(7-7)，即 $W=\dfrac{DR}{r}=\dfrac{Q}{r}$，而热流量 $Q=KA\Delta t$，故可得到

$$U=\frac{W}{A}=\frac{Q}{Ar}=\frac{K\Delta t}{r} \tag{7-24}$$

很明显，在根据工艺条件选取蒸发器的形式和确定效数后，为提高其生产强度，应设法增大蒸发时的有效温差 Δt 和传热系数 K。

有效温差 Δt 除与温差损失有关以外，主要还是取决于加热蒸汽与冷凝器内的压力。但前者受工厂用汽条件和设备耐压的限制；后者真空度的提高，要考虑到溶液的沸点降低后黏度增大，会对溶液的沸腾传热产生不利影响。因此，加热蒸汽的压力常不超过 500 kPa，冷凝器中的压力亦不小于 10～20 kPa（绝）。故有效温差的增大是有限的。

增大传热系数 K 的途径是减小串联的各个热阻。试参阅下式

$$K=\frac{1}{\dfrac{1}{\alpha_1}+\dfrac{1}{\alpha_2}+R_w+R_s} \tag{7-25}$$

式中，α_1 为管间蒸汽冷凝的给热系数，$W\cdot m^{-2}\cdot K^{-1}$；$\alpha_2$ 为管内溶液沸腾的给热系数，$W\cdot m^{-2}\cdot K^{-1}$；$R_w$、$R_s$ 为管壁和污垢的热阻，$m^2\cdot K\cdot W^{-1}$。

通常，管壁热阻 R_w 很小，可略去不计，且蒸汽冷凝的给热系数 α_1 比管内溶液沸腾的给热系数 α_2 大很多，即蒸汽冷凝的热阻在总热阻中所占的比例不大，但设计和操作时需要考虑不凝性气体的排除。

管内溶液侧的污垢热阻 R_s，在许多情况下是影响传热系数 K 的重要因素。尤其是在处理容易结晶或结垢的物料时，往往使用不久就在传热面上形成垢层，并较快增厚，使传热系数逐渐变小。为减小污垢热阻，除定期清洗以外，还可从设备结构上加以改进，例如采用强制循环蒸发器或列文式蒸发器，使溶液的循环速度提高到 2.5 $m \cdot s^{-1}$ 以上，以延缓垢层的形成。另一方面，可探索新的除垢方法：如添加微量阻垢剂以阻止垢层的形成；加入晶种，使物料能在溶液中的晶种上结晶，而不沉淀在管壁上等。

对于不易结晶、结垢物料的蒸发，影响传热系数 K 的主要因素是管内溶液沸腾的给热系数 α_2。溶液在管内的沸腾，其传热情况比大容积下的沸腾传热更为复杂；而且，对于不同类型的蒸发器，影响 α_2 的因素和程度又有所不同。

对于循环速度不大的循环型蒸发器，实验表明，沿管长方向各部分的传热情况并不相同，一般可分为 6 段，或者 3 个区域，如图 7-25 所示。由图可以看出：在沸腾区中的膜状流动段，其给热系数最大，而预热区和饱和蒸汽区的则很小，图中平均给热系数 $\bar{\alpha}_2 = \frac{1}{L}\int \alpha_2 \mathrm{d}L$。因此，要提高 α_2，应使沸腾区，尤其是其中的膜状流动段尽可能地扩大，而相对地缩短预热区和饱和蒸汽区，这就要求溶液在管内具有适宜的循环速度。

自然循环蒸发器中溶液的循环速度与有效温差以及相对液面高度（即管内液面高度和加热管长度之比）有关。为了保持适宜的循环速度，各效中的有效温差不宜过小。另外，相对液面高度对 $\bar{\alpha}_2$ 也有很大影响。当加热蒸汽压力为 100 kPa，蒸发室内压力为常压，而且用水进行实验时，所得实验结果表明，对于黏度不大的溶液，液面高度应为管长的 1/3～1/2，这时的 $\bar{\alpha}_2$ 最大。

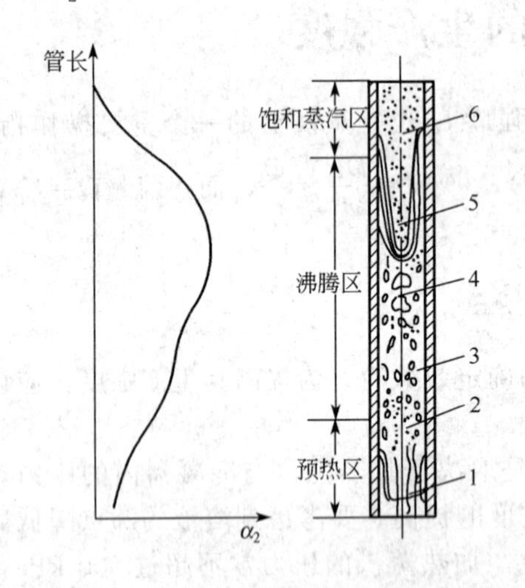

图 7-25　自然循环蒸发器管内沸腾示意图

1—自然对流段；2—壁面生成气泡段；3—乳化段；
4—转变段；5—膜状流动段；6—蒸汽流动段

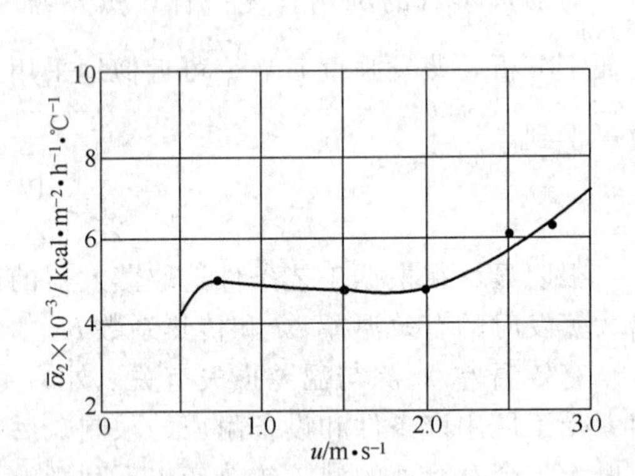

图 7-26　强制循环时 $\bar{\alpha}_2$ 与 u 的关系

用水在强制循环蒸发器中于上述操作条件下进行实验，实验数据如图 7-26 所示。可见，当循环速度在 1～2 $m \cdot s^{-1}$ 下操作时，$\bar{\alpha}_2$ 较小；而且也不能延缓污垢的形成，因而采用强制循环蒸发器浓缩易结晶、易结垢的物料时，溶液的循环速度应保持在 2.5 $m \cdot s^{-1}$ 以上。此时，其传热情况与流体在管内作强制对流传热时的相近。

对于单程型升膜式蒸发器，管内溶液的沸腾传热情况和自然循环蒸发器相仿。为缩短预热区以提高 $\bar{\alpha}_2$ 和维持操作的稳定，应将料液预热至沸点后送入蒸发器。

习 题

说明：本章习题中溶液浓度皆为质量分数。

7-1 用一单效蒸发器将 10^3 kg·h^{-1} 的 NaCl 水溶液由 5%浓缩至 25%，加热蒸汽压力为 118 kPa（绝），蒸发压力为 19.6 kPa（绝），蒸发器内溶液的沸点为 75 ℃。已知蒸发器的传热系数为 1500 W·m^{-2}·K^{-1}，NaCl 的比热容为 0.95 kJ·kg^{-1}·K^{-1}，进料温度为 30 ℃，若不计浓缩热及热损失，试求浓缩液量、加热蒸汽消耗量及所需蒸发器的传热面积。

7-2 一蒸发器每小时需将 2t NaOH 水溶液由 15%浓缩至 25%。已知加热蒸汽压力为 392 kPa（绝），蒸发压力为 101.3 kPa（绝），溶液沸点为 113 ℃，试利用焓浓图计算以下三种进料情况下所需的加热蒸汽消耗量和单位蒸汽消耗量 D/W。(1) 料液于 20 ℃加入；(2) 沸点进料；(3) 料液于 130 ℃下加入。

7-3 已知 25% NaCl 水溶液在 101.3 kPa（绝）下的沸点为 107 ℃，在 19.6 kPa（绝）下的沸点为 65.8 ℃，试利用杜林规则计算此溶液在 49 kPa（绝）下的沸点。

7-4 用一单效蒸发器浓缩 $CaCl_2$ 水溶液，操作压力为 101.3 kPa（绝），已知蒸发器中 $CaCl_2$ 溶液的浓度为 40.8%，其密度为 1340 kg·m^{-3}，若蒸发时的液面高度为 1 m，试求此时溶液的沸点。

7-5 用一传热面积为 10 m^2 的蒸发器将某溶液由 15%浓缩至 40%，沸点进料，要求每小时蒸得 375 kg 浓缩液。已知蒸发器的传热系数为 800 W·m^{-2}·℃$^{-1}$，蒸发压力为 19.6 kPa（绝），此操作条件下的温差损失可取为 8 ℃。若溶液浓度对其比热容的影响及热损失可忽略不计，试问加热蒸汽压力至少应多大才能满足生产要求？

7-6 在双效并流蒸发器中，将 10^4 kg·h^{-1} 10%的 NaOH 水溶液浓缩至 50%。加热蒸汽压力为 489 kPa（绝），末效操作压力为 14.7 kPa（绝）。已知两效的传热系数为 $K_1=1500$ W·m^{-2}·K^{-1}，$K_2=700$ W·m^{-2}·K^{-1}，两效溶液的密度可近似取为 1120 kg·m^{-3} 和 1460 kg·m^{-3}，液面高度均为 1.2 m，料液在 100 ℃下加入，两蒸发器的传热面积相同，试求蒸汽消耗量和所需的蒸发器传热面积。

7-7 采用三效并流蒸发流程，将 10%的 NaOH 水溶液浓缩至 30%，进料量为 2.4×10^4 kg·h^{-1}，进料温度为 80 ℃，已知加热蒸汽压力为 391 kPa，末效蒸发压力为 19.6 kPa（绝）。各效传热面积相同。其传热系数分别为 $K_1=2000$ W·m^{-2}·K^{-1}，$K_2=1500$ W·m^{-2}·K^{-1}；$K_3=1000$ W·m^{-2}·K^{-1}，若不计液柱静压力对溶液沸点的影响，试求加热蒸汽消耗量和蒸发器所需的传热面积。

7-8 用传热面积为 100 m^2 的单效蒸发器将 NaOH 水溶液由 10%浓缩至 30%。加热蒸汽压力为 293 kPa，蒸发压力为 101.3 kPa（绝），沸点进料，热损失及浓缩热忽略不计，并可认为溶液的比热容在浓缩时为一常数。(1) 采用循环操作时，液面高度 3 m，溶液密度为 1300 kg·m^{-3}，进料量为 5000 kg·h^{-1}，试求此时蒸发器的传热系数；(2) 后改为单程模式操作，测得其传热系数为 1800W·m^{-2}·℃$^{-1}$，问此时进料量增为多少？

符 号 说 明

符号	意义	单位
A	传热面积	m^2
c	溶液的比热容	kJ·kg^{-1}·K^{-1}
c^*	水的比热容	kJ·kg^{-1}·K^{-1}
D	加热蒸汽消耗量	kg·h^{-1}
d	管径	m
d_b	气泡的脱离直径	m
E	额外蒸汽量	kg·h^{-1}
F	进料量	kg·h^{-1}
H	蒸汽的焓	kJ·kg^{-1}
h	液体的焓	kJ·kg^{-1}
K	传热系数	W·m^{-2}·K^{-1}
L	液面高度	m
L	溶液排出量	kg·h^{-1}
p	压力	Pa
Q	热流量	W，kW
q	热通量	W·m^{-2}
r	蒸发潜热	kJ·kg^{-1}
T	蒸汽温度，	℃
t	液体温度	℃
U	蒸发强度	kg·m^{-2}·h^{-1}
u	流速	m·s^{-1}
W	蒸发量	kg·h^{-1}

符号	意义	单位	符号	意义	单位
x	溶液的质量分数	%	μ	黏度	Pa•s
α	给热系数	$W \cdot m^{-2} \cdot K^{-1}$	ν	运动黏度	$m^2 \cdot s^{-1}$
Δ	温差损失	℃	ρ	密度	$kg \cdot m^{-3}$
λ	热导率	$W \cdot m^{-1} \cdot K^{-1}$	σ	表面张力	$N \cdot m^{-1}$

参考文献

1 胡柏松等．多效蒸发工程中最佳效数的计算．无机盐工业，2012，11：55-66
2 张猛等．降膜蒸发器的研究进展．流体机械，2012，6：82-86
3 《化学工程手册》编辑委员会．化学工程手册·蒸发．北京：化学工业出版社，1989

附　录

附录一　常用物理量的单位与量纲

物理量名称	单位名称	单位符号	量　纲
长度	米	m	L
时间	秒	s	T
质量	千克(公斤)	kg	M
物质的量	摩[尔]	mol	N
温度	度	℃,K	Θ
力,重量	牛顿	N	MLT^{-2}
速度	米/秒	m/s	LT^{-1}
加速度	米/秒^2	m/s^2	LT^{-2}
密度	千克/米^3	kg/m^3	ML^{-3}
压力(压强)	帕斯卡(牛顿/米^2)	Pa(N/m^2)	$ML^{-1}T^{-2}$
功,能、热量	焦耳	J	ML^2T^{-2}
功率	瓦特	W	ML^2T^{-3}
黏度	帕斯卡·秒	Pa·s	$ML^{-1}T^{-1}$
表面张力	牛顿/米	N/m	MT^{-2}
热导率(导热系数)	瓦特/(米·度)	W/(m·℃)	$MLT^{-3}\Theta^{-1}$
扩散系数	米^2/秒	m^2/s	L^2T^{-1}

附录二　某些气体的重要物理性质

名称	分子式	密度(0 ℃ 101.3 kPa)/$kg·m^{-3}$	比热容(20 ℃, 101.3 kPa)/$kJ·kg^{-1}·℃^{-1}$		黏度 $\mu/10^{-5}$ Pa·s	沸点(101.3 kPa)/℃	汽化热(101.3 kPa)/$kJ·kg^{-1}$	临界点		热导率(0 ℃,101.3 kPa)/$W·m^{-1}·℃^{-1}$
			c_p	c_V				温度/℃	压力/kPa	
空气		1.293	1.009	0.720	1.73	−195	197	−140.7	3768.4	0.0244
氧	O_2	1.429	0.913	0.653	2.03	−132.98	213	−118.82	5036.6	0.0240
氮	N_2	1.251	1.047	0.745	1.70	−195.78	199.2	−147.13	3392.5	0.0228
氢	H_2	0.0899	14.27	10.13	0.842	−252.75	454.2	−239.9	1296.6	0.163
氦	He	0.1785	5.275	3.18	1.88	−268.95	19.5	−267.96	228.94	0.144
氩	Ar	1.7820	0.532	0.322	2.09	−185.87	163	−122.44	4862.4	0.0173
氯	Cl_2	3.217	0.481	0.355	1.29(16℃)	−33.8	305	144.0	7708.9	0.0072
氨	CH_3	0.771	2.22	1.67	0.918	−33.4	1373	132.4	11295	0.0215
一氧化碳	CO	1.250	1.047	0.754	1.66	−191.48	211	−140.2	3497.9	0.0226
二氧化碳	CO_2	1.976	0.837	0.653	1.37	−78.2	574	31.1	7384.8	0.0137
二氧化硫	SO_2	2.927	0.632	0.502	1.17	−10.8	394	157.5	7879.1	0.0077
二氧化氮	NO_2	—	0.804	0.615	—	21.2	712	158.2	10130	0.0400
硫化氢	H_2S	1.539	1.059	0.804	1.166	−60.2	548	100.4	19136	0.0131

续表

名称	分子式	密度(0 ℃ 101.3 kPa)/kg·m^{-3}	比热容(20 ℃，101.3 kPa)/kJ·kg^{-1}·℃$^{-1}$		黏度 $\mu/10^{-5}$ Pa·s	沸点(101.3 kPa)/℃	汽化热(101.3 kPa)/kJ·kg^{-1}	临界点		热导率(0 ℃，101.3 kPa)/W·m^{-1}·℃$^{-1}$
			c_p	c_V				温度/℃	压力/kPa	
甲烷	CH_4	0.717	2.223	1.700	1.03	-161.58	511	-82.15	4619.3	0.0300
乙烷	C_2H_6	1.357	1.729	1.444	0.850	-88.50	486	32.1	4948.5	0.0180
丙烷	C_3H_8	2.020	1.863	1.650	0.795 (18℃)	-42.1	427	95.6	4355.9	0.0148
正丁烷	C_4H_{10}	2.673	1.918	1.733	0.810	-0.5	386	152	3798.8	0.0135
正戊烷	C_5H_{12}	—	1.72	1.57	0.0874	-36.08	151	197.1	3342.9	0.0128
乙烯	C_2H_4	1.261	1.528	1.222	0.935	103.7	481	9.7	5135.9	0.0164
丙烯	C_3H_6	1.914	1.633	1.436	0.835 (20℃)	-47.7	440	91.4	4599.0	—
乙炔	C_2H_2	1.171	1.683	1.352	0.935	-83.66 (升华)	829	35.7	6240.0	0.0184
氯甲烷	CH_3Cl	2.308	0.741	0.582	0.989	-24.1	406	148	6685.8	0.0085
苯	C_6H_6	—	1.252	1.139	0.72	80.2	394	288.5	4832.0	0.0088

附录三 某些液体的重要物理性质

名 称	分子式	摩尔质量/kg·kmol^{-1}	密度(20℃)/kg·m^{-3}	沸点(101.3 kPa)/℃	汽化热/kJ·kg^{-1}	比热容(20℃)/kJ·kg^{-1}·℃$^{-1}$	黏度(20℃)/mPa·s	热导率(20℃)/W·m^{-1}·℃$^{-1}$	体积膨胀系数 β(20℃)/10^{-4}℃$^{-1}$	表面张力(20℃)/10^{-3}N·m^{-1}
水	H_2O	18.02	998	100	2258	4.183	1.005	0.599	1.82	72.8
氯化钠盐水(25%)	—	—	1186 (25℃)	107	—	3.39	2.3	0.57 (30℃)	(4.4)	—
氯化钙盐水(25%)	—	—	1228	107	—	2.89	2.5	0.57	(3.4)	—
硫酸	H_2SO_4	98.08	1831	340 (分解)	—	1.47 (98%)	—	0.38	5.7	—
硝酸	HNO_3	63.02	1513	86	481.1	—	1.17 (10℃)	—	—	—
盐酸(30%)	HCl	36.47	1149	—	—	2.55	2 (31.5%)	0.42	—	—
二硫化碳	CS_2	76.13	1262	46.3	352	1.005	0.38	0.16	12.1	32
戊烷	C_5H_{12}	72.15	626	36.07	357.4	2.24 (15.6℃)	0.229	0.113	15.9	16.2
己烷	C_6H_{14}	86.17	659	68.74	335.1	2.31 (15.6℃)	0.313	0.119	—	18.2
庚烷	C_7H_{16}	100.20	684	98.43	316.5	2.21 (15.6℃)	0.411	0.123	—	20.1
辛烷	C_8H_{18}	114.22	763	125.67	306.4	2.19 (15.6℃)	0.540	0.131	—	21.8
三氯甲烷	$CHCl_3$	119.38	1489	61.2	253.7	0.992	0.58	0.138 (30℃)	12.6	28.5 (10℃)
四氯化碳	CCl_4	153.82	1594	76.8	195	0.850	1.0	0.12	—	26.8
1,2-二氯乙烷	$C_2H_4Cl_2$	98.96	1253	83.6	324	1.260	0.83	0.14 (50℃)	—	30.8
苯	C_6H_6	78.11	879	80.10	393.9	1.704	0.737	0.148	12.4	28.6

续表

名　称	分子式	摩尔质量/kg·kmol^{-1}	密度(20℃)/kg·m^{-3}	沸点(101.3kPa)/℃	汽化热/kJ·kg^{-1}	比热容(20℃)/kJ·kg^{-1}·℃$^{-1}$	黏度(20℃)/mPa·s	热导率(20℃)/W·m^{-1}·℃$^{-1}$	体积膨胀系数β(20℃)/10^{-4}℃$^{-1}$	表面张力(20℃)/10^{-3}N·m^{-1}
甲苯	C_7H_8	92.13	867	110.63	363	1.70	0.675	0.138	10.9	27.9
邻二甲苯	C_8H_{10}	106.16	880	144.42	347	1.74	0.811	0.142	—	30.2
间二甲苯	C_8H_{10}	106.16	864	139.10	343	1.70	0.611	0.167	10.1	29.0
对二甲苯	C_8H_{10}	106.16	861	138.35	340	1.704	0.643	0.129	—	28.0
苯乙烯	C_8H_9	104.1	911 (15.6℃)	145.2	(352)	1.733	0.72	—	—	—
氯苯	C_6H_5Cl	112.56	1106	131.8	325	1.298	0.85	0.14 (30℃)	—	32
硝基苯	$C_6H_5NO_2$	123.17	1203	210.9	396	396	2.1	0.15	—	41
苯胺	$C_6H_5NH_2$	93.13	1022	184.4	448	2.07	4.3	0.17	8.5	42.9
酚	C_6H_5OH	94.1	1050 (50℃)	181.8 (熔点 40.9)	511	—	3.4 (50℃)	—	—	—
萘	$C_{16}H_8$	128.17	1145 (固体)	217.9 (熔点 80.2)	314	1.80 (100℃)	0.59 (100℃)	—	—	—
甲醇	CH_3OH	32.04	791	64.7	1101	2.48	0.6	0.212	12.2	22.6
乙醇	C_2H_5OH	46.07	789	78.3	846	2.39	1.15	0.172	11.6	22.8
乙醇(95%)	—	—	804	78.3	—	—	1.4	—	—	—
乙二醇	$C_2H_4(OH)_2$	62.05	1113	197.6	780	2.35	23	—	—	47.7
甘油	$C_3H_5(OH)_2$	92.09	1261	290 (分解)	—	—	1499	0.59	5.3	63
乙醚	$(C_2H_5)_2O$	74.12	714	34.6	360	2.34	0.24	0.14	16.3	18
乙醛	CH_3CHO	44.05	783 (18℃)	20.2	574	1.9	1.3 (18℃)	—	—	21.2
糠醛	$C_5H_4O_2$	96.09	1168	161.7	452	1.6	1.15 (50℃)	—	—	43.5
丙酮	CH_3COCH_3	58.08	792	56.2	523	2.35	0.32	0.17	—	23.7
甲酸	$HCOOH$	46.03	1220	100.7	494	2.17	1.9	0.26	—	27.8
乙酸	CH_3COOH	60.03	1049	118.1	406	1.99	1.3	0.17	10.7	23.9
乙酸乙酯	$CH_3COOC_2H_5$	88.11	901	77.1	368	1.92	0.48	0.14 (10℃)	—	—
煤油		—	780～820	—	—	—	3	0.15	10.0	—
汽油		—	680～800	—	—	—	0.7～0.8	0.19 (30℃)	12.5	—

附录四　某些固体材料的重要物理性质

1. 固体材料的密度、热导率和比热容

名称	密度 /kg·m^{-3}	热导率		比热容	
		/W·m^{-1}·K^{-1}	/kcal·m^{-1}·h^{-1}·℃$^{-1}$	/kJ·kg^{-1}·K^{-1}	/kcal·kgf^{-1}·℃$^{-1}$
(1)金属					
钢	7850	45.3	39.0	0.46	0.11
不锈钢	7900	17	15	0.50	0.12
铸铁	7220	62.8	54.0	0.50	0.12
铜	8800	383.8	330.0	0.41	0.097
青铜	8000	64.0	55.0	0.38	0.091
黄铜	8600	85.5	73.5	0.38	0.09
铝	2670	203.5	175.0	0.92	0.22
镍	9000	58.2	50.0	0.46	0.11
铅	11400	34.9	30.0	0.13	0.031
(2)塑料					
酚醛	1250～1300	0.13～0.26	0.11～0.22	1.3～1.7	0.3～0.4
尿醛	1400～1500	0.30	0.26	1.3～1.7	0.3～0.4
聚氯乙烯	1380～1400	0.16	0.14	1.8	0.44
聚苯乙烯	1050～1070	0.08	0.07	1.3	0.32
低压聚乙烯	940	0.29	0.25	2.6	0.61
高压聚乙烯	920	0.26	0.22	2.2	0.53
有机玻璃	1180～1190	0.14～0.20	0.12～0.17	—	—
(3)建筑材料、绝热材料、耐酸材料及其他					
干沙	1500～1700	0.45～0.48	0.39～0.50	0.8	0.19
黏土	1600～1800	0.47～0.53	0.4～0.46	0.75 (－20～20℃)	0.18 (－20～20℃)
锅炉炉渣	700～1100	0.19～0.30	0.16～0.26	—	—
黏土砖	1600～1900	0.47～0.67	0.40～0.58	0.92	0.22
耐火砖	1840	1.05(800～1100℃)	0.9(800～1100℃)	0.88～1.00	0.21～0.24
绝缘砖(多孔)	600～1400	0.16～0.37	0.14～0.32	—	—
混凝土	2000～2400	1.3～1.55	1.1～1.33	0.84	0.20
松木	500～600	0.07～0.10	0.06～0.09	2.7(0～100℃)	0.65(0～100℃)
软土	100～300	0.041～0.064	0.035～0.055	0.96	0.23
石棉板	770	0.11	0.10	0.816	0.195
石棉水泥板	1600～1900	0.35	0.3	—	—
玻璃	2500	0.74	0.64	0.67	0.16
耐酸陶瓷制品	2200～2300	0.93～1.0	0.8～0.9	0.75～0.80	0.18～0.19
耐酸砖和板	2100～2400	—	—	—	—
耐酸搪瓷	2300～2700	0.99～1.04	0.85～0.9	0.84～1.26	0.2～0.3
橡胶	1200	0.16	0.14	1.38	0.33
冰	900	2.3	2.0	2.11	0.505

2. 固体物料的表观密度

名称	表观密度 /kg·m^{-3}	名称	表观密度 /kg·m^{-3}	名称	表观密度 /kg·m^{-3}
磷灰石	1850	石英	1500	食盐	1020
结晶石膏	1300	焦炭	500	木炭	200
干黏土	1380	黄铁矿	3300	煤	800
炉灰	680	块状白垩	1300	磷灰石	1600
干土	1300	干沙	1200	聚苯乙烯	1020
石灰石	1800	结晶碳酸钠	800		

附录五　水的重要物理性质

温度/℃	压力 /100kPa	密度 /kg·m^{-3}	焓 /kJ·kg^{-1}	比热容 /kJ·kg^{-1}·K^{-1}	热导率 /W·m^{-1}·K^{-1}	黏度 /mPa·s	运动黏度 /10^{-5}m^2·s^{-1}	体积膨胀系数 /10^{-3}℃$^{-1}$	表面张力 /mN·m^{-1}
0	1.013	999.9	0	4.212	0.551	1.789	0.1789	−0.063	75.6
10	1.013	999.7	42.04	4.191	0.575	1.305	0.1306	0.070	74.1
20	1.013	998.2	83.9	4.183	0.599	1.005	0.1006	0.182	72.7
30	1.013	995.7	125.8	4.174	0.618	0.801	0.0805	0.321	71.2
40	1.013	992.2	167.5	4.174	0.634	0.653	0.0659	0.387	69.6
50	1.013	988.1	209.3	4.174	0.648	0.549	0.0556	0.449	67.7
60	1.013	983.2	251.1	4.178	0.659	0.470	0.0478	0.511	66.2
70	1.013	977.8	293.0	4.187	0.668	0.406	0.0415	0.570	64.3
80	1.013	971.8	334.9	4.195	0.675	0.355	0.0365	0.632	62.6
90	1.013	965.3	377.0	4.208	0.680	0.315	0.0326	0.695	60.7
100	1.013	958.4	419.1	4.220	0.683	0.283	0.0295	0.752	58.8
110	1.433	951.0	461.3	4.233	0.685	0.259	0.0272	0.808	56.9
120	1.986	943.1	503.7	4.250	0.686	0.237	0.0252	0.864	54.8
130	2.702	934.8	546.4	4.266	0.686	0.218	0.0233	0.919	52.8
140	3.624	926.1	589.1	4.287	0.685	0.201	0.0217	0.972	50.7
150	4.761	917.0	632.2	4.312	0.684	0.186	0.0203	1.03	48.6
160	6.481	907.4	675.3	4.346	0.683	0.173	0.0191	1.07	46.6
170	7.924	897.3	719.3	4.386	0.679	0.163	0.0181	1.13	45.3
180	10.03	886.9	763.3	4.417	0.675	0.153	0.0173	1.19	42.3
190	12.55	876.0	807.6	4.459	0.670	0.144	0.0165	1.26	40.0
200	15.54	863.0	852.4	4.505	0.663	0.136	0.0158	1.33	37.7
210	19.07	852.8	897.6	4.555	0.655	0.130	0.0153	1.41	35.4
220	23.20	840.3	943.7	4.614	0.645	0.124	0.0148	1.48	33.1
230	27.98	827.3	990.2	4.681	0.637	0.120	0.0145	1.59	31.0
240	33.47	813.6	1038	4.756	0.628	0.115	0.0141	1.68	28.5
250	39.77	799.0	1086	4.844	0.618	0.110	0.0137	1.81	26.2
260	46.93	784.0	1135	4.949	0.604	0.106	0.0135	1.97	23.8
270	55.03	767.9	1185	5.070	0.590	0.102	0.0133	2.16	21.5
280	64.16	750.7	1237	5.229	0.575	0.098	0.0131	2.37	19.1
290	74.42	732.3	1290	5.485	0.558	0.094	0.0129	2.62	16.9
300	85.81	712.5	1345	5.730	0.540	0.091	0.0128	2.92	14.4
310	98.76	691.1	1402	6.071	0.523	0.088	0.0128	3.29	12.1
320	113.0	667.1	1462	6.573	0.506	0.085	0.0128	3.82	9.81
330	128.7	640.2	1526	7.24	0.484	0.081	0.0127	4.33	7.67
340	146.1	610.1	1595	8.16	0.47	0.077	0.0127	5.34	5.67
350	165.3	574.4	1671	9.50	0.43	0.073	0.0126	6.68	3.81
360	189.6	528.0	1761	13.98	0.40	0.067	0.0126	10.9	2.02
370	210.4	450.5	1892	40.32	0.34	0.057	0.0126	26.4	4.71

附录六　干空气的物理性质（101.3 kPa）

温度 t/℃	密度 ρ/$kg \cdot m^{-3}$	定压比热容 c_p /$kJ \cdot kg^{-1} \cdot ℃^{-1}$	热导率 λ /$10^{-2} W \cdot m^{-1} \cdot ℃^{-1}$	黏度 μ/$10^{-5} Pa \cdot s$	普朗特数 Pr
−50	1.584	1.013	2.035	1.46	0.728
−40	1.515	1.013	2.117	1.52	0.728
−30	1.453	1.013	2.198	1.57	0.723
−20	1.395	1.009	2.279	1.62	0.716
−10	1.342	1.009	2.360	1.67	0.712
0	1.293	1.009	2.442	1.72	0.707
10	1.247	1.009	2.512	1.77	0.705
20	1.205	1.013	2.593	1.81	0.703
30	1.165	1.013	2.675	1.86	0.701
40	1.128	1.013	2.756	1.91	0.699
50	1.093	1.017	2.826	1.96	0.698
60	1.060	1.017	2.896	2.01	0.696
70	1.029	1.017	2.966	2.06	0.694
80	1.000	1.022	3.047	2.11	0.692
90	0.972	1.022	3.128	2.15	0.690
100	0.946	1.022	3.210	2.19	0.688
120	0.898	1.026	3.338	2.29	0.686
140	0.854	1.026	3.489	2.37	0.684
160	0.815	1.026	3.640	2.45	0.682
180	0.779	1.034	3.780	2.53	0.681
200	0.746	1.034	3.931	2.60	0.680
250	0.674	1.043	4.268	2.74	0.677
300	0.615	1.047	4.605	2.97	0.674
350	0.566	1.055	4.908	3.14	0.676
400	0.524	1.068	5.210	3.31	0.678
500	0.456	1.072	5.745	3.62	0.687
600	0.404	1.089	6.222	3.91	0.699
700	0.362	1.102	6.711	4.18	0.706
800	0.329	1.114	7.176	4.43	0.713
900	0.301	1.127	7.630	4.67	0.717
1000	0.277	1.139	8.071	4.90	0.719
1100	0.257	1.152	8.502	5.12	0.722
1200	0.239	1.164	9.153	5.35	0.724

附录七　水的饱和蒸汽压（－20～100 ℃）

温度 t/℃	压力 p/Pa	温度 t/℃	压力 p/Pa	温度 t/℃	压力 p/Pa
－20	102.92	20	2338.43	60	19910.00
－19	113.32	21	2486.42	61	20851.25
－18	124.65	22	2646.40	62	21837.82
－17	136.92	23	2809.05	63	22851.05
－16	150.39	24	2983.70	64	23904.28
－15	165.05	25	3167.68	65	24997.50
－14	180.92	26	3361.00	66	26144.05
－13	198.11	27	3564.98	67	27330.60
－12	216.91	28	3779.62	68	28557.14
－11	237.31	29	4004.93	69	29823.68
－10	259.44	30	4242.24	70	31156.88
－9	283.31	31	4492.88	71	32516.75
－8	309.44	32	4754.19	72	33943.27
－7	337.57	33	5030.16	73	35423.12
－6	368.10	34	5319.47	74	36956.30
－5	401.03	35	5623.44	75	38542.81
－4	436.76	36	5940.74	76	40182.65
－3	475.42	37	6275.37	77	41875.81
－2	516.75	38	6619.34	78	43635.64
－1	562.08	39	6691.30	79	45462.12
0	610.47	40	7375.26	80	47341.93
1	657.27	41	7777.89	81	49288.40
2	705.26	42	8199.18	82	51314.87
3	758.59	43	8639.14	83	53407.99
4	813.25	44	9100.42	84	55567.78
5	871.91	45	9583.04	85	57807.55
6	934.57	46	10085.66	86	60113.99
7	1001.23	47	10612.27	87	62220.44
8	1073.23	48	11160.22	88	64940.17
9	1147.89	49	11734.83	89	67473.25
10	1227.88	50	12333.43	90	70099.66
11	1311.87	51	12958.70	91	72806.05
12	1402.53	52	13611.97	92	75592.44
13	1497.18	53	14291.90	93	78472.15
14	1598.51	54	14998.50	94	81445.19
15	1705.16	55	15731.76	95	84511.55
16	1817.15	56	16505.02	96	87671.23
17	1937.14	57	17304.94	97	90937.57
18	2063.79	58	18144.85	98	94297.24
19	2197.11	59	19011.43	99	97750.22
				100	101325.00

附录八 饱和水蒸气表（按温度排列）

温度 t/℃	绝压 /kPa	蒸汽的比体积 /$m^3 \cdot kg^{-1}$	蒸汽的密度 /$kg \cdot m^{-3}$	焓(液体) /$kJ \cdot kg^{-1}$	焓(蒸汽) /$kJ \cdot kg^{-1}$	汽化热 /$kJ \cdot kg^{-1}$
0	0.6112	206.2	0.00485	−0.05	2500.5	2500.5
5	0.8725	147.1	0.00680	21.02	2509.7	2488.7
10	1.2228	106.3	0.00941	42.00	2518.9	2476.9
15	1.7053	77.9	0.01283	62.95	2528.1	2465.1
20	2.3339	57.8	0.01719	83.86	2537.2	2453.3
25	3.1687	43.36	0.02306	104.77	2546.3	2441.5
30	4.2451	32.90	0.03040	125.68	2555.4	2429.7
35	5.6263	25.22	0.03965	146.59	2564.4	2417.8
40	7.3811	19.53	0.05120	167.50	2573.4	2405.9
45	9.5897	15.26	0.06553	188.42	2582.3	2393.9
50	12.345	12.037	0.0831	209.33	2591.2	2381.9
55	15.745	9.572	0.1045	230.24	2600.0	2369.8
60	19.933	7.674	0.1303	251.15	2608.8	2357.6
65	25.024	6.199	0.1613	272.08	2617.5	2345.4
70	31.178	5.044	0.1983	293.01	2626.1	2333.1
75	38.565	4.133	0.2420	313.96	2634.6	2320.7
80	47.376	3.409	0.2933	334.93	2643.1	2308.1
85	57.818	2.829	0.3535	355.92	2651.4	2295.5
90	70.121	2.362	0.4234	376.94	2659.6	2282.7
95	84.533	1.983	0.5043	397.98	2667.7	2269.7
100	101.33	1.674	0.5974	419.06	2675.7	2256.6
105	120.79	1.420	0.7042	440.18	2683.6	2243.4
110	143.24	1.211	0.8258	461.33	2691.3	2229.9
115	169.02	1.037	0.9643	482.52	2698.8	2216.3
120	198.48	0.892	1.121	503.76	2706.2	2202.4
125	232.01	0.7709	1.297	525.04	2713.4	2188.3
130	270.02	0.6687	1.495	546.38	2720.4	2174.0
135	312.93	0.5823	1.717	567.77	2727.2	2159.4
140	361.19	0.5090	1.965	589.21	2733.8	2144.6
145	415.29	0.4464	2.240	610.71	2740.2	2129.5
150	475.71	0.3929	2.545	632.28	2746.4	2114.1
160	617.66	0.3071	3.256	675.62	2757.9	2082.3
170	791.47	0.2428	4.119	719.25	2768.4	2049.2
180	1001.9	0.1940	5.155	763.22	2777.7	2014.5
190	1254.2	0.1565	6.390	807.56	2785.8	1978.2
200	1553.7	0.1273	7.855	852.34	2792.5	1940.1
210	1906.2	0.1044	9.579	897.62	2797.7	1900.0
220	2317.8	0.0862	11.600	943.46	2801.2	1857.7
230	2795.1	0.07155	13.98	989.95	2803.0	1813.0

续表

温度 t/℃	绝压 /kPa	蒸汽的比体积 /$m^3 \cdot kg^{-1}$	蒸汽的密度 /$kg \cdot m^{-3}$	焓(液体) /$kJ \cdot kg^{-1}$	焓(蒸汽) /$kJ \cdot kg^{-1}$	汽化热 /$kJ \cdot kg^{-1}$
240	3344.6	0.05974	16.74	1037.2	2802.9	175.7
250	3973.5	0.05011	19.96	1085.3	2800.7	1715.4
260	4689.2	0.04220	23.70	1134.3	2796.1	1661.8
270	5499.6	0.03564	28.06	1184.5	2789.1	1604.5
280	6412.7	0.03017	33.15	1236.0	2779.1	1543.1
290	7437.5	0.02557	39.11	1289.1	2765.8	1476.7
300	8583.1	0.02167	46.15	1344.0	2748.7	1404.7
310	9859.7	0.01834	54.53	1401.2	2727.0	1325.9
320	11278	0.01548	64.60	1461.2	2699.7	1238.5
330	12851	0.01299	76.98	1524.9	2665.3	1140.4
340	14593	0.01079	92.68	1593.7	2621.3	1027.6
350	16521	0.00881	113.5	1670.3	2563.4	893.0
360	18657	0.00696	143.7	1761.1	2481.7	720.6
370	21033	0.00498	200.8	1891.7	2338.8	447.1
374	22073	0.00311	321.5	2085.9	2085.9	0

附录九　饱和水蒸气表（按压力排列）

绝压 /kPa	温度/℃	蒸汽的比体积 /$m^3 \cdot kg^{-1}$	蒸汽的密度 /$kg \cdot m^{-3}$	焓(液体) /$kJ \cdot kg^{-1}$	焓(蒸汽) /$kJ \cdot kg^{-1}$	汽化热 /$kJ \cdot kg^{-1}$
1.0	6.9	129.19	0.00774	29.21	2513.3	2484.1
1.5	13.0	87.96	0.01137	54.47	2524.4	2469.9
2.0	17.5	67.01	0.01492	73.58	2532.7	2459.1
2.5	21.1	54.25	0.01843	88.47	2539.2	2443.6
3.0	24.1	45.67	0.02190	101.07	2544.7	2437.6
3.5	26.7	39.47	0.02534	111.76	2549.3	2437.6
4.0	29.0	34.80	0.02814	121.30	2553.5	2432.2
4.5	31.1	31.14	0.03211	130.08	2557.3	2427.2
5.0	32.9	28.19	0.03547	137.72	2560.6	2422.8
6.0	36.2	23.74	0.04212	151.47	2566.5	2415.0
7.0	39.0	20.53	0.04871	163.31	2571.6	2408.3
8.0	41.5	18.10	0.05525	173.81	2576.1	2402.3
9.0	43.8	16.20	0.06173	183.36	2580.2	2396.8
10	45.8	14.67	0.06817	191.76	2583.7	2392.0
15	54.0	10.02	0.09980	225.93	2598.2	2372.3
20	60.1	7.65	0.13068	251.43	2608.9	2357.5
30	69.1	5.23	0.19120	289.26	2624.6	2335.3

续表

绝压 /kPa	温度/℃	蒸汽的比体积 /$m^3 \cdot kg^{-1}$	蒸汽的密度 /$kg \cdot m^{-3}$	焓(液体) /$kJ \cdot kg^{-1}$	焓(蒸汽) /$kJ \cdot kg^{-1}$	汽化热 /$kJ \cdot kg^{-1}$
40	75.9	3.99	0.25063	317.61	2636.1	2318.5
50	81.3	3.24	0.30864	340.55	2645.3	2304.8
60	85.9	2.73	0.36630	359.91	2653.0	2293.1
70	90.0	2.37	0.42229	376.75	2659.6	2282.8
80	93.5	2.09	0.47807	391.71	2665.3	2273.6
90	96.7	1.87	0.53384	405.20	2670.5	2265.3
100	99.6	1.70	0.58961	417.52	2675.1	2257.6
120	104.8	1.43	0.69868	439.37	2683.3	2243.9
140	109.3	1.24	0.80758	458.44	2690.2	2231.8
160	113.3	1.092	0.91575	475.42	2696.3	2220.9
180	116.9	0.978	1.0225	490.76	2701.7	2210.9
200	120.2	0.886	1.1287	504.78	2706.5	2201.7
250	127.4	0.719	1.3904	535.47	2716.8	2181.4
300	133.6	0.606	1.6501	561.58	2725.3	2163.7
350	138.9	0.524	1.9074	584.45	2732.4	2147.9
400	143.7	0.463	2.1618	604.87	2738.5	2133.6
450	147.9	0.414	2.4152	623.38	2743.9	2120.5
500	151.9	0.375	2.6673	640.35	2748.6	2108.2
600	158.9	0.316	3.1686	670.67	2756.7	2086.0
700	165.0	0.273	3.6657	697.32	2763.3	2066.0
800	170.4	0.240	4.1614	721.20	2768.9	2047.7
900	175.4	0.215	4.6525	742.90	2773.6	2030.7
1×10^3	179.9	0.194	5.1432	762.84	2777.7	2014.8
1.1×10^3	184.1	0.177	5.6339	781.35	2781.2	1999.9
1.2×10^3	188.0	0.163	6.1350	798.64	2787.0	1985.7
1.3×10^3	191.6	0.151	6.6225	814.89	2787.0	1972.1
1.4×10^3	195.1	0.141	7.1038	830.24	2789.4	1959.1
1.5×10^3	198.3	0.132	7.5935	844.82	2791.5	1946.6
1.6×10^3	201.4	0.124	8.0814	858.69	2793.3	1934.6
1.7×10^3	204.3	0.117	8.5470	871.96	2794.9	1923.0
1.8×10^3	207.2	0.110	9.0533	884.67	2796.3	1911.7
1.9×10^3	209.8	0.105	9.5392	896.88	2797.6	1900.7
2×10^3	212.4	0.0996	10.0402	908.64	2798.7	1890.0
3×10^3	233.9	0.0667	14.9925	1008.2	2803.2	1794.9
4×10^3	250.4	0.0497	20.1207	1087.2	2800.5	1713.4
5×10^3	264.0	0.0394	25.3663	1154.2	2793.6	1639.5
6×10^3	275.6	0.0324	30.8494	1213.3	2783.8	1570.5
7×10^3	285.9	0.0274	36.4964	1266.9	2771.7	1504.8
8×10^3	295.0	0.0235	42.5532	1316.5	2757.7	1441.2
9×10^3	303.4	0.0205	48.8945	1363.1	2741.9	1378.9
1×10^4	311.0	0.0180	55.5407	1407.2	2724.5	1317.2
1.2×10^4	324.7	0.0143	69.9301	1490.7	2684.5	1193.8
1.4×10^4	336.7	0.0115	87.3020	1570.4	2637.1	1066.7
1.6×10^4	347.4	0.00931	107.4114	1649.4	2580.2	930.8
1.8×10^4	357.0	0.00750	133.3333	1732.0	2509.5	777.4
2×10^4	365.8	0.00587	170.3578	1827.2	2413.1	585.9

附录十　水的黏度（0～100℃）

温度/℃	黏度/mPa·s	温度/℃	黏度/mPa·s	温度/℃	黏度/mPa·s	温度/℃	黏度/mPa·s
0	1.7921	25	0.8937	51	0.5404	77	0.3702
1	1.7313	26	0.8737	52	0.5315	78	0.3655
2	1.6728	27	0.8545	53	0.5229	79	0.3610
3	1.6191	28	0.8360	54	0.5146	80	0.3565
4	1.5674	29	0.8180	55	0.5064	81	0.3521
5	1.5188	30	0.8007	56	0.4985	82	0.3478
6	1.4728	31	0.7840	57	0.4907	83	0.3436
7	1.4284	32	0.7679	58	0.4832	84	0.3395
8	1.3860	33	0.7523	59	0.4759	85	0.3355
9	1.3462	34	0.7371	60	0.4688	86	0.3315
10	1.3077	35	0.7225	61	0.4618	87	0.3276
11	1.2713	36	0.7085	62	0.4550	88	0.3239
12	1.2363	37	0.6947	63	0.4483	89	0.3202
13	1.2028	38	0.6814	64	0.4418	90	0.3165
14	1.1709	39	0.6685	65	0.4355	91	0.3130
15	1.1404	40	0.6560	66	0.4293	92	0.3095
16	1.1111	41	0.6439	67	0.4233	93	0.3060
17	1.0828	42	0.6321	68	0.4174	94	0.3027
18	1.0559	43	0.6207	69	0.4117	95	0.2994
19	1.0299	44	0.6097	70	0.4061	96	0.2962
20	1.0050	45	0.5988	71	0.4006	97	0.2930
20.2	1.0000	46	0.5883	72	0.3952	98	0.2899
21	0.9810	47	0.5782	73	0.3900	99	0.2868
22	0.9579	48	0.5683	74	0.3849	100	0.2838
23	0.9359	49	0.5588	75	0.3799		
24	0.9142	50	0.5494	76	0.3750		

附录十一　液体黏度共线图

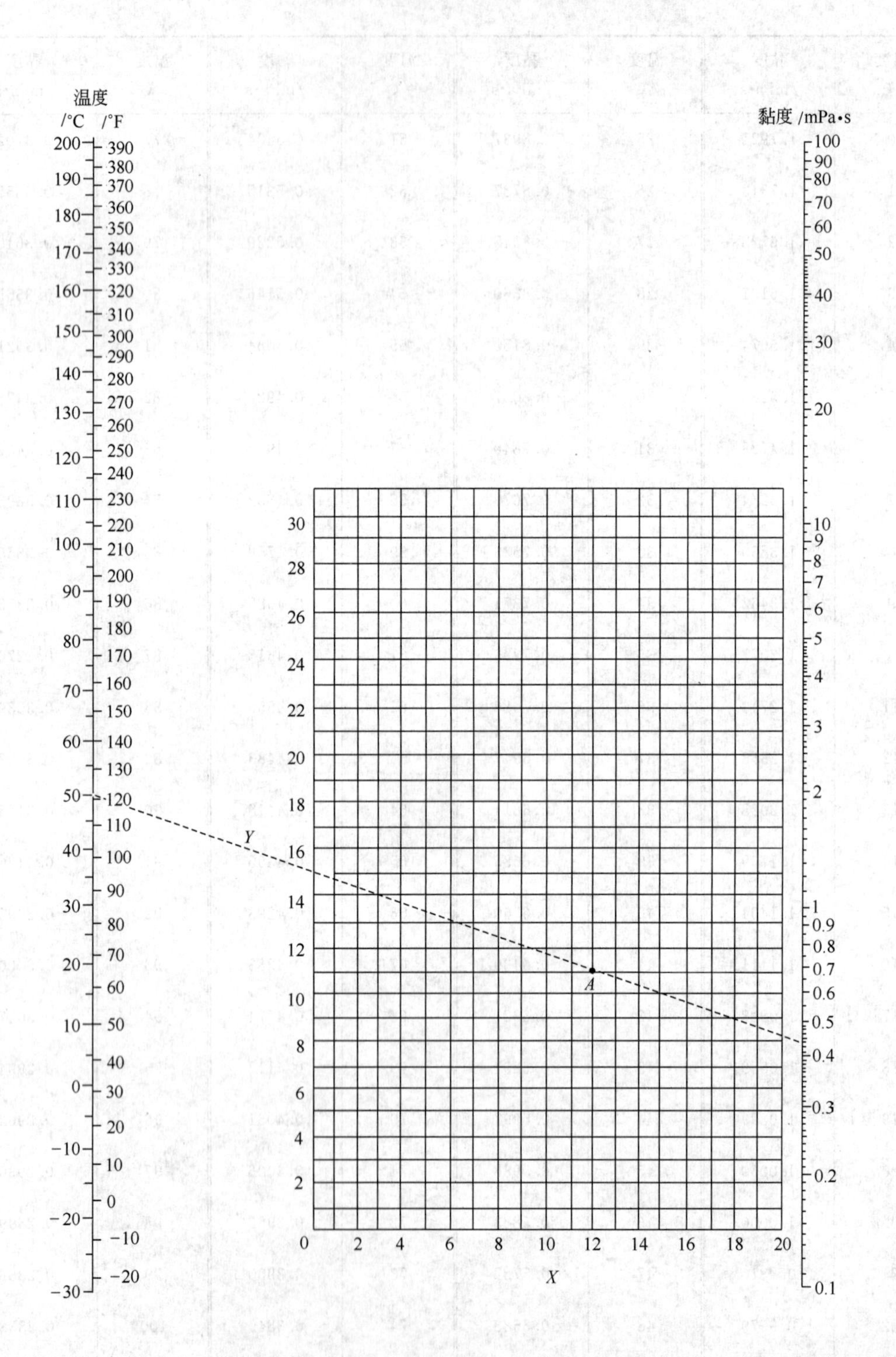

附录十一和附录十二共线图用法举例：如附录十一，求苯在 50 ℃时的黏度。从本表序号 26 查得苯的 $X=12.5$，$Y=10.9$，把这两个数值标在共线图的 Y-X 坐标上得点 A，将点 A 与图中温度标尺上 50 ℃的点连成一直线，延长，与黏度标尺相交，由此交点定出 50 ℃苯的黏度为 0.44 mPa·s。

液体黏度共线图坐标值

序号	名称	X	Y	序号	名称	X	Y
1	水	10.2	13.0	31	乙苯	13.2	11.5
2	盐水(25% NaCl)	10.2	16.6	32	氯苯	12.3	12.4
3	盐水(25% $CaCl_2$)	6.6	15.9	33	硝基苯	10.6	16.2
4	氨	12.6	2.0	34	苯胺	8.1	18.7
5	氨水(26%)	10.1	13.9	35	酚	6.9	20.8
6	二氧化碳	11.6	0.3	36	联苯	12.0	18.3
7	二氧化硫	15.2	7.1	37	萘	7.9	18.1
8	二硫化碳	16.1	7.5	38	甲醇(100%)	12.4	10.5
9	溴	14.2	13.2	39	甲醇(90%)	12.3	11.8
10	汞	18.4	16.4	40	甲醇(40%)	7.8	15.5
11	硫酸(110%)	7.2	27.4	41	乙醇(100%)	10.5	13.8
12	硫酸(100%)	8.0	25.1	42	乙醇(95%)	9.8	14.3
13	硫酸(98%)	7.0	24.8	43	乙醇(40%)	6.5	16.6
14	硫酸(60%)	10.2	21.3	44	乙二醇	6.0	23.6
15	硝酸(95%)	12.8	13.8	45	甘油(100%)	2.0	30.0
16	硝酸(60%)	10.8	17.0	46	甘油(50%)	6.9	19.6
17	盐酸(31.5%)	13.0	16.6	47	乙醚	14.5	5.3
18	氢氧化钠(50%)	3.2	25.8	48	乙醛	15.2	14.8
19	戊烷	14.9	5.2	49	丙酮	14.5	7.2
20	乙烷	14.7	7.0	50	甲酸	10.7	15.8
21	庚烷	14.1	8.4	51	乙酸(100%)	12.1	14.2
22	辛烷	13.7	10.0	52	乙酸(70%)	9.5	17.0
23	三氯甲烷	14.4	10.2	53	乙酸酐	12.7	12.8
24	四氯化碳	12.7	13.1	54	乙酸乙酯	13.7	9.1
25	二氯乙烷	13.2	12.2	55	乙酸戊酯	11.8	12.5
26	苯	12.5	10.9	56	氟里昂-11	14.4	9.0
27	甲苯	13.7	10.4	57	氟里昂-12	16.8	5.6
28	邻二甲苯	13.5	12.1	58	氟里昂-21	15.7	7.5
29	间二甲苯	13.9	10.6	59	氟里昂-22	17.2	4.7
30	对二甲苯	13.9	10.9	60	煤油	10.2	16.9

附录十二　气体黏度共线图

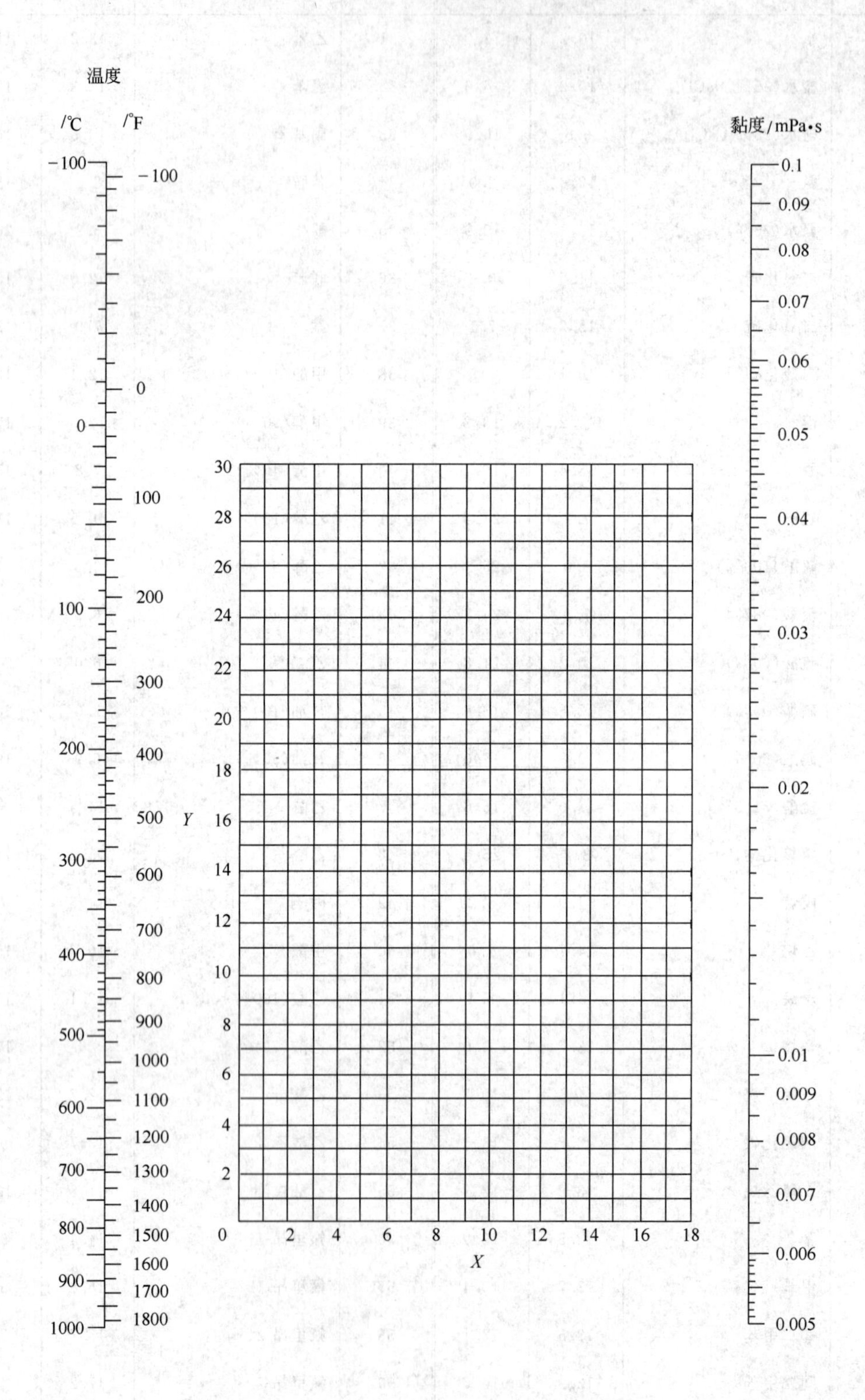

气体黏度共线图坐标值

序号	名称	X	Y	序号	名称	X	Y
1	空气	11.0	20.0	21	乙炔	9.8	14.9
2	氧	11.0	21.3	22	丙烷	9.7	12.9
3	氮	10.6	20.0	23	丙烯	9.0	13.8
4	氢	11.2	12.4	24	丁烯	9.2	13.7
5	$3H_2+1N_2$	11.2	17.2	25	戊烷	7.0	12.8
6	水蒸气	8.0	16.0	26	己烷	8.6	11.8
7	二氧化碳	9.5	18.7	27	三氯甲烷	8.9	15.7
8	一氧化碳	11.0	20.0	28	苯	8.5	13.2
9	氨	8.4	16.0	29	甲苯	8.6	12.4
10	硫化氢	8.6	18.0	30	甲醇	8.5	15.6
11	二氧化硫	9.6	17.0	31	乙醇	9.2	14.2
12	二硫化碳	8.0	16.0	32	丙醇	8.4	13.4
13	一氧化二氮	8.8	19.0	33	乙酸	7.7	14.3
14	一氧化氮	10.9	20.5	34	丙酮	8.9	13.0
15	氟	7.3	23.8	35	乙醚	8.9	13.0
16	氯	9.0	18.4	36	乙酸乙酯	8.5	13.2
17	氯化氢	8.8	18.7	37	氟里昂-11	10.6	15.1
18	甲烷	9.9	15.5	38	氟里昂-12	11.1	16.0
19	乙烷	9.1	14.5	39	氟里昂-21	10.8	15.3
20	乙烯	9.5	15.1	40	氟里昂-22	10.1	17.0

附录十三 液体比热容共线图

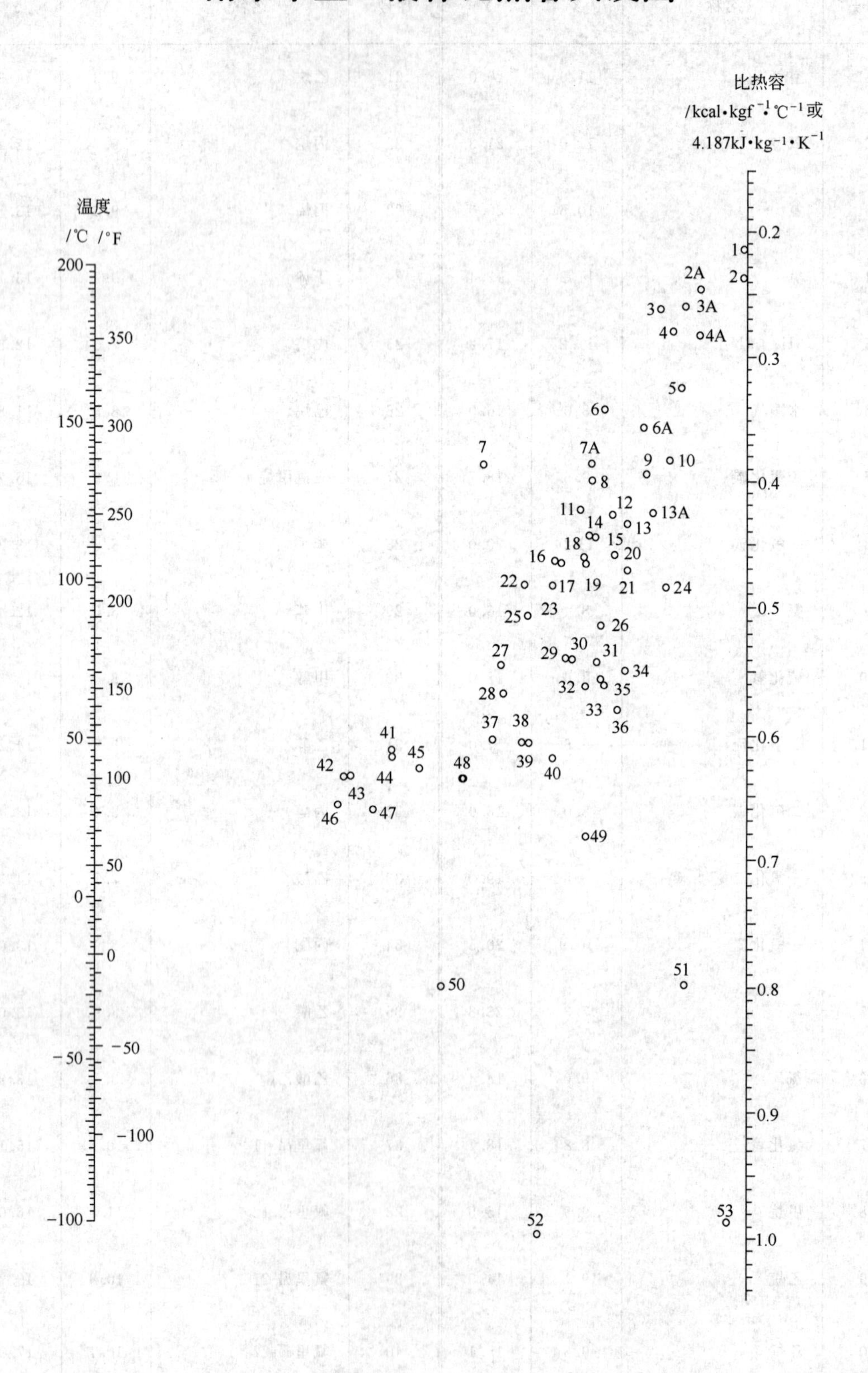

液体比热容共线图编号

编号	名称	温度范围/℃	编号	名称	温度范围/℃	编号	名称	温度范围/℃
1	溴乙烷	5～25	15	联苯	80～120	34	壬烷	－50～25
2	二硫化碳	－100～25	16	联苯醚	0～200	35	己烷	－80～20
2A	氟里昂-11	－20～70	16	联苯-联苯醚	0～200	36	乙醚	－100～25
3	四氯化碳	10～60	17	对二甲苯	0～100	37	戊醇	－50～25
3	过氯乙烯	30～40	18	间二甲苯	0～100	38	甘油	－40～20
3A	氟里昂-113	－20～70	19	邻二甲苯	0～100	39	乙二醇	－40～200
4	三氯甲烷	0～50	20	吡啶	－50～25	40	甲醇	－40～20
4A	氟里昂-21	－20～70	21	癸烷	－80～25	41	异戊醇	10～100
5	二氯甲烷	－40～50	22	二苯基甲烷	30～100	42	乙醇(100%)	30～80
6	氟里昂-12	－40～15	23	苯	10～80	43	异丁醇	0～100
6A	二氯乙烷	－30～60	23	甲苯	0～60	44	丁醇	0～100
7	碘乙烷	0～100	24	乙酸乙酯	－50～25	45	丙醇	－20～100
7A	氟里昂-22	－20～60	25	乙苯	0～100	46	乙醇(95%)	20～80
8	氯苯	0～100	26	乙酸戊酯	0～100	47	异丙醇	－20～50
9	硫酸(98%)	10～45	27	苯甲基醇	－20～30	48	盐酸(30%)	20～100
10	苯甲基氯	－20～30	28	庚烷	0～60	49	盐水(25% $CaCl_2$)	－40～20
11	二氧化硫	－20～100	29	乙酸	0～80	50	乙醇(50%)	20～80
12	硝基苯	0～100	30	苯胺	0～130	51	盐水(25% NaCl)	－40～20
13	氯乙烷	－30～40	31	异丙醚	－80～200	52	氨	－70～50
13A	氯甲烷	－80～20	32	丙酮	20～50	53	水	10～200
14	萘	90～200	33	辛烷	－50～25			

附录十四 气体比热容共线图（常压下用）

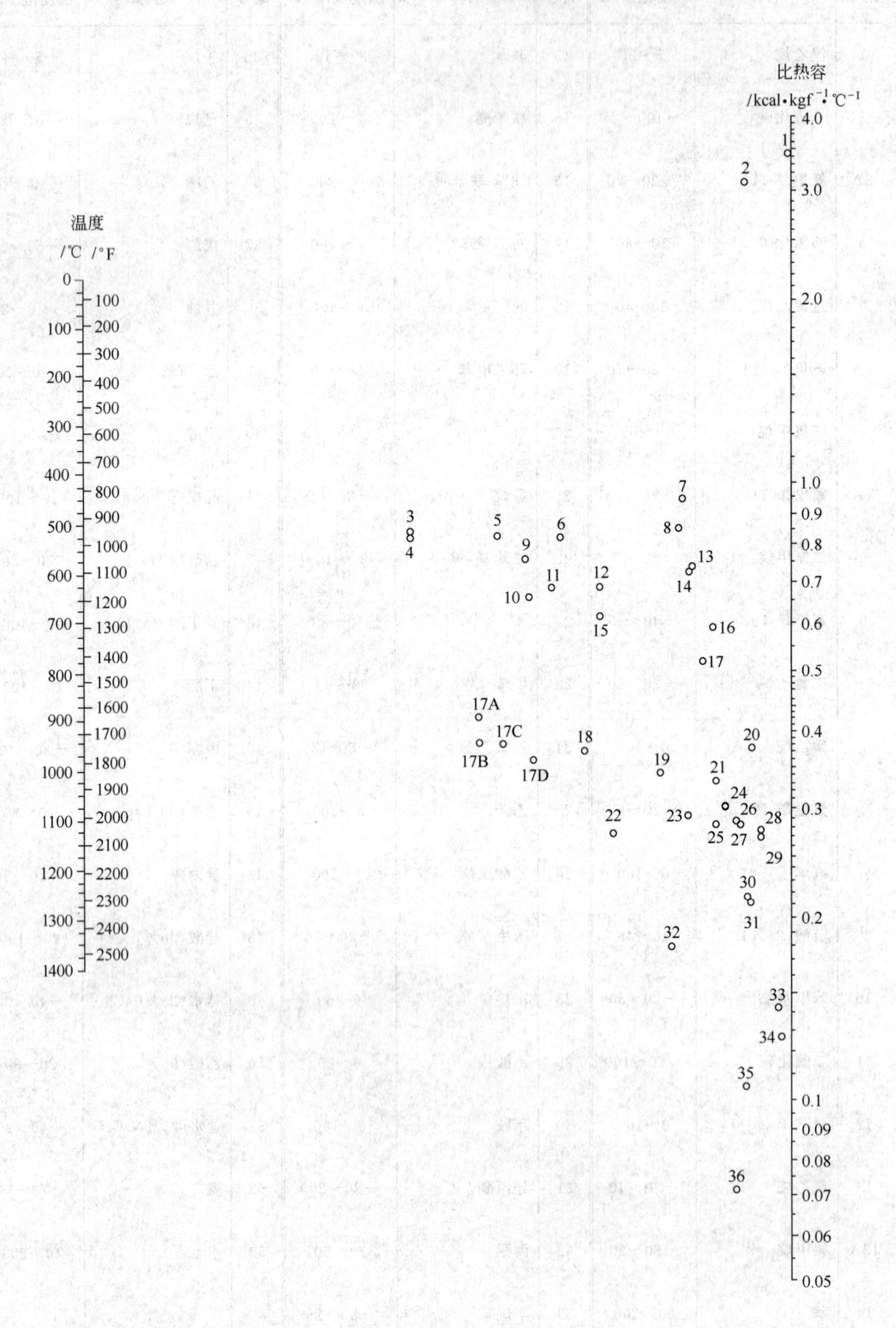

气体比热容共线图编号

编号	名称	温度范围/℃	编号	名称	温度范围/℃
1	氢	0～600	17D	氟里昂-113	0～500
2	氢	600～1400	18	二氧化碳	0～400
3	乙烷	0～200	19	硫化氢	0～700
4	乙烯	0～200	20	氟化氢	0～1400
5	甲烷	0～300	21	硫化氢	700～1400
6	甲烷	300～700	22	二氧化硫	0～400
7	甲烷	700～1400	23	氧	0～500
8	乙烷	600～1400	24	二氧化碳	400～1400
9	乙烷	200～600	25	一氧化氮	0～700
10	乙炔	0～200	26	氮	0～1400
11	乙烯	200～600	27	空气	0～1400
12	氨	0～600	28	一氧化氮	700～1400
13	乙烯	600～1400	29	氧	500～1400
14	氨	600～1400	30	氯化氢	0～1400
15	乙炔	200～400	31	二氧化硫	400～1400
16	乙炔	400～1400	32	氯	0～200
17	水蒸气	0～1400	33	硫	300～1400
17A	氟里昂-22	0～500	34	氯	200～1400
17B	氟里昂-11	0～500	35	溴化氢	0～1400
17C	氟里昂-21	0～500	36	碘化氢	0～1400

附录十五　液体汽化潜热共线图

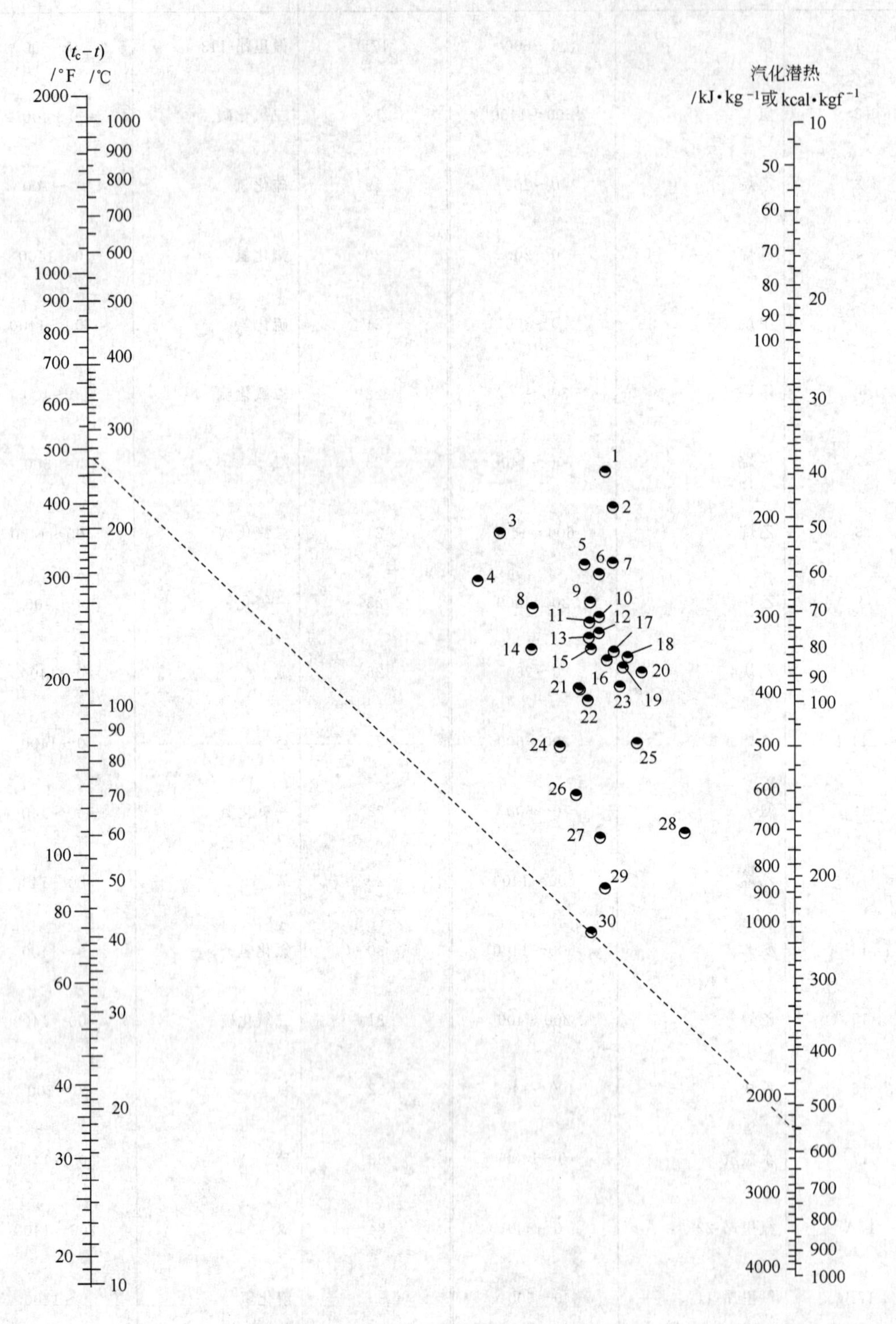

用法举例：求水在 $t=100$ ℃时的汽化潜热，从下表中查得水的编号为 30，又查得水的 $t_c=374$ ℃，故得 $t_c-t=374-100=274$ ℃，在共线图的（t_c-t）标尺上定出 274 ℃的点，与图中编号为 30 的圆圈中心点连一直线，延长到汽化潜热的标尺上，读出交点读数为 540 kcal·kgf^{-1}或 2260 kJ·kg^{-1}。

液体汽化潜热共线图编号

编　号	名　　称	t_c/℃	(t_c-t)范围/℃	编　号	名　　称	t_c/℃	(t_c-t)范围/℃
1	氟里昂-113	214	90～250	15	异丁烷	134	80～200
2	四氯化碳	283	30～250	16	丁烷	153	90～200
2	氟里昂-11	198	70～225	17	氯乙烷	187	100～250
2	氟里昂-12	111	40～200	18	乙酸	321	100～225
3	联苯	527	175～400	19	一氧化氮	36	25～150
4	二硫化碳	273	140～275	20	一氯甲烷	143	70～250
5	氟里昂-21	178	70～250	21	二氧化碳	31	10～100
6	氟里昂-22	96	50～170	22	丙酮	235	120～210
7	三氯甲烷	263	140～270	23	丙烷	96	40～200
8	二氯甲烷	216	150～250	24	丙醇	264	20～200
9	辛烷	296	30～300	25	乙烷	32	25～150
10	庚烷	267	20～300	26	乙醇	243	20～140
11	己烷	235	50～225	27	甲醇	240	40～250
12	戊烷	197	20～200	28	乙醇	243	140～300
13	苯	289	10～400	29	氨	133	50～200
13	乙醚	194	10～400	30	水	374	100～500
14	二氧化硫	157	90～160				

附录十六　管子规格（摘自国家标准）

1. 低压流体输送用焊接钢管　用于输送水、空气、采暖蒸汽、燃气等低压流体。摘自GB/T 3091—2008（所代替标准的历次版本：GB/T 3091—1982、GB/T 3091—1993、GB/T 3191—2001）。其尺寸、外形和重量在GB/T 21835中详细列表。长度通常为3000～12000mm；外径共分三个系列：系列1为通用系列，属推荐使用的系列；系列2为非通用系列，不推荐使用；系列3为少数特殊、专用系列。下表摘自系列1，单位皆为mm。

名义口径DN（公称直径）	外径	钢管壁厚		名义口径DN（公称直径）	外径	钢管壁厚	
		普通管	加厚管			普通管	加厚管
6	10.2	—	—	40	48.3	3.5	4.5
8	13.5	2.5	2.8	50	60.3	3.8	4.5
10	17.2	2.5	2.8	65	76.1	4.0	4.5
15	21.3	2.8	3.5	80	88.9	4.0	5.0
20	26.9	2.8	3.5	100	114.3	4.0	5.0
25	33.7	3.2	4.0	125	139.7	4.0	5.5
32	42.4	3.25	4.0	150	168.3	4.5	6.0

2. 输送流体用无缝钢管　摘自 GB/T 8163—2008。其尺寸、外形和重量在 GB/T 17395 中详细列表。长度通常为 3000～12500；外径也如上述分为三个系列，下表摘自系列 1，单位皆为 mm。

外径	壁厚		外径	壁厚		外径	壁厚	
	从	到		从	到		从	到
10	0.25	3.5	60	1.0	16	325	7.5	100
13.5	0.25	4.0	76	1.0	20	356	9.0	100
17	0.25	5.0	89	1.4	24	406	9.0	100
21	0.40	6.0	114	1.5	30	457	9.0	100
27	0.40	7.0	140	3.0	36	508	9.0	110
34	0.40	8.0	168	3.5	45	610	9.0	120
42	1.0	10	219	6.0	55	711	12	120
48	1.0	12	273	6.5	85	1016	25	120

3. 连续铸铁管（连续法铸成）　摘自 GB/T 3422—2008。有效长度 3000～6000；壁厚分为 LA（最薄）、A、B 三级，表中列出的为 A 级。单位皆为 mm。

公称直径	外径	壁厚	公称直径	外径	壁厚	公称直径	外径	壁厚
75	93.0	9.0	350	374.0	12.8	800	833.0	21.1
100	118.0	9.0	400	425.6	13.8	900	939.0	22.9
150	169.0	9.2	450	476.8	14.7	1000	1041.0	24.8
200	220.6	10.1	500	528.0	15.6	1100	1144.0	26.6
250	271.6	11.0	600	630.8	17.4	1200	1246.0	28.4
300	322.8	11.9	700	733.0	19.3			

附录十七　IS 型单级单吸离心泵性能表（摘录）

型号	转速 n /r·min^{-1}	流量		扬程 H/m	效率 η/%	功率/kW		必需汽蚀余量 $(NPSH)_r$/m	重量(泵/底座)/kg
		/m^3·h^{-1}	/L·s^{-1}			轴功率	电机功率		
IS 50-32-125	2900	7.5 12.5 15	2.08 3.47 4.17	22 20 18.5	47 60 60	0.96 1.13 1.26	2.2	2.0 2.0 2.5	32/46
	1450	3.75 6.3 7.5	1.04 1.74 2.08	5.4 5 4.6	43 54 55	0.13 0.16 0.17	0.55	2.0 2.0 2.5	32/38

续表

型　号	转速 n /r·min^{-1}	流量		扬程 H/m	效率 η/%	功率/kW		必需汽蚀余量 ($NPSH$)$_r$/m	重量(泵/底座)/kg
		/m^3·h^{-1}	/L·s^{-1}			轴功率	电机功率		
IS 50-32-160	2900	7.5 12.5 15	2.08 3.47 4.17	34.3 32 29.6	44 54 56	1.59 2.02 2.16	3	2.0 2.0 2.5	50/46
	1450	3.75 6.3 7.5	1.04 1.74 2.08	8.5 8 7.5	35 48 49	0.25 0.29 0.31	0.55	2.0 2.0 2.5	50/38
IS 50-32-200	2900	7.5 12.5 15	2.08 3.47 4.17	52.5 50 48	38 48 51	2.82 3.54 3.95	5.5	2.0 2.0 2.5	52/66
	1450	3.75 6.3 7.5	1.04 1.74 2.08	13.1 12.5 12	33 42 44	0.41 0.51 0.56	0.75	2.0 2.0 2.5	52/38
IS 50-32-250	2900	7.5 12.5 15	2.08 3.47 4.17	82 80 78.5	23.5 38 41	5.87 7.16 7.83	11	2.0 2.0 2.5	88/110
	1450	3.75 6.3 7.5	1.04 1.74 2.08	20.5 20 19.5	23 32 35	0.91 1.07 1.14	1.5	2.0 2.0 3.0	88/64
IS 65-50-125	2900	15 25 30	4.17 6.94 8.33	21.8 20 18.5	58 69 68	1.54 1.97 2.22	3	2.0 2.5 3.0	50/41
	1450	7.5 12.5 15	2.08 3.47 4.17	5.35 5 4.7	53 64 65	0.21 0.27 0.30	0.55	2.0 2.0 2.5	50/38
IS 65-50-160	2900	15 25 30	4.17 6.94 8.33	35 32 30	54 65 66	2.65 3.35 3.71	5.5	2.0 2.0 2.5	51/66
	1450	7.5 12.5 15	2.08 3.47 4.17	8.8 8.0 7.2	50 60 60	0.36 0.45 0.49	0.75	2.0 2.0 2.5	51/38
IS 65-40-200	2900	15 25 30	4.17 6.94 8.33	53 50 47	49 60 61	4.42 5.67 6.29	7.5	2.0 2.0 2.5	62/66
	1450	7.5 12.5 15	2.08 3.47 4.17	13.2 12.5 11.8	43 55 57	0.63 0.77 0.85	1.1	2.0 2.0 2.5	62/46

续表

型号	转速 n /$r \cdot min^{-1}$	流量		扬程 H/m	效率 η/%	功率/kW		必需汽蚀余量 $(NPSH)_r$/m	重量(泵/底座)/kg
		/$m^3 \cdot h^{-1}$	/$L \cdot s^{-1}$			轴功率	电机功率		
IS 65-40-250	2900	15 25 30	4.17 6.94 8.33	82 80 78	37 50 53	9.05 10.89 12.02	15	2.0 2.0 2.5	82/110
	1450	7.5 12.5 15	2.08 3.47 4.17	21 20 19.4	35 46 48	1.23 1.48 1.65	2.2	2.0 2.0 2.5	82/67
IS 65-40-315	2900	15 25 30	4.17 6.94 8.33	127 125 123	28 40 44	18.5 21.3 22.8	30	2.5 2.5 3.0	152/110
	1450	7.5 12.5 15	2.08 3.47 4.17	32.2 32.0 31.7	25 37 41	6.63 2.94 3.16	4	2.5 2.5 3.0	152/67
IS 80-65-125	2900	30 50 60	8.33 13.9 16.7	22.5 20 18	64 75 74	2.87 3.63 3.98	5.5	3.0 3.0 3.5	44/46
	1450	15 25 30	4.17 6.94 8.33	5.6 5 4.5	55 71 72	0.42 0.48 0.51	0.75	2.5 2.5 3.0	44/38
IS 80-65-160	2900	30 50 60	8.33 13.9 16.7	36 32 29	61 73 72	4.82 5.97 6.59	7.5	2.5 2.5 3.0	48/66
	1450	15 25 30	4.17 6.94 8.33	9 8 7.2	55 69 68	0.67 0.79 0.86	1.5	2.5 2.5 3.0	48/46
IS 80-50-200	2900	30 50 60	8.33 13.9 16.7	53 50 47	55 69 71	7.87 9.87 10.8	15	2.5 2.5 3.0	64/124
	1450	15 25 30	4.17 6.94 8.33	13.2 12.5 11.8	51 65 67	1.06 1.31 1.44	2.2	2.5 2.5 3.0	64/46
IS 80-50-250	2900	30 50 60	8.33 13.9 16.7	84 80 75	52 63 64	13.2 17.3 19.2	22	2.5 2.5 3.0	90/110

续表

型　号	转速 n /$r\cdot min^{-1}$	流量		扬程 H/m	效率 η/%	功率/kW		必需汽蚀余量 ($NPSH$)$_r$/m	重量(泵/底座)/kg
		/$m^3\cdot h^{-1}$	/$L\cdot s^{-1}$			轴功率	电机功率		
IS 80-50-250	1450	15	4.17	21	49	1.75	3	2.5	90/64
		25	6.94	20	60	2.27		2.5	
		30	8.33	18.8	61	2.52		3.0	
IS 80-50-315	2900	30	8.33	128	41	25.5	37	2.5	125/160
		50	13.9	125	54	31.5		2.5	
		60	16.7	123	57	35.3		3.0	
	1450	15	4.17	32.5	39	3.4	5.5	2.5	125/66
		25	6.94	32	52	4.19		2.5	
		30	8.33	31.5	56	4.6		3.0	
IS 100-80-125	2900	60	16.7	24	67	5.86	11	4.0	49/64
		100	27.8	20	78	7.00		4.5	
		120	33.3	16.5	74	7.28		5.0	
	1450	30	8.33	6	64	0.77	1	2.5	49/46
		50	13.9	5	75	0.91		2.5	
		60	16.7	4	71	0.92		3.0	
IS 100-80-160	2900	60	16.7	36	70	8.42	15	3.5	69/110
		100	27.8	32	78	11.2		4.0	
		120	33.3	28	75	12.2		5.0	
	1450	30	8.33	9.2	67	1.12	2.2	2.0	69/64
		50	13.9	8.0	75	1.45		2.5	
		60	16.7	6.8	71	1.57		3.5	
IS 100-65-200	2900	60	16.7	54	65	13.6	22	3.0	81/110
		100	27.8	50	76	17.9		3.6	
		120	33.3	47	77	19.9		4.8	
	1450	30	8.33	13.5	60	1.84	4	2.0	81/64
		50	13.9	12.5	73	2.33		2.0	
		60	16.7	11.8	74	2.61		2.5	
IS 100-65-250	2900	60	16.7	87	61	23.4	37	3.5	90/160
		100	27.8	80	72	30.0		3.8	
		120	33.3	74.5	73	33.3		4.8	
	1450	30	8.33	21.3	55	3.16	5.5	2.0	90/66
		50	13.9	20	68	4.00		2.0	
		60	16.7	19	70	4.44		2.5	
IS 100-65-315	2900	60	16.7	133	55	39.6	75	3.0	180/295
		100	27.8	125	66	51.6		3.6	
		120	33.3	118	67	57.5		4.2	
	1450	30	8.33	34	51	5.44	11	2.0	180/112
		50	13.9	32	63	6.92		2.0	
		60	16.7	30	64	7.67		2.5	

附录十八　8-18 型、9-27 型离心通风机综合特性曲线图

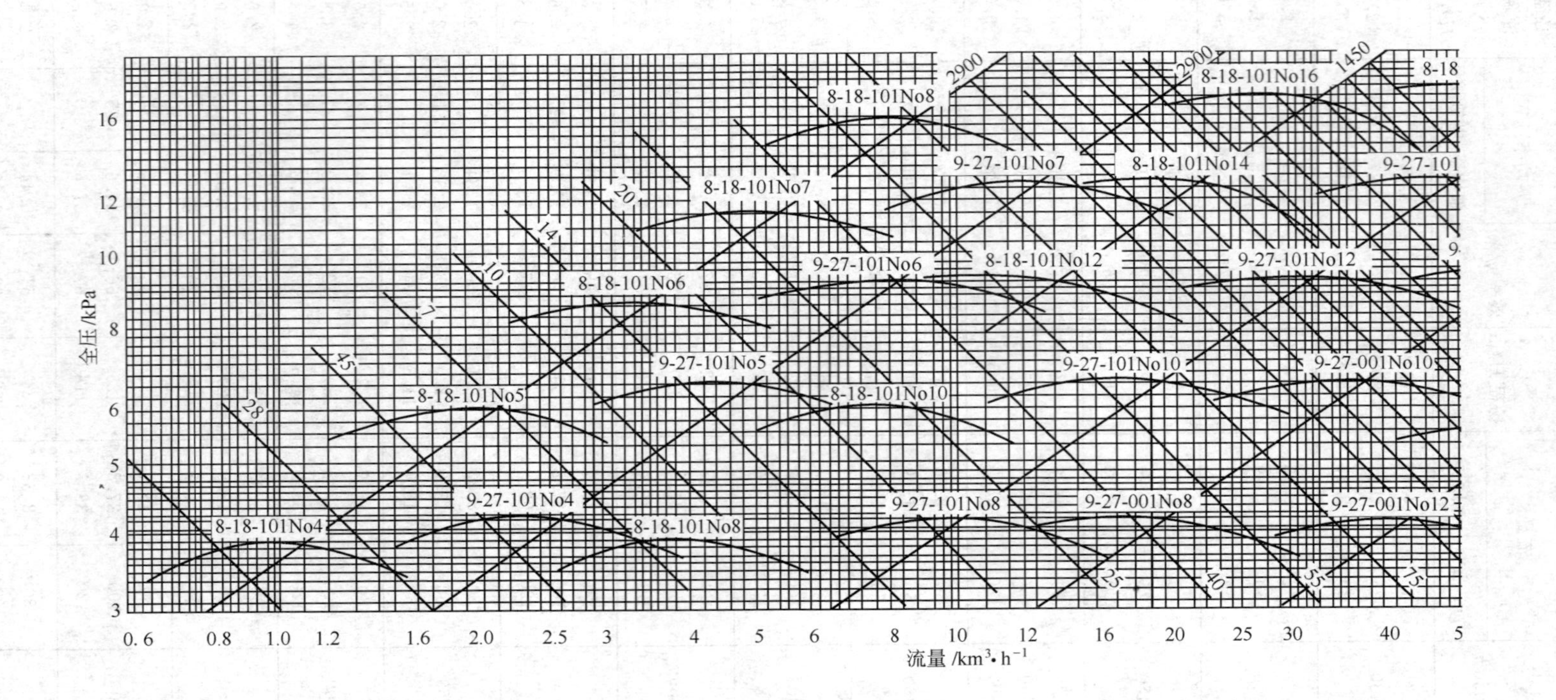

附录十九 列管式换热器

1. 管壳式热交换器系列标准（摘自JB/T 4714、4715—1992）

（1）固定管板式

换热管为ϕ19 mm的换热器基本参数（管心距25 mm）

公称直径 *DN*/mm	公称压力 *PN*/MPa	管程数	管子根数	中心排管数	管程流通面积/m²	计算换热面积/m² 换热管长度/mm 1500	2000	3000	4500	6000	9000
159	1.60 2.50 4.00 6.40	1	15	5	0.0027	1.3	1.7	2.6	—	—	—
219			33	7	0.0058	2.8	3.7	5.7	—	—	—
273		1	65	9	0.0115	5.4	7.4	11.3	17.1	22.9	—
		2	56	8	0.0049	4.7	6.4	9.7	14.7	19.7	—
325		1	99	11	0.0175	8.3	11.2	17.1	26.0	34.9	—
		2	88	10	0.0078	7.4	10.0	15.2	23.1	31.0	—
		4	68	10	0.0030	5.7	7.7	11.8	17.9	23.9	—
400	0.60 1.00 1.60 2.50 4.00	1	174	14	0.0307	14.5	19.7	30.1	45.7	61.3	—
		2	164	15	0.0145	13.7	18.6	28.4	43.1	57.8	—
		4	146	14	0.0065	12.2	16.6	25.3	38.3	51.4	—
450		1	237	17	0.0419	19.8	26.9	41.0	62.2	83.5	—
		2	220	16	0.0194	18.4	25.0	38.1	57.8	77.5	—
		4	200	16	0.0088	16.7	22.7	34.6	52.5	70.4	—
500		1	275	19	0.0486	—	31.2	47.6	72.2	96.8	—
		2	256	18	0.0226	—	29.0	44.3	67.2	90.2	—
		4	222	18	0.0098	—	25.2	38.4	58.3	78.2	—
600		1	430	22	0.0760	—	48.8	74.4	112.9	151.4	—
		2	416	23	0.0368	—	47.2	72.0	109.3	146.5	—
		4	370	22	0.0163	—	42.0	64.0	97.2	130.3	—
		6	360	20	0.0106	—	40.8	62.3	94.5	126.8	—
700		1	607	27	0.1073	—	—	105.1	159.4	213.8	—
		2	574	27	0.0507	—	—	99.4	150.8	202.1	—
		4	542	27	0.0239	—	—	93.8	142.3	190.9	—
		6	518	24	0.0153	—	—	89.7	136.0	182.4	—
800	0.60 1.00 1.60 2.50 4.00	1	797	31	0.1408	—	—	138.0	209.3	280.7	—
		2	776	31	0.0686	—	—	134.3	203.8	273.3	—
		4	722	31	0.0319	—	—	125.0	189.8	254.3	—
		6	710	30	0.0209	—	—	122.9	186.5	250.0	—

续表

公称直径 DN/mm	公称压力 PN/MPa	管程数	管子根数	中心排管数	管程流通面积/m²	计算换热面积/m²					
						换热管长度/mm					
						1500	2000	3000	4500	6000	9000
900	0.60	1	1009	35	0.1783	—	—	174.7	265.0	355.3	536.0
		2	988	35	0.0873	—	—	171.0	259.5	347.9	524.9
		4	938	35	0.0414	—	—	162.4	246.4	330.3	498.3
	1.00	6	914	34	0.0269	—	—	158.2	240.0	321.9	485.6
1000		1	1267	39	0.2239	—	—	219.3	332.8	446.2	673.1
		2	1234	39	0.1090	—	—	213.6	324.1	434.6	655.6
	1.60	4	1186	39	0.0524	—	—	205.3	311.5	417.7	630.1
		6	1148	38	0.0338	—	—	198.7	301.5	404.3	609.9
(1100)	2.50	1	1501	43	0.2652	—	—	—	394.2	528.6	797.4
		2	1470	43	0.1299	—	—	—	386.1	517.7	780.9
	4.00	4	1450	43	0.0641	—	—	—	380.8	510.6	770.3
		6	1380	42	0.0406	—	—	—	362.4	486.0	733.1

注：表中的管程流通面积为各程平均值。括号内公称直径不推荐使用。管子为正三角形排列。

换热管为 ϕ25 mm 的换热器基本参数（管心距 32 mm）

公称直径 DN/mm	公称压力 PN/MPa	管程数	管子根数	中心排管数	管程流通面积/m²		计算换热面积/m²					
							换热管长度/mm					
					ϕ25×2	ϕ25×2.5	1500	2000	3000	4500	6000	9000
159	1.60	1	11	3	0.0038	0.0035	1.2	1.6	2.5	—	—	—
219			25	5	0.0087	0.0079	2.7	3.7	5.7	—	—	—
273	2.50	1	38	6	0.0132	0.0119	4.2	5.7	8.7	13.1	17.6	—
		2	32	7	0.0055	0.0050	3.5	4.8	7.3	11.1	14.8	—
325	4.00	1	57	9	0.0197	0.0179	6.3	8.5	13.0	19.7	26.4	—
	6.40	2	56	9	0.0097	0.0088	6.2	8.4	12.7	19.3	25.9	—
		4	40	9	0.0035	0.0031	4.4	6.0	9.1	13.8	18.5	—
400	0.60	1	98	12	0.0339	0.0308	10.8	14.6	22.3	33.8	45.4	—
	1.00	2	94	11	0.0163	0.0148	10.3	14.0	21.4	32.5	43.5	—
	1.60	4	76	11	0.0066	0.0060	8.4	11.3	17.3	26.3	35.2	—
450	2.50	1	135	13	0.0468	0.0424	14.8	20.1	30.7	46.6	62.5	—
	4.00	2	126	12	0.0218	0.0198	13.9	18.8	28.7	43.5	58.4	—
		4	106	13	0.0092	0.0083	11.7	15.8	24.1	36.6	49.1	—

续表

公称直径 DN/mm	公称压力 PN/MPa	管程数	管子根数	中心排管数	管程流通面积/m^2		计算换热面积/m^2					
							换热管长度/mm					
					ϕ25×2	ϕ25×2.5	1500	2000	3000	4500	6000	9000
500	0.60	1	174	14	0.0603	0.0546	—	26.0	39.6	60.1	80.6	—
		2	164	15	0.0284	0.0257	—	24.5	37.3	56.6	76.0	—
		4	144	15	0.0125	0.0113	—	21.4	32.8	49.7	66.7	—
600	1.00	1	245	17	0.0849	0.0769	—	36.5	55.8	84.6	113.5	—
		2	232	16	0.0402	0.0364	—	34.6	52.8	80.1	107.5	—
	1.60	4	222	17	0.0192	0.0174	—	33.1	50.0	76.7	102.8	—
700		6	216	16	0.0125	0.0113	—	32.2	49.2	74.6	100.0	—
	2.50	1	355	21	0.1230	0.1115	—	—	80.0	122.6	164.4	—
		2	342	21	0.0592	0.0537	—	—	77.9	118.1	158.4	—
	4.00	4	322	21	0.0279	0.0253	—	—	73.3	111.2	149.1	—
		6	304	20	0.0175	0.0159	—	—	69.2	105.0	140.8	—
800	0.60	1	467	23	0.1618	0.1466	—	—	106.3	161.3	216.3	—
		2	450	23	0.0779	0.0707	—	—	102.4	155.4	208.5	—
		4	442	23	0.0383	0.0347	—	—	100.6	152.7	204.7	—
		6	430	24	0.0248	0.0225	—	—	97.9	148.5	119.2	—
900	1.60	1	605	27	0.2095	0.1900	—	—	137.8	209.0	280.2	422.7
		2	588	27	0.1018	0.0923	—	—	133.9	203.1	272.3	410.8
		4	554	27	0.0480	0.0435	—	—	126.1	191.4	256.6	387.1
		6	538	26	0.0311	0.0282	—	—	122.5	185.8	249.2	375.9
1000	2.50	1	749	30	0.2594	0.2352	—	—	170.5	258.7	346.9	523.3
		2	742	29	0.1285	0.1165	—	—	168.9	256.3	343.7	518.4
		4	710	29	0.0615	0.0557	—	—	161.6	245.2	328.8	496.0
		6	698	30	0.0403	0.0365	—	—	158.9	241.1	323.3	487.7
(1100)	4.00	1	931	33	0.3225	0.2923	—	—	—	321.6	431.2	650.4
		2	894	33	0.1548	0.1404	—	—	—	308.8	414.1	624.6
		4	848	33	0.0734	0.0666	—	—	—	292.9	392.8	592.5
		6	830	32	0.0479	0.0434	—	—	—	286.7	384.4	579.9

注：表中的管程流通面积为各程平均值。括号内公称直径不推荐使用。管子为正三角形排列。

（2）浮头式（内导流）换热器的主要参数

单位：mm

公称直径	管程数	管子根数①		中心排管数		管程流通面积/m²			换热面积 A②/m²							
		d				$d\delta_r$			$L=3$m		$L=4.5$m		$L=6$m		$L=9$m	
		19	25	19	25	19×2	25×2	25×2.5	19	25	19	25	19	25	19	25
325	2	60	32	7	5	0.0053	0.0055	0.0050	10.5	7.4	15.8	11.1	—	—	—	—
	4	52	28	6	4	0.0023	0.0024	0.0022	9.1	6.4	13.7	9.7		—	—	—
426	2	120	74	8	7	0.0106	0.0126	0.0116	20.9	16.9	31.6	25.6	42.3	34.4	—	—
400	4	108	68	9	6	0.0048	0.0059	0.0053	18.8	15.6	28.4	23.6	38.1	31.6	—	—
500	2	206	124	11	8	0.0182	0.0215	0.0194	35.7	28.3	54.1	42.8	72.5	57.4	—	—
	4	192	116	10	9	0.0085	0.0100	0.0091	33.2	26.4	50.4	40.1	67.6	53.7	—	—
600	2	324	198	14	11	0.0286	0.0343	0.0311	55.8	44.9	84.8	68.2	113.9	91.5	—	—
	4	308	188	14	10	0.0136	0.0163	0.0148	53.1	42.6	80.7	64.8	108.2	86.9	—	—
	6	284	158	14	10	0.0083	0.0091	0.0083	48.9	35.8	74.4	54.4	99.8	73.1	—	—
700	2	468	268	16	13	0.0414	0.0464	0.0421	80.4	60.6	122.2	92.1	164.1	123.7	—	—
	4	448	256	17	12	0.0198	0.0222	0.0201	76.9	57.8	117.0	87.9	157.1	118.1	—	—
	6	382	224	15	10	0.0112	0.0129	0.0116	65.6	50.6	99.8	76.9	133.9	103.4	—	—
800	2	610	366	19	15	0.0539	0.0634	0.0575	—	—	158.9	125.4	213.5	168.5	—	—
	4	588	352	18	14	0.0260	0.0305	0.0276	—	—	153.2	120.6	205.8	162.1	—	—
	6	518	316	16	14	0.0152	0.0182	0.0165	—	—	134.9	108.3	181.3	145.5	—	—
900	2	800	472	22	17	0.0707	0.0817	0.0741	—	—	207.6	161.2	279.2	216.8	—	—
	4	776	456	21	16	0.0343	0.0395	0.0353	—	—	201.4	155.7	270.8	209.4	—	—
	6	720	426	21	16	0.0212	0.0246	0.0223	—	—	186.9	145.5	251.3	195.6	—	—
1000	2	1006	606	24	19	0.0890	0.105	0.0952	—	—	260.6	206.6	350.6	277.9	—	—
	4	980	588	23	18	0.0433	0.0500	0.0462	—	—	253.9	200.4	314.6	269.7	—	—
	6	892	564	21	18	0.0262	0.0326	0.0295	—	—	231.1	192.2	311.0	258.7	—	—
1100	2	1240	736	27	21	0.1100	0.1270	0.1160	—	—	320.3	250.2	431.3	336.8	—	—
	4	1212	716	26	20	0.0536	0.0620	0.0562	—	—	313.1	243.4	421.6	327.7	—	—
	6	1120	692	24	20	0.0329	0.0399	0.0362	—	—	289.3	235.2	389.6	316.7	—	—
1200	2	1452	880	28	22	0.1290	0.1520	0.1380	—	—	374.4	298.6	504.3	402.2	764.2	609.4
	4	1424	860	28	22	0.0629	0.0745	0.0675	—	—	367.2	291.8	494.6	393.1	749.5	595.6
	6	1348	828	27	21	0.0396	0.0478	0.0434	—	—	347.6	280.9	468.2	378.4	709.5	573.4
1300	4	1700	1024	31	24	0.0751	0.0887	0.0804	—	—	—	—	589.3	467.1	—	—
	6	1616	972	29	24	0.0476	0.0560	0.0509	—	—	—	—	560.2	443.3	—	—

① 排管数按正方形旋转45°排列计算。

② 计算换热面积按光管及公称压力2.5 MPa的管板厚度确定。

2. 管壳式换热器型号的表示方法

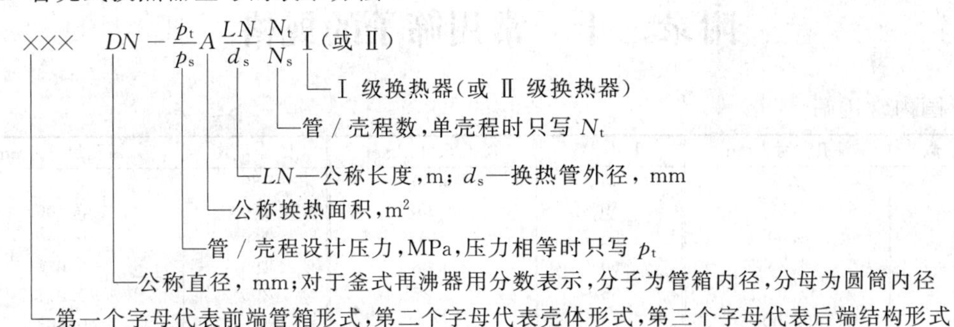

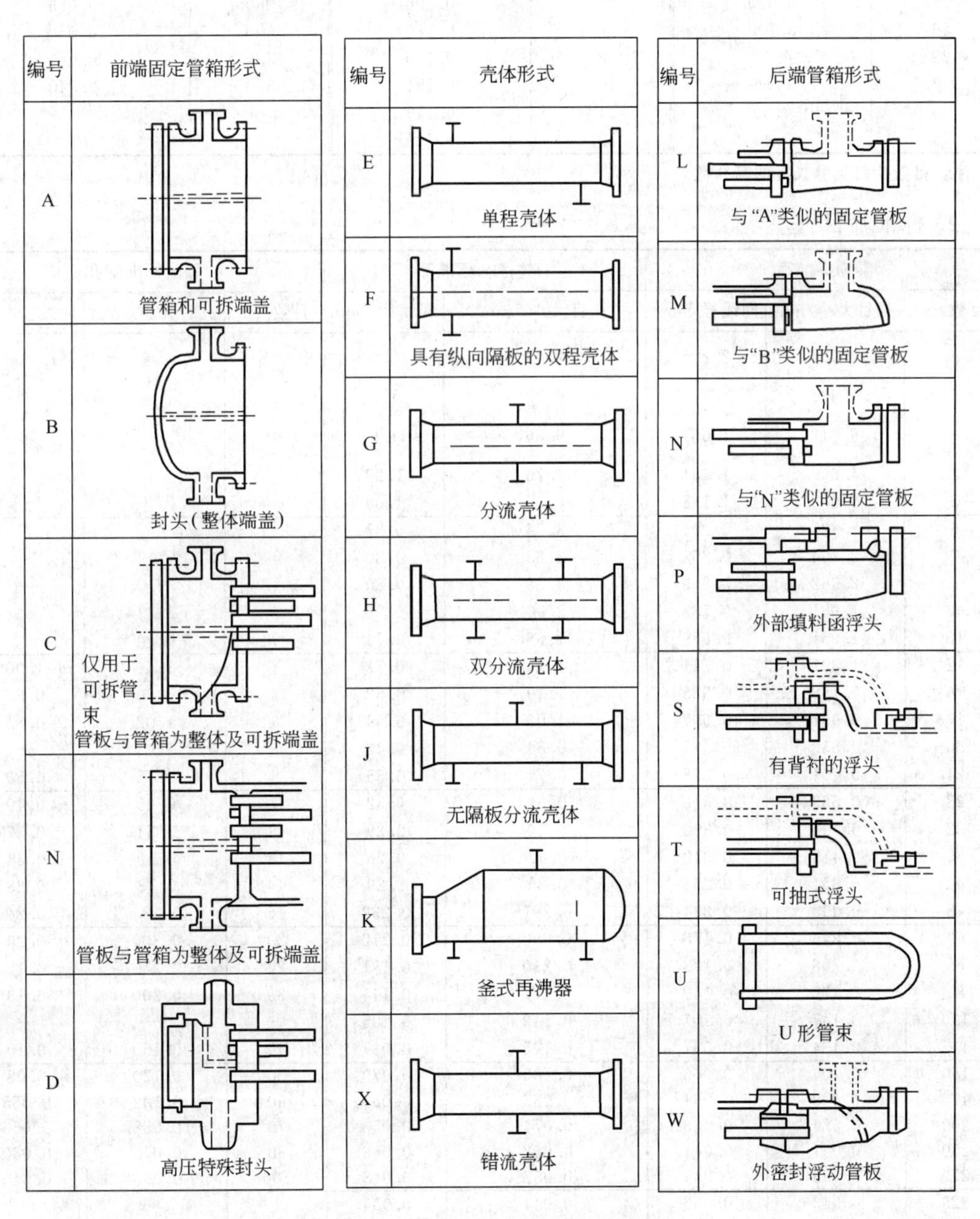

管壳式换热器前端、壳体和后端结构类型

附录二十 常用筛子的规格

1. 国内常用筛

目 数	筛孔尺寸/mm	目 数	筛孔尺寸/mm	目 数	筛孔尺寸/mm
8	2.5	45	0.40	130	0.112
10	2.00	50	0.355	150	0.100
12	1.60	55	0.315	160	0.090
16	1.25	60	0.28	190	0.080
18	1.00	65	0.25	200	0.071
20	0.900	70	0.224	240	0.063
24	0.800	75	0.200	260	0.056
26	0.700	80	0.180	300	0.050
28	0.63	90	0.160	320	0.045
32	0.56	100	0.154	360	0.040
35	0.50	110	0.140		
40	0.45	120	0.125		

注：目数为每英寸长度的筛孔数。

2. 标准筛目

泰勒标准筛			日本 JIS 标准筛		德国标准筛孔		
目数/in	孔目大小/mm	网线径/mm	孔目大小/mm	网线径/mm	目数/cm	孔目大小/mm	网线径/mm
$2\frac{1}{2}$	7.925	2.235	7.93	2.0			
3	6.680	1.778	6.73	1.8			
$3\frac{1}{2}$	5.613	1.651	5.66	1.6	—	—	—
4	4.699	1.651	4.76	1.29			
5	3.962	1.118	4.00	1.08			
6	3.327	0.914	3.36	0.87			
7	2.794	0.853	2.83	0.80			
8	2.362	0.813	2.38	0.80	—	—	—
9	1.981	0.738	2.00	0.76			
10	1.651	0.689	1.68	0.74			
12	1.397	0.711	1.41	0.71	4	1.50	1.00
14	1.168	0.635	1.19	0.62	5	1.20	0.80
16	0.991	0.597	1.00	0.59	6	1.02	0.85
20	0.833	0.437	0.84	0.43	—	—	—
24	0.701	0.358	0.71	0.35	8	0.75	0.50
28	0.589	0.318	0.59	0.32	10	0.60	0.40
32	0.495	0.300	0.50	0.29	11	0.54	0.37
35	0.417	0.310	0.42	0.29	12	0.49	0.34
42	0.351	0.254	0.35	0.29	14	0.43	0.28
48	0.295	0.234	0.297	0.232	16	0.385	0.24
60	0.246	0.178	0.250	0.212	20	0.300	0.20
65	0.208	0.183	0.210	0.181	24	0.250	0.17
80	0.175	0.142	0.177	0.141	30	0.200	0.13
100	0.147	0.107	0.149	0.105	—	—	—
115	0.124	0.097	0.125	0.037	40	0.150	0.10
150	0.104	0.066	0.105	0.070	50	0.120	0.08
170	0.088	0.061	0.088	0.061	60	0.102	0.065
200	0.074	0.053	0.074	0.053	70	0.088	0.055
250	0.061	0.041	0.062	0.048	80	0.075	0.050
270	0.053	0.041	0.053	0.048	100	0.060	0.040
325	0.043	0.036	0.044	0.034			
400	0.038	0.025					

附录二十一　无机物水溶液在101.3 kPa（绝）下的沸点

温度/℃ 溶液	101	102	103	104	105	107	110	115	120	125	140	160	180	200	220	240	260	280	300	340
	溶液的质量分数/%																			
$CaCl_2$	5.66	10.31	14.16	17.36	20.00	24.24	29.33	35.68	40.83	45.80	57.89	68.94	75.85	—	—	—	—	—	—	—
KOH	4.49	8.51	11.96	14.82	17.01	20.88	25.65	31.97	36.51	40.23	48.05	54.89	60.41	64.91	68.73	72.64	75.76	78.95	81.63	86.18
KCl	8.42	14.31	18.96	23.02	26.57	32.62	36.47(近于108.5℃)			—	—	—	—	—	—	—	—	—	—	—
K_2CO_3	10.31	18.37	24.20	28.57	32.24	37.69	43.97	50.86	56.04	60.40	66.94(近于133.5℃)			—	—	—	—	—	—	—
KNO_3	13.19	23.66	32.23	39.20	45.10	54.65	65.34	79.53	—	—	—	—	—	—	—	—	—	—	—	—
$MgCl_2$	4.67	8.42	11.66	14.31	16.59	20.23	24.41	29.48	33.07	36.02	38.61	—	—	—	—	—	—	—	—	—
$MgSO_4$	14.31	22.78	28.31	32.23	35.32	42.86(近于108℃)			—	—	—	—	—	—	—	—	—	—	—	—
NaOH	4.12	7.40	10.15	12.51	14.53	18.32	23.08	26.21	33.77	37.58	48.32	60.13	69.97	77.53	84.03	88.89	93.02	95.92	98.47（近于314℃）	
NaCl	6.19	11.03	14.67	17.69	20.32	25.09	28.92(近于108℃)			—	—	—	—	—	—	—	—	—	—	—
$NaNO_3$	8.26	15.61	21.87	17.53	32.45	40.47	49.87	60.94	68.94	—	—	—	—	—	—	—	—	—	—	—
Na_2SO_4	15.26	24.81	30.73	31.83(近于103.2℃)			—	—	—	—	—	—	—	—	—	—	—	—	—	—
Na_2CO_3	9.42	17.22	23.72	29.18	33.66	—	—	—	—	—	—	—	—	—	—	—	—	—	—	—
$CuSO_4$	26.95	39.98	40.83	44.47	45.12	—	—	—	—	—	—	—	—	—	—	—	—	—	—	—
$ZnSO_4$	20.00	31.22	37.89	42.92	46.15(近于104.2℃)			—	—	—	—	—	—	—	—	—	—	—	—	—
NH_4NO_3	9.09	16.66	23.08	29.08	34.21	42.52	51.92	63.24	71.26	77.11	87.09	93.20	96.00	97.61	98.84	100	—	—	—	—
NH_4Cl	6.10	11.35	15.96	19.80	22.89	28.37	35.98	46.94	—	—	—	—	—	—	—	—	—	—	—	—
$(NH_4)_2SO_4$	13.34	23.41	30.65	36.71	41.79	49.73	53.55（近于108.2℃）			—	—	—	—	—	—	—	—	—	—	—

注：括号内为饱和溶液的沸点。

习题参考答案

第一章

1-1 0.898 kg•m^{-3}

1-2 633 mmHg

1-3 $\Delta z=1.78$ m

1-4 $H=8.53$ m

1-5 $\Delta p_{AB}=1716$ mmHg

1-6 318.2 Pa；误差 11.2%

1-7 在大管中：$m_1=4.575$ kg•s^{-1}，$u_1=0.689$ m•s^{-1}，$G_1=1261$ kg•m^{-2}•s^{-1}；
在小管中：$m_2=4.575$ kg•s^{-1}，$u_2=1.274$ m•s^{-1}，$G_2=2331$ kg•m^{-2}•s^{-1}

1-8 6.68 m

1-9 43.2 kW

1-10 (1) 4.36 kW；(2) 0.0227 MPa（真空）

1-11 B处测压管水位高，水位相差 171 mm

1-12 $H=5.4$ m，$p_A=36.2$ kPa

1-13 $d\leqslant 39$ mm

1-14 水 0.0326 m•s^{-1}，空气 2.21 m•s^{-1}

1-15 (1) 取 $\varepsilon=0.05$ mm，38.3 kPa，3.55 m；(2) 42.3%

1-16 不矛盾

1-17 取 $\lambda=0.02$，根据范宁公式可证明

1-18 (1) 第一种方案的设备费用是第二种的 1.24 倍；(2) 层流时，第一种方案所需的功率是第二种方案的 2 倍；湍流时，第一种方案所需的功率是第二种方案的 1.54 倍

1-19 0.37 kW

1-20 取 $\varepsilon=0.05$ mm，2.08 kW

1-21 取 $\varepsilon=0.31$ mm，$d=0.2$ m；不能使用

1-22 66.5 L•min^{-1}

1-23 (1) 管内为层流，$u=0.54$ m•s^{-1}；(2) $R_1=10.65$ cm，$R_2=17.65$ cm

1-24 输送能力变小，阀门前压力变大

1-25 $u_1=7.24$ m•s^{-1}，$u_2=10.54$ m•s^{-1}；风机出口压力 $p=65.1$ mmH_2O

1-26 11.4 m

1-27 (1) 10.19 m^3•h^{-1}；(2) 方案二可行

1-28 当阀门 k_1 关小时，V_{s1}，V_s 减小，V_{s2} 增大，p_A 增大

1-29 表压为 492.3 kPa

1-30 7.08 kg•s^{-1}

1-31 628 kg•h^{-1}

1-32 9.8 倍

第二章

2-1 略

2-2 $h_e=10+4.61\times10^{-5}Q^2$，IS 250-200-315 型泵：678 m^3•h^{-1}，67.3 kW，85%；IS 250-200-315A 型泵：627 m^3•h^{-1}，57.0 kW，83%

2-3 (1) $Q=34.81$ m^3•h^{-1}，$H=15.09$ m；(2) $N_e'=1.04$ kW，90%

2-4 (1) 附图 (c) 的安装方式无法将水送上高位槽，而附图 (a)、(b) 可以，且流量相等；(2) 泵轴功率相等

2-5 (1) 取 $\varepsilon=0.2$ mm，$h_e=77$ m，选 IS 100-65-250 型泵，$n=2900$ r•min^{-1}；(2) 合适；(3) 不能，不合理

2-6 IH 40-32-160，2.07kW

2-7 (1) 齿轮泵或螺杆泵；(2) 离心泵（带开式或半开式叶轮）；(3) 若压力不大，选离心泵（带开式叶轮），若压力大，选隔膜泵；(4) 双吸离心泵；(5) 往复泵或螺杆泵；(6) 计量泵

2-8 222 mmH_2O

2-9 不能，将转速提高至 1500 r•min^{-1} 即可

2-10 在气缸中：$W_s=110$ kJ；在密闭筒中：$W_s=78.5$ kJ

第三章

3-1 水中 $u_0=0.00314$ m•s^{-1}，空气中 $u_0=0.282$ m•s^{-1}

3-2 4.74 Pa•s

3-3 (1) 64.7 μm；(2) 59.7%

3-4 $u_r=3.94\ m\cdot s^{-1}$，81.5

3-5 $d_c=9.5\ \mu m$，$\eta_{理}=100\%$，$\eta_{实}=77\%$；$\Delta p_f=1.975\ kPa$

3-6 58%，0.76 倍

3-7 (1) $K=4.27\times10^{-7}\ m^2\cdot s^{-1}$，$q_e=0.004\ m^3\cdot m^{-2}$；(2) 约 900 s；(3) $6.1\times10^{13}\ m\cdot kg^{-1}$

3-8 2.2 h

3-9 0.138 m^3 滤液$\cdot h^{-1}$

3-10 (1) 3.1 $r\cdot min^{-1}$；(2) 0.8 倍

3-11 (1) 9.51 $m^3\cdot h^{-1}$；(2) 2.4 cm

第四章

4-1 0.57 kW

4-2 2.4 kW

4-3 4.14 kW

第五章

5-1 (1) $q=194\ W\cdot m^{-2}$；(2) $t_A=81\ ℃$

5-2 (1) $\bar{\lambda}=0.923\ W\cdot m^{-1}\cdot K^{-1}$；(2) $\lambda_0=0.676\ W\cdot m^{-1}\cdot K^{-1}$，$k=2.25\times10^{-3}\ ℃^{-1}$

5-3 (1) 2 块；(2) 37.5 ℃

5-4 $Q_L=57.1\ W\cdot m^{-1}$，界面 $t=65\ ℃$

5-5 (1) $q=-52.1\ W\cdot m^{-1}$；(2) $q=-38.0\ W\cdot m^{-1}$；(3) $q'=-38.8\ W\cdot m^{-1}$，$t_4=12.6\ ℃$

5-6～5-8 略

5-9 $K=310\ W\cdot m^{-2}\cdot K^{-1}$，管外给热热阻占 3.1%；管内给热热阻占 38.8%；管内污垢热阻占 58.1%

5-10 逆流 $\Delta t_m=49.2\ ℃$；并流 $\Delta t'_m=42.5\ ℃$

5-11 应选用换热器 2

5-12 管总长 $L=26.3m$；冷却水消耗量 $m_{s2}=0.330\ kg\cdot s^{-1}$

5-13 $\alpha=4590\ W\cdot m^{-2}\cdot K^{-1}$

5-14 $\alpha=319\ W\cdot m^{-2}\cdot K^{-1}$

5-15 增加 15%

5-16 (1) $K_2=837\ W\cdot m^{-2}\cdot K^{-1}$；(2) $K'=646\ W\cdot m^{-2}\cdot K^{-1}$；污垢热阻 $R'=8.82\times10^{-4}\ m^2\cdot K\cdot W^{-1}$

5-17 能满足要求

5-18 $\alpha=140\ W\cdot m^{-2}\cdot K^{-1}$

5-19 $\alpha=459\ W\cdot m^{-2}\cdot K^{-1}$

5-20 α 约为 1347 $W\cdot m^{-2}\cdot K^{-1}$

5-21 K 约为 737 $W\cdot m^{-2}\cdot K^{-1}$

5-22 $\alpha=50.9\ W\cdot m^{-2}\cdot K^{-1}$

5-23 $\alpha=533\ W\cdot m^{-2}\cdot K^{-1}$

5-24 $\alpha_{垂直}=842\ W\cdot m^{-2}\cdot K^{-1}$；$\alpha_{水平}=1790\ W\cdot m^{-2}\cdot K^{-1}$

5-25 $K=2040\ W\cdot m^{-2}\cdot K^{-1}$；$T=123.9\ ℃$

5-26 $\alpha=2630\ W\cdot m^{-2}\cdot K^{-1}$

5-27 $\varepsilon=0.818$

5-28 $\varepsilon=0.75$；$t_2=103\ ℃$

5-29 $Q_{1-2}=29.8\ kW$

5-30 (1) $Q_{1-2}=1630\ W$；(2) $Q_{1-2}=1610\ W$

5-31 误差约 60 ℃

5-32 减少 93.2%

5-33 热损失 $Q_L=737\ W\cdot m^{-1}$；保温后热损失 $Q'_L=130\ W\cdot m^{-1}$，即减为原热损失的 17.6%

第六章

6-1 可选固定管板式，换热管 $\phi25\ mm\times2.5\ mm$、长 6 m，$DN600$ mm，4 管程换热器，$A=102.8\ m^2$

6-2 可选固定管板式，换热管 $\phi25\ mm\times2.5\ mm$、长 4.5 m，$DN500$ mm，4 管程换热器，$A=49.7\ m^2$

第七章

7-1 $L=F-W=200\ kg\cdot h^{-1}$，$D=900\ kg\cdot h^{-1}$，$A=12.8\ m^2$

7-2 (1) $D=1170\ kg\cdot h^{-1}$，$D/W=1.46$

(2) $D=835\ kg\cdot h^{-1}$，$D/W=1.04$

(3) $D=778\ kg\cdot h^{-1}$，$D/W=0.973$

7-3 87.5 ℃

7-4 121.8 ℃

7-5 $p_s\approx191$ kPa（绝）

7-6 $D=4840\ kg\cdot h^{-1}$，$A=135\ m^2$

7-7 $D=7270\ kg\cdot h^{-1}$，$A=125\ m^2$

7-8 (1) $K=1024\ W\cdot m^{-2}\cdot K^{-1}$；(2) $F=1.39\times10^4\ kg\cdot h^{-1}$

参 考 读 物

[1] 陈敏恒等. 化工原理(上册). 第3版. 北京：化学工业出版社，2006.

[2] 蒋维钧等. 化工原理(上册). 第3版. 北京：清华大学出版社，2009.

[3] 柴诚敬主编. 化工原理(上册). 第2版. 北京：高等教育出版社，2010.

[4] 管国锋，赵汝溥. 化工原理. 第3版. 北京：化学工业出版社，2008.

[5] 何潮洪，冯霄. 化工原理. 第2版. 北京：科学出版社，2007.

[6] 大连理工大学. 化工原理(上册). 第2版. 北京：高等教育出版社，2009.

[7] 邹华生，黄少烈主编. 化工原理. 第2版. 北京：高等教育出版社，2009.

[8] 杨祖荣主编. 化工原理. 第2版. 北京：化学工业出版社，2009.

[9] McCabe W L，et al. Unit Operations of Chemical Engineering. 7th ed. New York：McGraw-Hill，2005(英文影印版：化学工程单元操作. 北京：化学工业出版社，2008).

[10] Coulson J M，Richardson J F. Chemical Engineering. 6th ed. 1999；Oxford：Pergamon Press(英文影印版，大连：大连理工大学出版社，2008.)

[11] 时钧等主编. 化学工程手册(上、下卷). 北京：化学工业出版社，1996.

[12] 王汉松主编. 石油化工设计手册. 第3卷. 北京：化学工业出版社，2002.

[13] 中国石化集团上海工程有限公司. 化工工艺设计手册(第2篇). 北京：化学工业出版社，2003.

[14] 余国琮主编. 化工机械工程手册. 中卷. 北京：化学工业出版社，2003.

[15] 袁一主编. 化学工程师手册. 北京：机械工业出版社，2000.

[16] 机械工程手册电机工程手册编辑委员会. 机械工程手册(第1、12卷). 北京：机械工业出版社，1997.

[17] 国家机械工业局. 中国机电产品目录(第4、第5、第6册). 北京：机械工业出版社，2000.

[18] Perry R H. Chemical Engineers，Handbook. 7th ed. New York：McGraw-Hill，1997(英文影印版：佩里化学工程师手册. 第7版. 北京：科学出版社，2001；第6版中译本. 北京：化学工业出版社，1992).